室内环境设计

原理与案例剖析

辛艺峰 编著

机械工业出版社
CHINA MACHINE PRESS

本书分为10章，详细介绍了现代居住建筑、办公建筑、宾馆建筑、商业建筑、会展建筑、交通建筑、文化建筑、科教建筑、医疗建筑、生产及特殊建筑室内环境设计的原则与要点。同时，还选择了70余个中外建筑及其相关内部空间环境设计案例，采用工程设计实例介绍、作品分析、主要设计图样和实景拍摄图片的构架形式进行编排，可供读者在设计中借鉴和参考。本书叙述深入浅出，系统介绍了室内环境分类设计，可供从事建筑及其相关内部空间环境艺术设计、工程施工及管理方面的相关专业人士以及对室内环境设计具有兴趣的各类读者阅读和使用，也可作为高等院校艺术设计、建筑学等相关专业本科生、研究生的教学用书。

图书在版编目（CIP）数据

室内环境设计原理与案例剖析/辛艺峰编著. —北京：机械工业出版社，2012.10
ISBN 978-7-111-39047-3

Ⅰ.①室… Ⅱ.①辛… Ⅲ.①室内装饰设计 Ⅳ.①TU238

中国版本图书馆CIP数据核字（2012）第145604号

机械工业出版社（北京市百万庄大街22号　邮政编码100037）
策划编辑：赵　荣　责任编辑：赵　荣
责任校对：王　欣　责任印制：乔　宇
北京画中画印刷有限公司印刷
2013年1月第1版第1次印刷
210mm×285mm·29.75印张·911千字
标准书号：ISBN 978-7-111-39047-3
定价：158.00元

凡购本书，如有缺页、倒页、脱页，由本社发行部调换
电话服务　　　　　　　　　　网络服务
社服务中心：（010）88361066　教材网：http://www.cmpedu.com
销售一部：（010）68326294　机工官网：http://www.cmpbook.com
销售二部：（010）88379649　机工官博：http://weibo.com/cmp1952
读者购书热线：（010）88379203　**封面无防伪标均为盗版**

序

我祝贺辛艺峰教授两本有关环境艺术设计的新著出版。

20世纪科学技术的迅猛发展，在相当大的范围内，使得有关自然环境成为人类能够按自己的愿望加以改造的对象。当科学技术得到正确使用时，它可以作为第一生产力而创造丰硕的人类财富；但当科学技术陷入不正确使用时，它又可以作为巨大破坏力而引发世界范围内的严重环境问题。这点已密切地关系到人类社会能否持续发展，成为经济全球化中严峻的现实。由联合国发表的《人类环境宣言》和《里约环境与发展宣言》，以及《雅典宪章》、《马丘比丘宪章》、《北京宪章》，都体现出人类对环境问题的高度关注。

显然，这也为环境艺术确定了自己的目标，即"更自觉地营建美好、宜人的人类家园"。

环境艺术设计当然应以尊重自然环境，保护人居空间为前提。作为环境艺术设计师，应将有关人类生活与环境生态的考虑有机地结合起来，以符合人类栖居、为人类积极主动地构造更为适合的社会生态环境作为自己的头等大事。应该说，当代有社会责任感的环境艺术设计师正在用自己的智慧去观察现实世界，并试图更清醒、更深入地去认识和解决这个现实世界中属于设计方面的问题。这在我校艺术设计系辛艺峰教授的新著《室内环境设计》与《商业建筑室内环境艺术设计》两书中得到了令人欣慰的反映。

环境艺术设计是一门涉及建筑学、城市规划、结构工程、数理、艺术、美学乃至哲学等众多领域知识的学科。它作为一门独立的学科，在我国自创立至今尚不足二十年。我国的环境艺术设计专业多由艺术院校兴办，而国外类似学科多设置在有理工科专业的院校中。我一贯主张在有理工学科专业的高等院校设置人文学科专业，设置人文与科技的交叉学科专业当然就也有必要了。我常常说："人文文化为科学文化导向，科学文化为人文文化奠基。"这句话对环境艺术设计这个专业也可能不无用处。

环境艺术设计是现代工业生产、科学技术与艺术结合的产物，科技物化对现代环境艺术设计有着巨大的影响。它们不仅能满足人们对美的追求，而且可能达到最好的环境保护功能。当然，作用也可能恰恰相反。所以，身为环境艺术设计师，不仅要了解自然环境本身的演变，还要了解它在人类的作用下是怎样演变的。而要做到这一点，没有深切的忧患意识和强烈的社会责任感是不行的。高层次人才需要全面发展，人文素质与科学素质是其两翼。爱因斯坦认为，关心人的本身，应当始终成为一切技术上的主要奋斗目标；英国皇家工程院院长布鲁斯爵士也明确表示，工程师不能只追求工程的最大效益而成为"文盲"。

中国不同于西方国家的地方不仅表现在社会经济状况上，更表现在社会精神的历史渊源上。怎样才能背靠五千多年，坚持"三个面向"，另辟蹊径，形成具有中国特色的现代化，是我们现代化建设的大事，也是在环境艺术设计中走自主创新道路所必须考虑的大事。我国自古以来形成了"天人合一"的哲理思想，高度重视整体，密切关注全局，而非只见个体、不见整体，只见局部、不管全局，只见树木、不见森林，只顾眼前、不顾长远。我国大量传统建筑中充满着这一哲理，充满着人与环境的和谐。"构建社会主义和谐社会"理论的提出，无疑为中国的现代化建设提出了具有中国特色的时代主题，也赋予环境艺术设计的时代责任。艺术就是和谐，艺术设计就是和谐构建，环境艺术设计就是人与自然和谐的构建。对物欲的片面追求，只着眼于眼前的局部利益，只把是否能为人带来当前可见的利益视为唯一尺度，这无疑会危害长远，危害全局，危害社会和谐。对此，作为与人类生活密切相关的环境艺术设计大有用武之地。健康理性的人文价值观能扼制工具理性在社会中的泛滥，合乎人性的环境空间设计则有助于拯救道德滑坡。

在人与环境的关系问题上，我们不能再走西方国家先污染、后治理的老路，必须找到一条人与自然和谐发展的道路，找到一条生态与经济"双赢"、科学与人文齐飞的道路。用环境艺术这种手段来表达对自然生态的崇敬，用绿色设计来呼唤人们保护自身环境的良知和责任感，树立"以人为本"的观念，这自然也就包含了树立以"自然为本"、以"环境为本"的观念，并由此而构建相应的文化框架，等等。这些都有望于我们有社会责任感的设计师们在艺术设计创作与工程实践中去努力。

作者辛艺峰教授正值中年，他在环境艺术设计领域的研究与教学的经历，同国内这个专业的成长基本同步，作者饱尝了其中探索的甘苦与艰辛。艺术设计是一个较热门的专业，社会需求量大，作者也是业内十分活跃的设计师，手上持有国家相关学术机构颁发的多个设计资质证书。可贵的是，当作者所从事的环境艺术设计教学工作与承接设计工程发生冲突时，他放不下他的学生们，始终把主要精力用于艺术设计专业的教学和学科建设。因为，他深知"教育大计，教师为本"，正所谓"师者，所以传道、授业、解惑也"。他先后撰写发表了数十篇学术论文，出版了多部专著和教材。如今，我怀着喜悦的心情看到辛艺峰教授的新著出版，相信建立在环境艺术设计实践前沿的艺术设计理论，会有助于这一专业更为健康地发展，并如同作者心情一样，希望读者能对这两本书的错误与不足，提出批评与意见。"嘤其鸣矣，求其友声"。故乐为之序。

中国科学院院士　华中科技大学教授

前言

纵览现代室内环境设计的发展，可知室内环境设计是一个包括现代生活环境质量、空间艺术效果、科学技术水平与环境文化建设需要的综合性艺术设计学科，其任务是根据建筑设计的理念进行内部空间的组合、分割及再创造，并运用造型、色彩、照明、家具、陈设、绿化、传达设计与设备、技术、材料、安全防护措施等手段，结合人体工学、行为科学、环境科学等学科于一体，从现代生态学的角度出发对建筑内部环境作综合性的功能布置及整体艺术处理的空间环境设计。若从室内设计的社会基础来看，一个国家的经济发展能力、科学技术水准、文化艺术传统及其民间风俗习惯等多种因素均对其有一定影响，而经济的发展程度则起着根本的作用。

作为一项综合性的人为环境设计，现代室内环境设计的范畴包括建筑、车辆、船舶、飞机等内部的空间设计，它是一种以技术为功能基础，运用艺术为形式表现来为人们的生活与工作创造良好的室内环境而采用的理性创造活动。审视人的一生，可以说大部分时间都是在建筑室内空间环境中度过的。当我们观察和研究人们的行为活动时，能够发现一个有趣的现象，那就是大部分人的活动轨迹，可以说都是从一幢建筑及其相关内部空间环境，走向另一幢建筑及其相关内部空间环境，进而又走向新的一幢建筑及其相关内部空间环境……周而复始。随着现代生活节奏的加快，这种"走向"将进一步发展到"奔向"，直至现代信息社会带给人们"足不出户"的生活与工作保证，人们在建筑室外空间环境活动的时间将越来越少。正是如此，所以我们说人们基本上，或者主要是生活在建筑及其相关内部空间环境中。比如生活有居住空间环境，购物有商业空间环境，工作有办公与生产空间环境，休息有娱乐与疗养空间环境，行走有交通工具内部空间环境……这一系列的建筑及其相关内部空间环境也就构成了当代人类所追求的美好生活空间和家园。当然这个生活空间和家园还包括着其外部空间环境的塑造与经营，只有二者统一，才能创造出人类所期望的良好生活与生存空间环境。

作为一个学者，我从事环境艺术设计教学与科研工作已近30年，基本上伴随了改革开放以来中国现代环境艺术与室内设计的发展进程。从20世纪80年代中期以来先后撰写了数十篇专业学术论文，并有十余篇论文连续入选1995年以来中国建筑学会室内设计分会每年一度举办的学术年会交流。本人在室内环境设计理论方面进行了多方面的探讨，积累了一些专业心得。本书的编著特点主要表现在以下方面：

第一，在室内环境设计理论探索方面，将其研究的范畴从建筑室内设计的各个方面继续向交通工具等的内部空间设计方面拓展，以使室内环境设计涉及的范畴更加广泛。同时，结合室内环境设计发展的最新学科动向，系统地从室内认识、设计观念的演变、快速发展的原因、设计的指导思想及与相关设计的关系，以及现代室内环境的设计观念等问题进行阐释。在此基础上，对其设计的意义与特征、目的与任务、依据与要求、内容与范畴、原则与方法及室内环境设计的演变与发展等基本理论进行梳理和归纳，并着重对近20年来中国现代建筑室内坏境设计的发展进行总结。

第二，在室内环境设计分类研究方面，着重对建筑室内环境设计涉及的范畴按居住建筑室内环境、公共建筑室内环境、生产与特殊建筑来分类，并按设计的意义、原则、要点与案例剖析的结构来叙述。在公共建筑室内环境方面，又将其分为办公、宾馆、商业、会展、交通、文化、科教与医疗建筑室内环境等类型来介绍；在生产与特殊建筑室内环境方面，则对工业、农业、军事、科学等方面的建筑内部空间环境设计予以介绍，从而将室内环境设计分类研究取得的成果及时引入书中，使此类教材的编撰在分类研究方面更为完善并有更大的突破。基于书稿篇幅上的考虑，交通工具等内部空间的分类设计内容介绍则在以后修订版中予以相应增加。

第三，在室内环境设计案例剖析方面，设计工程实践案例在把握世界室内环境设计发展潮流的前提下，紧密联系室内环境设计工程实践案例日益完善的项目类型，精选了一批近年来建成的优秀室内环境设计作品案例予以剖析。

第四，本书编写之中，以循序渐进、由浅至深的原则，在文字表达上力求做到准确、科学及具有艺术个性，同时吸收国外相关学科知识之长，不仅做到叙述的系统性与完整性，还使设计理论与实践能有机结合，使本书具有可操作性的特点。作为环境艺术设计方面的著述，力求图文并茂，在书中配有大量近年来完成的室内环境艺术设计图片，其中许多设计实景图片是十余年来由作者亲自拍摄，具有第一手资料的特点，另在图片选用上尽量突出一个"新"，以供读者在设计与研究中借鉴和参考。

本书的序由中国科学院院士、著名机械工程专家、教育家、教育部高等学校文化素质教育指导委员会主任、中国高等教育学会副会长、华中科技大学学术委员会主任杨叔子先生于百忙之中所作。杨先生在序中对人与环境、和谐发展及设计教育充满哲理的论述，使我作为一个从事艺术设计教学与科研工作的教师深受鼓舞，在此特向杨先生表示崇高的敬意。

此外，我的研究生负责了本书线描插图的绘制，其中第1~10章中的图表及部分线描插图由2008级研究生游珊珊绘制，第1~3章的线描插图由2008级研究生赵旭绘制，第4~5章的线描插图由2009级研究生张力、杨润绘制，第6章的线描插图由2007级研究生陈竞绘制，第7章的线描插图由2007级研究生陈竞、2008级研究生黄河、2009级研究生章迟绘制，第8~9章的线描插图由2008级研究生黄河、2009级研究生刘瑶绘制，第10章线描插图由2008级研究生黄河绘制。此外，2007级研究生董文思、张岩也参与了部分线描插图的绘制工作。本书在编著期间，机械工业出版社与本书的策划编辑赵荣女士都为之付出了辛勤劳动，在此一并致谢。本书还于2012年10月获华中科技大学"教学质量工程"精品教材第六批立项项目基金资助，从而为本书的顺利出版提供了有力支持。

本书在编写过程中吸收了相关专家学者的研究成果，且在书末注明参考书目；书中选用图片系作者多年来收集的工程设计案例，另为了反映改革开放30余年来我们国家在室内环境设计方面取得的成就和世界室内环境设计的发展趋势，还从《室内设计与装修》、《建筑学报》与《世界建筑》等建筑与室内环境设计专业刊物中选择具有代表性的建筑室内环境设计案例予以剖析与推介。书中所参考、引用的案例文字和图片均详细标注出处。由于书稿撰写时间长，也有部分参考资料的来源难以找到出处未能列出，在此予以说明并向原作者表示诚挚的谢意。另书中若有不当之处，还诚望读者及同道们能够给予批评和斧正。

辛艺峰

于武汉华中科技大学

目　　　录

导言　室内环境设计分类原理及其案例剖析

室内环境设计是一项综合性的人为环境设计，其设计范畴包括建筑、车辆、船舶、飞机等内部的空间设计，是一种以技术为功能基础，以艺术为表现形式，为人们的生活与工作创造良好的内部空间的理性创造活动。

就室内环境设计与建筑的关系来看，两者的关系非常密切，建筑设计是室内环境设计的基础，室内环境设计是建筑设计的继续、深化和发展。由于在建筑室内环境设计中是通过室内空间界面来创造理想、具体的时空关系，其设计即更加重视室内空间的生理和心理效果，更加强调材料的质感和纹理、色彩的配置，灯光等声、光、电的应用及细部的处理。建筑室内环境设计所以具有这些特点，是因为与建筑外部空间相比较，内部空间与人们的生产、生活的关系更为密切、更为直接。室内环境设计体现在建筑上的具体作用有两点：其一，强化建筑空间性质，就是将不同特性的空间，设置不同效果的装饰艺术，使空间更富有特性；其二，强化建筑时空环境的意境和气氛，使人们在精神上得以调解，灵性得以发挥。建筑装饰通过深化建筑造型，使建筑艺术具有与心理功能直接相关的审美意识协调一致，从而在精神上满足人们的艺术享受。

此外，随着时代的发展和认识的提高，对室内环境设计的范畴也从建筑室内空间走向所有人类生存的内部环境，其中就包括交通工具的内部空间环境。交通运输事业的飞速发展，使人们在旅途中的机会和时间不断增加，如何给旅行者乘坐的各种交通工具内部空间环境更多的关爱，使交通工具的内部空间环境能够从物质和精神等方面满足人们旅途中的各种需要，使行者能够感受到"行"中如"住"、宾至如归，这无疑也是室内环境设计未来发展必须给予大力关怀的重要设计领域之一，更是室内环境设计亟待拓展的设计范畴和设计师的职责所在。

基于这样的思考，我们认为现代室内环境设计所涉及的范围很广，它是包括建筑与交通工具等内部空间的设计系统。可见，在未来室内设计的发展中，其室内环境设计的领域应从建筑室内设计的各个方面继续向交通工具等的内部空间设计方面拓展，以使未来室内环境设计涉及的范畴更加广泛，人们能够在不同的内部空间体验到设计为其带来的舒适、快乐，以及视觉上的享受和设计带来的艺术魅力。

0.1 建筑室内环境设计的范畴

建筑室内环境设计的范畴，按其使用功能来划分，主要可归纳为居住建筑室内环境设计、公共建筑室内环境设计、生产建筑室内环境设计与特殊建筑室内环境设计等类型。

0.1.1 居住建筑室内环境设计

居住建筑的室内环境又称之为人居室内环境，它的对象是以家庭为主的居住空间，无论是独户住宅、还是集体公寓均属在这个范畴之中。由于家庭是社会结构的一个基本单元，而且家庭生活具有特殊的性质和不同的需求，因而使居住室内环境设计成为一个专门的设计领域，其目的就在于为家庭解决居住方面的问题，以便于塑造理想的家庭生活环境（图0-1）。

居住建筑室内环境（人居室内环境）设计的建筑形式可分为集合式住宅、公寓式住宅、院落式住宅、别墅式住宅与集体宿舍等类型，室内环境设计内容包括居住部分（主次卧室、起居室等）、辅助部分（餐室、厨房、卫生间、书房或工作间等）、公共与交通部分（过道、门厅与楼梯等）、其他部分（各式贮藏空间等）及室外部分（阳台、晾晒设施、庭院与户外活动场地等）。

由于居住建筑室内环境设计与住户的关系联系紧密，住户又是空间的直接使用者，所以这类设计往往需要最大限度地满足用住或使用者的需求、愿望和品位，许多住户还会直接参与到设计之中。

图0-1　居住建筑室内环境设计

　a）公寓式住宅室内环境　b）院落式住宅室内环境　c）别墅式住宅室内环境　d）集体宿舍室内环境

0.1.2　公共建筑室内环境设计

　　公共建筑是为人们日常生活和进行社会活动提供所需的场所，它在城市建设中占据着极为重要的地位。公共建筑包括的类型较多，常见的有：办公建筑、宾馆建筑、商业建筑、会展建筑、交通建筑、文化建筑、科教建筑与医疗建筑，以及体育、电信与纪念建筑等（图0-2）。从公共建筑的设计工作来看，涉及其总体规划布局、功能关系分析、建筑空间组合、结构形式选择等技术问题。是否确立了正确的设计理念和辨证的方法来处理功能、艺术、技术三者之间的关系，是公共建筑设计面对的一个重要课题，也是做好公共建筑设计的基础。

　　而公共建筑的室内环境则是其建筑的内部环境。在公共建筑的室内环境设计中，各类公共建筑的室内环境形态不同、性质各异，必须分别给予它们充分完善的功能和适宜的形式才能满足其各自所需，并发挥出各自的特殊作用。从公共建筑的室内环境空间构成来看，其设计环节包括立意与摹想、空间的限定及整体环境的协调。设计的要点包括：

　　1）把握公共建筑室内环境的总体空间布局，处理好空间序列、室内装修、陈设的关系，以及与毗邻室内空间的联系。

　　2）因势利导地创造公共建筑的室内环境空间的形体特征，恰如其分地发挥各个空间界面的视觉特征。

　　3）精心处理公共建筑室内环境中各种空间界面的交接关系，以潜在空间意识进行其空间界面的设计。

　　4）运用室内色彩与灯光处理手法来增强公共建筑内部空间的表现力，以环境艺术设计构成公共建筑内部空间的视觉中心。

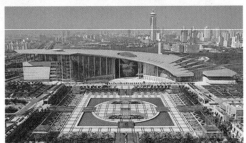

图0-2 类型丰富的公共建筑

a）办公建筑 b）宾馆建筑 c）商业建筑 d）交通建筑 e）文化建筑 f）医疗建筑 g）教学建筑
h）科技建筑 i）体育建筑 j）会展建筑 k）传媒建筑 l）高新建筑 m）园林建筑

5）综合运用室内环境的空间设计表现方法与技术手段，以创造出具有中国文化与时代特色的现代公共建筑室内环境设计作品。

0.1.3 生产建筑室内环境设计

生产建筑的室内环境是指从事工农业生产的各类生产建筑的室内环境。生产建筑的室内环境设计，在于改善工农业生产的环境，提高人们劳动的工作效率，便于生产的科学管理，为此其设计一定要密切联系生产实际，能够满足多个方面的使用需要（图0-3）。

图0-3 生产建筑室内环境设计
a）工业生产建筑室内环境 b）农业生产建筑室内环境

生产建筑室内环境设计的范畴可分为工业生产建筑和农业生产建筑等类型，其中工业生产建筑可分为主要生产厂房、辅助生产厂房、动力设备厂房、储藏物资厂房及包装运输厂房等形式，农业生产建筑可分为养禽养畜场房、保温保湿种植厂房、饲料加工厂房、农产品加工厂房及农产品仓储库房等形式；生产建筑室内环境设计的内容包括门厅、车间（厂房）、仓库、休息室、浴厕与相关内部空间等。

0.1.4 特殊建筑室内环境设计

特殊建筑的室内环境是指为某些特殊用途而建造的特殊建筑的室内环境，诸如军事、科学探险、海上水下建筑设施等的室内环境均属于此类（图0-4）。若遇到这种类型的建筑室内设计，应当作特殊的设计来处理，以满足其内部空间环境上的特殊用途和需要。

图0-4 特殊建筑室内外环境设计
a）南极昆仑站建筑外部环境 b）南极昆仑站建筑室内环境

0.2　交通工具内部环境设计的范畴

交通工具内部环境是指一切人造的用于人类代步或运输工具的内部环境，诸如陆地上的车辆、海洋里的轮船、天空中的飞机等，它们大大缩短了人们交往的距离。而随着火箭和宇宙飞船的发展，人类探索另一个星球的理想成为了现实。也许在不远的将来，人们可以到太空中去旅行、观光、学习与生活（图0-5）。

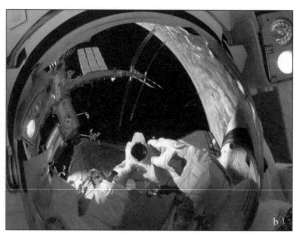

图0-5　交通工具内部环境设计

a）波音380飞机内部环境空间　b）国际空间站内部环境空间

而交通工具内部环境设计的范畴可分为汽车、轮船、飞机、轨道车辆、火箭和宇宙飞船等类型，室内环境设计的内容包括驾驶室、客舱室、门厅、餐饮室、休息室、办公室、会议室、娱乐空间、过厅、中庭与其他相关内部空间的设计等。

本书基于书稿篇幅上的考虑，着重对建筑室内环境涉及的主要设计范畴，分为居住、办公、宾馆、商业、会展、交通、文化、科教、医疗、生产与特殊建筑室内环境设计10章，按其设计意义、原则、要点与案例剖析的结构予以分类设计原理的叙述。交通工具等内部空间分类设计原理的介绍，则在以后修订版中予以增加。

第1章　居住建筑的室内环境设计

人的一生可说大部分时间是在不同建筑空间里度过的，而居住建筑——即一般人们称之为"家"的建筑空间，是人们从古至今都倾注了所有关怀的地方。人们对"家"的痴情表现在于细致的粉刷、装修，精美的雕琢，恰当的装饰。居于其中，人们能够意识到自己是这个世界的一部分，可使他们感到自由与安详。正是如此，现代居住建筑不仅为人们提供了一个避风遮雨、繁衍后代的栖身之所，也为人们提供了一个进行文化、教育、科技、娱乐、交往、团聚、休息、用餐及某些生产活动的重要场所（图1-1）。居住建筑作为一种物质存

图1-1 现代居住建筑室内环境

在的形式，是随着人类生存发展的需要而产生的。它作为人类文明的一个重要组成部分，不仅随着人类社会的进步而同步发展，同时也为人类的发展和社会的进步提供了必不可少的居住条件。

1.1 居住建筑室内环境设计的意义

1.1.1 居住建筑的意义与类型

居住建筑是指一种以家庭为单位的住宅形式，它既是人们居住生活的空间场所，也是人类生存的必然产物（图1-2）。随着人们需求与居住环境的不断变化，人们的居住形式也随之发生了巨大的变化。而现代居住建筑的类型呈现多种多样的形态，大体上可分为集合式居住建筑与独立式居住建筑两类，其中前者又可分为单元式居住建筑与公寓式居住建筑等。在城市，多为单元式与公寓式居住建筑；在城郊及村镇则以单层集合式与独立式居住建筑为主。尽管居住建筑的形式各有不同，但居住建筑空间环境却遵循着相同的设计原理。

图1-2 居住建筑住区环境

1.1.2　居住建筑的构成关系

作为居住建筑来说，它通常是由一套或多套组成一个单元，然后由多个单元组成一幢居住建筑的。因此"套"或"户"就成为组成各类居住建筑的基本单位。人们居住在这个基本单位内的每一行为模式即生活活动的内容与生活方式都要占用一定的空间范围，这个空间范围则是居住建筑内部空间组织的依据。若把其性质与特点都相近的行为组合在同一空间，形成具体的使用房间，这些房间按其特性即可归纳为居住部分、辅助部分、公共与交通部分、其他部分与室外环境等（图1-3）。而居住建筑空间中各个部分的构成关系与内容如下所述：

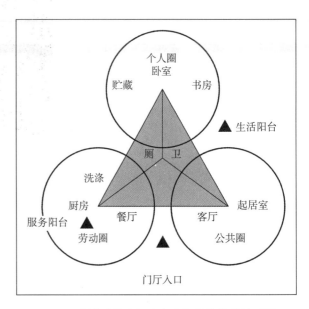

图1-3　居住建筑空间中各个部分的构成关系图

1. 居住部分

在不同家庭居住的生活环境中，居住部分无疑是其住宅的主体，它主要包括主次卧室与起居室等，这部分有时也被统称为居室，是居住建筑设计的核心内容，通常包括休息、起居、学习三个方面的功能，有时也将饮食与家务组织在居住部分之中。

2. 辅助部分

在不同家庭居住生活环境中，除了居住部分以外，还有许多对家庭居住生活起到辅助作用的空间活动场所。诸如餐室、厨房、卫生间等，另书房或工作间也可纳入这个部分，它们也都是居住建筑中极为重要的构成内容。

3. 公共与交通部分

在居住建筑中公共部分主要包括待客空间的客厅，而室内交通部分也属于其公共的范围，有户内交通与户外交通之分。其中户内交通是指套内各房间联系所必需的通行空间，户外交通是套与套及层与层之间相互联系的公共交通空间。户内交通一般是指过道、门厅与户内楼梯；公共交通一般分垂直交通与水平交通，垂直交通为楼梯、电梯等；水平交通为门厅、走道等。

4. 其他部分

居住建筑空间环境中的其他部分主要包括各种样式的贮藏空间，如果能合理地布置，可给住户的生活带来极大的方便，还可改善室内空间环境，提高人们的生活水平。其布置的原则是从有利于家具布置，不影响室内环境的使用，尽量少占建筑面积，存取方便等方面来考虑的。

5. 室外部分

居住建筑的室外空间是人在住宅这个人为环境里生活能与大自然联系的媒介点。虽然家庭生活中有许多内容要求在室内人为环境里展开，但有些内容却要求在室外环境中去进行，这样在设计中就要考虑为住户提供必需的室外活动空间与设施，诸如阳台、晾晒设施、庭院及户外活动场地等。

1.1.3　居住建筑室内环境设计的特点

基于未来社会经济发展给人们在物质与精神两个方面所带来的种种变化，居住建筑室内环境设计的特点将表现在以下几个方面：

1. 居住生活的舒适性

在居住建筑内外环境设计与建设中，其居住生活的舒适性是为了人们能够获得居住生活的舒适效果（图1-4）。为此，在设计中必须使居住建筑内外环境中不同的功能空间，既能相互联系又能保持各自的独立性。通常居住建筑室内空间在功能上分为公共、私密与家务工作三个部分，前者是外向开放性空间，包括门厅、起居室、餐厅等室内环境，应布置在住宅的入口处，便于家人与外界人员的接触；中者为内向封闭性空间，包括主次卧室、浴室等室内环境，应布置在住宅的深处，以保证家庭成员行为的私密性不受外界影响；后者是家务工作空间，包括厨房、工作间或书房等室内环境，应设在前述两类空间之间，使家务工作活动都能方便地进行。而居住建筑室外空间，

图1-4　居住生活的舒适性

主要包括阳台与户外庭园等室外环境空间，它们是居住建筑内外环境联系的纽带，并与居住建筑室内空间共同构成人们理想的居住生活环境。此外，在居住建筑内外环境设计中，除了在功能上要明确其各自的作用外，还需注意居住建筑的空间尺度要适宜，过小与过大都对人们的居家生活产生不利的影响；同时也是保证各个功能空间的私密性、获得居住舒适度的必要条件。另外，在楼内设置交往空间，也是增进邻里生活融洽，创造舒适生活环境的重要手段。

2. 居住空间的适应性

所谓适应性，就是在居住建筑内外环境设计中应注重技术与材料的发展、生活方式的改变及市场与客户的需求。其目的就是要使居住建筑内外环境设计能随着时代的演进而不断地发展，诸如高科技智能化和电视技术的广泛应用，使居住建筑内外环境不仅仅成为生活空间，同时也成为工作场所，人们将电话、电视、网络复合终端装置引入居住建筑内外环境，实现管理工作的自动化。居住在有电子装置住宅里的人，可以使用信息设施，直接参加工厂生产和办公室工作，同时现代生活服务的社会化，使得家务劳动和为生活服务的时间大大缩短，从而使住宅内的生活服务要求也随之发生根本性变化（图1-5）。所有这些均要求设计师在居住建筑内外环境设计中，要考虑住宅对未来生活与社会服务发展的适应特征。同时在住区环境设计与建设中，还要考虑市场的需求，既能适应不同经济收入、不同类型与不同生活模式家庭的需要，能为社会提供不同面积标准、不同平面与

图1-5　居住空间的适应性

类型的居住建筑内外环境，也能适应未来家庭结构变化给居住建筑内外环境设计带来的各种变化。

3. 居住环境的经济性

所谓经济性，主要反映在居住建筑内外环境设计与建设方面对土地与能源等资源的合理利用上。由于我国国情为人口多、资源少、土地紧张，在居住建筑的营造中就必须强调资源节约型经济与资源节约性消费，并努力使资源利用形成良性再生循环系统，使居住建筑在营建时，土地与能源等资源均能得到节约，以做到建设的经济性。节约土地是我国的基本国策，在居住建筑内外环境设计中的节地措施是合理地提高建筑密度。而我们提倡的是在保证具有良好居住环境条件下提高土地利用率，节约用地办法是：适当增加层数，加大建筑长度，合理降低层高，缩小面宽，北向退台，巧妙利用边角地，以及布置

东西向住宅等；另外，就是节约能源，主要包括节约供暖、水电等能源。而且还应充分利用自然资源，诸如太阳能、风能、地热能与沼气能等。由此可见，居住建筑内外环境设计与建设的经济性，必须建立在保护生态环境、合理利用自然资源以及所有费用分析与评价上，决不能是短期行为，也决不能将资源，特别是非再生资源在一代人身上用完，使后人处于资源贫乏的境地。

4. 居住行为的安全性

居住建筑内外环境设计与建设的安全性，主要可分为物质与精神、生理与心理两个方面的内容。其中物质的安全性表现在结构的安全、防火、防盗、防滑、防坠落等，而其结构安全应保证居住建筑结构的稳定性和抗地震力破坏的可靠性。防火疏散是高层居住建筑内外环境设计的重点，按不同等级安全要求保证底层疏散口的数量、疏散楼电梯的数量、消防电梯的设置、防烟室的设置、通风排烟措施等。关于防盗问题，要求户门安装防盗门，以及防止盗贼从住宅建筑的落水管、阳台、楼梯入口上部的雨篷等处攀爬入户。防坠落则需注意防护不周造成人体坠落、没有遮挡出现物品下坠伤人事件的发生。精神上的安全性，则重点表现在防止视线干扰与噪音干扰，给住户带来心理上的不安全与不舒适感等。

5. 居住建设的整体性

居住建筑内外环境设计与建设的整体性，是指居住建筑与住区环境内部包含的设备、设施、管线、家具、装饰等综合设计与配套方面的协调。其注意的重点是厨房与卫生间，因为在那里，人们的活动频率较高，设备设施管线多而复杂，必须采取配套、综合、隐蔽的原则进行处理；其中配套是指设备自身与设备之间纵向系统配套和横向系统配套。前者为单件品种产品自身的档次水平的提高与完善，如厨房的灶具台、操作台、水池台、吊柜、橱柜等，卫生间内的洗浴器、坐便器、盥洗器等设备自身系统的完善。后者为产品之间的配套性与统一性。它表现为厨具、洁具的档次及其协调统一性，五金件、塑料配套件的档次及其与基本件配套组装后的协调统一性，墙面材料、地面材料的档次及其与厨具、洁具的配套协调效果，厨房灶台面、操作台面、洗池台面与吊柜、灯具，卫生间洗池台面、镜子、灯具、吊顶等配套材料的档次及其与整体装饰的配套协调效果的处理等；综合则是指设备与管线、管线与管线之间的配合，要采取统一设计、统一协调、统一施工的方法；隐蔽则是为了使居住建筑室内环境整齐、美观，并便于安装与维修管理。

6. 居住技术的科学性

居住建筑内外环境设计与建设的科学性，则是为了有效地改善居住建筑内外环境的性能，提高人们居住的舒适度，它一方面表现为推广应用新技术、新材料、新工艺、新设备，并不断配套完善。推广应用"四新"的目的是为了提高住宅的功能质量，诸如在结构方面应用框架结构、剪力墙结构和大跨度预应力叠合楼板等；在墙体方面应用混凝土小型砌块、黏土多孔砖等；在轻质隔墙方面采用菱苦土水泥纤维轻质隔墙、膨胀珍珠岩空心条板隔墙、纸质蜂窝夹心木隔断、轻钢龙骨石膏板可拆装隔墙、移动式组合家具隔断等；在厨卫设施方面，选用成套厨具和配套的排油烟机、变压式排油烟道、成套洁具和配套的淋浴盘和洗衣机盘等；在门窗方面采用多功能户门、推拉门、折叠门、阳台落地窗、塑钢推拉窗等；在给水排水方面选用铝塑管、塑料排水管、立式排水接头、多功能地漏等；在防水方面应用改性沥青防水卷材、聚氨酯防水涂料及配套材料等。另一方面就是要进行科学研究，使成果能转化为生产力，从而提高居住建筑内外环境的智能化水平。

7. 居住形态的地域性

居住建筑内外环境设计与建设的地域性是指在设计造型、立面、色彩与细部等方面的处理，它是居民直观感受最多最强的部位。因此在居住建筑的设计创作中，需要注意它与当地的地理条件、生活习俗、文化传统等方面的关系，使其造型更具个性化的特色。诸如苏州的桐芳巷居住小区及建在旧厂区内的武汉万科润园住区内外环境设计，就明显具有上述两个城市各自独特的地域及文化特色（图1-6）。而我们在汉口里弄——如寿里住区的建筑内外环境规划设计中，为了重塑具有"汉味"里弄旧城住区的地方特征，在提出其更新改造设计的指导思想中，就强调了维护如寿里建筑与住区环境的传统风貌，保留具有地方特色的里弄建筑，更新改造危旧房屋，改善住区环境质量的设计理念，使"汉味"里弄旧城住区居住建筑内外环境设计与建设能够表现出浓郁的地方特色和文化意蕴来。

图1-6 居住形态的地域性

1.2 居住建筑室内环境的设计原则

1.2.1 基本原则

进行居住建筑室内环境设计，需遵循实用、安全、经济、美观的基本原则。

1）居住建筑室内环境设计，必须在确保建筑物安全的条件下来进行，不得任意改变建筑物承重结构和建筑构造。

2）居住建筑室内环境设计，不得破坏建筑物的外立面，若开安装孔洞，在设备安装后，必须修整，以保持原有建筑的立面效果。

3）居住建筑室内环境设计，应在住房面积范围内进行，不得占用公用面积进行装修。

4）居住建筑室内环境设计，在考虑客户的经济承受能力的同时，宜采用新型的节能型和环保型建筑装饰材料及用具，不得使用有害人体健康的伪劣建筑饰材。

5）居住建筑室内环境设计，应贯彻国家颁布、实施的建筑、电气等设计规范的相关规定。

6）居住建筑室内环境设计，必须贯彻现行的国家和地方有关防火、环保、建筑、电气、给水排水等标准的有关规定。

1.2.2 装修原则

依据2000年6月原建设部住宅产业化促进中心编制的《国家康居示范工程建设技术要点（试行稿）》，其居住建筑室内装修的原则包括以下内容：

1）居住建筑室内装修必须坚持专业化设计和专业化施工的原则，并由小区物业管理机构统一组织设计、施工，进行有序的一条龙服务。

2）示范工程中1A级住宅的厨房、卫生间要求达到一次整体装修到位；2A级住宅除厨房、卫生间一次整体装修到位外，还要求对居住建筑室内其他房间进行有住户参与的菜单式装修；3A级住宅应做到全部房间一次性装修到位。

一次装修到位的居住建筑，必须合理确定装修档次，避免入住后的再次更换。

3）居住建筑室内装修部品应尽量做到工厂化成批生产，成套供应，现场组装，减少现场手工加工作业，以节约材料，缩短工期，保证质量。

4）居住建筑室内装修应选择对人体无害的环保材料。厨房、卫生间地面、墙面、饰面材料应达到防水、防潮要求。铺地材料应具有防滑耐磨特性。

5）居住建筑室内装修不得损坏建筑结构，不得损害煤气管线和强弱电干线。吊顶中的电线必须采用绝缘套管保护。装修荷载不得超过设计承载力。

6）居住建筑室内装修时，电器和照明配线必须暗埋，并留出接线盒或插座。上下水管必须安装到位，以便就近连接。

1.2.3　适应原则

居住建筑室内环境要适应家庭生活的变化，要适应社会发展的变化，并以建设、设计、施工过程中的住户参与及对居住建筑设计体系应从多种用途的灵活空间、弹性使用、弹性区划的概念进行设计，让居住建筑的营造及使用尽量变成有自行进行内部调整变动能力的住宅，找出适应住户生活变化的基本规律，以把握住户家庭生活的发展与变化。这些基本规律包括以下内容：

1. 使用功能的变化周期

居住建筑室内环境空间主体结构设计年限为50年，而居住使用功能变化周期约10~25年，而社会在发展，家庭生活也在发展变化，这就要求居住建筑室内环境需适应其家庭生活的变化规律。

2. 家庭生命的循环周期

从家庭组合到解体的各个阶段一般约30~60年。在家庭生命循环周期的各个阶段，对居住建筑室内环境的要求各不相同（图1-7）。特别在空间组合上应进行进一步的研究。

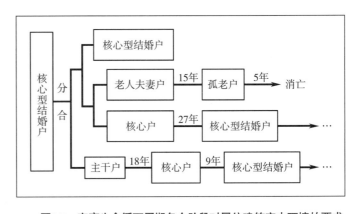

图1-7　家庭生命循环周期各个阶段对居住建筑室内环境的要求

3. 家庭生活年循环周期

家庭生活随着季度的变化会对居住建筑室内环境产生不同的需求，如冬季要取暖、保温、日照和避风等，夏季则希望通风，遮阳、隔热和降温等，春秋季介乎两者之间，也具有不同的要求。

4. 家庭生活周循环周期

人们一般除8小时工作和上下班往返的时间外，大部分是在居住建筑室内环境里度过。为此，在节假日居住建筑室内环境往往增加了团聚、会客和家宴等功能。在一周内会出现工作日与休假日，并且以周为单位呈现循环变化的规律。

以上适应原则都是居住建筑室内环境设计中需遵循的，以适应新设计观的发展需要。

1.2.4　可变原则

居住建筑室内环境对家庭动态的适应一般分无工程措施调整和有工程措施调整两类。前者有用途、空间、支配权和住户调整四种，后者分改建、扩建和加建三种。

1. 用途调整

是对现有居住建筑室内空间在功能使用上作改变或交换，一般适用于年循环和周循环中的临时或短期的调整。如冬季住南屋、夏季住北屋等。

2. 空间调整

是指居住建筑室内空间由于某种需要而调整空间的大小、形式、设施、装修，或调整房间的排列组合等（图1-8）。这种调整常可适用几年或十几年，因此多用于家庭生命循环周期的需求，适应使用功

3. 支配权调整

是将现有居住建筑室内空间中相邻单元空间之间的使用权作转换，以达到调整空间的目的。如目前大量建造1梯3户的单元，由于居住建筑需求的改变，可以改成1梯2户，反之亦然。

4. 住户调整

即指迁居或更换住宅，这是家庭循环周期变化所采取的主要方式，这种方式国外也较为流行，美国每5年就有20%住户搬家。他们迁居是因为收入变化、工作或工作地点变化和喜欢变换环境，提高舒适要求等。

5. 旧房改造

即指对厨房、卫生间等设备用房进行增设和改造，空间的重新分隔以及设备和装修的现代化等。即需要重视旧住宅的改造，一是从内部功能质量和外部环境上进行改造；二是注意传统风格和历史文脉的继承。

6. 扩建和加建

居住建筑室内空间首先需具有可以进行扩建和加建的基础条件，并需要考虑扩建和加建的可能性。否则，扩建和加建就会在安全性和使用上出现问题。

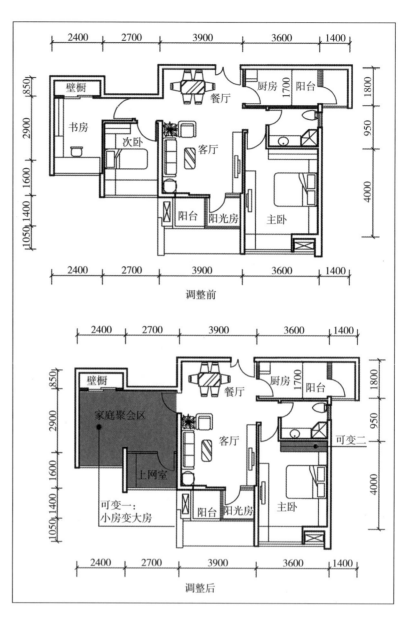

图1-8 居住建筑室内空间环境应具有可调性

1.3 居住建筑室内环境的设计要点

1.3.1 空间计划

居住建筑是以户为单位的，合理的空间布局是室内环境设计的基础。空间的位置组合；顺畅的交通流线；恰当的朝向；光照通风是居住建筑室内环境空间设计的重要因素。根据居住建筑功能的需要，其室内环境空间常被划分为动和静两个部分，而不同性质的空间存在着相互联系的关系。这里着重从其平面与立面设计来进行分析，它们分别为：

1. 平面设计

居住建筑室内环境平面设计是空间计划的基础工作，它主要包括室内环境的功能分区和交通流线两个部分的设计内容（图1-9）。其中：

功能分区是指对居住建筑室内环境平面空间的组成以家庭活动的需要为划分依据，如今，居住建筑的功能早已由过去单一的就寝和吃饭，发展成包含休闲、工作、清洁、烹饪、储藏、会客和展示等多种功能为一体的综合性空间系统。并且内部各种功能设施越来越多，对其进行功能分区可使室内环境平面空间的使用功能更趋科学化。而在功能分区中，室内环境平面空间的动静分区是否合理显得尤为重要，室内环境设计应在原居住建筑平面设计图的基础上进行适当调整，以形成既顺畅又科学的室内环境平面布局（图1-10）。

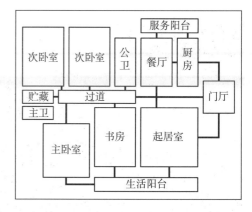

图1-9 居住建筑室内空间环境功能关系分布

交通流线是指室内各个功能分区及内外环境之间的联系，它能使家庭活动得以自由流畅地进行。交通流线包括有形和无形两种。有形的是指门厅、走廊、楼梯、户外的道路等；无形的是指其他可能供作交通联系的空间。在室内环境设计时应尽量减少有形的交通区域，增加无形的交通区域，以达到空间的充分利用和自由、灵活的效果。

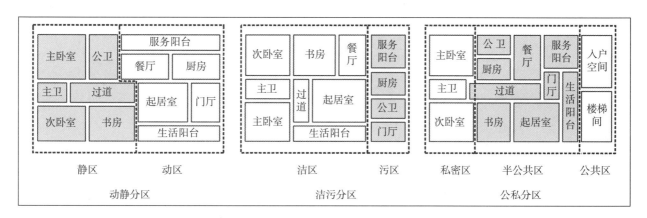

图1-10 居住建筑室内空间环境的各种功能分布关系

2. 立面设计

居住建筑室内环境立面设计是指围合室内空间的垂直墙面，它包括以墙为主的实立面和介于天花板与地板之间的虚立面，是多方位、多层次，有时还是相互交错融合的实与虚的空间立面设计内容。其一包括对居住建筑室内环境贮藏、展示的空间布局；其二包括对居住建筑室内环境通风、调温、采光、设施的处理。在手法上可以采用隔、围、架、透、立、封、上升、下降、凹进、凸出等手法以及可活动的家具、陈设等，辅以色彩、材质、光照等虚拟手法的综合组织与处理，以达到空间的有效利用。

1.3.2 各类用房

1. 居住部分的设计

居住部分是其室内环境设计的主体，主要包括主次卧室与起居环境等，其设计要点为：

（1）卧室设计 卧室又称寝室，是供家人睡眠与休息的空间。主要分为：主卧室、次卧室及来宾用房（图1-11）。其设计要素虽略有区别，但设计处理上又多有相同之处。

1）主卧室是居室主人的生活空间，必须以求取高度的私密性与安宁感为根本基础。主卧室的功能比较复杂，一方面它必须满足休息与睡眠的基本要求；另一方面它必须合乎休闲、工作、梳妆与卫生保健等综合需要，依据这样的要求，主卧室又可分为睡眠、休闲、梳妆、盥洗、贮藏等不同的活动区域。另外由于居室主人睡眠模式的不同，主卧室又可分为"共享型"和"独立型"两种布置形式。前者是共用一个空间来休息，选用双人床或者对床；后者则是以同一区域的两个独立空间来处理，即布置两个单

图1-11　卧室室内空间环境
a）主卧室　b）次卧室及来宾用房

人床，以此减少相互干扰。

2）次卧室是子女或老人居住的空间，若作为子女卧室，则应根据子女成长的年龄，将其粗略地分为婴儿期、幼儿期、儿童期、青少年期和青春期五个阶段来考虑，并依据各年龄阶段生理与心理需要的不同，在安排卧室睡眠区时，应赋予适度的色彩。在布置卧室学习区时，书桌前的椅子最好能调节高度，以适应不同生长阶段中人体的需要。并可根据子女的性别与个性，配置相应的家具与陈设物品，使其能在完善合理的环境中实现自我表现和发展。

若次卧室是老人卧室，就应考虑老年人有一种追求稳定与凝重的性格特征，加上他们在心理与生理上的一些变化来综合安排与布置，尤其注意要使其居住的卧室内有充足的阳光。家具与陈设上也应尽可能地结合老年人的生活特征，并尽可能地以古朴、厚重的手法来设计，以为他们营造一个健康、亲切、舒适而优雅的环境。

（2）起居室设计　起居室是供居住者会客、娱乐、团聚等日常起居活动的空间，也是家庭活动的中心及使用频繁的居住空间场所。从原则上来讲，起居室宜设在居住建筑的中心，并接近主入口。同时，起居室应保证良好的日照，并应尽可能地选择室外景观较好的位置，这样就不仅可以充分享受大自然的恩赐，更可感受到视觉与空间效果上的舒适与伸展（图1-12）。

图1-12　起居室室内空间环境

在居住建筑室内环境中，起居室往往扮演着最引人注目的角色。当宾客来访之时，起居室展现出的欢乐与喜悦气氛常常胜过千言万语。它是主人身份、地位与个性的象征。起居环境是居住建筑内部环境中的对外空间，在其间下一番工夫安排家具与重点陈设物品是非常值得的，整个居室的居住文化品位正是通过这里向外人展现，所以起居空间就常常成为人们家庭居住环境装饰美化的重点。正是这样，起居室的布置应能体现出使用功能和精神功能的和谐统一，直至获得最佳的实用价值与艺术效果。

2. 辅助部分的设计

辅助部分是对家庭居住生活起辅助作用的空间活动场所。如餐厅、厨房、卫浴间等，其设计要点为：

（1）餐厅设计　餐厅是居住建筑室内环境中的重要活动场所，它不仅是家人日常进餐的地方，也是宴请亲朋好友、谈心与休息的位置（图1-13）。它多居于厨房与起居室之间，这样就可同时缩短膳食供应与就座进餐的交通路线。当然在具体布置中则充分取决于每个家庭的生活与用餐习惯了。除了较为固定的日常用餐场所外，亦可随时随地按照需要布置各种临时性的用餐场地，诸如在阳台上、火炉边、树荫下、庭园中等都不失为颇具情趣的用餐场所。

图1-13　餐厅室内空间环境

在餐厅设计中，布置的家具主要有餐桌、餐椅、食品柜等，应简洁、清新而有趣，有助于创造轻松愉快的气氛，增进就餐的情趣。在进行餐厅设计时，重点应放在其光线的调节与色彩的运用上。若对其造型风格的挑选，一是要考虑餐厅或用餐区位的空间大小与形状；二是要考虑其家庭用餐的习惯。另外餐厅的地面要便于清洁，同时还需要有一定的防水和防油污特性。可选择大理石、釉面砖、复合地板及实木地板等，做法上要考虑污渍不易附着于构造缝之内。而摆设优雅整洁的餐厅不仅可产生赏心悦目的视觉效果，更可提高就餐环境的空间品质。

（2）厨房设计　厨房是居住建筑室内环境中专门处理家务膳食的工作场所，现代化的厨房应具有齐全的洗涤、调整、烹调、储藏的性能与高效、方便、多用途的功能，并具有防污、防水、防潮、防锈、隔热、排烟、除尘、密封、通风等高标准的卫生质量和尺度适宜、布局合理，充分利用空间、优化空间的整体效果（图1 14）。此外，还应以现代厨具系统替代旧式厨具，从根本上改善厨房的工作环境。正是如此，洁净、舒适、美观的现代化厨房环境如今已成为众多家庭追求高质量居家生活不可缺少的因素。

在现代居住建筑室内环境中，每户独用的厨房内应设置灶台、操作案台、洗涤池台、贮物柜、电冰箱、壁龛、搁板及排气通道。而在厨房内联系最频繁、操作最集中的部位是水池、灶台和操作台。在规模较大的厨房内，可在厨房的贮藏区增加冰柜，洗涤区增加洗碗机与垃圾处理区，烹调区增加烤箱与微

图1-14 厨房室内空间环境

波炉等。而就现代居住建筑内的厨房来看,其平面形式有单排、双排、L形、U形等,一般厨房还应通过外窗获得良好的自然采光,并需组织单独的自然通风,以尽快排除油烟、煤气、灰尘等,在炉灶上方还应设抽烟机或排气扇等,使之能直接排除油烟。在排气方面还应尽可能地防止串气、串声、油污周围环境的污染发生。随着厨房环境能源问题的改善,尤其是厨房环境设计科研工作的进展,作为现代化象征的厨房环境势必会越来越好,并成为家庭中最可爱、最高贵的部位之一。

厨房内应设有合理的照明设施,以便为操作台面提供有效明亮的灯光,这对自然采光不足的厨房来说更是至关重要的。厨房墙面容易弄脏,应选用易去污的瓷砖、油漆来处理,地面应坚固、耐磨、防水、抗油的渗透与酸碱的侵蚀等。厨房还要注意防火及垃圾的及时处理,以保持人能在其内愉快地操作,使之具有浓郁的家庭生活氛围。

(3)卫浴间设计 在居住建筑室内环境中,随着社会的进步,人们对卫生行为空间与卫生设施的要求逐步提高(图1-15)。卫浴间设计是现代社会文明的一种反映,它是家庭生活卫生与个人生理卫生的专用空间。它围绕着家人的洗浴、便、洗面化妆、洗涤四项基本卫生活动,分别组成不同功能的活动空间。从而对居住建筑室内环境设计提出了更高的要求,并使卫浴间的设计能够成为文明型居住空间环

图1-15 卫浴间室内空间环境

境设计的重点。

卫浴间的设备布置,通常与居住建筑室内环境的等级标准、生活水平及生活习惯有关。标准不高的

居住建筑，在卫浴间内只设置大便器（或蹲位）和淋浴（可采用移动式浴盆或装置淋浴龙头）洗脸盆可利用厨房进行。在标准较高的居住建筑，卫浴间内设置有大便器、浴盆、脸盆三大件，并在卫浴间内设置洗衣机，为此可适当增加面积与设置电源插座。当然也有不少家庭在卫浴间内不设浴盆，改设淋浴房来满足洗浴的需要。

从环境方面来考虑，卫浴间应具备良好的通风、采光及取暖条件，在照明上应采用整体与局部结合的混合照明方式，有条件的话对洗面与梳妆部分应以无影照明为最佳选择，并组织好进风和排气通道。卫浴间的地面与墙面也应考虑防水，为防止其地面的水流进房间，其地面还应比整套住宅的地面低30~60mm。从未来发展趋势来看，居住建筑室内环境中最好设置2个卫生间，一个专供主人使用，另一个供家人与来客使用。此外卫浴间的设计还应具有超前意识，并提高设计标准，以便给卫浴设施的发展变化提供条件。卫浴环境除了上述基本设备外，还应配置梳妆台，用来存放浴巾、内衣、内裤及清洁卫生用品的贮物柜，躺椅，体重器，室内健身器等设施，但必须注意所有材料的防潮性能和表现形式的美感效果，以使卫浴环境能成为优美实用的空间场地。

（4）书房或工作间设计 书房或工作间是人们进行阅读、书写、学习与进行工作研究及某种业务的操作场地，能拥有一间独立的书房或工作间，是许多人美好的梦想。随着人们居住环境的改善，如今

图1-16 书房或工作间室内空间环境

这个梦想正逐渐成为现实（图1-16）。

书房或工作间设计，应保证能有一个相对独立和安静的环境，通常独立型书房或工作间的布置，应根据使用者的个性、习惯、爱好与职业特点来布局以使其在此学习与工作能获得更好的效率。书房或工作间中的主要家具为写字台、工作台、座椅、书柜、书架与陈放工具储藏柜。开放型书房或工作间的布置，则需考虑与其相结合的其他房间将有的功能要求，一般选在居住空间某个房间的某一角，使其既节省空间又不破环其他房间的整体效果。另外青少年使用的书房则可与他们的卧室结合在一起来考虑，其家具的配置最好能适合他们身体发育的需要，并能随着时间的推移在尺度上能逐渐进行调整。此外在格调上还可考虑适应他们成长的需要，尽可能布置的活泼、大方、充满朝气与幻想来使他们在这个空间中能快乐地成长。

3. 公共与交通部分

交通部分是指居住建筑室内环境中各房间联系所必需的通行空间，诸如门厅、走道、楼梯等，其设计要点为：

（1）门厅设计 门厅是居住建筑不可缺少的室内空间（图1-17）。作为居住建筑室内环境空间的

起始部分，它是外部（社会）与内部（家庭）的连接点。所以，在设计中必须要考虑其实用因素和心理因素。其中应包括适当的面积、较高的防卫性能、合适的照度、益于通风、有足够的储藏空间、适当的私密性以及安定的归

图1-17　门厅室内空间环境

属感。门厅的设计需醒目且具有强烈个性，在空间组织上应充分结合住宅本身的结构特征予以强调。由于门厅在室内环境中所占面积很小，往往只能满足联系其他房间的交通作用，这样如何利用有限的空间既能保证进出交通的畅通，又能设置进出必须物品的陈放家具就显得非常重要了。门厅只有鞋柜是不够的，应将外出时使用的物品基本上都存放在门厅中，这样不仅方便，也更为卫生。另外门厅处的照明设置也非常重要，应使主人能够看清来人而不至于发生误会。

（2）客厅设计　客厅是家庭进行社交活动的重要场所，也是居住建筑室内环境中的外向型空间，属于"动态"的公共部分，经门厅的引导而入，这里是能充分反映出居住者的生活水准和文化内涵的地方，其设计风格具有"主旋律"的效果（图1-18）。从其功能与装饰特点来看，客厅是居住者与来宾进行交流的场所。同时它又是居住建筑室内环境中的交通枢纽，在装饰中必须对建筑室内空间本身进行充分的分析，确立一个中心位置，从而实现风格上的统一。客厅主要是活动空间，各种家具需要进行有机

图1-18　客厅室内空间环境

地布置，以求得平衡和稳定。居住建筑室内环境中的客厅可分为以下类型：

1）开敞式客厅。往往在一个大空间中会聚了客厅、餐厅、书房或起居室等功能。开敞式客厅给人以空间开阔，动线流畅的感觉。处理好相对的动、静关系，主、次关系以及整体的协调统一感是设计此类项目的要点所在。

2）独立式客厅。是在房间布置时设有专门用来会客的空间。在交通流线上往往为末端空间，不同于开敞式客厅，它是进入各个房间的交通枢纽。独立式客厅适用于大型的住宅，面积要求高，可容纳的人数多。设计重点在于座椅区域的区分与搭配，还有艺术品的相应配置。

3）兼用式客厅。由于居住建筑室内环境面积不足，没有专门的谈聚空间，往往与餐厅或起居室共处同房间，故在设计时要注意处理好相互间的关系及家具的灵活布置设计。

（3）走道设计 走道是室内环境空间与空间在水平方向的交通联系方式，也是此空间向彼空间的必经之路，因而引导性显得尤为重要，引导性是由其界面和尺度所形成的方向感受来决定的（图1-19）。设计师通过这类部位来暗示那些看不到的空间，以增强空间的层次感和序列感。常见的走道平

图1-19 走道室内空间环境

面有I形、L形与T形三种形式。

走道设计应考虑室内环境中家具搬运所需的空间尺度。一般情况下，通往卧室、起居室的过道净宽不宜小于1m，通往辅助用房的过道净宽不应小于0.8m，过道在转弯处的尺度应便于搬运家具。走道中的照明应符合整体感，灯光布置要追求光影形成的节奏，并结合墙面的照明来消除走道的沉闷气氛，以创造出生动的视觉效果。

（4）楼梯设计 楼梯是室内环境空间之间垂直方向的交通枢纽，因属于垂直方向的扩展，所以要从结构和空间两方面来设计（图1-20）。一般跃层居住建筑中，楼梯的位置是沿着墙或拐角设置的，这

样可以避免浪费空间。而在别墅或高级住宅中，它又成为表现其室内环境整体气势的手段，带有心理暗示功能。常见的楼梯的形式有直跑型、L形、U形和旋转型四种。

图1-20　楼梯室内空间环境

　　楼梯设计应考虑人们在垂直方向的交通方便，其宽度可根据需要来定，多为0.75m左右，踏步高度在0.15~0.2m，踏步面宽在0.2~0.25m。跃式住宅，户内往往设有上下楼梯，而户内楼梯的梯段净宽，一边临空时不应小于0.75m，若两边为墙面时，不应小于0.9m；户内楼梯的踏步宽度不应小于0.22m，高度不应大于0.2m，扇形踏步在内侧0.25m处的宽度不应小于0.22m。楼梯踏步应考虑耐磨、防滑和舒适等要素。材料可采用石材、复合材料、实木或地毯。楼梯栏杆起着围护作用，以确保上下时的安全。其高度为0.88m左右；纵向密度要保证三岁以下儿童不至由其空隙跌落，横向间空隙为0.11m；强度则要求能承受180kg的推力。

　　楼梯扶手是与人亲密接触的部分，它是老人和儿童的得力帮手。设计上要符合人体工程学的要求，又要兼顾造型和比例。应选用触感亲切的材质，转弯和收口部分要特别精心设计，常常结合雕塑或灯柱等富有表现力的构件来产生精彩的视觉效果。

　　4. 其他部分的设计

　　其他部分主要是指居住建筑室内环境中的各种样式的贮藏空间，诸如壁柜、壁龛、贮藏间、搁板与吊柜等（图1-21），其设计要点为：

　　（1）壁柜　在居住建筑室内环境中，壁柜是居住环境中贮藏物品最大的空间，在卧室中主要用来存放衣服被褥等，因衣服是悬挂和平放的，所以壁柜内的分格应合理，并设推拉门利于存取；位于厨房、卫生间、过道等辅助和交通部分的壁柜，多用来存放杂物、食品与炊具等，并可依情况考虑设门与否，而壁柜的净深应不小于0.45m。

　　（2）壁龛　壁龛是在墙身上留出一个空间来做贮藏设施，由于其深度受构造上的限制，故通常墙边挑出0.1~0.2m来，壁龛可用来做碗柜、书架等，这是住宅中常采用的一种贮藏方法。

图1-21 居住建筑室内环境中的各种样式的贮藏空间

a）壁柜 b）壁龛 c）贮藏间 d）搁板 e）吊柜

（3）贮藏间 对于一些标准较高的居住建筑室内环境可安排单独的贮藏间，它是专门存放箱子或其他物品的，可做成暗室，但需注意防潮。另贮藏间还需设在较隐蔽的位置，尺寸应考虑存放物品的大小来安排。

（4）吊柜与搁板 吊柜与搁板主要是利用距地2m以上的靠墙上部隐蔽空间，深度可视贮藏用途而定，一般在0.6m左右。吊柜与搁板主要可存放一些不是经常取用的物品，由于是利用上部空间，结构下部净高要保证家人通过的需要，故不宜小于2m的高度。

5. 室外部分的设计

室外部分主要是指与居住建筑外部及内外环境相连的空间，诸如阳台、晾晒设施、庭院及户外活动场地等，其设计要点为：

（1）阳台与晾晒设施 阳台是居住环境中仅有的户外活动空间，颇受人们的喜爱，它能给人们带来许多便利与舒适（图1-22）。如在阳台上可种植花卉及观赏性植物来陶冶家人的性情，同时起到美化环境，改善居室空间的作用；阳台经过改装，还能成为人们户外休息、交谈、甚至就餐的场所；晾晒衣被的设施也需以阳台为依托而牵拉出去，正是如此阳台才成为人们居家生活中极为重要的组成部分。

图1-22　阳台与晾晒设施

阳台的形式可分为凸阳台、半凸半凹阳台与假阳台等形式，许多地方由于天气寒冷，常用玻璃将阳台封闭起来而形成日光室，使之既能接受日照又可避免风寒的侵袭，无疑是种受到普遍欢迎的处理手法。另封闭阳台还可作为室内面积使用，进深较大时，可起到小卧室或书房的作用。

阳台的晾晒功能则需要增加一些附属设施，如晾晒架（有固定与伸缩两种）多安装在光照一侧的阳台，若遇临街面则需移到北面安装，以免影响街道环境的整体景观效果。

（2）庭院及户外活动场地　庭院及户外活动场地是泛指一切设置在居住建筑四周地面的活动空间，它可区分为起居庭院、休闲庭院与游戏场地等形式（图1-23）。其中起居庭院宜设于起居室与餐室的邻接空间，基本设施可以户外和用餐家具为主，使其成为户内空间向户外的延伸部分。休闲庭院则多设于卧室外侧，为家人生活向户外的延伸空间。这样两种形式的庭院，多为居住在一楼和独栋居住建筑的家庭所拥有。游戏场地即可设在独栋居住建筑周围，也可设在整个居住小区的某个地域，以供家人及整个居住小区居住的人们在此进行娱乐、健身等活动的开展。

图1-23　庭院及户外活动场地

庭院及户外活动场地，原则上来说应以露天为主，但为了适度调节阳光，也可部分采用遮盖设施。这一方面可利用延伸屋顶与树阴，另一方面也可根据需要设置遮阳凉棚与伞具。此外在户外活动场地，还可建设一些亭、廊等环境艺术小品，以为整个居住小区环境美化增添光彩。此外一些别墅式的居住建筑，如果建设标准较高，还可在户外设游泳池、网球场等设施，以使家人能更好地享受阳光、空气，在美好的自然景色中获取幸福的生活。

1.3.3　装饰风格

居住建筑室内环境的装饰风格，需要从现代美学原理出发，在居住环境空间陈设上进行整体效果的把握，以提高居住环境的视觉美感；同时，就是要结合自己的身份、地位、素养与时空特性，表现出其独特的居住环境装饰个性与特色。归纳起来看，现代居住环境的装饰风格主要有下列内容：

1. 传统风格

这种风格又可分为中国传统风格与西方古典风格两种样式，前者以中国传统的居住环境装饰风格为蓝本，多采用木质雕花、彩画、木柱、藻井、漏窗等装饰艺术语言，并用传统家具的样式，灯具多用极富传统特色的灯饰，并陈列有名人字画、古董古玩、盆景花卉等饰品，给人以古朴、雅致、端庄的印象。例如武汉南湖宝安·山水龙城三期中式别墅"中国院子"，即借鉴苏州传统园林的造景手法，营造"宅中有院、院中有园"的多重院落空间，层层递进，其建筑室内环境既营造出多功能的居住空间满足户主对私密性的需求，又实现了人们亲近自然的精神回归和独特品位象征及身心的归属之所，展现出传统文化风格的文化魅力（图1-24）。西方古典风格主要以意大利的"巴洛克风格"与法国的"洛可可风格"等为代表，也有选用"新古典风格"与"阿拉伯风格"来装饰居住环境的，但以前两种最常见。

图1-24　武汉南湖宝安·山水龙城三期中式别墅"中国院子"居住建筑内外环境中的中国传统装饰风格

2. 现代风格

这种风格又称之为国际风格，它比较重视居住环境的使用功能，强调居住环境的布置应按功能分区的原则进行，家具与陈设物品应与空间密切配合。并主张废弃多余、烦琐的附加装饰，使得居住环境更加简洁、明快，一扫过去的陈旧面貌，从而使居住环境呈现出清新宜人的装饰韵味，适合于现代都市人的审美要求。例如美国建筑师迈耶的作品多以白色为主，平屋顶，没有古典的装饰穿插（图1-25）。装饰性的架了增加了体形的张力，并赋予居住建筑空灵感；开窗不拘泥于楼层的分割，自由灵活的开窗与实墙面形成丰富的虚实对比；室内空间也自由生动，具有强烈的现代流动感和地域风格特色。

3. 后现代风格

后现代风格的居住环境装饰，其特征在于兼容并蓄，即无论古今中外，凡能满足当今居住生活所需要的都加以采用，不怕混杂、不怕不纯。既要传统性也要大众性，并极力提倡多种装饰风格共存。这

图1-25　美国建筑师迈耶的别墅建筑

种装饰风格，使人感到空间组合复杂，完全突破了立方体、长方体的空间围合，呈多界面不清的状态，常利用隔墙、柱子、屏风等的设置手法来制造空间的层次感。例如美国后现代主义住宅室内空间设计，在进行创作时，出现"隐喻"、"装饰"和"文脉"等手法，在形式上突破现代主义单一标准的风格，更多地表现了地域文化、习俗，引向多元化风格。

后现代主义有一种现代主义纯理性的逆反心理，其风格强调建筑及室内设计应具有历史的延续性，但又不拘泥于传统的逻辑思维方式，探索创新造型手法，讲究人情味，常在室内设置夸张、变形、柱式和断裂的拱券，或把古典构件的抽象形式以新的手法组合一起，即采用非传统的混合、叠加、错位、裂变等手法和象征、隐喻等手段，以期创造一种融感性与理性、集传统与现代、糅大众和行家于一体的即"亦此亦彼"的建筑和室内环境（图1-26）。

4. 其他风格

（1）有机生态　以赖特设计的草原住宅作为这一风格最初的代表，强调了居住建筑与自然的有机联系及和谐关系，表现出对自然的尊重和与基地的配合，建筑材料多取自自然，如木材、毛石、红砖等。在造型上多将建筑缓缓地向大地展开。显示出在水平方向上极强的延展，建筑形式自由、构图也亲切。

随着"可持续发展"概念的深入人心，保护环境，节约自然资源，具有一定生态效用的低层住宅也逐渐出现。其表现为开发风力、太阳能等可利用的能源，自给自足地提供居住建筑所需的能源，同时在建筑中还使用

图1-26　后现代风格的居住环境装饰

了再循环技术，使建筑物不依赖公共设施。这类低层住宅常有许多设备，如太阳能接收器、风力发电设备等，成为造型元素，从而使居住建筑内外环境更具机器的某些特征（图1-27）。例如斯蒂文·约翰逊设计的森林别墅，其理念来自生态建筑观。别墅以完善的动态系统提供能量、热量和废弃物净化，使用者能够在自给自足的状态中自由地生活和工作，并不产生有害的废弃物。建筑以基地内产的木材构筑，不再使用时可以拆除并自然分解，以达到极高的环保与生态效应。

图1-27　低碳、再循环技术运用于居住建筑室内环境设计

（2）实验前卫　以模仿自然界复杂、随意的形态夸张地表现建筑生物性一面的居住建筑室内风格，它强调建筑的表现性。建筑在模拟生物形态或自然形态的过程中，不遵循任何法则地、随意地使用各种天然材料，如石材、木材、土坯等，并保持材料的原本特征和性质，有的作品中还会用通常很少使用的废料（比如渔网、旧塑料等）。例如巴特·普林斯为他父母设计的普林斯住宅，在继承了布鲁斯·高夫自然主义风格的基础上融入了生物形态的表现手法，使设计具有雕塑感和几何性以及鲜明的个性。住宅由三个相互重叠的圆组成，屹立于山坡之上，并俯瞰前面开阔的山谷。建筑底部用钢柱支撑蘑菇状的屋顶，建筑与自然融和为一个整体（图1-28）。

图1-28　巴特·普林斯（Bart Prince）为其父母设计的住宅

（3）智能技术　以当今高科技成果为基础，与居住建筑内外环境密切结合形成的设计风格。其中智能技术就是居住建筑中采用设计完善的各种技术设备，可以按照居住者的生活习惯和需要自动地、智

能地及时提供各种服务。如居住建筑中太阳能的利用、自动控温控湿、近远程安全防卫监控、电器设备的自动设定开启以及居住建筑中设备与计算机网络的自动联系等。例如英国的希望住宅中的光敏外部百叶窗为防止室内过热，排气口会自动打开，内部排气窗也会根据室内的温度变化自动打开或关闭，表现出一定的智能技术应用于居住建筑内外环境的设计特征（图1-29）。

此外，在各种居住环境装饰风格中还有诸多不同的装饰流派出现，这些都可根据居住环境家庭的不同，将居住环境分别处理成快乐天使型、活泼浪漫型、清新典雅型、华丽高贵型与古朴庄重型等形式，只要能够展现不同家庭及成员的个性与特点，居住建筑室内环境的装饰就有多种多样的风格与形态呈现出来。

1.3.4　家具配置

家具是居住建筑室内环境中体量最大的陈设物品之一，也是构成居住环境的重要组成部分。居住建筑室内环境中的家具按制作材料来分，可分为木制、竹制、藤

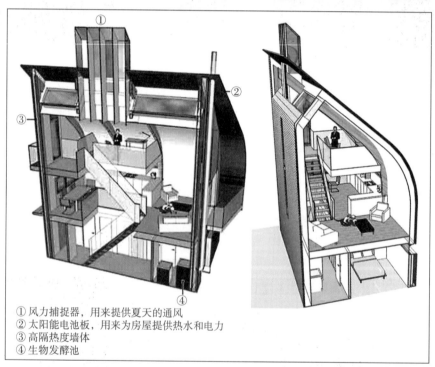

① 风力捕捉器，用来提供夏天的通风
② 太阳能电池板，用来为房屋提供热水和电力
③ 高隔热度墙体
④ 生物发酵池

图1-29　光敏与智能技术应用于英国居住建筑内外环境形成的设计风格

制、金属、塑料、软垫等类型；若按其结构的不同来分，又可分为框架、板式、拆装、折叠、支架、充气、浇注等类型；若按其使用特点的不同来分，还可分为配套、组合、多用与固定家具等类型。

居住环境中的家具布置，首先应满足人们的使用要求；其次要使家具美观耐看，就是必须按照形式美学的原则来选择家具；再者还需了解家具的制作与安装工艺，以便在使用中能自由进行摆放与调整。正是这样，在选购与制作居住环境的家具时要进行推敲，以确定出居住环境各个房间家具的种类与数量、款式与风格、体积与样式、陈设位置与格局等。另外家具的面积不要超过室内环境的三分之一，以为人们留下一定的活动空间（图1-30）。家具的造型要平稳、统一而有整体感，色彩要和谐，要使人感到亲切、温暖，并能够创造一种宁静、典雅的气氛出来。

图1-30　居住建筑室内环境设计中的家具配置

1.4　居住建筑室内环境的案例剖析

1.4.1　美国加利福尼亚Biltmore住宅

Biltmore居住区是一处坐落在Palm温泉区中心的由19户居民构成的聚落（图1-31~图1-33）。过去十年里，曾有一段城市恢复发展活力的时期，城市发展对如何保持中世纪的现代主义传统造成了不可避免的压力，同时先进的设计理念也考虑到了居住区持续扩张的现状。

图1-31　独立于在沙漠中的Biltmore住宅建筑外部造型及其庭院实景

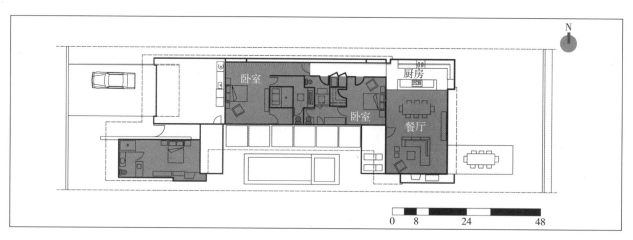

图1-32　Biltmore住宅建筑平面布置设计图

图1-33　Biltmore住宅建筑内部环境空间设计效果

Biltmore居住区在丰富的沙漠农耕景观现代设计中占有举足轻重的作用。在Palm温泉区的发展历史上，这些房屋是它不断发展的现代设计传统的一部分，就像Kaufman的房屋一样，Wexler和其他地方的房屋都努力体现着沙漠生活的本质。而Biltmore居住区的住宅设计以深远的悬垂檐口和天窗为特点，正如加州的沙漠景观给人们的吸引力一样，细致的外部庭院规划使San Jacinto山独特的景观得以落入视线。

居住在沙漠中总是得考虑到结合室外与室内的生活方式。持续的日晒和Palm温泉地区崎岖的地形让设计不得不考虑这些问题。通过一个"零基地范围"的策略，每家都位于地块的一侧，给每栋房子都留下了最大限度的室外空间。在室内，空气的循环沿着基地范围流通，使视线通畅同时隔声效果良好。越过了大面积玻璃墙在庭院的投影，所有的可居住空间，包括卧室，都尽量不与室外空间直接联系，从而降低了室内温度。

细致的规划设计使San Jacinto山的景色得以进入庭院，不论是从特定的窗户还是从每家的私人游泳池中都能够看到，这一点突出了加州沙漠的美景，也专注于保持那里独有的生活方式。

1.4.2　日本青井泽别墅

在日本度假胜地青井泽山林之中，坐落一幢造型优美、奇特，形如巨大贝壳状的别墅建筑，这就是青井泽山林别墅。放眼望去，其别墅建筑虽是后建于这里，但随着时间的推移，林中树木将逐渐把它环抱其中，并最终使之融入整个山林景观，成为这美丽绿色世界中最独特的一道风景（图1-34~图1-38）。

图1-34　隐藏在碧绿幽深度假胜地密林里的日本青井泽别墅建筑外部造型

青井泽山林别墅设计的理念是共存，即融于自然而又不被自然所淹没。设计师认为，别墅不应仅仅是为人们周末休息而打造的功能空间。它的终极目的是为了给人们提供更好的休闲体验和不同于都市的独特景观，即让人们最大限度的亲近自然。而建筑有时候甚至可以像现代雕塑一样，也可通过其独有的方式将周围的自然环境衬托出来。这座独立于山林荒野之中的住宅就体现出设计师的追求并予以实践，它犹如一个庇护所，不仅被优美的自然环境所包围，其坚固的结构与奇异的造型还为居于其中的人们提供温暖、舒适的居住环境。

图1-35　青井泽别墅建筑围合的内庭环境实景图

室内环境设计原理与案例剖析

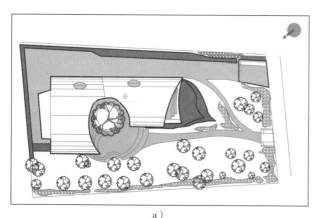

a）

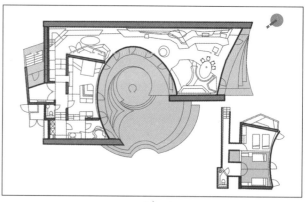

b）

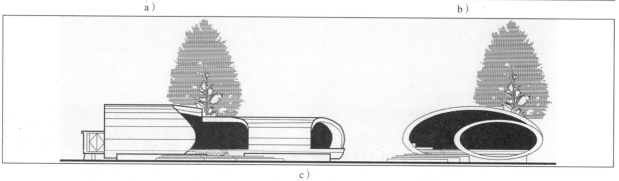

c）

图1-36　青井泽别墅建筑及周围环境设计图

a）总平面布置设计图　b）建筑内外环境平面设计图　c）建筑正侧立面设计图

图1-37　青井泽别墅建筑内部环境空间设计效果之一

32

图1-38 青井泽别墅建筑内部环境空间设计效果之二

从青井泽山林别墅来看，建筑采用悬浮式的设计，架空于地面1.4m处，从而很好地解决了林中防潮防霉等方面的问题。别墅建筑最初的造型方案是一个J形结构，J代表"Japan"，而弯钩的形状又类似日本海边常见的螺壳，因此被命名为"Shell House"。为了满足造型与结构的需要，建筑采用混凝土材料，其顶部厚度为350mm，墙壁厚度最厚可达750mm。而由两个C形相连的接合处被巧妙地设计成了一个天井，其中种植有杉树，以将自然环境完美地纳入室内。造型中较矮的C形结构体有一段自然地伸展在室外，设计师巧妙地将其作为别墅的户外露台。建筑屋顶开设有两扇圆形天窗，天气好的时候还可在室内享受日光浴，房屋的另一侧全部采用活动式落地窗，这样的设计不仅便于室内的通风，还可有效地节约能源。

青井泽山林别墅建筑室内设计的一大亮点是为了节省能源，别墅内没有安装空调设备，而是采用地热系统，在地板与房屋弧形底部的空间里安装了供热管道、除湿系统和0℃以下自行开启的解冻机，并可一年四季对房屋进行自动维护。另在室内设有先进的中央控制系统，只需三个按钮就可以调节别墅建筑内部所有的安全与服务配套设施。可见这幢位于密林深处的别墅，不仅建筑外部造型独具匠心，内部空间无疑也为居住者提供了周密、细致、高效与舒适的生活条件，以及面向自然的崭新生活方式。

1.4.3 澳大利亚维多利亚汤玛斯住宅

汤玛斯住宅位于澳大利亚维多利亚州，由Matt Gibson A+D设计事务所设计（图1-39~图1-43）。

这个住宅建筑及内外环境的设计，其构思主要在于使一系列构筑物都放置在这样一个整洁的平面开放空间中。这一系列构筑物看起来随意然而位置特定的几何形体精确地悬垂在地板上方和房间不同的功能区里，一条实用性的管道作为一个悬挑装置位于厨房上空，延伸入后方的居住空间，厨房料理台与起居室的书柜对立而置，在它们的背面则

图1-39 澳大利亚维多利亚汤玛斯住宅建筑内外环境实景图

是浴室。墙壁、天花板和木制器具都通过可移动的玻璃平面明显地延续了内部和外部空间，玻璃平面还扩展到了户外。这些装饰、日光、隐藏的门扉还有随机摆放的镜子使这些位于同一个空间的各类事物都具有独特个性，并发挥各自的功能。这些元素共同营造了一种没有边界和极限的空间感受。

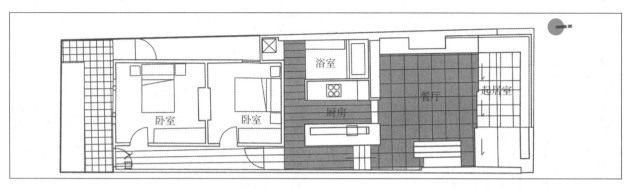

图1-40　澳大利亚维多利亚汤玛斯住宅建筑内外环境平面布置设计图

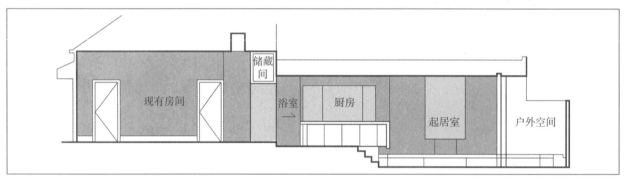

图1-41　澳大利亚维多利亚汤玛斯住宅建筑剖面设计图

图1-42　澳大利亚维多利亚汤玛斯住宅建筑内部环境空间实景之一

图1-43　澳大利亚维多利亚汤玛斯住宅建筑内部环境空间实景之二

　　在汤玛斯住宅房间内，几何形的天窗和从一定角度射进来的光线会给浴室增加生动的气息。另外，隐藏着的储藏间使房间整体更加整洁。

1.4.4 比利时布鲁日Loft居住生活空间

坐落于比利时布鲁日的Loft居住生活空间（图1-44~图1-46），是由Non Kitch设计公司Willian Sweetlove和Linda Arschoot对一家旧罐头生产厂房改造而成的，建成于1998年。

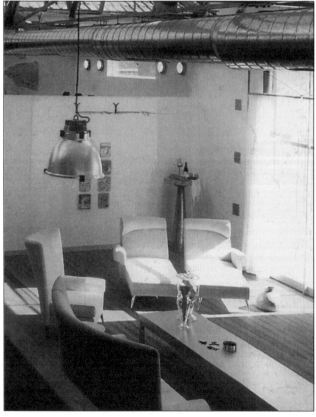

图1-44 Loft居住生活空间室内环境实景之一

Loft居住生活空间占用了三层空间，其中一大型中央空间为三层通高。围绕中央空间布置的夹层空间内设有厨房、餐厅、酒吧、电视娱乐室。起居室下三步台阶就是台球室、化妆间、健身房和浴室，它们均与室外的游泳池有着直接的联系。而夹层空间的构造使得同一寓所内的空间具有不同的尺度。大型的中央起居室具有一种家庭公共空间的感觉，其他的房间则围绕这间几乎如同广场似的中央起居空间分组布置，同时设有楼厅，可俯视中央起居厅，并为生活空间上建立了明显的主次关系。

设计师对这家旧罐头生产厂房的改造，主要针对其原屋顶来进行。由于原厂房屋顶结构支撑着传统的瓦面，设计师决定用玻璃替换朝北屋顶上的平行分格条，这种方法不仅能为生活空间引入更多的天然光，同时还赋予室内空间室外化的感觉，并让这个空间有一个超高的尺度，即让层高达到6m。另在下层空间，将起居室开敞布置于小花园一侧，花园中设有带顶棚的游泳池，以再次强调室内空间室外化的设计理念。

与那些极少主义派艺术设计师的禁欲主义相对照，Non Kitch设计公司的设计师们则将自己看作是有着诙谐幽默和极具色彩美感的孟斐斯人的继承者。他们在Loft居住生活空间的室内陈设中，大量利用原生产厂房中不掩饰的镀锌钢楼梯、中央供热管、灯具及烤箱，以及金属配件与装饰构件来作装饰，并精心挑选由Ettore Sottsass、Phiiippe Starck等设计制作具有个性的家具来用于室内生活空间的布置。而主人艺术收藏品的陈列，则与从天窗射入的光线有机融合，使之呈现出艺术品展览馆和博物馆的设计特征。整个Loft居住生活空间，体现了设计艺术家们将自己的喜好、观念和热情倾注其间的品位追求。

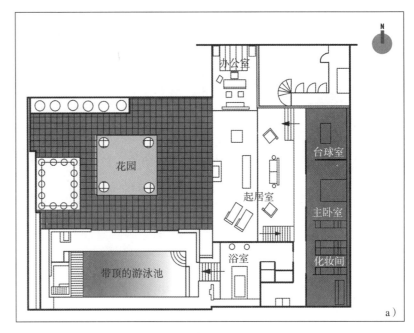

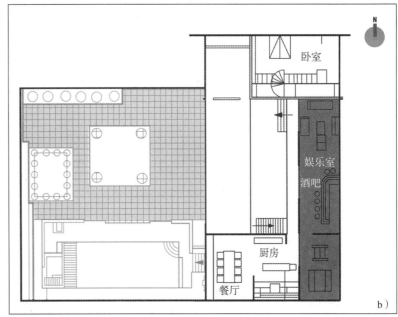

图1-45 Loft居住生活空间建筑内外环境平面布置设计图

a）一层平面布置设计 b）夹层平面布置设计

图1-46　Loft居住生活空间室内环境实景之二

1.4.5　中国台北临河景观社区复式住宅

位于中国台北市临河河岸的景观社区住宅，为复式住宅形式。该住宅于2007年8月落成，与传统住宅不同的是，这幢复式住宅在设计上以开放式空间作为设计的主轴，运用等比重的分割概念界定场域，经由墙屏位置勾勒出室内空间的层次，当居住者随着走道穿梭各个空间场所，犹如进行探索盒中盒的趣味游戏（图1-47~图1-50）。

住宅室内空间中面向河岸一侧为客厅、餐厅主要采光面，拥有良好的视野与采光条件，而面向社区中庭一侧采光则较差。从整个住宅室内空间布置来看，设计师打破了原来的建筑格局，让两层高的客厅范畴更大，并营造出开敞的气势。顺着梁柱位置植入贯穿楼层的挑高墙屏，以界定出其后的餐、厨空间。透过落地玻璃窗，自然采光渗透至前、后方餐厅，清晰地引导出餐、厨空间的动线方向。

作为复式住宅，其室内空间强调场域合一的使用观念，在一楼以互通较高的单位作为落点，依梁

图1-47　临河景观社区复式住宅大厅室内空间实景

的位置贯穿空间，并连接各个场所的主动线，利用楼面规划出客厅、餐厅与小孩专用园地。同时运用墙屏、推门等弹性区为分割方法，构成场地套叠的连贯性，从而获取最大的互动空间。

二楼属于私密性的开放空间，平面布置主卧室与复合式书房。另通过构筑一座空廊，形成眺望一楼动态的窗户。设计师为了将采光引入二楼，大量选用玻璃材质，利用主卧室局部的玻璃墙、卫生间的玻

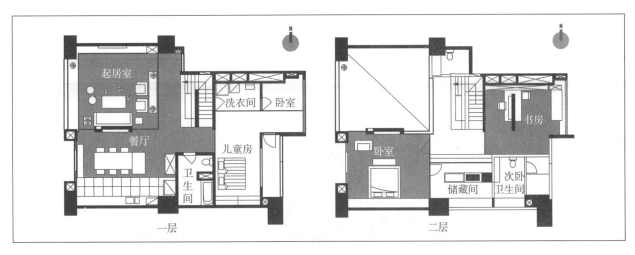

图1-48 临河景观社区复式住宅建筑室内环境平面布置设计图

图1-49 临河景观社区复式住宅建筑室内环境空间实景之一

璃隔间、空廊旁侧的长型悬空书柜，发挥出吸引自然采光的效益。书房则运用一座墙屏将其划分为两处阅读区，当拉门开展后，独立安静的阅读区还可作为弹性客房之用。

在住宅室内空间配置方面，选用米白、原木、石材等自然材质与淡雅色调来形成简约的造型线条与大块面的素材铺陈，以营造出其素朴的人文基调。当阳光流淌全室，光线透入前、后餐厅，并穿梭玻璃墙面以形成出柔晕效果。此外，在睡床前的玻璃展示地台为投入优雅宁静的睡房作好预备，床后的镜子饰墙进一步扩阔整个视觉空间，床边两旁的水晶珠帘为房间平添高贵淡雅的气质，加上简单婉约的镜面家具，令整个睡房显得清雅时尚。

整个复式住宅精致、简单、舒适的室内设计，使房间充满了主人的品位和气度。

图1-50　临河景观社区复式住宅建筑室内环境空间实景之二

1.4.6　上海万科假日风景联排住宅

位于上海市春申路170号万科假日风景高档住宅（图1-51~图1-53），为联排住宅结构，面积为320m²。进入联排住宅室内空间，只见门厅利用了原有建筑入口处的挑空结构，营造出一处令人惊喜的共享空间。只见竹影婆娑，灯影烂漫，石板的青与竹的翠遥相呼应，传达出中国传统文化的清幽与淡泊。客厅的风格是多变的，包含着中式的华贵，日式的素朴，韩式的现代，泰式的魅，印式的艳。在经过独具匠心的设计组合后，这些亚洲风情元素相互间协调与默契。

此外，联排住宅室内三个窗户之间立了四根柱子与四盏壁灯，既巧妙地将这三个空间串联起来，又增加了此处的气势。而竹地板与青石的镶嵌穿插，从色彩与材质上均出现变化。而对室内空间结构改造最大的是餐厅，其内利用圆形巧妙地化解了原本给人感觉有些局促的空间。与客厅的做法刚好相反，地板的运用突出了其功能性，中间用青石，外面用地板，以便于清洁和打理。

图1-51 万科假日风景高档联排住宅建筑室内客厅环境空间设计效果

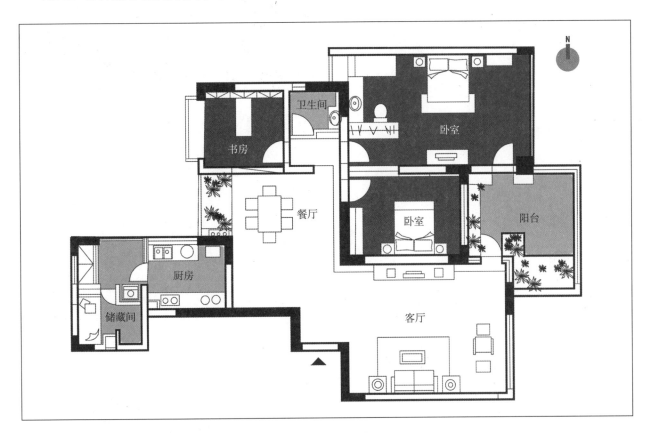

图1-52 万科假日风景高档联排住宅建筑室内环境平面布置设计图

纵览整个联排住宅室内空间，可感其住宅室内设计秉承了中国传统的"天圆地方"原则，巧妙地将直角线条与圆形的面结合了起来。而联排住宅内部二、二楼是主人的私人空间，其风格虽和谐统一，却与门外的书房形成鲜明的对比。虽然色泽材质都有呼应，但绫罗绸缎的点缀，却更让卧室空间充满了浓郁的异国情调。书房与电视区域被顶部大梁自然分隔，专业画师在现场绘制的壁画给人极强的视觉冲击力，而明式的官帽椅、条案、蒲团、竹地板，柜子上的明式把手，各种元素的综合运用，各种文化的交融，均在此得到展示。

图1-53　万科假日风景高档联排住宅建筑室内环境空间设计效果
　　a）餐厅　b）棋屏　c）卫浴间　d）主卧室　e）工作空间

1.4.7　深圳福田区景田公寓住宅

　　景田公寓住宅位于深圳福田区景田，建筑面积70m²，户内面积为55m²。开发商为泛华地产，室内设计由戴勇设计师事务所完成（图1-54~图1-56）。作为一个小户型的公寓住宅室内设计，设计师力求

图1-54　深圳福田区景田公寓住宅建筑室内环境空间设计实景之一

为户主创造一种自由舒展的空间效果，因此设计首先从空间概念上对公寓户内平面予以剖析。即从公寓户型平面的特点来看，整个公寓户型室内空间呈条状，特别是客厅最为明显，条的体块，条的面层，再至条的线型，流线穿梭出建筑的韵律。于是，简单的线条这一几何语言便由此被积极地组织起来。所有的设计元素都在围绕"线"而扩展，横的线追求纵深的视觉效果，呈现出自由舒展的形态；竖的线，终止于横的圆曲线，使户内空间充满活跃的气氛。

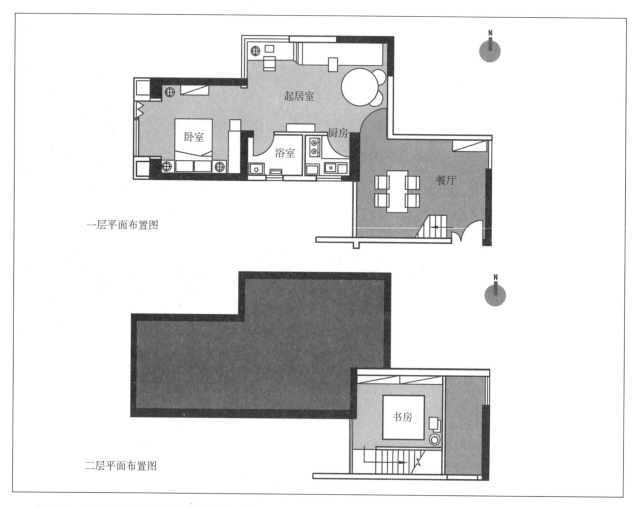

图1-55　深圳福田区景田公寓住宅建筑室内环境平面布置设计图

图1-56　深圳福田区景田公寓住宅建筑室内环境空间设计实景之二

　　线性的视觉张力无疑会使公寓住宅室内空间产生强烈的延伸感，加之配合镜面的运用，使这个小户型的室内空间具有伸展感。同一色调上的整体感让居室充满温馨，单纯而统一，而纵横的空间跨越，以及户型空间优化而增添出来的阁楼，更是这个设计的一大亮点。也增加了整个公寓户型空间上的冲击力和设计个性。

1.4.8　高校学生宿舍内部空间环境设计

　　随着高校后勤社会化改革的深入，高校学生宿舍呈现出功能多样化、关系复杂化、布局多样化、设施完善化的发展趋势，探索以人为本的高校学生宿舍内部空间环境设计无疑也成为居住建筑室内环境设计研究与探索的重要课题之一。

1. 宿舍内部空间环境功能

　　从高校学生宿舍内部空间环境的功能可知，其平面组成的关系，诸如学生宿舍的平面关系、单元式学生宿舍平面关系及其学生宿舍平面功能分区组成关系如图1-57所示。

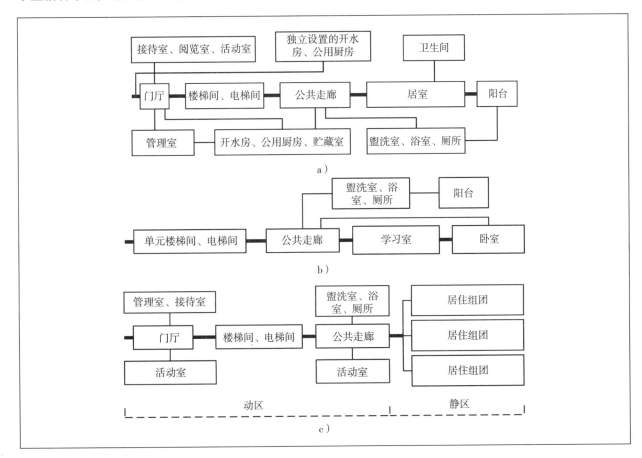

图1-57　高校学生宿舍平面组成关系
a）学生宿舍的平面关系　b）单元式学生宿舍平面关系　c）高校学生宿舍平面功能分区组成关系

　　通过调查研究可知：高校学生宿舍内部空间环境功能主要包括休息、学习、交往、研讨、储存等多种功能，最主要最基本的是休息、学习、储存这三大功能。

　　（1）休息空间　主要是指床铺的位置，它的净面积一般为1.89m²。在宿舍单元内，四张床铺占去了主要的空间，因此床的摆放位置极大地影响着整个单元内的空间利用。关于床位的设计，需要考虑其应有的设施，有效地划分动静分区，满足学生对私密性与领域性的要求。

　　目前在宿舍中有两种床铺比较普遍使用，一种是双层铁床，另一种是上下划分空间的整体家具。前者造价低、空间省，但在方便、安全与私密性等方面存在不足，且上下铺同学之间易产生一定的矛盾；

后者上层保留学生睡觉的功能，增加台灯、吊柜、书架，便于学生自由阅读和控制照明。下层空间进行多功能组合设计，将衣柜、书柜、计算机工作台（书桌）等不同家具单体整合成一个工作学习的空间。计算机工作台底部还可以安装方向滑轮，学生便可以根据需要转动工作，也为日后移动摆放提供了可能（图1-58）。

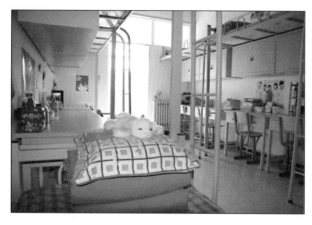

图1-58　高校学生宿舍内部的休息空间

（2）学习空间　主要是指书桌、桌椅和书架的位置。书桌的净面积是0.5m²左右，这一空间应该相对独立安静，以保证学生在此能集中精力学习。而单元内部休息空间和学习空间的处理方法有两种，一种是半完全分区式，另一种是完全分区式。前者是指休息空间和学习空间两者处于同一室内，可通过家具从纵向、横向与上下进行分隔，如华中科技大学紫菘学生公寓和韵苑公寓本科生与研究生宿舍；后者是指休息空间和学习空间两者处于两个房间中，这样就解决了动静分区所带来的各种矛盾。它的面积分配是把休息空间的面积压缩，余出的面积分配到公共学习室中。这种方式多运用在单元式学生宿舍中，而且人均面积标准相对也较高，如清华大学白石桥本科生学生公寓（图1-59、图1-60）。

图1-59　高校学生宿舍内部的学习空间

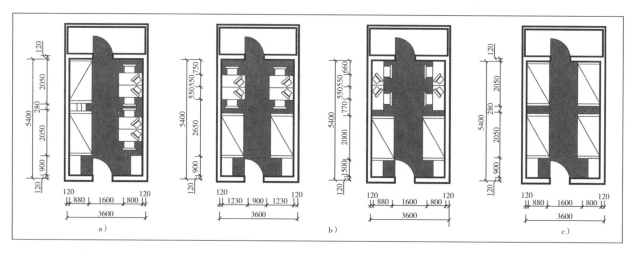

图1-60　高校学生宿舍内部学习空间家具布置的形式
a）纵向分隔的形式　b）横向分隔的形式　c）上下分隔的形式

（3）储藏空间　主要是指宿舍内放置物品的家具空间，比如壁柜、吊柜、书架、衣柜等。目前在很多宿舍的入口处设计壁柜、吊柜等储藏空间供学生存放自己行李和衣物。有的宿舍也结合阳台的一些空间摆放脸盆、鞋架以及储藏一些不常用的物品。通过调查，目前宿舍有壁龛式、壁柜式与桌橱式三种储藏空间。在集体宿舍中应该充分利用居室空间，多种储藏形式综合利用，这样可有效地增加储藏空间（图1-61）。

图1-61　高校学生宿舍内部的储藏空间

2. 宿舍内部空间单元尺寸

（1）开间　决定寝室尺寸大小的原则除了舒适度以外，还需要考虑经济因素。若拟定每间寝室以4人为一单元，双侧布置家具。带储藏空间不带卫生间的寝室，一般以3.6m×5.4m为宜，开间小于3m的只能单侧布置家具；带储藏空间带独立卫生间的寝室，进深要加大，且尺寸要根据布置的方式来定。

如清华大学大石桥学生公寓在此基础上，开间增加到4.2m，使得每两间卧室共用一个起居室，楼梯间、盥洗室及厕所集中布置在中间，作为这一层的公共部分；南开大学新建学生宿舍采用了短廊单元式布局模式，以4~6个寝室为一组，并围绕着公共学习室、盥洗室进行布置。这样改变了以往的居住模式，使得宿舍内部动静分区明确，具有家的生活氛围（图1-62）。

（2）层高　主要是根据床的类型来决定室内的净高。使用双层床铺的房间，层高既要考虑床的尺寸，也要考虑人的尺度。因此，上铺到屋顶的距离要满足学生在上面的活动：坐着叠被要求距离1.05m；跪着叠被要求距离1.3m。因此室内净高控制在2.6~2.8m之间就可以满足学生的基本要求。

使用整体家具的房间，也要考虑这两方面的因素。组合家具下面为学习空间，为了避免碰头和使用的方便性考虑，上铺的高度在1.6~1.8m之间，以1.75m为宜。因此这种宿舍的室内净高控制在2.8~3.1m之间。

图1-62　南开大学西区8号楼学生宿舍平面设计

根据对宿舍内部各个空间的尺寸分析，用合理的布置方式得到比较经济实用的平面尺寸，这对于我国高校宿舍的建设及改善是十分重要的。而且根据单元内部功能的要求，从卧室设计、室内家具尺寸设计等几个方面进行调查分析，为今后的大学生宿舍更加合理的设计提供了理论依据和参考数据。

（3）文娱设施　高校学生宿舍除了配置相关生活设施外，为有效地促进学生之间的交往活动，还可在学生宿舍中设置乒乓球室、台球室或一些主题社团活动室、阅览室等，使学生宿舍中的生活变得更有趣味，人与人的关系更融洽，并可使学生之间形成和谐、向上的生活氛围。

第2章　办公建筑的室内环境设计

室内环境设计原理与案例剖析

办公建筑是当今全球知识经济时代的重要标志，它不仅支配着当代城市的发展，且容纳了城市中半数以上的工作人口。尤其是在今天的城市中，可说人们每天生活和工作的三分之一的时间是在办公建筑室内环境中度过的。随着城市信息、经营、管理方面的发展与新的要求的不断出现，以及商住办公建筑的诞生，不少办公环境已有逐渐成为人们另外半个家的倾向。由此可见，办公建筑在人们生活中的分量越来越重，为此，寻求合乎人性化、合理而舒适的办公环境设计，成为提高人们在办公环境中的工作效率，促进办公建筑的外环境未来设计的发展趋势。

2.1 办公建筑室内环境设计的意义

2.1.1 办公建筑的意义与类型

办公建筑是指供机关、企事业等部门办理行政事务和从事业务活动的公共建筑（图2-1）。随着现代科技信息与商务经营的发展，现代办公建筑发展日新月异，其设计主要向综合化、高层化、智能化与人性化等方向迅速发展。同时，以现代科技为依托的办公设施日新月异，办公模式趋于多样化，以使办公建筑日益成为现代企业自身形象的标志之一。

办公建筑的类型，若按使用方式可分为专用办公楼和出租办公楼，按使用性质可分为行政机关办公楼，商业、贸易公司办公楼，电话、电报、电信局办公楼，银行、金融、保险公司办公楼，科学研究、信息服务中心办公楼，各种设计机构或工程事务所办公楼，各种企业单位办公楼等。若按规模可分为大型、中型、小型和特大型办公楼。按层数分可分为低层、多层、高层和超高层办公楼等形式。

图2-1　办公建筑外观造型与空间环境

2.1.2　办公建筑的构成关系

作为办公建筑来说，它通常是由办公部分、公共部分、服务部分、附属设施部分与室外环境等功能所构成（图2-2）。而办公建筑空间中各个部分的构成内容如下：

1. 办公部分

办公建筑室内空间的平面布局形式取决于办公建筑本身的使用特点、管理体制、结构形式等，而办公建筑室内空间的类型可分为：独立式办公室、成组式办公室、开放式办公室、公寓式办公室、景观式办公室等，此外，绘图室、主管室或经理室也属于具有专业或专用性质的办公用房空间。

2. 公共用房

公共用房为办公建筑室内空间内外人际交往或内部人员汇聚、展示等用房，如：

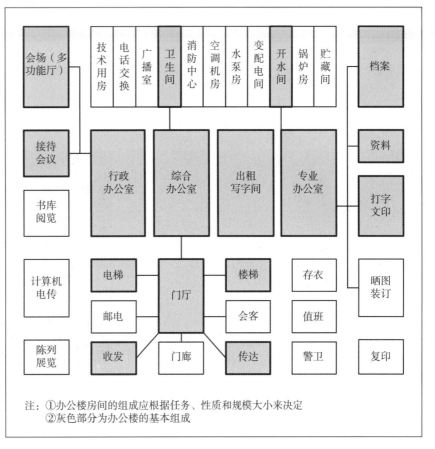

图2-2　办公建筑及其室内环境的构成关系

迎宾大厅、中庭空间、会客室、接待室、各类会议室、阅览展示厅、多功能厅等公共用房空间。

3. 服务用房

服务用房为办公建筑室内空间提供资料、信息收集、编制、交流、储存等用房，如：资料室、档案室、文印室、计算机室、晒图室等服务用房空间。

4. 附属设施用房

附属设施用房为办公建筑室内空间内工作人员提供生活及环境设施服务的用房，如：开水间、卫生间、电话交换机房、变配电间、空调机房、锅炉房以及员工餐厅等附属设施用房空间。

5. 室外环境

室外环境为办公建筑室内空间提供的户外交通、休闲、运动等活动场地，如：办公建筑入口广场、停车场地、户外庭院、休闲绿地、运动场地、屋顶花园及阳台等室外环境空间。

2.1.3　办公建筑室内环境设计的特征

现代办公建筑室内环境设计的特征，主要表现在其复合化、智能化、生态化、个性化与开放化等方面，其中：

1. 复合化

从现代办公建筑室内环境空间来看，办公建筑已不单单是诸多机构的办公场所，而是成为集购物、餐饮、娱乐、休闲旅游、住宿、会议、展示等为一体的综合性建筑。诸如很多高层或超高层办公建筑，其实就是一栋综合楼宇。其底层均设有功能齐备的大堂，构成接待空间和交通枢纽。有些大堂还设有商务中心、银行、商店、餐饮及服务和休闲区，不少办公楼宇，还在几个合适的楼层设置快餐与旋转餐厅、观光层和客房，既供办公楼宇内部人员使用，也供来此办事人员及其他市民使用。如跻身于世界最高建筑物之列的深圳地王大厦，高384m，有68层（图2-3）。整个大厦形体分为3个部分：主体即为68层的写字楼；辅楼是一座33层、120m高的酒店式商务住宅；5层高的购物裙楼，将两个主体连接在一起。其中底座大堂高达35m，为银行、邮电等机构的营业大厅；辅楼商务住宅共有332个豪华公寓单元；裙楼购物中心汇集了包括百佳超市、麦当劳餐厅、拍拉哪啤酒屋、Hard Rock Cafe等一些著名的超市、快餐与服装连锁店。68层的两个塔形写字楼建筑内部各层均不设柱，以便各类办公机构依其需要灵活分隔，其办公建筑内部空间复合化的特征由此也可窥见一斑。

图2-3 深圳地王大厦建筑外观及主体办公建筑室内空间环境实景

2. 智能化

科学技术的发展以及办公自动化、计算机及网络的广泛使用使人们对办公建筑的设计提出了更高要求。以知识化形态为内容，以信息革命为标志的办公建筑及其室内环境，也从办公手段、方式及人员的联系到工作场所都发生了变化，集中表现就是办公建筑的"智能化"（图2-4）。其中一是办公通信自动化（AT，Advanced Telecommunication），要求办公系统能运用数字专用交换机的先进网络，以完善内外通信系统，提供方便的通信联络服务。二是办公自动化（OA，Office Automation），即工作人员均有终端计算机，能够通过网络系统完成各种业务，通过数字交换技术和网络传递文件，秘书与相关人员用计算机终端、多功能电话和电子对讲系统进行联系等。三是建筑自动化（BA，Building Automation），即办公空间有电力、照明、卫生、输送、管理等方面的自动化管理系统及防灾、防盗等

图2-4 办公建筑室内空间环境的智能化设计

方面的自动监控系统等。以使这种称之为"3A"的办公建筑及其室内环境，能够成为办公效率极高，且舒适、健康、安全的现代办公环境。

3. 生态化

现代办公建筑室内环境的生态化特征意为设计在满足当代人需求的同时，应不危及后代人的需求及选择生活方式的可能性。具体在其设计中要全面考虑室内环境与室外环境及周围环境的各种关系，强调人类活动与环境所处地域的不可分割性。此外，在现代办公建筑室内环境中还需注重其生活与生产活动中所消耗的能量、原料及废料能相互循环利用，并能自行消化分解。同时也追求办公建筑室内环境中健康、无害化，目前绝大多数办公建筑室内装修材料带有污染性，许多号称"绿色建材"的装修材料其实都不具备环保性能，它们长期散发有害气体（如甲醛、CO_2、氡、氨等），对人体健康的危害程度十分严重，需要我们的设计师在可能经济条件下尽量采用一些真正具有环保功能的装修材料，以实现办公建筑室内环境中人们对健康、无害化工作环境的需求（图2-5）。

图2-5 现代办公建筑室内环境的生态化设计

4. 个性化

个性是创造性的灵魂，也是办公建筑室内环境设计的魅力所在。现代办公建筑室内环境作为企业的形象象征，成为展现其独特创作思想的最佳舞台。办公建筑室内环境还是企业文化的凝聚地与承载点。在现代办公建筑室内环境的设计个性创造中要认识到文化特征对于其内工作人员高尚情操培育的重要性，所谓"人能够改造环境，环境反过来又能够塑造人"即表现在这里。营造办公建筑室内环境的文化氛围，应注重其建筑所在地域自然环境的特征及地方色彩，挖掘、提炼和发扬地域的历史文化传统，并在设计中予以体现。同时，还要注意到室内环境文化构成的丰富性、延续性与多元性，以赋予办公建筑室内环境能够具有高层次的文化品位与个性化特色（图2-6）。

图2-6 现代办公建筑室内环境的个性化设计

5. 开放化

现代办公建筑室内环境应该能够满足尽可能多的人群需要，能够以开放的胸怀迎接往来的各种人员，这也是办公建筑室内环境的性质与职能所决定的。在不影响保密性的前提下，办公建筑室内环境应尽量扩大开放的范围，以鼓励工作人员的交流与合作，促进工作人员的相互协作与企业开放意识的形成（图2-7）。

图2-7　现代办公建筑室内环境的开放化设计

只是在现代办公建筑室内环境设计中，上述特征并不是各自独立存在的点状结构，而是呈现出一种彼此紧密联系的网状结构。并且办公建筑室内环境设计应该是一种整体的、系统的设计，需要综合考虑各种因素的影响，以作出统一的设计策划。

2.2　办公建筑室内环境的设计原则

办公建筑室内环境设计的原则是：突出现代、高效、简洁与人文特点，体现办公自动化的发展需要，提供可靠性与安全性高的办公环境。具体设计原则包括以下内容：

2.2.1　功能性原则

根据办公建筑室内环境的使用性质、规模和相应的标准来确定室内办公、公共、服务及附属设施等各类用房之间的面积配比、房间大小与数量。其中规模大的机关或公司，设有许多科、室和部门，为满足使用要求，要按照各自的办公模式合理分层和分区，并便于对内对外的联系。一般来说，应将办公建筑室内环境与外界联系密切的部分，如接待、会客与对外性质的会议室和多功能厅设置于靠近出入口的主通道处，部分人数多的厅室还应注意安全疏散通道的组织。而对外联系相对较少和保密性强的部门，应布置在办公建筑上层或靠近建筑的尾部。关系密切的部门要尽量靠近，主要领导人的办公室应与秘书处、会议室等具有方便的联系。

2.2.2　灵活性原则

现代办公建筑室内环境的空间布置应遵循灵活性原则，以适应形势的发展与变化。高效能的办公空间必须能够简单、经济地装修，使其能适应经营重组、职员变动、商业模式发生变化或技术创新带来的变化。特别是在电信、照明、计算机领域，先进的办公空间必须能够便于不断涌现的新技术对其提出的新要求，并可通过革新设备如电缆汇流、数模配电等来面对技术的发展变化。办公建筑室内环境中应尽量利用一些能够活动的隔断与可移动的家具、设备，以应对未来发展所需进行调整的可能。

2.2.3 人性化原则

在办公建筑室内环境中，使用办公空间的主体是人，因此保证人的舒适与健康是最为重要的。其中员工对领域感与个人空间的需要、距离感与就座的选择、私密性与公共性的把握、安全感与方位感的界定均和办公空间的舒适及健康与否关系密切，因此办公空间未来设计要找到两者的平衡点，以满足其基本条件所需。同时，现代办公建筑室内环境越来越向集约、高效、人性化方向发展，办公空间环境更要有利于员工与员工之间、上下级之间、企业与客户之间的交流与沟通。办公空间的设计必须在"人性"与"效能"之间予以综合考虑，以在办公建筑室内环境空间组织和办公过程中实现最高效率。高度重视人的心理需求，让办公空间成为高效、舒适、方便、安全、卫生的环境。此外，在当今网络时代的办公建筑室内环境设计中，还要注重人与机器、人与人及人与环境的交流。要从人的心理需求出发，来创造有机整体的办公建筑室内环境氛围。

2.2.4 生态化原则

随着全球生态危机的加剧，人类越来越体会到需要保护自然、保护生态环境，需要在设计中体现可持续发展的原则。办公建筑室内环境是当今全球知识经济时代的重要标志，它不仅支配着当代城市的发展，且容纳了城市中半数以上的工作人口。尤其是在今天的城市中，可以说人们每天生活和工作的二分之一的时间是在办公建筑室内环境中度过的。办公建筑室内环境在为其工作人员带来"舒适"条件的同时，也将人们隔绝于自然界之外，形成有害人们健康的室内环境。寻求合乎人性、绿色、自然、合理而舒适的生态化办公建筑室内环境设计，已成为提高人们在办公环境中的工作效率，促进办公建筑室内环境未来设计的发展趋势。只是在现代办公建筑室内环境设计中导入生态化的设计理念，不仅是一种技术层面的考虑，更重要的是一种观念上的更新。它要求设计能以一种更为负责的方法去创造建筑室内环境空间的构成形态、存在方式，用更简洁、长久的造型尽可能地延长其设计的使用寿命，并使之能与自然和谐共存，直至获得健康、良性地发展。

2.2.5 智能化原则

在现代办公建筑室内环境设计中把握智能化原则，其系统设计和其他智能建筑一样应按照办公建筑室内环境的实际需要来设计，并采用先进、成熟的办公智能化系统技术，且具有标准化、开放型的特点。同时，其办公智能化系统应施工维修方便、便于管理和扩展更新。办公智能化的实现，无疑还会导致工作模式产生极大的变化，如办公生活空间合一的形式、足不出户在家中办公形式或利用零星的时间进行计算机办公的形式等，均将推动办公建筑及其室内环境的设计发展迈向更高的层面。因此，应重视智能型高科技手段在现代办公建筑室内环境中的应用，促使办公自动化设备、家具、环境、技术、信息和人性等要素的整合，并在设计中注意与相关工种的协调沟通，在室内环境空间与界面设计中予以充分的考虑与安排，定将为办公建筑室内环境的持续发展迎来更加美好的明天。

2.3 办公建筑室内环境的设计要点

2.3.1 空间布局

办公建筑室内环境的空间布局，是进行其室内环境设计的首要工作。从办公建筑室内环境来看，它是由各个既关联又具有一定独立性的功能空间所构成。不同办公建筑由于所属单位性质各异，致使其空间的功能设置不同，这样在进行设计前要充分了解办公建筑内单位的工作流程，以满足不同办公空间的功能要求。

1. 布局形式

办公建筑室内环境的空间布局可分为以下几种形式（图2-8）：

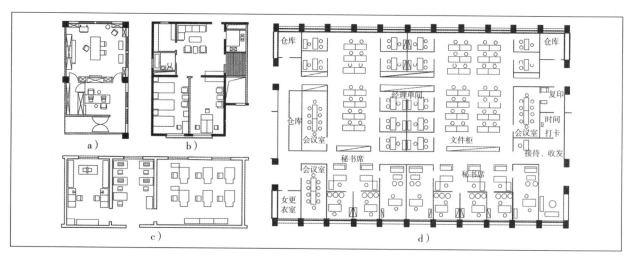

图2-8 办公建筑室内环境的空间布局形式
a）独立式办公空间　b）公寓式办公空间　c）成组式办公空间　d）开放式办公空间

（1）独立式办公空间　通常沿走道的一面或两面布置办公用房，并在其周边配有服务设施。这类办公用房布局一般室内环境安静、不受外界干扰。不足为办公空间被分割，办公人员与相关工作单元之间联系不够直接。主要适用于需要有小间办公功能的机构，或规模不大的单位或企业的办公用房。

（2）公寓式办公空间　公寓式办公空间布局除具有办公用房特点外，同时还具有类似住宅、公寓的盥洗、就寝、用餐等使用功能。它所配置的使用空间除有会客、办公、厕所等以外，还有卧室、厨房、盥洗等必要的居住使用空间，多适宜于驻外机构与公司的办公用房选择。

（3）成组式办公空间　成组式办公空间布局适用于20人左右的工作人员办公，它具有相对独立的办公功能。除服务用房为公共使用之外，这类办公用房通常将内部空间分隔为接待、会客、会议、办公等用房空间。具有既充分利用整幢办公大楼各项公共服务设施，又相对独立、分隔的办公功能空间特点。便于企业、单位的租用，不少高层出租楼房的室内空间布局，多采用这类办公空间布局形式。

（4）开放式办公空间　开放式办公空间布局采用大进深空间的方法，也称为大空间或开敞办公用房形式。其特点是利于办公人员、办公组团之间的联系，提高了办公设施、设备的利用率，减少了公共交通面积和结构面积，从而提高了办公建筑主要使用功能的面积率。这类办公用房空间布局需处理好空调的隔声、吸声，对办公家具、隔断等设施设备进行优化设计，以改善开放式布局容易出现的室内嘈杂、混乱、相互干扰较大的缺点。

除此之外，还有景观式与智能型等办公空间布局形式，它们均代表了现代办公空间布局发展的趋势和未来发展的方向。

2. 界面处理

办公建筑室内空间界面应结合管网、管线进行处理，选择易于清洁的界面材料。室内空间界面的总体色调应淡雅，中间偏冷的淡灰、淡绿，或中间偏暖的淡米色都是很好的办公空间界面用色色调（图2-9）。

（1）地面处理　办公空间的地面处理应考虑行走时噪声小，并将电话、计算机等的管线铺设与连接作统筹考虑。地面处理可在水泥地面上铺优质塑胶类地毯，或水泥地面上实铺木地板，也可以面层铺橡胶底的块毯，使扁平的电缆线设置于地毯下；智能型办公室或管线铺设要求较高的办公室，应于水泥楼地面上设架空木地板，使管线的铺设、维修和调整方便，但设置架空木地板后的室内净高不应低于2.40m。由于办公建筑的管线设置方式与建筑及室内环境关系密切，在设计时应与有关专业工种相互配合和协调。

（2）墙面处理　办公空间的墙面处理多用浅色系列的乳胶漆，也可以贴墙纸，如隐形肌理型单色系列墙纸。对于装饰要求高的办公空间也可以用木胶合板作面材，配以实木压条，对于办公空间不大或高档单间办公空间可用色彩较为凝重的柚木贴面。为使办公空间的内走道能有适量的自然光，常在办公空间非承重内墙一侧设置高于视平线的高窗，或做成上下通透的墙体设计，或以半透明玻璃作为分隔，使内走道间接得到自然光。

（3）顶面处理 办公空间的顶面处理必须与空调、消防、照明等有关工种配合协调，尽可能使吊顶上面的各类管线协调配置，在高度与平面上排列有序。顶面材料还应有一定的光反射和吸声作用。同时，办公空间顶面一些嵌入式顶灯的灯座接口、灯泡大小以及反光灯罩的尺寸等也都应与吊顶高度协调，并要考虑管线铺设、连接与维修的方便等问题。

3. 环境陈设

办公建筑室内环境的陈设主要是办公家具的布置，还可布置一些绿化植物与装饰物品，以改善办公建筑室内环境的空间质量（图2-10）。在办公家具的布置上，下列几点为需要注意的问题：

办公家具必须满足卫生和生理上的要求，造型不要复杂，表面不易沾污；结构上应便于人们使用时能保持正确的工作姿势，工作椅应装有转轴结构，坐板高度可以在38~53cm之间调整，工作台高度通常在70~78cm之间，打字台高度则应在62~68cm之间。

家具必须满足视觉上的要求，表面应该是不反光的，式样上尽量成套。

家具必须满足实用和美观要求，要耐用、耐磨损、不松动，使用的材料和颜色要与办公环境相协调。

家具在满足使用要求的前提下，尽量小巧，并且使用方便。

办公建筑室内环境的照明必须保证清楚的读写，照度标准如下：适应标准为75lx、150lx、300lx（自一般到精细要求）；舒适标准为：100~200lx、300~500lx、1000~3000lx（自一般到精细要求）。在组织照明时应将办公建筑室内整体亮度调整到适中程度，并以半间接照明方式为宜。在办公建筑室内局部空间，可适当增加补充光源，如多用途工作灯等，让办公人员能够自动调节光度，从而提高工作效率，又达到节电的目的。

图2-9 办公建筑室内空间的界面处理

图2-10 办公建筑室内环境的陈设布置

2.3.2 各类用房

1. 独立式办公空间环境

独立式办公空间是以部门或工作性质为单位而划分出来的办公用房，空间具有封闭式、透明式与半透明式，以便满足不同使用功能的要求（图2-11）。目前办公空间中除部分单位与企业整个采用独立式办公形式外，独立式办公空间大多数是作为单位与企业高层管理的办公空间形式，它是单位与企业整个办公行为的总管和统率。如单位与企业的经理及主管办公空间，是经理及主管处理日常事务、会见下属、接待来宾和交流的重要场所，应布置在办公环境中相对私密及少受干扰的尽端位置。家具一般配置有专用办公桌椅、信息设备、书柜、资料柜、接待椅或沙发等必备设施。条件优良的还可配置卫生间、午休间等辅助用房。在经理及主管办公空间外紧连的应是秘书间或小型会计室，单位与企业的核心部门均紧靠经理及主管办公区域予以布置。

图2-11 独立式办公空间室内环境实景

a）美国白宫总统办公空间室内环境 b）设计总监独立办公空间室内环境

独立式办公空间室内设计和装修应体现出单位与企业的整体形象和高层管理者文化素质，其设计是整个办公环境的重点。设计基本要求是：首先应确立所属单位与企业的特点和经理及主管的个性特征，如有无特殊追求和爱好，整体造型上应体现简洁高雅、明快庄重和一定的文化品位；其次，材质选用可较其他办公空间用材高档、精致，装饰处理流畅、含蓄、轻快，以创造出一个既富个性又具内在魅力的温馨办公场所。

2. 公寓式办公空间环境

公寓式办公空间也称商住楼，它除了提供白天办公、用餐外，还可为办公人员提供居住的功能（图2-12）。其设计的基本要求是：在考虑办公空间设计要求的基础上，还需要将类

图2-12 公寓式办公空间室内环境实景

a）轻松自如的公寓式办公环境茶水休闲空间 b）具有家庭工作室意蕴的公寓式设计办公环境空间

似住宅与公寓的盥洗、就寝、用餐等使用功能特点纳入其中作综合设计。其室内设计既要注重所属单位
与企业的办公空间形象特色传达，又要结合办公人员的个人工作与生活习惯做统一设计处理。

3. 成组式办公空间环境

成组式办公空间是指在写字楼出租某层或某一部分作为单位与企业的办公用房，在写字楼中设有文
印、资料、展示、餐厅、商店等服务用房供公共使用（图2-13）。成组式办公空间设计的基本要求是：
首先应考虑这类办公空间所具有相对独立的办公功能和行业特点，在空间布局上使其办公用房能形成组
团和具有相对独立的空间分隔条件；其次，办公空间在保持公共部分的整体风格统一的基础上，允许各
个单位与企业对所用成组式办公空间进行不同装饰风格的设计处理，以形成整体风格统一基础上的个性
表现。

图2-13 成组式办公空间室内环境实景
a）唯晶科技（WINKING）上海办公室成组办公空间环境 b）摄影工作室成组式办公环境空间

4. 开放式办公空间环境

开放式办公空间是随着单位与企业规模增大，经营管理上要求各部门与组团人员之间紧密联系，办
公上要求加快联系速度和提高效率而形成的开敞、大空间办公用房，它突出体现了现代办公空间沟通与
私密性交融、高效与多层次结合的环境设计理念（图2-14）。开放式办公空间的基本要求是：应体现方
便、舒适、明快、简洁的特点，门厅入口应有企业形象的符号、展墙及有接待功能的设施。高层管理办
公空间设计则应追求领域性、稳定性、文化性和实力感，而紧连高层管理办公空间应设有秘书、财务、
下层主管等核心部门办公用房。

图2-14 开放式办公空间室内环境实景
a）公司开敞式办公空间环境 b）可塑性很强的开放式办公环境空间

开放式办公空间有大中小之分，通常大空间开放式办公室的进深可在10m左右，面积以不小于400m²为宜，同时为保证室内具有稳定的噪声水平，办公室内不宜少于80人。如果环境设施不完善，开放式办公空间室内将出现嘈杂、混乱、相互干扰的状况，这点在设计中是应该引起注意的。

5. 景观式办公空间环境

景观式办公空间是在办公性质由事务性向创造性氛围的转化并重视提高办公效率的条件下应运而生的（图2-15）。它借助造景的形式，用设计的手段，让空间布局有序，使工作流畅协调。其设计的基本要求是：在室内空间布局方面，强调工作人员与组团成员之间的联系与沟通，并在大空间中形成相对独立的景园和休闲气氛的办公环境特点，以创造和谐的人际关系与工作氛围。在室内空间设计上常利用家具、绿化、小品和形象塑造等方法对办公空间进行灵活分隔，以体现一种相对集中"有组织的自由"的管理模式和"田园氛围"，并能在富有生气和"个性思维"的环境中体验个人的价值与工作效率。

图2-15 景观式办公空间室内环境实景

a）具有动感的景观办公空间室内环境 b）简洁、高效的现代景观式办公空间室内环境

6. 智能型办公空间环境

智能型办公空间是现代社会、现代企事业单位共同追求的目标，也是办公空间设计的发展方向（图2-16）。其设计的基本要求是：首先应实现办公通信自动化（AT），即要求办公系统能运用数字专用交换机及内外通信系统，以便安全快捷地提供通信服务，其先进的通信网络是智能型办公场所的神经系

图2-16 智能型办公建筑内外环境实景

a）现代智能型办公建筑楼群外部造型实景 b）大型、可视化智能型办公建筑室内环境空间

统；其次，办公自动化系统（OA），即与自动化理念相结合的"OA办公家具"，其组成内容包括多功能电话、工作站或终端个人计算机等，通过无纸化、自动化的交换技术和计算机网络促成各项工作及业务的开展与运行。室内装修的自动化系统，即"BA系统"，通常包括电力照明、空调卫生、输送管理系统，防灾、防盗安保、维护保养等管理系统，以及能源计量、租金管理、维护保养等的物业管理系统。以上通称智能化办公建筑的"3A"系统，它是通过先进的计算机技术、控制技术、通信技术和图形显示技术来实现的。而智能型办公空间的室内环境设计，更需与相关技术及设施等工种协调沟通，从而创造出 "以人为本"的现代办公空间环境。

7. 会议空间环境

会议空间环境是办公功能环境的组成部分，并兼有接待、交流、洽谈及会务的用途（图2-17）。其设计的基本要求是：应根据已有空间大小、尺度关系和使用容量等来确定布局形式，其空间布局应有主、次位之分，常采用单位与企业形象作为主墙立面装饰来体现座次的排列。会议空间的整体构想要突出体现企业的文化层次和精神理念，空间塑造上以追求亲切、明快、自然、和谐的心理感受为重点。装饰用材方面要多选用防火、吸声、隔声的装饰材料。灯具的设置应与会议桌椅布局相呼应，照度要合理，并能与自然采光有机结合。一些追求创新精神和轻松氛围的单位与企业，还可在会议空间环境设计上采用构思新鲜的创意，以体现其勇于开拓的创新精神和轻松活泼的室内环境气氛。

图2-17 会议空间环境

8. 其他办公空间环境

办公环境的功能空间设置与构成，因其行业性质和专业特点的不同而有所区别，如行政管理办公环境多由财务部门、人事部门、组织部门、行政秘书部门、总务部门、办公部门、各级科室管理部门等构成；生产办公环境多由经营部门、安全部门、生产计划部门、公关部门、质检部门、计算机室、材料供应部、产品展示室等部门组成；如设计事务所，它的办公空间有设计总监办公室、设计室、文印室、模型室、资料室、展示室等。在设计时应根据具体单位与企事业单位的性质来做室内环境设计，以创造出既有共性特征又具个性品质的办公建筑室内环境空间。

2.3.3 意境塑造

办公建筑室内环境的设计意境应突出现代、高效、简洁与人文特点，并应体现其办公自动化的发展需要，为工作人员提供安全及具有个性特征的办公环境。如当人们踏入丹麦Carl F公司上海总部办公室室内环境，目光立即会被迎面一块黑白色的装饰墙面所吸引，墙面上嵌有以DLine螺旋扶手为蓝图的抽象图案。整个区域的用色，采用了简单但时尚的黑色和白色，以呼应这家来自丹麦的全球高级五金公司一贯推崇的极致现代风格设计意境（图2-18）。内部空间布局开放，总监办公室、会议室沿玻璃外墙设置，透明钢框玻璃隔断的使用，使得空间照明变得通透明亮。办公室入口处精心设计的倾斜墙面与天花，不仅将吧台隐藏在其后，更将主体空间的展示区与工作区自然分开。其中的黑色展示墙上使用了深灰色的与装饰墙相同的装饰图案，陈列着CarI F、DLine、Salto各个系列的五金产品，直观而且醒目。在这间仅165m²的精致办公空间内，将其丹麦五金公司的风格与企业理念巧妙融合在一起，从而塑造出其独特的设计意境与空间表现效果。

图2-18　丹麦CarI F公司上海总部办公室室内环境

位于上海静安区延平路98号的宇宙运通国际纺织公司驻沪办公室，其建筑室内环境设计则尝试着从中国元素中去探讨研究，尽可能突破西方SOHO概念空间（图2-19）。每一个极简的设计元素都能寻找到一个文化背景作为主轴，如铁板地坪、清水混凝土、实木家具、钢结构、玻璃等，将这些材料的本质与历史文化糅合，并使其充斥整个空间，为的就是使人们有机会在此空间中能够更直接地体验到建筑材料经文化冶炼后的价值感受。基于这样的追求，设计师试图将宇宙运通国际纺织公司的驻沪办公室室内环境营造出一个具有东方LOFT风格的SOHO空间，以强调回归自然本质、创造空间比例，颠覆旧有审美角度，将设计理念上升到禅的哲学层面上来。

为此，宇宙运通国际纺织公司的驻沪办公室的室内环境设计把动线归整到最少，且贯穿全部，并推敲出如何创造舒适内部空间的比例。在现场测量时就预见到需拆除空间内所有的墙板，使其空间通透化，在动线的汇节点上创造适合交谈的空间，布置了一个洽谈室，运用了箱体空间手法，在斟酌过楼高与原有建筑尺度后，把这个箱体设计确定在动线节点上，使创造出来的空间有内外之分，以期待给单调

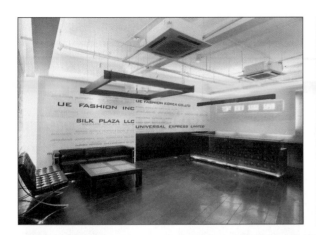

图2-19　上海宇宙运通国际纺织公司的驻沪办公室室内环境

无趣的办公空间增添乐趣。通过办公室室内环境设计元素在视觉上、动线处理上、触觉上，以及诸多设计元素造成的相互影响与融合上，使得原本传统而呆板的办公室室内环境产生出相当浓厚的艺术氛围，并让客户与员工在这个空间中能够感觉出工作的乐趣，直至提升工作的效率。

2.4 办公建筑室内环境的案例剖析

2.4.1 德国柏林国会大厦

重建的德国国会大厦位于柏林市中心，其旧的国会大厦落成于1894年，由德国建筑师保罗·瓦洛特设计，采用古典主义风格，最初为德意志帝国的议会。1919年德皇退位，魏玛共和国时期又将其作为人民的代表机构。

1933年2月，著名的国会纵火案便发生于此，纳粹以此为把柄，开始推行法西斯统治，人民的议会从此沦为法西斯的独裁议会。第二次世界大战中该建筑内外均遭不同程度的破坏，中央穹顶则完全毁于战火。1990年10月3日，德国人民在国会大厦前庆祝了国家的重新统一，同年12月20日，第一届全德联邦议会确定柏林为统一德国的首都，国会大厦则被定为德国联邦议院所在地。

百年沧桑，几经战火，旧国会大厦已是残缺不整，20世纪60年代的扩建与维修显得既不实际又无章法，而传统的布局也无法容纳新的功能。为改变这一状况，德国政府举办国际竞赛，最终英国建筑师诺尔曼·福斯特爵士的方案中标。而福斯特素以高技派风格著称于世。在这一方案中，他将高技派手法与传统建筑风格巧妙结合：保留国会大厦建筑的外墙不变，而将室内全部掏空，以钢结构重做内部结构体系。经过福斯特的大手笔处理，国会大厦这一古老庄严的外壳里包裹的将是一座现代化的新建筑（图2-20~图2-24）。

从重建的德国国会大厦建筑内部环境来看，其底层及两侧的几层空间内安排布置着联邦议院主席团、元老委员会行政管理机构办公室以及议会党团厅和记者大厅，中央为两层高的椭圆形全会厅。全会厅上层三边环绕大量的观众席，普通公民可以在观众席自由地观看联邦议院的辩论。

由于大厦建筑内部中央穹顶在第二次世界大战中被毁后一直未能重建，此次福斯特创造了一个全新的玻璃穹顶：其内为两座交错走向的螺旋式通道，裸露的全钢结构支撑，参观者可以通过它到达50m高的瞭望平台，眺望柏林的景色。夜间，穹顶从内部照明，从而为德国首都创造了一个新的城市标志。而中央穹顶全部为透明的玻璃材料构成，意味着议会所有的议员及其工作，都是坦诚和透明的。这个立意是非常具有创意的，并赋予这一古老建筑以新的形象。中央穹顶的设计既要给予大厦在城市地位中相应的比例和分量，又要避免重现此屋顶在历史上的权利象征。设计将直径为40m的玻璃穹隆在视觉上处理到只有历史原型1/2的高度。穹顶高23.5m，穹顶最高处距议会大厅为47.5m。更重要的是，玻璃穹顶使阳光充满了议会大厅，圆顶中间倒锥体上的360片反光镜片将自然光反射到大厅内，屋顶和大厅之间有了一种上下通透的关系，这和历史原状是截然不同的。

此外，国会大厦建筑内部整体布局基本形体无大改动。全楼的内部组织也尊重原始思路，楼中心全部掏空，只保留外墙面和两个内院，并在内墙和外墙造型设计上显现出历史在这座楼上沉积下的看不见的痕迹。改建中重见天日的室内古典浮雕以及前苏军1945年占领此楼时刻下的铭文，都被保留了下来，新老主题的交相辉映，使此楼不仅仅是历史的，也不仅仅是现代的，而是综合的、复杂的、延续的。沿钢结构玻璃穹顶盘旋上下的参观坡道，则为公众提供了一个非常有吸引力的参观场所。它不仅从象征上（大厦外部形象），更从实际空间上（内部经历）给民众一种感觉，真正置身于自己选举的议会之上。

重建的德国国会大厦在建筑内部对生态能源的运用也独具匠心，福斯特在其重建设计中也做了许多新的尝试，考虑在建筑内部如何合理地利用能源，包括用植物油推动的建筑群热能厂，夏季储热、冬季储冷的地下储能仓库及屋顶上的太阳能供电装置。并且议会大厅室内空间上部的玻璃穹顶不仅能够自然通风，在春秋两季还可节约大量能源，另外360面反射镜可将大厅内部各处照亮，这一手法也可以节约大量的照明电力。同时，又为了不让直射的阳光晃眼，在玻璃圆顶的内侧安装了可移动的铝网，由计算

图2-20　德国柏林国会大厦建筑外部造型设计实景

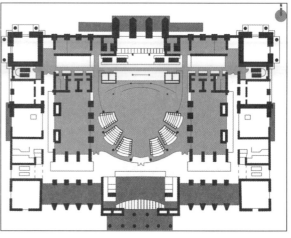

图2-21　德国柏林国会大厦建筑平面布局设计图

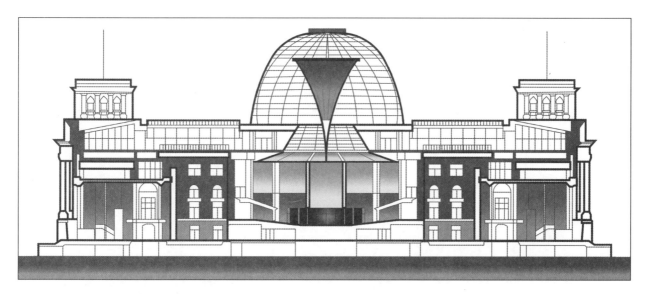

图2-22　德国柏林国会大厦建筑剖立面设计图

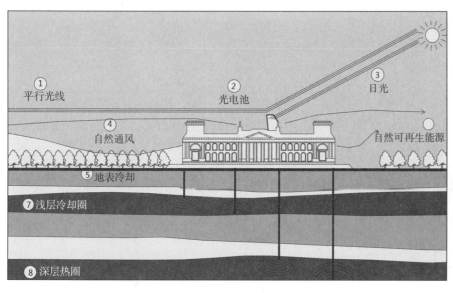

图2-23　德国柏林国会大厦能源利用示意图

图2-24　德国柏林国会大厦建筑室内环境空间实景

机按照太阳的运动自动调控位置，其能源来自于国会大厦屋顶上的太阳能电池。大厦内部各处的色彩是颇具匠心的。据说100余年前，这座巨形大楼的每一层的外表都是一样的，议员们进来后常常因辨不清而迷路。为了改变这种状况，现在内部空间即在房门上采用不同的颜色来区分其功能各不相同的楼层，以便于大厦内部的空间识别。整个大厦内部所用材料、光线的运用与处理则使建筑内部空间呈现出素雅、庄重、简洁洗练的感受。

重建的德国国会大厦改建前就已经有在大厦内部陈列艺术作品的计划，这个计划在改建过程中被采纳。国会大厦是柏林市中心政府区的建筑中艺术陈列的中心建筑。在改建过程中又有18位艺术家受邀请为大厦提供他们自己的作品。除德国知名的艺术家外，鉴于柏林过去被占的历史，英国、法国、俄罗斯和美国有近30名现代艺术家也受邀请，在大厦内部陈列着许多收买或者租借的艺术作品。

如今，登上重建的德国国会大厦透明的中央穹顶，柏林的景象即展示在眼前。川流不息的汽车长河，波茨坦广场森林般的脚手架，壮观的"菩提树下大街"两旁恢宏的建筑物，都令人不胜感慨。而更让人们感慨的也许正是脚下这座有100余年历史的国会大厦，西方国家的国会大厦没有哪个像它那样突出地折射出国家和民族的命运，其经历在世界所有的议会办公建筑中也是独一无二的。

2.4.2 荷兰媒体机构办公楼

荷兰媒体机构办公楼位于荷兰希尔弗瑟姆市"媒体公园"的边界上（图2-25~图2-29），媒体机构办公楼与公园有机融合，加上建筑与自然环境的和谐关系以及完美的材料与细部处理，从而使整个办公楼散发出一种宜人的宁静和安详的气息。

办公楼设计利用了地段的自然特质，围绕建筑与其周围的环境、使用者与景观的关系3个主题来展开。并尽可能地将建筑周围的景观纳入内部空间，使建筑从属于地段的斜坡地形以及现有树木。伸长部分的屋顶曲线则随着地段斜坡的曲线由路面向下延展，悬挑于主入口之上的巨大屋顶上也开了些洞口，以利树木的生长。建筑内部空间的走廊沿着两个纵向立面设置，在不同楼层的处理上略有区别。当人们经过走廊的时候，墙面上的洞口与大面积的玻璃可以让人领略到外部的景观环境。办公楼建筑内部工作

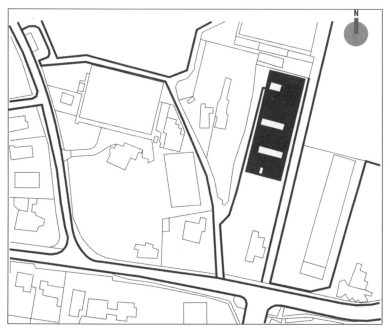

图2-25 荷兰媒体机构办公楼外部环境总体平面布置设计图　　图2-26 荷兰媒体机构办公楼外部造型设计实景

区域朝向精心设计的内院，朝向内院的立面是一种由错落的开窗、石墙与多种色块组成的特别组合，由金属和玻璃组成的整洁外立面就形成了一定的对比特征。而围绕着一些保留的大树形成的庭院天井，使建筑内外环境与自然的融合更为密切。

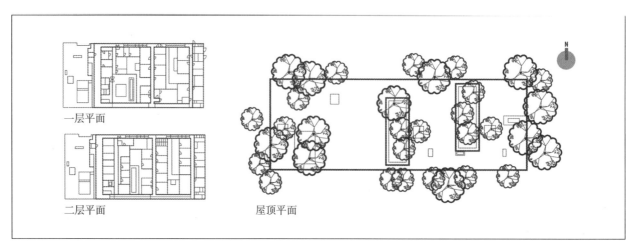

图2-27   荷兰媒体机构办公楼建筑各层平面布置设计图

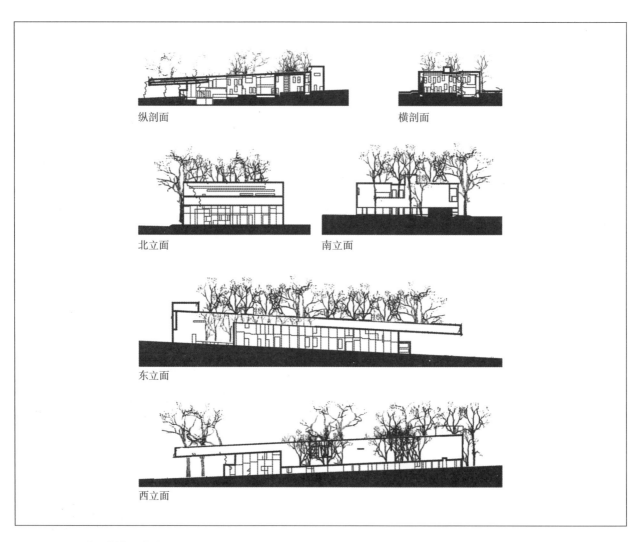

图2-28   荷兰媒体机构办公楼建筑立面与剖面设计图

图2-29 荷兰媒体机构办公楼建筑内外环境设计实景

2.4.3 中国教育部综合办公楼

中国教育部综合办公楼位于北京西单大木仓胡同35号教育部大院北侧（图2-30~图2-34），由清华大学建筑设计研究院及清华工美环境艺术设计研究所进行建筑及室内环境设计。综合办公楼建筑面积为25640m²，采用双核心筒、双内廊的矩形平面，8.4m×8.4m柱网，地上9层，地下2层。

图2-30　中国教育部综合办公楼外部造型设计实景

从教育部大院内已有建筑来看，大院内现存有清代古建郑王府、20世纪50年代受苏联建筑影响的办公楼以及20世纪80年代建设的业务楼等，不同历史时期的建筑物并存，形成了独具特色的历史文脉和场所特征。与此同时，其伴随历史自然生长的状态是存在的，办公与居住混杂，见缝插针般的建设，交通组织混乱，缺少必要的机动车停车位，环境绿化、道路铺装、室外空间等也缺乏统一规划。而教育部作为中国教育事业的主管政府机构，如何在解决其办公建筑用房基本需求的前提下体现其应有的特质，成为整个设计中都在研究的课题。为此，在设计中不是将其作为一栋单体办公楼来思考，而是将教育部整个大院的环境整治纳入一个更高层面来改造。

从教育部大院环境整治来看，规划从大院北侧的新建教育部综合办公楼入手，实施方案采用了最单纯的一字形，节省了宝贵的土地资源，同时在南侧为密不透风的教育部大院辟出了可以喘息和停留的内部绿色庭院空间。综合办公楼呈东西对称格局，北侧临启才大道一侧设有比较紧凑的入口广场，大楼南入口正对院内现有南北贯通的中央道路，该道路成为大院南北的主交通轴，使新大楼与原有建筑群有机组合成一个整体。从综合办公楼建筑造型来看，其建筑坐北朝南，具有良好的日照、采光及通风条件。而面向城市的北侧外观强调庄重、典雅、开放、平和的建筑造型，面向内庭院的南侧外观则以低矮的椭圆形报告厅体量形成亲和的庭院氛围。人流沿精心设计的室外缓坡广场可直接通达教育部的门厅，没有常见的部委大楼的大台阶和大坡道。首层外观和选材是透明、含蓄和内敛的。建筑南北两侧从二层开始向外出挑，并向内、向上逐层收分，标准层平面在此消解，生成了向上升腾的微弧形建筑外观。开放式微弧形的白色铝板幕墙精心设计为叠合的鱼鳞板状，以利用"卷刹"、"收分"来传递出美的意蕴，展现建筑及内外环境设计师们在中国品位创作方面的设计探索。

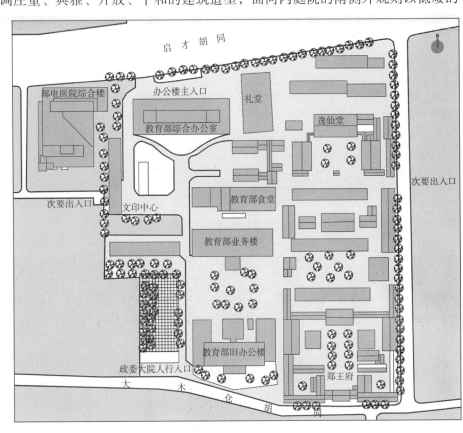

图2-31 中国教育部大院内已有建筑外部环境总体平面布置设计图

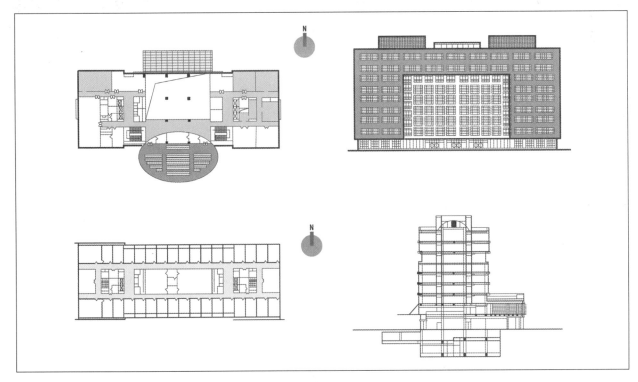

图2-32 中国教育部综合办公楼建筑平面、立面、剖面设计图

图2-33 中国教育部综合办公楼建筑外部造型及室内环境设计实景

图2-34 中国教育部综合办公楼建筑室内环境设计实景

从综合办公楼室内环境来看,其内部空间首层设两层高、南北贯通的大堂,以方便内外办公的双重使用。2层主要为教育部涉外办公和接待,其南侧设有造型独特的椭圆形报告厅。3~7层为普通办公层,核心部设有共用的会议室。8~9层为部领导办公层。9层中部设有党组会议室,依天顶自然采光,拱形玻璃天窗外设置了可遥控呈任意角度电动开合的百叶遮阳系统,以满足党组会议室的多功能使用要求。地下1层为车库,流线简明,可停放94辆小轿车。地下2层为设备用房及人防。而建筑的室内设计是在外观黑白灰基调的基础上配以温暖的自然本色,并根据空间的不同功用,让室内色彩或浓或淡地融入其间。由此体现出中国品位在办公建筑室内环境中的创作设计理念,而这种设计上的探索,从综合办公楼首层大堂、贵宾接待室、报告厅、会议室、走廊等室内空间布置、界面处理、装饰陈设及家具配置中,均能品味出这种具有中国文化特色的现代办公建筑及其室内环境设计创作意蕴来。

2.4.4 中国海洋石油总部办公楼

中国海洋石油总部办公楼位于北京东二环朝阳门立交桥西北角(图2-35~图2-38),由美国KPF公司与中国建筑设计研究院联合设计。办公楼用地面积为18001.72m²,建筑总面积为96340m²,其中地下为3层,地上为18层。

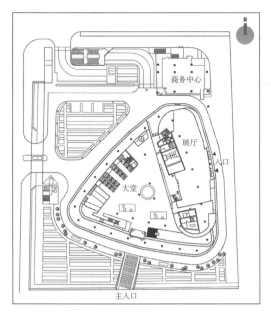
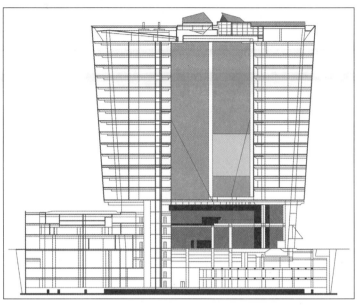

图2-35 中国海洋石油总部办公楼建筑平面、剖立面设计图

图2-36 中国海洋石油总部办公楼建筑外部造型及室内环境设计实景

图2-37 中国海洋石油总部办公楼建筑室内环境设计实景

建筑基于所处的地理位置及现代化海洋石油总部的特性，在建筑主体造型上运用"船形"的设计概念，以4层楼高的椭圆形斜柱廊托起大楼，并由低层至高层向外渐次扩张，给人们海上石油钻井平台的形象联想。办公楼全立面的玻璃幕墙透明、折射光彩，从远处眺望，阳光下熠熠生辉的建筑造型令人印象深刻。

从建筑室内环境设计来看，其内部空间秉承国际大型能源企业的社会责任感，以健康、环保为基

图2-38 中国海洋石油总部办公楼建筑入口空间环境实景

础，在朴素、大气的氛围中展现出企业充满健康的活力及光与影、光与色、光与情感的微妙变化是设计构思追求的终极目标。在办公建筑的内部，完整的空间与流畅的曲面，在阳光与灯光下，使其平淡的灰色石材、白色地砖变得丰富。而变幻的光影形成不同的韵律，似乎一切都被赋予了生命，鲜活地

跳动在空间之中。这里对材料的选择极为慎重，灰、白是主调，木饰是补充，不锈钢是变化。几种主要材料时而结合使用，时而单独使用，却同样创造出流畅、细致、沉稳的空间氛围。无论是墙面还是顶面，都是间接的面的处理，或曲面，或平面，形成光影的舞台，活力的演出。内部空间中将公共走廊的转角做圆角处理，中庭的光影与走廊的筒灯在墙面、地面变成一串点，一组线，流畅地体现国际企业的气魄。2层彩色玻璃幕墙内部的景观走廊和职工餐厅，在白色的地面、墙面基调中迎接着绚丽的光芒。

而内部空间交通的组织富有节奏，不是平铺直叙，而是因势利导、巧施妙手。领导办公层部分，凹进式的入口增加办公室的可识别性，又使弧形走廊产生停顿的节点。房间内部则凭借建筑结构和玻璃幕墙的特点，创造出独特的两层拉升空间。立面平滑的弧线与平面浑圆的曲线则相映成趣。

进入内部空间，十九层高的中庭映入眼帘，层层环抱挺拔。一层是接待大堂，宽敞明亮。精致的不锈钢柱子显得十分有力，承载着三层景观岛。建筑平面呈转角浑圆的等边三角形，并借助它的边角关系，将中庭的三层划分成三组对称的景观岛，岛上种了竹子，摆了石块，布置了庭院柱形灯。岛与岛之间的空隙，又恰恰与飞架在五层的玻璃廊桥彼此交错。由超白玻璃铺设的廊桥，把中庭五层平面的三条边垂直连接，三座廊桥的交汇处是三角形中庭的重心，视线可从一层贯通到顶层。三根粗大的钢索从顶层悬拉，固定在廊桥的侧翼。使光线穿过十九层的阳光屋顶，照射到中庭内白色廊桥与景观岛，从而形成光在空间中穿梭，人在楼层间穿行的壮观景象。

建筑外玻璃幕墙整体微弧，同时有4°左右的倾斜角度，每两片玻璃之间夹着一片垂直的玻璃小翼。阳光穿过这些玻璃组合，产生透射和折射效应，于是在室内出现了漂亮的光谱线。这个"七色光"的景观不是缘于玻璃本身的颜色，而是玻璃的位置和角度塑造成的。

整个办公空间整体的设计概念，强调的是内外环境空间的贯通感、节奏感和流动感，使用黑、白、木三色象征大地、阳光与生命。调整空间节奏，形成轻松、自由的生动感受；局部的过渡、断开、重合或夸大处理，都可以使人在心情上得到不同程度的舒缓。此外，内部空间重点部位造型突出，以上大下小圆润曲面的手法营造丰富多变的空间韵律，仿佛一艘艘乘风破浪的油轮，象征中国海洋石油总公司锐意进取、走向世界的企业精神。另在办公楼的重点办公层，刻意保留了一些有趣的灰空间。正如绘画艺术中的留白一样，适度并且足量的留白可以达到很好的效果。宽敞的空间不仅洋溢着自在的情趣，并且削弱了各个方面造成的压迫感，形成均衡有度的舒适空间。从实际完成的效果看，建筑内部格局的配置，交通的组织，比例的调整以及材料的选择，都会从各个角度影响人的视觉和心理，形成空间的流动和延伸。这也是自然发展的范畴，是建筑生命力的最直接体现。

从建筑场地环境设计来看，其建设场地分为三面，其中面临朝内大街和二环路的两面为公共面，面邻东二环西辅路则为较安静的内部空间。场地布局选择以圆角的三角形来布置塔楼办公层平面，使红线界区内的场地得以最有效的使用，并在内部形成一个种满绿草和树木的花园。花园式场地的西部入口以"飘檐"代表象征中国古典园林建筑的"门"。L形的三层高裙楼除了限定花园的周边外，还自然分隔公共绿地，并将城市绿地、建筑物及入口的序列空间自然连接在一起。建筑南边的贵宾礼仪入口由树阵包围，与沿着朝阳门内大街的街道植树连成一片，并形成绿色的"海洋"。塔楼西边庭院空间由裙楼、出入口大门和主楼大堂围合而成，庭园中的草坪和小灌木构成一个重复主楼平面主题的迎宾花园。另在塔楼东、南、西侧设计了三个方向不同高度和层次的内部空中花园，并从建筑的外立面就可以寻找到它们的轮廓。空中花园是建筑内部视觉和感觉的柔性空间，利用艺术渲染手段，使之灵活可塑，进而获得最大程度上边缘效益的惊喜。人们在工作之余漫步其间，映入满目葱郁的绿色，即可享受一番短暂的宁静；眺望窗外的城市喧嚣，感受阳光照耀的惬意，以让自然与人工融为一体。

为了加强建筑与室外及周围城市景观的整体联系，办公建筑主体一层至四层采用架空通透的设计手法，以使建筑与街道的衔接在视觉上形成更大的开敞空间。同时还让街道的绿色长廊与建筑大厅和内部庭院在景观方面相互渗透，直至形成建筑与城市在内外空间上的整体呼应。

2.4.5 台湾财经首席办公室

位于中国台北市松德路157号14楼的台湾财经首席办公室（图2-39~图2-41），其室内空间面积约为265m²，平面为半圆形的格局，大半墙面都是窗，造成办公室内的功能隔间切分的不易，必须寻找不同的空间布置方式才能解决功能上的需要。为此，设计师率意大胆地打破既有室内设计常规，从半圆形的平面格局入手，创造出适合需要的办公室内部空间环境。

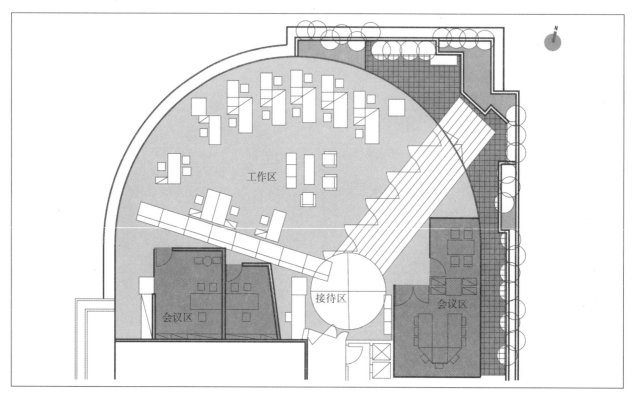

图2-39 台湾财经首席办公室建筑平面布置设计图

图2-40 台湾财经首席办公室建筑室内环境空间实景之一

图2-41　台湾财经首席办公室
建筑室内环境空间实景之二

　　设计从入口处的圆形门厅开始，以两条斜向的走道为主轴对内部空间进行划分，其中，最主要的走道将工作区与会议区分开，并成为整个内部空间的动线通道与视觉中心。另以可开关的不锈钢门片作为与工作区之间的弹性间隔，打开时，各分区形如一体，关上后，分区之间还可通隔并分。

　　通过内部空间的划分，办公室内每个工作人员都能享受到自然光与城市窗景；而工作区中设置的沙发既可用于接待访客，同时也成为员工们休憩的坐具。主管办公室则置于不面窗的一侧，通过玻璃隔墙，可以遥望窗景与员工们的工作情况。

　　由于办公室内部空间环境材料运用得特殊，使整个办公室内部空间环境不仅凝聚些许温润之气，而且少量不锈钢、清玻璃等材质的使用还为其办公空间环境注入了较明亮锐利的现代气质。

第3章　宾馆建筑的室内环境设计

随着商务和旅游业的发展，宾馆建筑步入了快速发展时期，其标准和规模日趋提高，类型也多种多样。宾馆建筑往往是综合性公共建筑，它向顾客提供一定时间的住宿，也可提供餐饮、娱乐、健身、会议、购物等服务，还可以承担城市的部分社会功能。宾馆建筑常以环境优美、交通方便、服务周到、风格独特而吸引四方游客，对室内环境设计也因等级、标准与条件的不同而形成不同的装修档次和不同的品质。宾馆建筑的室内设计常常是引领最新室内设计倾向、流派的表现场所，肩负着表达其风格、品位与营造气氛等重任，同时也要满足各种使用功能，又要凝聚各种文化、艺术的感染力，同时也要将商业性功能与文化艺术有机地结合起来，以某种高格调的室内环境文化艺术氛围取悦于四方来客，实现促进经营的目的。

3.1 宾馆建筑室内环境设计的意义

3.1.1 宾馆建筑的意义与等级

宾馆建筑是指为来宾提供住宿、餐饮、商务、会议、休假、康乐、购物等多种服务与活动、设施完善的公共建筑（图3-1）。从宾馆建筑的类型来看，主要可分为旅游宾馆、假日宾馆、观光宾馆、商务宾馆、会议宾馆、汽车宾馆、疗养宾馆、交通宾馆、青年宾馆、运动员村、迎宾馆、招待所及宾馆综合体等。

图3-1 宾馆建筑室外空间环境

a）广州花园宾馆建筑外部造型实景　　b）新加坡圣淘沙度假酒店建筑外部造型实景

c）长隆酒店建筑外部造型实景　　d）上海华亭酒店建筑外部造型实景

宾馆建筑有等级之分，各个国家对具有旅游性质的宾馆均经过鉴定，符合规定标准的才准其经营。我国于1988年8月由国家旅游局发布了《评定旅游（涉外）饭店星级的规定》，并于1993年9月颁布了《旅游涉外饭店星级的划分及评定》国家标准，其后于1997年10月对该标准进行了首次修订，自1998

年5月1日起执行。标准对旅
游涉外饭店，包括宾馆、酒
店、度假村等的星级进行划
分及评定。星级的划分以宾
馆的建筑、装饰、设施设备
及管理、服务水平为依据，
具体的评定办法按照国家旅
游局颁布的设施设备评定标
准、设施设备的修保养评定
标准、清洁卫生评定标准、

图3-2 位于阿拉伯联合酋长国首都迪拜的芝加哥海滩宾馆

宾客意见评定标准等五项标准执行，分为一星、二星、三星、四星、五星的等级，星级越高表示宾馆档
次越高。2002年对该标准又进行了第二次修订，加入了预备星级的概念，并对获得相应星级的有效期作
了5年的规定，取消了星级终身制。

2004年7月1日开始执行第三次修订的新版星级划分与评定标准，其中增设了新的星级饭店最高等
级——"白金五星"。其必备条件为已具备两年以上五星级酒店资格、地理位置处于城市中心商务区、
对行政楼层提供24小时管家式服务、整体氛围豪华气派、内部功能布局和装修装饰与所在地历史、文
化、自然环境相结合等。此外，还需要在6项参评条件中至少达标5项，6项标准分别为：普通客房面积
至少不小于36m²；有符合国际标准的高级西餐厅，可以提供正规的西式正餐和宴会；有高雅的独立封闭
式酒吧；有可容纳500人以上的宴会厅；国际认知度极高、平均每间可供出租客房收入连续3年居于所在
地同星级饭店前列；有规模壮观、装潢典雅、出类拔萃的专项配套设施。世界上第一座七星级宾馆，即
位于阿拉伯联合酋长国首都迪拜的芝加哥海滩宾馆于1999年竣工。该宾馆位于迪拜距海滩3000米的某人
工岛上，建筑高340m，以其风帆状造型闻名于世，它是目前世界上最豪华的宾馆建筑之一（图3-2）。

3.1.2 宾馆建筑的构成关系

宾馆建筑
的组成比较复
杂，主要由居
住部分、公共
部分、管理部
分和后勤部分
与室外环境等
组成，也有的
大型宾馆设有
独立的饮食部
分（图3-3）。
其构成关系与内
容如下所述：

1. 居住部分

宾馆建筑的
居住部分包括
客房、厕所、
浴室等服务设
施和走道、楼

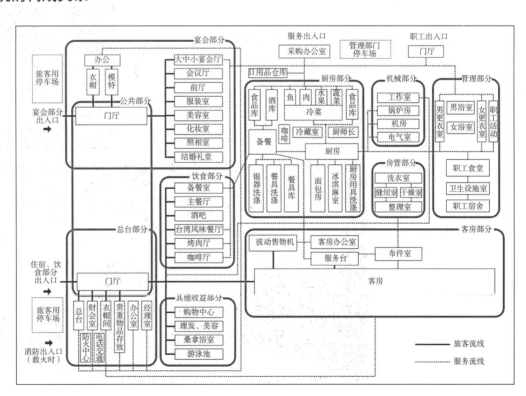

图3-3 宾馆建筑的构成关系图

梯、电梯等交通设施,是宾馆建筑的主体。客房数和床位数是宾馆、旅馆的基本计量单位,客房的标准包括每个房间净面积、床位数和卫生设备(浴室、厕所)标准。标准较低的是多床客房(一般不宜超过4床)和共用厕所浴室,标准较高的以2床为主,配有专用浴室厕所;标准更高的为单床间,卧室之外还有客厅、餐厅等套间。

2. 公共部分

公共部分为宾馆建筑内部供旅客公用的活动空间和设施,包括入口大厅,含主门厅、休息厅、总服务台及有关的问讯、银行、邮政、电话、行李存放、代购车票、理发美容、医务、旅行社等内容;前台管理,含值班经理、保卫、接待等内容;购物空间,含精品商店、特色土产、工艺美术、生活超市等内容;康乐设施,含游泳池、健身房、台球室、电子游戏、娱乐室以及更衣、卫生间、库房、交通空间等内容。其中餐饮部分是宾馆中的重要内容,不少大、中型宾馆有独立的餐饮部分。

3. 管理部分

管理部分包括宾馆建筑内部的各类业务、财务、总务和行政办公室,以及电话总机等内容。

4. 后勤部分

后勤部分为宾馆建筑内部为其提供各种服务的部门,包括厨房部分,含各类餐厅相应的厨房、厨房有关的粗加工、冷饮加工、贮存库房、厨工服务用房等内容;维修部分,含各类修理办公用房、库房及辅助用房等内容;机房部分,含动力设备、控制机房、电梯、电话、消防、冷冻、各类机房等内容;职工生活部分,含职工宿舍、食堂、总务库房、行政车库等内容。

5. 室外环境

室外环境为宾馆建筑外部空间中的广场、停车场地、运动与活动场地、庭园、绿地、雕塑、壁画、小品、导向标牌等内容,它们是现代宾馆建筑主要的户外环境,也是现代宾馆环境艺术设计的重要组成部分。

3.1.3 宾馆建筑室内环境设计的特点

宾馆建筑既是物质产品,又是精神产品,室内环境设计只有有意识地强调其个性特色,才能打破千篇一律、千人一面的局面。因此,宾馆建筑室内环境设计应根据旅客的特殊心态,以及塑造"宾至如归"的设计理念,在设计中应着重把握以下几个特点(图3-4):

1)宾馆建筑室内环境设计应充分反映当地自然和人文特点,注重对民族风格、乡土特色、地域文化的开发和创造。

图3-4 宾馆建筑室内环境设计的特点

2）宾馆建筑室内环境设计应创造返璞归真、回归自然的环境，注重将自然因素引入室内环境空间的塑造，并充分利用和发挥自然材料纯朴华美的特色，减少人工斧凿，使人和自然更为接近和融合，达到天人合一的境界。

3）宾馆建筑室内环境设计应建立充满人情味的情调，使每位宾客在这里都能得到无微不至的关怀，并能体味到家的"温馨"。

4）宾馆建筑室内环境设计应创建能留下深刻记忆的环境空间印象，以满足旅客的好奇心理，营造出令人难以忘怀的建筑文化品格和意蕴。

3.2 宾馆建筑室内环境的设计原则

3.2.1 功能性原则

宾馆建筑室内环境应以其经营规模和星级档次为前提，即遵循功能性的设计原则。合理的功能布局是在充分利用空间面积的基础上，根据服务人流量恰当地规划好各经营空间的配比，依服务内容和客流量的规律，按平行与垂直人流通道的便捷为条件。另外由于经营管理的方便和常规习惯，在宾馆建筑室内环境功能总体布置中，一般把餐饮、娱乐、商务、商店等安排于底层公共区域，把普通客房布置于中层，高档客房或高档服务设施布置在宾馆建筑的上层。如此强调宾馆建筑室内环境的功能作用，则是一切室内环境设计的根本所在，只有合理的功能，才能保证其宾馆经营成功。当然具体如何安排与布置，则依据宾馆建筑室内环境的功能需要来确定（图3-5）。

图3-5 宾馆建筑室内环境的功能性设计要求
a）位于宾馆建筑室内环境底层公共区域的餐饮空间
b）位于宾馆建筑室内环境中、上层的普通及高档客房空间

3.2.2 地域性原则

宾馆建筑及其室内环境应充分反映当地自然和人文特色，重视民族风格、乡土文化的表现。创造出返璞归真、回归自然、充满人情味的幽雅空间。尤其是不同国度的宾馆建筑及其室内环境，即应体现本国的文化传统，如日本的和式宾馆，即充分反映出日本建筑的传统和经验，以及日本人的生活方式。另外不同民族的宾馆也如此，如维吾尔族和蒙古族宾馆，要分别反映伊斯兰建筑和蒙古建筑的特征，甚至使用该民族特有的家具、陈设、装饰纹样和设施设备，这样做既能使来宾感到新鲜，又能展示其民族文化特色。而不同的地区和不同的城市有不同的地理气候条件，不同的风情与名胜，其宾馆建筑及其室内环境必须尽量地体现其特点，以使宾馆具有不同的地域特征（图3-6）。

图3-6　宾馆建筑室内环境的地域性设计要求
a）日本和式宾馆充分反映出其传统的生活方式和室内环境的地域性设计风格
b）伊斯兰宾馆建筑室内环境则反映出其民族文化特色的设计风格

3.2.3 主题性原则

宾馆建筑及其室内环境的服务对象是旅客，他们来自四面八方，各有不同的要求和目的，其宾馆建筑室内环境设计应确立不同的服务主题，以自然、人文或社会元素为题来表现其宾馆建筑及其室内环境独到的文化内涵与魅力，使之经营风格更为突出。因此，为了吸引高端的目标客源，让顾客获得新奇、刺激和欢乐的感受，带给顾客难以忘怀的经历，越来越多的宾馆建筑及其室内环境设计向个性化方向迈进（图3-7）。目前世界上的主题酒店以美国的"赌城"拉斯维加斯最为集中和著名，金字

图3-7　宾馆建筑室内环境的主题性设计要求
a）拉斯维加斯金字塔酒店　b）拉斯维加斯金字塔酒店室内环境
c）广东长隆酒店室内环境　d）广东长隆酒店室外环境

塔酒店是拉斯维加斯三个著名酒店之一，又称卢克索酒店（Luxor Hotel），是一个以金字塔为主题设计的大型度假酒店；广东长隆酒店，建在"长隆"、"香江"野生动物世界中，其建筑内外环境设计无处不显示"人与动物、人与自然和谐共处"的主题概念，不仅为宾馆的经营概念创新提供了一个新的设计理念，也使来宾得到一种新奇的感受。

3.2.4　多元化原则

多元化原则也是构建宾馆建筑室内环境需要遵循的基本原则之一。由于宾馆建筑室内环境设计整体的多元化和部分个性化的发展，使来宾对其空间形态、设计情感产生了更高的要求，促使更新的宾馆建筑室内外环境形式的出现。宾馆建筑室内环境依据所处的地域、环境及经营定位、设计理念与经费预算等因素的不同来营造类型、风格各异的宾馆，也是为了塑造出经营和服务方式多元化宾馆建筑内外环境来满足宾客的多种需要。诸如商务宾馆、会展宾馆、度假宾馆、公寓宾馆、时令宾馆、汽车宾馆及青年宾馆等，即从宾馆类型上来适应其多元化的发展需要的（图3-8）。

图3-8　宾馆建筑室内环境的多元化设计要求
a）大连酒店式公寓室内环境设计实景　b）国外汽车宾馆建筑外观造型设计实景

3.2.5　经济性原则

与其他商业建筑内外环境设计一样，宾馆建筑内外环境设计的最终目的是为了盈利。为此应根据宾馆建筑室内外环境的不同性质及用途来确定设计标准，不要盲目提高标准，单纯追求艺术效果，造成资金浪费，也不要片面降低标准而影响效果，重要的是在同样造价下，通过精心设计来达到良好的实用与艺术效果。任何档次的宾馆建筑室内环境设计，都必须遵循这一基本原则，以最合理的方式，达到最恰当的效果，同时保证项目的时效性，在合理翻新周期之内，能使设计效果优于同类型、同地段的项目，从而以设计的超前性来节约其装修和经营的成本。

3.2.6　安全性原则

宾馆建筑室内环境中活动的人较多、密度大，要重视室内环境的安全性。客人集中停留的地方，空间不能太小。无论是墙面、地面或顶棚，其构造都要求具有一定强度和刚度，符合计算要求，特别是各部分之间的连接节点，更要安全可靠。此外其室内环境设计应符合安全疏散、防火、卫生等设计规范，遵守与设计任务相适应的有关定额标准。同时，还需注意残疾人的使用及安全，满足无障碍方面的规范要求。

3.3　宾馆建筑室内环境的设计要点

纵览宾馆建筑的类型，主要可分为旅游宾馆、假日宾馆、观光宾馆、商务宾馆、会议宾馆、汽车宾馆、疗养宾馆、交通宾馆、青年宾馆、运动员村、迎宾馆、招待所及宾馆综合体等。虽然其构成种类多样，但其室内环境还是包括以下设计要点。

3.3.1 空间组合

1. 空间布局

宾馆建筑空间的平面布局一般采用集中式、分散式和庭院式三种形式（图3-9）。

图3-9 宾馆建筑空间的平面布局形式

a）广州白天鹅宾馆建筑空间为集中式平面布局形式 b）福建崇安武夷山庄建筑空间为分散式平面布局形式
c）北京香山饭店建筑空间为庭院式平面布局形式

（1）集中式形式 集中式可分为水平与竖向两类集中和两者兼有三种形式。水平集中式适宜于市郊、风景区宾馆建筑空间的总体布局，其客房、公共、餐饮、后勤等部分可各自相对集中，并在水平方向连接，按功能关系、景观方向、出入口与交通组织、体型塑造等因素有机结合，如上海龙柏饭店、曲阜阙里宾舍等均采用水平集中式布局。竖向集中式适宜于城市中心、基地狭小的高层旅馆，其客房、公共、后勤服务在一幢建筑内竖向叠合，功能流线见本书第四章竖向功能分区所述。垂直运输靠电梯、自动扶梯解决，足够的电梯数量，合适的速度与停靠方式十分重要，如广州白天鹅宾馆、南京金陵饭店等均采用竖向集中式布局。水平与竖向结合集中式是国际上城市宾馆建筑普遍采用的空间布局形式，既有交通路线短、紧凑经济的特点，又不像竖向集中式那样局促。随着宾馆规模、等级、基地条件的差异，裙房公共部分的功能内容、空间构成有许多变化。如上海商城波特曼酒店、华亭宾馆等均采用了两者结合的布局。

（2）分散式形式　分散式布局的宾馆建筑，其基地面积大，客房、公用、后勤等不同功能的空间可按功能性质进行合理分区，但相互间又要联系方便，管线和道路不宜过长，对外部分应有独立出入口。此类空间布局形式多数为低层宾馆建筑，如广东中山温泉宾馆、福建崇安武夷山庄等均采用了分散式布局形式。

（3）庭院式形式　庭院式布局的宾馆建筑采用中心庭院为宾馆的公共交通及活动中心，围绕庭院布置公共活动用房。庭院可敞、可蔽，可布置山石、碑亭、池水等，一般应注意与室外环境的相互渗透和原有建筑的协调。如北京香山饭店、西安唐华宾馆等均采用了庭院式布局形式。

宾馆建筑空间平面布局的不同，对其室内环境的空间布局产生直接影响。不同的室内环境空间布局形态又有不同的性格、气氛，能给人不同的心理感受，如正几何体空间具有严谨规整、可产生向心力和庄重的室内环境气氛；不规则的空间具有活跃、自然的室内环境效果；狭窄、高大的空间具有向上升腾、崇高宏伟的室内环境感受；细长的空间具有引导向前，弧形的空间具有柔和舒展的室内环境印象等。而这些宾馆建筑室内环境空间的布局，则都以主要的公共空间为中心或高潮来展示其空间序列，从而展现出具有个性与艺术魅力的空间氛围来。

2. 界面处理

宾馆建筑室内环境的界面处理，包括顶面、墙面、地面等形成空间界面的内容。其室内环境的界面处理不仅强化、物化了空间形态所特有的性格，同时本身还具有接近人体尺度、限定空间、引导方向、增加情趣等功能作用（图3-10）。

（1）地面处理　由于在宾馆建筑中，地面与人直接接触，显然其色彩、质地、图案等对室内环境空间起着重要作用。而宾馆建筑室内公共部分的地面要耐磨、美观，客房则要求舒适、亲切、有一定的隔声、吸声作用。

地毯是现代宾馆建筑室内环境中大量采用的地面材料，其特点是整体性强、富有弹性、色泽美丽并具有吸声、保温等性能。如在宾馆贵宾活动区和豪华套间，就常在机织地毯上铺手工羊毛地毯，其花纹精细、艺术性强，价格昂贵，以显示其高贵的身份。在宾馆餐厅所用的地毯往往有图案、色彩较浓重，有污渍也不易显眼。在宾馆中庭，地面多铺粗糙的广场砖与庭园石材，使其产生室外园林、街市路面的感受。

（2）墙面处理　宾馆空间的墙面是其建筑室内环境中的重要围护界面，有多种墙面装修材料及处理方式。其中用于宾馆室内墙面的天然材料有木材、石材（大理石、花岗石等）、竹等。由于宾馆室内空间使用木装修令人倍感亲切，又加工方便，因此在宾馆公共部分和套间客房广泛运用。经过加工呈斧劈状的石材，在坚实之中又显质朴，透出一种传统文化的魅力。细加工的石材砌筑室内水池、花坛，或铺砌中庭地面，将产生室外庭园的效果。精加工磨成光洁如镜面的板材用于墙面装饰，则显得雍容华贵。

用于宾馆室内墙面的人工材料有水性涂料乳胶漆、墙纸、镜面、金属、瓷砖、织物、混凝土等。它们在现代宾馆建筑室内环境中的使用，均能产生新颖别致的室内墙面装饰效果。

（3）顶面处理　宾馆空间的顶面是其建筑室内环境中离人最远的面，现代宾馆室内的顶面需要与灯具、送风口、扬声器等设施管线有机结合。除在宾馆入口大厅、中庭、过厅、各类餐厅、酒吧等室内空间作重点及有个性的设计处理外，一般都作简洁的平顶面处理，并多施浅色以作为室内空间的背景。

有时在淡化处理的平顶上略作修饰，也能很富神韵，并赋予空间柔和的美感；有时在宾馆平顶上选

图3-10　宾馆建筑室内空间环境的界面处理
a）宾馆建筑室内空间环境的地面处理　b）宾馆建筑室内空间环境的墙面处理
c）宾馆建筑室内空间环境的顶面处理

用当地材料作传统装修，对形成浓郁的地方风格起到重要作用；有的宾馆大厅或餐厅的平顶做成整片或局部天窗，其构件图案也成为装饰，让阳光照射入内，形成妙趣横生的光影效果。不同材料如铝合金、镜面玻璃、布幔、竹编等用于宾馆空间的顶面装修，能创造特有的室内空间韵味。

3.3.2　各类用房

1. 居住部分

宾馆建筑室内环境中的居住部分主要是指其客房的室内环境，从宾馆建筑来看，客房是其设计的主体（图3-11、图3-12）。一般情况下，客房约占宾馆建筑面积的60%，这样比较经济合理。客房是旅客主要休息场所，其设计要做到温馨、安静、舒适、安全、设施齐全，室内环境装饰不宜烦琐，陈设也不宜过多，主要着力于家具和织物的选择，因为这是客房中不可缺少的主要设备。

宾馆客房的种类包括标准间、高级客房、商务套房与总统套房等类型，其中：标准间一般分为通道、卫生间、桌（台）、床位、休闲座椅五个区域，其中家具占客房面积的33%~47%，卫生间占客房面积的18%~20%，相对高级的房型，各区域占室内面积相对要小；高级客房在家具尺度、人流通路、装饰用材和功能设施等方面都高于普通客房；商务套房的布局特点是会客间兼工作间，室内设施在客厅的基础上加设有文件柜和电脑操作台，档次较高的商务套房和其他套房均设双卫生间；总统套房（豪华套房）是区别宾馆级别的重要标志，其所占空间面积为200~600m^2，包括：起居室、会客厅、会议室、多人餐厅、厨房、酒吧、书房、卧室。其中卧室又分主卧室、夫人室、随从室，兼有多种形式的卫生间。其中豪华卫生间内设有桑拿设备和冲浪浴缸。超大型总统套房的功能设施应有尽有。而宾馆建筑客房室内环境的设计要点为：

1）宾馆客房应有良好的通风、采光和隔声措施，以及良好的景观和风向，或面向庭院，避免景观不好的朝向，对旅游与观光宾馆客房来说更需注意这个问题。

2）宾馆客房设计应有明显的规律性，设计者需从经营角度分析各个房型的比例关系，并根据其空间来确定各项设施的规格。家具、洁具及配件，电器、线盒的定位要经过严格的计算和设计，要把握好客房功能内容、装饰造型和档次要求，协调统

图3-11 宾馆中客房部分的室内环境空间——标准间室内空间

图3-12 宾馆中客房部分的室内环境空间
a）中国大饭店高级客房的室内环境 b）某酒店商务套房室内环境空间
c）苏州香格里拉大酒店中的总统套房

一标准。

3）宾馆客房应按不同使用功能划分区域，如睡眠区、休息区、工作区、盥洗区等，在各区域之间应能形成既有分隔又有联系的空间布局，以使不同使用者能有相应的适应性。

4）宾馆客房设计要求充分考虑人体尺度。家具、洁具与各种使用空间要满足人体工程学的基本要求。宾馆客房家具应采用统一款式，形成统一风格，并与织物陈设取得关系上的协调。

2. 公共部分

宾馆建筑室内环境中的公共部分主要包括入口大堂与前台管理、室内中庭与观光平台、会议厅室与商务中心、购物商店与康乐设施、中西餐厅与宴会大厅、咖啡酒吧与点心茶室、剧场展厅与银行诊所及各种休闲、辅助空间等内容，其中宾馆大堂、室内中庭与餐饮部分是其设计的重点。具体设计要点分别为：

（1）宾馆大堂空间　宾馆大堂空间是其室内环境前厅部分中的主要厅室，常和门厅直接联系，多设在底层，也有将二层与门厅合二为一的形式。大堂作为宾馆人流聚散地，无疑是各种功能空间分布的交汇点。围绕大堂的各种功能空间，以大堂为中心依序分布。其主要设施包括：门厅主入口、次入口、总服务台（其功能包括登记、问讯、结账、银行、邮电、旅行社与交通代办、贵重物品存放、商务中心及行李房等），电梯厅与上下楼梯，接待休息座椅与各种宾馆功能空间的入口过厅，以及与相关辅助空间相连的交通过道等内容。宾馆大堂还设有迎宾花台、前台经理、电话、取款机、导向牌、卫生间等辅助设施，以给来宾提供迎来送往的多种服务（图3-13）。

图3-13　宾馆大堂空间的室内环境

a）广州东方宾馆室内环境中的大堂空间　b）重庆喜百年酒店大堂室内环境

宾馆大堂的类型包括开敞式与封闭式两种形式，其中前者与首层其他空间虚拟相隔，各个空间布局分明，达到视感通透，人流畅达的效果。开敞式的大堂拥有众多组合形式，适宜于步梯、扶栏和吊顶的层次造型，也适宜于大型植物配景、喷泉、雕塑等景观的设计；后者是相对传统的设计形式，其大堂空间与其他各个功能空间以墙相隔，人流通道界线明确，形成各个功能空间相对独立的特点。宾馆大堂室内环境的设计要点为：

1）在大堂的空间布局上，通常将总服务台设在中轴两侧的醒目处，电梯厅与上下楼梯要紧临大堂并易于识别。接待休息空间要靠墙布置，若设在大堂中心，空间应与周围做一些象征性的隔断处理，以便能够形成一个相对独立的空间区域。

2）大堂的设计可通过诱导视线、路线和方向等多种方式来合理组织人流路线，以避免人流相互穿插带来的各种干扰。各种功能空间既要有联系，又要互不影响，并通过设立过道把公共部分和内部用房分开，使宾馆室内环境空间分区明确。

3）宾馆大堂是旅客获得第一印象的主要空间，也是装饰的重点，设计应综合运用绿化、照明、水景、材质、陈设等多种手段，使之成为整个建筑室内环境空间的核心。大堂装饰的用色应少而精，以使大堂环境的色彩与形体和材质能够形成有机的整体。

4）宾馆大堂的照明多以金碧辉煌的效果为主，给旅客一个温馨、热情的室内环境空间气氛。其中大堂主要吊灯照度的强弱对整体空间影响较大，应对其进行精心考虑，使之能够更具审美功能。

（2）宾馆室内中庭 宾馆室内中庭是宾馆内的共享空间，虽然其功能和空间构成与其他建筑中的中庭有某种共性，但在结合宾馆室内环境功能，展示公共活动部分等方面却有自己的特点（图3-14）。

图3-14 宾馆室内中庭空间环境

a）阿联酋迪拜帆船七星级酒店中庭 b）北方现代宾馆中庭

宾馆室内中庭的形式主要有两种：一种是与门厅结合的室内中庭形式，这种综合性的门厅有接待、大堂管理、服务、休息、大堂酒吧等多种功能；且高大敞亮、豪华气派，令旅客一进门就产生耳目一新的感觉，如上海新锦江饭店室内中庭，日本东京新宿世纪海特摄政旅馆室内中庭均属这种形式；另外一种是构成宾馆室内中心的形式，这种中庭是宾馆室内空间序列的高潮，庭内常设咖啡座、音乐台、鸡尾酒廊、平台餐厅、小商亭、花店等，多层中庭的周围是各式餐宴、商店、会议、健身中心等，上部周围是客房。如阿联酋迪拜帆船酒店是与水有关的主题中庭，其不同的喷水方式，每一种皆经过精心设计，约15~20分钟就换一种喷法。又如北京昆仑饭店的室内中庭——四季厅和美国业特兰大坳里奥特旅馆室内中庭均属这种形式。宾馆室内中庭环境的设计要点为：

1）宾馆室内中庭空间既宏伟壮观又富人情味的特点，要求在设计中处理好其空间的尺度感。特别要注意中庭竖向大尺度与近人小尺度的关系，即在中庭供人活动场所，以接近日常生活的小尺度布置陈设、小品、家具、灯具、绿化等，并在竖向中庭底部几层增加平台、挑台、天桥、近人顶棚，悬挂灯、伞、金属构架等，构成竖向近人尺度的空间层次，从而起到调节人们心理感受的作用。

2）宾馆室内中庭空间通向主要公共活动场所的路线需导向明确、引人注目且比较宽敞，到休息空间可略为曲折，以增加观赏中庭的多种视角。不收费的休息空间常布置在人流交通路线边，稍加扩展而已；收费的如咖啡座、鸡尾酒厅等，应有一定形式的空间限定，且都配备准备间。

3）宾馆室内中庭空间多向社会开放，底部几层人流较多，为此需对不同客人作不同的空间组织引导，常以自动扶梯或敞开式楼梯运送大量公众，另设专用客梯运送住宿客人至各客房层。

4）宾馆室内中庭空间多用天窗进行采光，而一些高大的绿化树木、花草等会吸收光线，降低反光性能，所以在各层平台宜将绿化布置在对光线损失较小的位置。中庭地面绿化也应成组布置，疏密得当，不致影响附近公共部分的采光效果。

（3）宾馆餐饮部分　宾馆室内环境中的餐饮部分也是其设计的重点，其内容包括宴会大厅、中西餐厅、咖啡雅座、鸡尾酒廊、点心茶坊、特色餐室、旋转餐厅等（图3-15）。

图3-15　宾馆餐饮空间的室内环境

a）宴会大厅室内环境　b）中西餐厅室内环境　c）特色餐室室内环境　d）鸡尾酒廊室内环境　e）旋转餐厅室内环境

通常宴会大厅与一般餐厅不同，常分宾主、执礼仪、重布置、造气氛，一切按有序进行。因此室内空间常设计成对称规则的形式，以利于布置和装饰陈设，易于形成庄严隆重的气氛。宴会大厅还应该考虑给宴会前陆续来客聚集、交往和休息预留足够的活动空间。宴会大厅可举行各种规模的宴会、冷餐会、国际会议、时装表演、商业展示、音乐会、舞会等种种活动。因此，在设计时需考虑的因素要多一些，如舞台、音响、活动展板的设置，主席台、观众席位布置，以及相应的服务房间、休息室等均要做精心的考虑。

其他餐饮部分的设计，要考虑到随着生活节奏加快、市场经济活跃、旅游业蓬勃的发展，今天餐饮的性质和内容也发生了极大的变化，已成为人际交往、感情交流、商贸洽谈、亲朋好友及家庭团聚的场合。因此，人们不但希望在餐饮空间能够享受到美味佳肴，而且更希望能在一个优雅的环境中享受到和谐、温馨的气氛，并能领略到宾馆餐饮空间的特色美食和优质服务。而宾馆建筑餐饮部分室内环境设计的要点为：

1）在宾馆餐饮部分的设计中，宴会大厅通常以1.85m²/座计算，指标过小，会造成拥挤；指标过高，易增加工作人员的劳动时间和精力。另外客人和服务员的流线不能交叉，宴会大厅和厨房的位置不宜太远，要保证有多条送菜路线，以便同时向各餐桌供餐。

2）中西餐厅或不同地区的餐室应有相应的装饰风格。餐饮部分室内的色彩应明净、典雅，以增进顾客的食欲，并为餐饮部分室内空间创造良好的环境。

3）宾馆餐饮部分应有足够的绿化布置空间，并尽可能利用绿化来分隔。餐饮部分的空间大小应多样化，并有利于保护不同餐区、餐位之间具有私密性的特点。

4）宾馆餐饮部分应选择耐污、耐磨、防滑和易于清洁的材料进行装饰，室内空间应有宜人的尺度、良好的通风、采光，并考虑到有吸声方面的要求。

5）宾馆餐饮部分，特别是大宴会厅要注意疏散出口的布置，要有利于人流疏散，并装有应急照明和疏散指向。顶棚材料的选择要求符合防火规范，喷淋和烟感器的布置要结合顶棚的照明做统一设计处理。

6）旋转餐厅多设在客房层的上方，餐厅外圆平台可旋转。餐座常布置在临窗方向，内环可高几步台阶以便顾客外眺，并设有酒吧、乐池、通道与服务用房。而外圆长窗窗台降低，应设有垂直于旋转平台的护栏以防坠落。

3. 其他部分

（1）娱乐设施 现代宾馆室内环境中为满足旅客娱乐、消遣等的要求，在其中设有各种娱乐服务设施，以满足旅客轻松愉快的度假生活需要。其娱乐服务设施除设有闭路电视系统供旅客选看外，还设有交际舞厅、歌厅及各种电子游戏机室，以及图书室、棋牌室、麻将室等，有的大型度假宾馆还设有碰碰车、过山车、摩天轮、夜总会等大型娱乐设施。其设计要点：

1）要依据宾馆室内环境的规格与条件来选取娱乐设施项目，并做到有个性特色。

2）要依据这些娱乐设施的专业设计要求与规范，并根据宾馆室内环境与各类专项设计进行协调，以使这些娱乐设施设计的专业水平能得到保证（图3-16）。

图3-16 宾馆娱乐空间的室内环境

a）宾馆歌厅室内环境 b）宾馆台球室室内环境

（2）健身设施　现代宾馆室内环境中的健身设施包括运动、医疗、理疗、健美、减肥、美容及健康管理等方面的内容，并依据规模和条件来设置。如位于北方山区的宾馆就设有滑雪设施，位于湖海地区的宾馆就设有各种水上运动设施，位于温泉地区的宾馆就设有各种浴泉设施等，居于城市中的宾馆设置屋顶泳池和室内健身中心。通常宾馆室内环境中的健身设施有游泳池、网球场、羽毛球场、乒乓球场、保龄球场、壁球场、台球室和各种健身浴池，并在室内设微型高尔夫球场、健身房等设施。其设计要点。

1）要考虑到宾馆室内环境的规格与条件，选择有特色的项目予以配置。

2）要根据这些健身设施的要求与规范，对其宾馆室内环境的健身设施场地地面、墙面与顶面做专业设计处理，以达到其健身活动的场地要求。

3）要处理好健身活动场地的通风、采光、照明及空调、给水排水等技术方面的问题，以使这些健身设施能有一个高水准的专业场地来保证其活动的展开（图3-17）。

图3-17　宾馆健身空间的环境

a）宾馆室内游泳池环境空间　　b）宾馆室内保龄球场环境空间

4. 室外环境部分

就现代宾馆建筑而言，其建筑室外环境涉及外部庭园绿化、建筑屋顶花园、室外活动及环境场地、入口广场、临街环境等空间。这类宾馆建筑的室外环境空间，既可作为宾馆建筑背景塑造与补充的一面，又有供住宿宾馆客人享用半私密性空间的一面，其室外环境设计部分日益受到重视。

（1）外部庭园绿化　宾馆建筑外部庭园是以绿化植物、水体、山石、小品等素材构成的空间环境，其作用主要在于改善与保护宾馆建筑的外部环境，并给宾馆建筑带来一个优美、自然、生态的外部景观环境（图3-18）。现代宾馆建筑外部庭园的设计形式包括中国式庭园、日本式庭园、欧美式庭园与现代式庭园等，其设计要点：

图3-18　宾馆建筑外部庭园空间环境实景

1）庭园绿化要作为宾馆设计的主题，在塑造内外环境中起主导作用。

2）庭园绿化要作为点睛之笔来显示现代宾馆建筑的文化属性。

3）庭园绿化要为现代宾馆建筑带来一个有个性与生态特色、令人赏心悦目的外部景观环境，并使其外部空间环境充满绿色生机与设计趣味。

（2）建筑屋顶花园　现代城市宾馆建筑常因基地狭小造成绿化覆盖率不足，而逐渐发展起来的屋顶花园和垂直绿化可弥补这种不足。由于屋顶花园和垂直绿化离开地面进行布置，设计上即与庭园绿化有着许多差异，看其设计要点包括：

1）要考虑建筑屋顶的承重与防水性能，以及进行植物种植生长的可行性。

2）要依据建筑屋顶日照足、风力大、湿度小、水分散发快等特殊要求，着重选择具备喜阳、浅根系、耐旱以及抗风能力强、体量小的绿化植物予以配置。

3）可在屋顶花园点缀部分仿真植物，使其在冬季也能见到绿色景观。

4）可在屋顶承重允许范围内设置少量亭、台、廊、榭等小品建筑，以供旅客活动中使用（图3-19）。

（3）室外活动及环境场地　不同类型、档次的宾馆建筑在室外还设有多种活动及环境场地，其内容包括各类游泳池、球场、运动设施及垂钓鱼场等项目，并结合宾馆建筑布局与所处城市环境设有入口广场、停车场地等空间。它们与室外环境绿化、小品结合，成为宾馆建筑总体布局中最富活力的空间场所。其设计要点：

1）要结合宾馆建筑布局的用地条件，尽可能做到空间布局灵活多变。

2）要考虑宾馆建筑的等级与特点，对室外活动场地的设施设置作综合分析，选择有个性特色的活动项目。

3）要考虑在宾馆建筑室外运动场地布置，需要避免眩光对其产生的影响。

4）要考虑在宾馆建筑室外环境应设有其各种标志与招牌，并处理好夜晚的灯光照明，以营造出夜间引人入胜的灯光照明艺术气氛与光影效果（图3-20）。

图3-19　宾馆建筑屋顶花园空间环境实景

图3-20　宾馆建筑室外活动及环境场地空间实景

a）宾馆建筑室外网球场　b）宾馆建筑入口广场空间环境

3.3.3　家具配置

宾馆建筑室内环境为了创造良好的陈设气氛，对家具的配置也十分讲究，因为家具是宾馆建筑室内陈设的重要内容。通常宾馆建筑室内公共活动部分的家具都成套成组地配置，且布置方式比较灵活，可限定出不同用途的室内环境空间；餐饮部分的家具配置既需满足旅客用餐的需要，也需满足送菜、送饮料等服务的通行需要，家具组合与空间特点、服务内容与方式等关系密切，若改变家具组合即改变了空间气氛。

客房家具占宾馆建筑室内环境家具配置的大部分，其造型、尺度、色彩、材质、风格等在某种程度上决定了客房空间的质量，其中套间家具一般需成套成组地配置（图3-21）。总的来看，宾馆建筑室内环境中家具配置应注意下列两点：

图3-21　宾馆建筑室内环境的家具配置

1）家具的配置应有疏有密，疏者留出人的活动空间；密者，组合限定人的休息使用空间。

2）家具的配置应有主有次，突出主要家具、陈设等，其余作陪衬。

3.3.4 意境塑造

宾馆建筑室内环境意境是指其设计不仅能使人感受到美感、气氛，还能作为一种文化载体，表现更深层次的文化内涵和强烈的艺术感染力。为此，宾馆建筑室内环境设计常围绕着一个主题来展开，如曲阜阙里宾舍的室内设计更是既体现了时代性，又表现了悠久的传统文化。其主题取材于深沉淳厚的春秋战国文化，通过形态简洁的门厅空间，在6整片石料墙面和铜锣栏杆的衬托下，室内空间中央立着从战国楚惠王时期曾候墓中出土的青铜鹿角立鹤，这尊立鹤造型轻灵匀称、端庄古朴、静中寓动、非常优美，堪称战国初期青铜器之精品，将曲阜阙里宾舍紧临孔府、孔庙、孔林那种浓郁的春秋战国文化意境塑造了出来，其造型古朴的内外空间环境令来此居住的旅客可产生思古之幽情（图3-22）。

图3-22　山东曲阜阙里宾舍建筑内外环境

3.4 宾馆建筑室内环境的案例剖析

3.4.1 阿拉伯联合酋长国迪拜帆船酒店

帆船酒店（BurjAl-ArabHotel）位于阿拉伯联合酋长国第二大城市迪拜市（图3-23~图3-30），因为酒店设备实在太过高级，远远超过五星的标准，只好破例称它为七星级。

帆船酒店建立在离海岸线280m处的人工岛上，它宛如一艘巨大而精美绝伦的帆船倒映在蔚蓝海水中。除了别致的外形，酒店还有全年普照的阳光和阿拉伯神话式的奢华——躺在床上就可欣赏到一半是

图3-23 阿拉伯联合酋长国迪拜市的世界第一家七星级酒店——帆船酒店
a）酒店建筑及环境鸟瞰 b）酒店建筑外部造型及环境实景

图3-24 迪拜帆船酒店建筑外部造型及立面设计效果

海水、一半是沙漠的阿拉伯海湾美景；这个远远望去像一艘扬帆远航的船形建筑，共有56层，315.9m高。由于酒店是以帆为外观造型，因此酒店到处都是与水有关的主题。酒店入口的两大喷水设施，不时有不同的喷水方式，每一种皆经过精心设计，约15~20min就换一种喷法。

酒店的客房全部由复式套房组成，最小的房间是170m²，总计有202套，卫生间超过25m²，设有巨大的按摩浴缸。最豪华的套房为780m²的皇家套房，设在酒店的第25层，其中设有一个电影院、两间卧室、两间起居室和一个餐厅，出入有专用电梯，墙上挂的画则全是真迹。每间套房都有一个管家会在其内解释房内各项高科技设施的使用方式。

图3-25　迪拜帆船酒店建筑室内大堂空间实景

 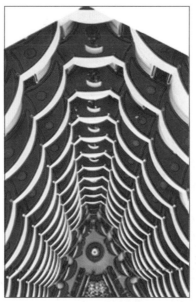 

图3-26　迪拜帆船酒店建筑室内中庭空间实景

　　步入酒店内部才能体会到金碧辉煌的含义。大厅、中庭、套房、浴室……任何地方都是金灿灿的，连门把手、水龙头、烟灰缸、衣帽钩，甚至一张便条纸，都镀满了黄金。大堂的地板上、房间的门把

图3-27   迪拜帆船酒店建筑室内公共部分环境空间实景

图3-28 迪拜帆船酒店建筑室内各类客房部分环境空间实景

图3-29 迪拜帆船酒店建筑室内各类餐饮部分环境空间实景

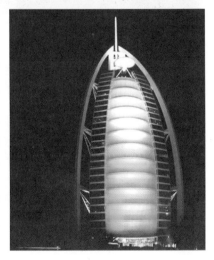

图3-30 迪拜帆船酒店建筑室内娱乐、休闲部分环境空间与灯光照明实景

手、卫生间的配件以纯金或镀金制造，黄金打造的家具和360°海景，更是令宾客目不暇接、流连忘返。酒店内部所有的"黄金屋"令人喜爱却不沉迷，任何细节都处理得绅士般优雅、淑女般矜持，没有携带一丝一毫的俗气。比如窗帘、坐垫、橱柜、冰箱……大大小小，每件都是俗中求雅，且俗且雅。

酒店的餐厅更是让人觉得匪夷所思，其中AI-Mahara海鲜餐厅所用的海鲜原料，是酒店在深海里为顾客捕捉到的最新鲜的海鲜。客人在这里进膳的确是难忘的经历——要动用潜水艇接送。从酒店大堂出发直达AI-Mahara海鲜餐厅，虽然航程短短3分钟，但却进入到了一个神奇的海底世界，沿途有鲜艳夺目的热带鱼在潜水艇两旁游来游去。坐在舒适的餐厅椅上，环顾四周的玻璃窗外，珊瑚、海鱼构成了一幅流动的景象。空中也有餐厅，客人只需搭乘快速电梯，33秒内便可直达屹立于阿拉伯海湾上200m高空的AI-Mahara餐厅，这个餐厅采用了太空式的设计，让人仿佛进入了太空世界。

在建筑物外侧，则建有一个可供直升机起降的停机坪。住客甚至可以要求酒店派直升机接送，在15分钟的航程里，客人率先从高空鸟瞰迪拜的市容，然后直升机才徐徐降落在酒店的直升机停机坪上。

阿拉伯联合酋长国的帆船酒店是世界上第一座七星级的酒店，它建在大海的中央，因其建筑外形就像一块迎风飘扬的风帆而得名。在奢侈的阿拉伯联合酋长国，它就是最奢侈的代表，它的地位已经不是一座酒店这么简单，而是已经成为游人来到阿拉伯联合酋长国一定要去看看的地方，俨然像一个旅游的景点。随着它的名气蜚声国际，渐渐地也成为了阿拉伯联合酋长国奢侈的一种象征。

3.4.2　新加坡浮尔顿酒店

浮尔顿酒店位于新加坡商业和文化区，临近海港。其怀旧的典雅感觉，加入现代舒适的便利设施，使这家酒店成为新加坡传奇性的地标（图3-31~图3-35）。

图3-31　浮尔顿酒店室外空间环境

浮尔顿酒店是一幢始建于1928年的古典式建筑，建筑为8层高，是新加坡保留下来的一处文化和建筑遗产。这栋以浮尔顿爵士命名，从1924年开始兴建的大厦是当时新加坡最具规模的建筑物。它由总部设在上海的Keysand Dowdesws well设计公司主持设计，于1928年建成，耗资超过400万新元。建成伊始它就成为新加坡的标志，频频出现在明信片上。由于其滨水的重要位置，加之屋顶上导引船只安全入港的灯塔，浮尔顿大厦很快远近闻名，几乎全世界的旅游者和船长们都能认出它来。

与政府大楼和旧的最高法院一样，装饰着优雅的柯林斯柱式以及宽大的古典样式雨篷的浮尔顿酒店成为新加坡帕拉迪恩式建筑的代表。如今，大楼的外观依旧保持着原汁原味，内部则经过专家特别设计，能为来此旅行的游客提供优质住宿服务。

进入酒店内部即可感受到新加坡真正的风采，浮尔顿酒店内部拥有400间客房、套房及新加坡别具一格的景观。从这400间各类客房，均可看到新加坡无与伦比的景色。客房俯瞰阳光庭院，或在阳台欣

图3-32 浮尔顿酒店休息中庭及楼梯空间环境

图3-33 浮尔顿酒店建筑室内公共活动及餐饮部分环境空间实景

图3-34　浮尔顿酒店建筑室内各类客房部分环境空间实景

图3-35　浮尔顿酒店建筑外部泳池及建筑环境灯光照明实景

赏城市地平线、河流长廊和大海。每个类别的客房和套房都有特别的名字，以搭配该建筑丰富的历史。每个房间都配备了私人保险箱、笔记本计算机、咖啡机和泡茶机、迷你酒吧、电视机等，并提供擦鞋服务和洗衣服务。在所有的客房配有互联网接入，国际直拨电话，数据端口和语音信箱。此外，数字娱乐系统有增强选项，如视频点播，游戏点播和电影预告片。酒店内部设施包括餐厅、精品店、健身俱乐部、停车场、花房、美容院、旅游咨询台、汽车租赁、药店、保险箱、机票代理、门卫、秘书服务、保安、随叫医生、理发店、健身房、残疾人士专用设施以及桑拿浴室等。

浮尔顿酒店的餐厅和酒吧也是它的魅力所在，其富于创意的烹调概念和令人愉悦的美食能满足老饕们挑剔的胃。酒店大堂旁的The Courtyard咖啡座面向蔚蓝的游泳池，尽管在寸土寸金的新加坡，游泳池的尺寸也是迷你的，但却非常精致。坐在八角形的白色遮阳伞下，悠闲地享受新加坡终年不变的热带阳光，喝上一杯咖啡或者香茗，都是构成一个美好午后的幸福要素。有趣的是酒店里还有一个灯塔，而在这个情调迷人的灯塔里藏有San Marco餐厅，专营精致昂贵的意大利菜肴。

最有当地特色的体验，莫过于去仿照旧日新加坡贩水船而打造的浮尔顿贩水船酒吧内喝一杯鸡尾酒。过去，这些水船穿梭于新加坡河上，为来往的国际邮轮补给淡水。如今贩水船已成为历史，在浮尔顿贩水船酒吧里兜售的也不再是淡水而是酒水。酒店内的Jde餐厅供应新式中国菜，是新加坡最昂贵的中餐馆之一，而位于顶楼的Post Bar则是新加坡雅皮士们最喜欢的酒吧。

浮尔顿酒店另一独特之处是重新修复的屋顶灯塔，人们可从灯塔顶部的十字形平台上鸟瞰城市全景。酒店首层设有另外三间餐馆以及商店，地下层是一系列功能齐全的会议设施，包括一个500座宴会厅。新技术把新旧结构以及机电设备紧密地"缝合"在一起，解决了地下室渗漏的问题，同时又保持了原有的建筑装饰特色。

历时3年，耗资1.65亿新元，如今浮尔顿酒店成功地按照新加坡建筑保护规范被改建成一栋标志性建筑。其东西方风格的和谐融合、华美的建筑及历史重要性让浮尔顿酒店作为五星级酒店崭露头角，成为豪华酒店的典范和标志。自2001年开放以来，浮尔顿酒店作为一名新加坡酒店协会的成员，被《Conde Nast旅行者》评为2006年亚洲最佳酒店。浮尔顿酒店成功地融合新老文化，并成为一个无与伦比的适合商务和休闲旅客的五星级酒店，并在新加坡城市中央商务区扮演着引人追忆似水流年的重要角色。

3.4.3 广州白天鹅宾馆

白天鹅宾馆坐落在广州闹市中的"世外桃源"——榕荫如盖，历史悠久的沙面岛的南边，濒临三江汇聚的白鹅潭。宾馆独特的岭南庭园式设计与周围幽雅的环境融为一体，一条专用引桥把宾馆与市中心连接起来，实为商旅人士下榻的最佳之处。

白天鹅宾馆是中国第一家中外合作的五星级宾馆（图3-36~图3-48），也是我国第一家由中国人自行设计、施工、管理的大型现代化酒店。宾馆始于1980年初，于1983年2月建成并开业。2000年重新装修，2010年广东省进行第三次文物普查被认定为文物。地点在广州沙面岛南侧，背靠沙面岛，面向白鹅潭，环境清旷开阔。由筑堤填滩而成，填筑面积约36000m²，其中建筑地段约为28500m²，公园绿地约7500m²，总投资约为4500万美元，

图3-36 广州市沙面岛南的第一家中外合作五星级宾馆——白天鹅宾馆建筑外部造型实景

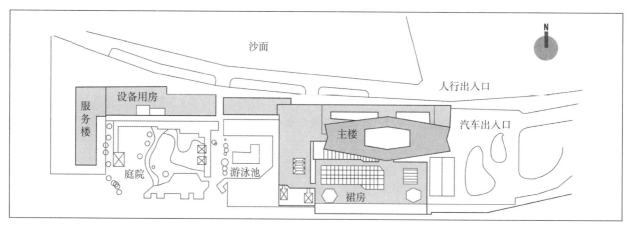

图3-37 白天鹅宾馆建筑及环境总体平面布置图

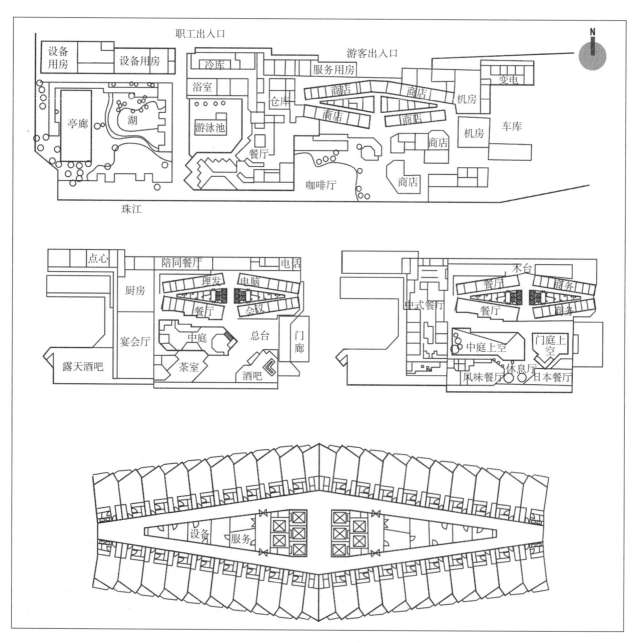

图3-38 白天鹅宾馆建筑各层平面及主楼标准层平面设计图

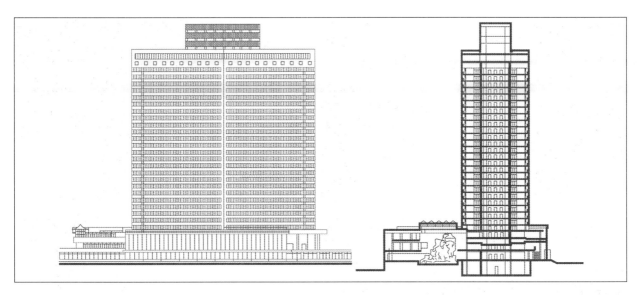

图3-39 白天鹅宾馆建筑主楼立面与剖面设计图

图3-40 白天鹅宾馆建筑组群及入口门厅环境实景

平均每一房间投资约为45000美元。

1. 空间布局

白天鹅宾馆建筑内外环境空间的布局以功能、环境与空间为其基本要素来考虑。

在宾馆建筑内部环境将公共活动部分如门厅、餐厅、休息厅等尽量布置在临江一带，使旅客便于欣赏江景。此外，公共活动部分作为一个整体设计，分设前后两个中庭，所有流通空间，餐厅、休息厅等围绕中庭布置，构成上下盘旋、高旷深邃的立体空间。同时，在宾馆建筑内部沿着不同功能流线，进行相适应的功能部门配置。如在宾馆建筑二层主要旅客入口设有大堂、中庭、休息厅、酒吧和茶厅等，

图3-41　白天鹅宾馆建筑内部公共部分环境空间实景

大堂内设前台，后接前台办公室和各部门经理、总经理办公室等，旅客电梯间则设在前台西侧附近。另在大堂设商务中心、会议室、复印、印刷室、秘书室等用房。底层购物中心除设有各种为旅客服务的商店外，还设有邮电、银行和代办车、船、航空的购票工作室。

在宾馆建筑外部环境，其用地东部为汽车出入口，宾馆建筑主楼布置在用地东北面，裙房布置在用地东南面且紧临珠江；用地西南面为宾馆户外泳池及庭院，西北面为设备用房和服务楼群。宾馆设有三个旅客入口，旅客主要入口设在二层的东端，与高架桥相接的旅行团体入口设在首层的东端，职工入口以及其他后勤进入口设在宾馆西北一带，与旅客入口互不干扰。

2. 建筑造型

宾馆建筑造型采用高低层结合体型，高层为客房主楼，低层为公共部分，连设备管道层在内共34层，总高度为100m，另外主楼有地下室一层；主楼体型处理，采取多斜面组合体型，而每一斜面又由

图3-42　白天鹅宾馆建筑内部标准客房部分环境空间实景

凹入斜角小阳台组合而成，从任何一点透视都感觉轮廓富于变化而有韵律感，减少尺寸的延伸和平面面积的累加，另外采用淡奶白色的喷塑饰面，简洁明快，透过阳台阴影的变化，突出立体雕塑感，因此整个主楼体型轻巧明快，能与原有建筑环境相协调。若从600m长的横引高架桥进入宾馆二层平台，只见100m高的主楼竖向体量与横桥构成了纵横方向上的对比，也使宾馆建筑主楼显得更加挺秀高耸。

3. 内部分区与中庭

宾馆建筑内部主要分为公共部分和客房主楼。

宾馆建筑公共部分集中在首、二、三层，扩大作复合的大空间处理，其外面体型则作为主楼的台座，并结合临江的环境特点，外设玻璃顶棚，内外晶莹通透，与波光云影浑然一体，这是该宾馆设计的最大特色。

客房主楼布置在公共部分的北面，环境幽静，居

图3-43 白天鹅宾馆建筑内部高级套客部分环境空间实景

图3-44 白天鹅宾馆建筑室内最具特色的空间

高临下，可以俯瞰珠江景色，并与各方面联系都较适中，管道的引入距离较近。宾馆有25层客房，其中第4层为商务套间，5~27层为标准客房，28层为总统套间，包括商务套间20套，双单人床（twin）间824套，大床间（king）100套，双套间24套，三套间2套，总统套间2套，双单人床客房中设有相连房门的有48套。

客房标准层采用腰鼓形平面，其特点是将所有垂直交通、工作间、空调室等设在平面的中心区，40个客房沿周边布置，充分发挥建筑周边的优越性能，房间卧室面积南面为20m²，北面为19m²（以轴线尺寸计）。房间外边作斜角形，没有多余的空间，能保持一定的深远感觉。每套客房有一斜角小阳台，可供旅客凭眺，并有利于清洁卫生和防火。卫生间的面积约为5.0m²，由于能利用管井的凹入空间，紧凑合用，卧室过道和卫生间的净高均可调整，以使整个客房的大小高低尺寸比例，比较经济合理，空间感觉亦能恰到好处。

宾馆设计最具特色的空间是一个具有采光玻璃的巨大中庭，其他空间环绕其间。这个以"故乡水"为主题的中庭有3层高，内有金亭濯月、叠石瀑布、折桥平台等景点，体现了岭南庭园的特色。在整个

图3-45 白天鹅宾馆建筑内部各类中西餐厅空间环境实景

图3-46 白天鹅宾馆建筑内部各类高级餐饮、酒吧茶厅及户外烧烤环境空间实景

图3-47 白天鹅宾馆建筑内部大型会议中心、文娱设施及精品超市空间环境实景

宾馆内部空间中不难看出设计师刻意追求一种传统精神、民族风格与现代感的契合。空间造型的变化、空间序列的组织都是中国传统空间理论，特别是中国古典园林理论的体现，具有强烈的艺术感染力，且强调了空间设计的主题，烘托了环境艺术气氛，从而成为中国现代室内设计的代表与经典之作。

图3-48　白天鹅宾馆建筑外部活动场地、庭院空间与游船码头环境实景

4. 服务设施

白天鹅宾馆具有国际一流水平的服务设施，其中包括有多种风味的餐饮厅室，如设在底层的咖啡厅、扒房（高级西餐厅）、自助餐厅，设在二楼的美国酒吧、茶厅及三楼的广式餐厅、川菜馆、日本餐厅、多功能厅等中西食府，可为来宾提供中、法、日等精美菜肴。另别具特色的多功能国际会议中心可供举办各类大中小型会议、中西式酒会、餐舞会等。

在文娱设施方面，宾馆特设有音乐茶座、迪斯科舞厅、卡拉OK等娱乐场所，特邀著名乐队现场演奏，是闲暇消遣的最佳选择。在康乐设施方面，宾馆设有网球场、游泳池、蒸汽浴等。此外，还有专为旅客服务的美容美发中心、商务中心、委托代办、票务中心、豪华车队等配套设施。近年来宾馆把经营管理的发展和高科技成果相结合，使宾馆的服务水平紧跟国际酒店发展的潮流。无论商务公干，还是旅游度假，在宾馆都能感受到居停方便、舒适与自然。

如今矗立于广州珠江北岸的白天鹅宾馆，建筑形象依然清新秀丽，在长高了的广州城市轮廓中，继续为奔流的珠江增添着无尽的神韵。

3.4.4　浙江绍兴饭店

绍兴饭店是一家五星级旅游涉外饭店，其古朴典雅的建筑组群配以白墙黑瓦、曲径回廊、小桥流水、花木扶疏，具有浓郁的江南民居特色（图3-49~图3-58）。

绍兴饭店位于城区闹市中心，南临以越王勾践卧薪尝胆而得名的卧龙山，毗邻城市广场，交通便捷，环境幽雅，被称为闹市怡园。饭店建于1958年，有着悠久的历史，深厚的文化底蕴。饭店总占地面积26000多m²，建筑面积24000多m²。建筑风格别致，环境怡人，设施一流。置身于其中，仿佛徜徉在历史长河与现代文明的时空交错间，令人感叹不已，是商务、会议、度假、休闲的世外桃源。

绍兴饭店室内环境最有特色的是经过改造的大堂空间，它是在原有天井用玻璃顶加盖的基础上改成的大堂空间。设计只是完善了原有的建筑其墙体主要是绍兴当地的白墙和青砖墙，但是10多米高的空间是需要有装饰物来充实的，特别是空间中的梁无法拆除，梁以上的空间阴暗，体现不出空间的气势。而饭店空间需要豪华、气派的感觉与商业的需要。为了达到这个目的，在大堂原2层的空间中设计了高3m超大尺度的宫灯，并作为大堂的装饰主题，使大堂空间有了充实感，满足辉煌气派的要求。同时，选择具有浓厚地方特色的兰亭书法作为装饰设计语言，且与现代材料与手法结合，加上独具匠心的室内陈设，从而形成既具有中国文化意蕴又有现代特色的大堂空间环境气氛，直至成为饭店室内环境的最大亮点。

饭店由5幢客房楼构成，拥有温馨

图3-49 绍兴饭店建筑外观造型实景

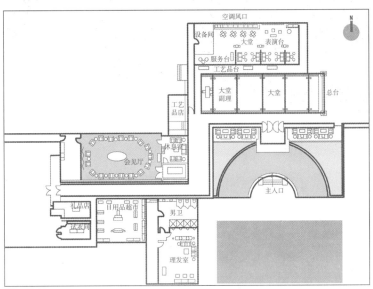

图3-50 绍兴饭店建筑一层平面布置设计图

图3-51 绍兴饭店建筑室内公共部分空间环境实景之一

a）饭店大堂室内空间环境 b）饭店走道室内空间环境

图3-52 绍兴饭店建筑室内公共部分空间环境实景之二
a）饭店大堂咖啡吧室内空间环境　b）饭店服务台室内空间环境

舒适、高雅精致的各式客房203间（套），而且室内装饰豪华别致，布置文雅温馨，包括普通标准房、商务套房、豪华套房、无烟客房、残疾人专用房等多种房型。饭店内的贵宾楼，是传统文化与现代豪华相结合的成功典范，也是重要宾客下榻之首选。

始建于民国初期的凌霄阁，现为重要宴庆场所，36只包厢及大堂，共拥有700个餐位，各餐厅风格迥异，清丽雅致。

饭店内部设有会议中心和商务中心。10个大小、规格不同的会议室，装修一流，配有多媒体、电子白板、胶片投影仪、电动屏幕、宽带网络、电视电话会议等设施，最大可容纳300余人，适合不同客户需要。

图3-53 绍兴饭店建筑室内标准客房部分空间环境实景

图3-54 绍兴饭店建筑室内高级套房部分空间环境实景

图3-55 绍兴饭店建筑室内餐饮部分空间环境实景

图3-56 绍兴饭店建筑室内休闲空间环境实景

　　饭店鲁园娱乐中心内设桑拿中心、美容中心、棋牌室、足浴、卡拉OK包厢等，设计科学，设施高档。饭店内部辅助部分行政楼层，设有接待、商务、洽谈、休闲吧等，房内配有计算机，可网上冲浪。

图3-57 绍兴饭店建筑室内大小会议空间环境实景

图3-58 绍兴饭店建筑外部空间环境实景

全新理念，人性化服务，满足了商务活动的需求。

　　如今经过重新装修的绍兴饭店坐落在错落有致的庭院内，其建筑及其内外环境别具江南民居特色，并与绍兴的水乡风情相融相合，不仅成为绍兴风格独特的饭店住宿空间，而且那古朴典雅的江南民居建筑组群更是成为来绍兴旅游的绝佳去处。

第4章　商业建筑的室内环境设计

现代商业建筑室内环境是指能满足购物者各种消费需求的综合性购物环境，它是城市建筑群体中的有机组成部分，也是展示现代城市风貌和形象的重要因素（图4-1）。在今天，商业建筑空间所表现出来的形态和意义已不再局限于一个购销商品的空间领域，而扩展到现代都市人们物质与精神交流、观赏、休息、娱乐的各个生活层面，成为现代商业文化在都市生活中的一种综合反映。

图4-1　商业建筑室外环境

a）广州市中心的商业建筑组群及其环境实景　b）上海浦东陆家嘴一带的商业建筑组群及其环境夜景

4.1　商业建筑室内环境设计的意义

4.1.1　商业建筑的意义与类型

商业建筑是人们用来进行商品交换和商品流通的公共空间环境（图4-2）。它往往与银行、邮电、交通、文化、娱乐、休闲和办公等功能紧密结合在一起，既可以是一个大型的建筑单体，也可以由若干建筑及其外部空间构成一个大型建筑组群。现代商业建筑的一个典型特例是商业综合体，即Shopping Mall的出现，它的功能组织原则是根据当代城市生活的特点，尽可能在一栋或一组建筑群内，满足顾客的各种消费需求，从而营造出具有魅力的综合性商业服务环境。

图4-2　现代商业建筑营销环境

a）超级市场　b）专业商店　c）步行店街　d）购物中心

1. 商业建筑营销环境的经营形式

现代商业建筑营销环境的经营形式可谓千姿百态、类型繁多，其经营形式主要可归纳为以下四种形式（图4-3），它们分别为：

图4-3 经营形式千姿百态、类型繁多的现代商业建筑营销环境

a）零售型商业建筑营销环境 b）餐饮型商业建筑营销环境 c）服务型商业建筑营销环境 d）娱乐型商业建筑营销环境

（1）零售型 按经营商品的品种归类，可将商品基本上归纳为服装饰品类、日常用品类、文化体育类、五金家电类、主副食品类等。并可分别组成专营某种商品的专业商店，如时装店、鞋帽店、首饰店、珠宝店、家具店、土产店、书画店、乐器店、五金店、食品店等；也可组成经营多种商品的综合商场，如百货商店、超级市场及商业店街等形式。

（2）餐饮型 主要可归纳为进餐类与饮食类两种。前者如宴会厅堂、中西餐馆、风味餐厅等；后者如饮料店、点心店、小吃店、快餐店、酒吧间、咖啡厅及茶馆等。

（3）服务型 主要可归纳为服务与修理两类。前者如各类浴室、美容理发、服装加工、银行邮局、废品收购等；后者则渗透于人们生活中的衣、食、住、行、用等各个层面，并有专业和综合两种组合经营形式出现在生活之中。

（4）娱乐型 主要有夜总会、歌舞厅、游乐场、健身房、图书室、棋牌馆、影剧院、录像厅、卡拉OK包间、时装表演广场、溜冰场及各种形式的会员俱乐部等。

2. 零售商业建筑营销环境的经营类型

从零售商业建筑营销环境的经营类型来看（图4-4、图4-5），可分为：

1）品种丰富、规模宏大的百货公司。

2）经营面广、形成组群的各类综合商场。

图4-4　零售商业建筑营销环境的经营类型之一

a）百货公司　　　　b）综合商场　c）厂家专营经销门市部　d）专业商店

e）商品博览展销会　f）批发市场　g）连锁商店　　　　h）超级市场

图4-5　零售商业建筑营销环境的经营类型之二
a) 购物中心　b) 步行商业店街　c) 地下购物商业城

3) 销售专一、规模不大的各类生产厂家专营经销门市部。

4) 种类繁多、形式多样、规模不一的各类专业商店。

5) 从事看样、洽谈订货的各类商品博览展销会。

6) 营业额大、兼顾零售的批发市场。

7) 形象统一、标牌一样的同一公司连锁商店。

8) 商品开架、无人售货的自选与超级市场。

9) 集商业、服务、娱乐和社交于一体的大型购物中心。

10) 商品集中的步行商业店街及地下购物商业城等。

由此可见，商业建筑营销空间的构成种类包罗万象、丰富多彩，并将进一步向着扩大规模、服务多元、综合性强的方向发展，从而出现许多新型的商业建筑营销空间环境。特别是由上述零售商业营销环境衍生出组合方式多样的商业建筑营销空间，更是使得商业空间的构成形式丰富与完善，这也是现代商业与时代发展的必然趋势。

3. 商业建筑营销环境的经营规模

商业建筑营销环境的规模，因其营销空间的类型不同及各个国家与地区的差别而异，以零售型商业建筑营销空间为例，通常可划分为以下五类：

1）微型（十平方米以内）：如专柜、销售摊点等。

2）小型（数十平方米）：如个体店、专业店等。

3）中型（数百平方米）：如超级市场、百货商店等。

4）大型（数千平方米）：如购物中心、综合商场等。

5）巨型（数万平方米）：如大型购物中心、商业城等。

我国根据商业建筑营销环境的具体情况，在规模上主要将其划分为大、中、小型三类，其中大型零售商业建筑营销环境的建筑面积是指大于15000m²的商业经营空间；中型零售商业建筑营销环境的建筑面积是3000~15000m²之间的商业经营空间；小型零售商业建筑营销环境的建筑面积是指小于3000m²的商业经营空间；并且不同类型的商业建筑营销空间建设规模，因种类各异，其建设标准也各不相同。

4. 商业建筑营销环境的设计范畴

商业建筑室内营销环境的设计范畴，主要包括营销部分、自选部分、交通部分、辅助部分及外部环境等内容，其中：

（1）营销部分　通常也称作营业大厅，是整个商业建筑室内环境的核心，也是商品重要的营销场所。　为了维护正常的商业秩序及满足顾客心理生理的需求，一般营销空间还具有临时贮藏、交通、展示、休闲、服务等功能，以便能为顾客带来购物上的方便。

（2）自选部分　是指商业建筑室内空间中开架销售商品，由顾客随心所欲挑选商品的营销环境。商场自选部分采用仓储货架敞开陈列和布局的形式，由此提高了卖场的使用率，并在出口采用计算机实行一次性结算，是深受欢迎的营销空间环境。

（3）交通部分　是指商业建筑室内环境中的各类交通空间，包括室内通道、楼梯、自动扶梯及各种电梯等交通设施。其位置、数量、布置及宽度等既能使急需型购物者迅速到达购物场所，又能使多数购物顾客轻松完成浏览观赏的行为。

（4）辅助部分　是指商业建筑室内环境中的各类商品销售的辅助空间，包括室内问讯服务台、收银台、卫生间、电话、取款机、展销处、试音室、试衣间、寄存处等服务空间及后勤仓储空间、行政管理、福利与设备用房。

（5）外部环境　是指商业建筑外部环境中的各类空间场地，主要包括商业建筑外观、入口广场、庭园绿地、停车场地及户外设施等外部空间环境内容。

4.1.2　商业建筑的构成关系

商业建筑营销空间环境是一种用以进行商品交流和流通的公共空间环境场所，其构成主要包括人、物、空间三个要素，其关系如图4-6所示。

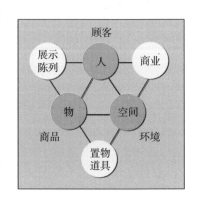

图4-6　商业建筑及其内外环境的构成关系图

其中顾客与商业营销空间的关系即衍生为商业空间环境；商品与顾客之间的交流则依赖于有效的商品展示陈列;商业营销空间与商品的关系即是利用置放商品的展示陈列道具来使商品表现出自身的价值与质感。可见三者的关系是相辅相成，缺一不可的。

4.1.3 顾客心理与购物行为

顾客的购物心理与行为是指为满足自身的生活需要而产生的心理活动与购买行为。顾客的心理活动过程，是指购物行为心理活动的全过程，这个过程可以概括为三种不同的心理过程及六个心理变化阶段，它们之间是既相互依赖又相互促进的，从而构成购物活动的有机整体。其关系如图4-7所示。

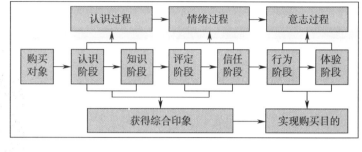

图4-7 顾客购物行为的心理活动过程

进入商业建筑营销空间环境的顾客，其购物的心理状态也可归纳为三种类型：

确定型——购物目的明确，因需要而购买。

计划型——购物目的大致确定，需经过选择、比较，再确定购买。

参观型——购物目的不清，在参观中遇到感兴趣的商品冲动购买。

从近年的发展趋势来看，人们已不再把购物活动仅仅看做是买东西的过程，而是将它当做游乐、健身、休息，更把它看成是接触社会、与人交往、获取信息等参与活动，以满足个人寻找新的发展机会、体现自我存在价值的一种行为与方式。所以不管何种类型的顾客，其心理变化均以从基本需求层次的满足上升到高级精神层次的追求。正是为适应顾客心理的这种变化，种类繁多的商业营销空间环境才成为现代城市文化中的一个重要组成部分。

4.1.4 商业建筑室内环境设计的特征

商业营销空间环境设计的功能，主要表现为以下几个方面：

1. 商业性

在满足顾客购物心理与行为需要的同时，应把提高经营效益、吸引与方便顾客、便于营销与管理放在首位，这是商业建筑内外环境设计最主要的功能特性。

2. 展示性

在展示陈列商品时，应把顾客能有效地接受信息作为重点，并能表达出商品的价值与质感，产生强烈的广告效应，以招徕更多的顾客购买。

3. 服务性

为顾客提供多种服务，如公务洽谈、购物迎送、修理配换、住宿餐饮、理发美容、通信联络、自动取款等。

4. 休闲性

为顾客提供观赏、休息、娱乐、健身、运动、展览、表演等休闲性活动项目，以适应顾客消费心理的变化。

5. 文化性

由于商业活动开展的空间也是大众文化传播的场所，因而任何商业活动的发生，都必然产生出一种特殊的商业文化特征来，正是这种商业文化同现代都市中诸文化现象的融合，构成了现代都市文化的内涵与丰富多彩的都市生活场景。

现代商业建筑营销空间环境设计的特征，主要体现为：设计应以顾客的消费需求为中心来展开；商业建筑空间环境的功能倾向于多样化的设计趋势；富有个性、特色及文化意韵的商业建筑空间塑造是设计发展的方向。因此设计师要不断地更新观念，以超前的眼光和设计理念来引导商业建筑空间环境设计的最新潮流。

4.2 商业建筑室内环境的设计原则

4.2.1 市场定位原则

现代商业建筑室内营销环境设计市场定位的确立,主要是通过对其经营服务对象、顾客消费要求、市场辐射范围与商品经销品种的详细调查了解及分析归纳而得出的。而在城市中,商业营销环境所处的位置不同,服务的对象也不一样,顾客的消费需求也不相同,营销环境的市场辐射影响力、经销的商品品种显然也就不同。根据城市商业营销企业的这种特点,现代商业营销环境可以划分为下列类型:

1. 城市中心商业区型

主要指那些位于城市中心繁华区域内的商业环境。由于地处城市商业的中心,交通便利、店铺集中,故在这一地段开设商业环境多要求其具有精品、高档商品营销环境的视觉感受。每个大城市都有城市中心商业区,那里店铺林立,精品荟萃,构成一定规模的纯粹性商业街区。如北京的王府井、西单北大街、上海的南京路、武汉的江汉路、广州的北京路等(图4-8)。

2. 区域中心商业区型

主要指分布于城市区域中心与交通便利地段内的中小型零售商业营销环境。这类商业环境同前者相比,在经营规模、数量与繁华程度上均略为逊色,故在这一地段开设的商业环境多形成网群,并以满足区域中心市民生活的需要为目的。对于连锁型专业店,假如设于同一城市中,最好选择区域中心商业区,这样既可以节省资金,又便于管理(图4-9)。

3. 居住中心商业区型

主要指遍布城市居住小区与邻近街巷的商业环境。这些地段是城市居民聚居的地方,在这些地方开设的中小型商业环境多以满足居住小区内的居民日常生活的购物需要为目的,具有鲜明的生活特点。其营销环境装饰设计定位也应该是面向小区服务的(图4-10)。

由此可见,只要设计师认真地分析与研究所设计的中小型商业环境,因地制宜,量体裁衣,就不难为营销环境的装饰设计做出准确的市场定位来,并由此准确地制订出设计的方针与策略,为设计的成功打下良好的基础。

4.2.2 环境设计原则

(1)商业建筑室内营销环境设计首先应以创造

图4-8 城市中心商业区——武汉市江汉路是市中心最繁华的商业区

图4-9 区域中心商业区——深圳市华强路商业街是为福田区中心服务的商业网群

图4-10 居住中心商业区——上海市四平路商业网点是为邻近高校居住小区服务的商业营销环境

良好的商业空间环境为宗旨，把满足人们在营销环境中进行购物、观赏、休息及享受现代商业的多种服务作为设计的要点。并使商业建筑室内营销环境能够达到舒适化与科学化。

（2）随着现代商业建筑室内营销环境由经济主导型向着生活环境主导型的过渡，人们在获得物质生活满足的同时，也必然期望能在精神方面获得更高层次的享受，而且这种愿望还会随着经济的进一步发展显得越来越迫切。

（3）现代商业建筑室内营销环境的营造，必须依赖其现有的建筑材料、结构、施工等物质技术手段为基础来实现。并尽可能多地应用新材料、新工艺、新结构与新技术，强化新的商业空间环境塑造，利用先进的技术设备为其创造多种层次的舒适条件，让顾客在其中能够体验到现代科技发展给人们带来的新感受。

4.3　商业建筑室内环境的设计要点

4.3.1　空间布局

商业建筑室内环境的空间布局包括功能分区、动线安排与空间组合等方面的内容，它们分别为：

1. 功能分区

商业建筑室内空间环境的功能分区必须从商业经营的整体战略出发，这是因为功能布局是否合理直接影响到商店的经济效益及其形象的塑造，切不可等闲视之。商业环境功能布局的要点是要以发挥出商业空间的最大作用，提高商业的经营效益为前提；同时还要考虑到方便与吸引顾客、易于营销活动的开展与管理，并有利于商品的搬运及送货服务。另外，在满足商品营销的基础上，还需附设可供观赏、休息、娱乐及提供多种服务项目的场所，以及便利的购物方式与安全的防护设施、良好的后勤保障等。只有这样，现代商业对功能布局的要求才能很好地反映出来（图4-11）。

图4-11　商业建筑室内空间环境具有不同的功能分区

2. 动线安排

商业建筑室内空间中的动线安排是以引导顾客进入商店，顺利游览选购商品，灵活地运用建筑面积，避免死角，安全、迅速地疏散人流为目标。其动线设计，依其种类、面积、形状、入口及垂直交通设施（自动扶梯、电梯、楼梯）等要素的差异而确定，主要有水平、垂直及两者的综合三种。一般水平交通动线的设计应通过营业大厅中展示道具及陈列柜橱布置形成的通道宽度，以及与出入口对位的关系，垂直交通设置的位置来确立主、次动线的安排，并使顾客能够明确地感知与识别；垂直交通的设置则应紧靠入口及主流线，且分布均匀、安全通畅，便于顾客的运送与疏散。同时内部交通动线还要考虑运货及员工的交通动线，而且应各备出口，做到互不干扰，又能联系紧密（图4-12）。

3. 空间组合

商业建筑室内环境的空间组合，其方式主要有顺墙式、岛屿式、斜交式、放射式、自由式、隔墙

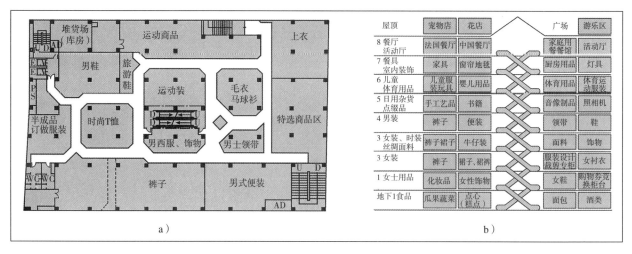

图4-12　商业建筑室内空间中的动线安排
a）商业建筑室内空间环境中水平方向的动线安排　b）商业建筑室内空间环境中垂直方向的动线安排

式与开放式等。不同的空间组合需要利用各不相同的空间分隔与联系手段来形成，而空间分隔方式的不同，又决定了空间之间的联系程度，以及空间的美感、情趣和意境的创造，故在空间组合中需反复推敲。商业建筑室内营销空间的空间分隔原则：

（1）可利用柱网、门窗、陈列柜橱、展示道具、休息坐凳及绿化小品来进行，其特点是空间划分灵活、自由，且隔而不断，便于重新组合。

（2）可利用界面处理的手法，诸如顶棚、地面的高低、造型、材质、色彩与光影的变化等，均可创造出亲切宜人、富有人情味的空间组合效果来（图4-13）。

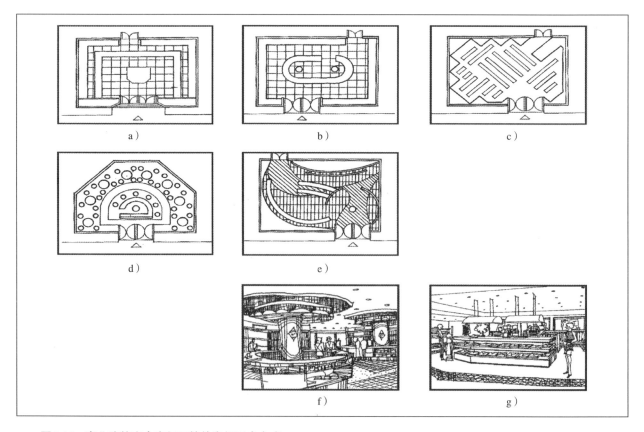

图4-13　商业建筑室内空间环境的空间组合方式
a）顺墙式　b）岛屿式　c）斜交式　d）放射式　e）自由式　f）隔墙式　g）开放式

4. 界面处理

商业建筑室内营销环境的空间界面（图4-14），主要包括顶面、墙面、地面或楼面、柱子与隔断的处理，其设计要点分别为：

图4-14 商业建筑室内营销环境的空间界面（顶面、墙面、地面或楼面、柱子与隔断）的处理

1）顶面因在视平线以上，对顾客视觉影响较大，是商业营销环境内部空间界面处理的重点，应根据设计创意确立其表现的风格，并满足人流导向的要求。同时确定顶面的造型、色彩、照明、光影的处

理，为形成富有变化的商业空间创造条件。在高档及大中型商业营销环境顶面处理中，还常利用吊顶综合安排照明、通风、空调、音响、烟感、喷淋等设施，所以在设计中应根据商业营销环境的结构形式设计吊顶样式。常用的有平滑式、井格式、分层式与悬挂式等，也有采用暴露、透空、玻璃、垂挂等形式的。

2）墙面由于在内部中所占比例大，且垂直于地面，对顾客视觉影响大，在组织人流、货流、采光照明与经营安排上具有重要作用。墙面设计中首先需考虑商品可利用墙面展示陈列，从而节省空间，还丰富了墙面的表现能力；其次门窗均设于墙面，设计中就要注意门窗的造型，开启方向对空间布局的影响，并处理好内外交通、采光与通风等功能上的需要；再者墙面可作装饰处理，以增添其艺术气氛。

3）地面或楼面的设计，应结合商品展示柜橱、顾客通道与售货区域，利用不同材料、色彩、图案予以区分，以引导顾客。由于商业营销环境内部人流集散频繁，地面材料需考虑防滑、耐磨、抗湿、不起尘及易清洗，而且图案要求简洁大方，并注意完整展现。

4）柱子的设计应尽量与商品的展示柜橱结合考虑，并可利用其作商品陈列展橱或装饰柱。

5）隔断是空间分隔的重要因素，它可以是隔墙、栏杆、构件、罩面、展示道具与绿化小品等。设计中要注意灵活使用，以丰富空间造型。

4.3.2 各类用房

1. 室内营销环境

商业建筑室内营销环境的设计包括室内营销环境的设计创意、功能布局、动线安排、空间组合、界面处理、色彩选配、采光照明、展示陈列、广告标志、绿化配置、材料选择、设备协调、安全防护、装饰风格与装修做法等内容，只是风格、规模、性质、特色各不相同的商业营销空间各有侧重而已。商业建筑室内营销环境的设计要点，主要包括以下几点：

1）商业建筑室内营销环境应根据其市场定位、经营规模、营销形式的不同对室内营销环境进行空间布局，并将其空间分为若干商品销售区域或柜组。同时应组织好室内营销环境的交通流线，应使顾客顺畅地浏览选购商品，避免死角的出现。营销环境的商品陈列道具，如橱架与柜台的布置所形成的通道应形成合理的环路流动形式，并为顾客提供明确的流动方向和购物目标（图4-15）。

图4-15　商业建筑室内营销环境的设计

2）室内营销环境尽量利用天然采光和自然通风，其外墙开口的有效通风面积不应小于楼地面面积的1/20，不足部分用机械通风加以补充。营销环境门窗应配有安全措施。非营业时间内，营销环境应与其他房间隔离。地下营销环境应加强防潮、通风和顾客的疏散设计。

3）室内营销环境的顾客出入口应与橱窗、广告、灯光统一设计，还应设置隔热、保温和遮阳、防雨、除尘等设施。大中型营销环境应按营业面积的1%~1.4%设顾客休息场所；应在二楼及二楼以上设顾客卫生间,并按规范设置供残疾顾客使用的卫生设施。另外还需注重营销环境防火分区的划分,配置相应的安全防火设备以防患于未然。

4)室内营销环境的商品陈列必须性格鲜明、特色突出,并起到烘托商品的良好作用。有不少商品的质感往往需要在特定的光和背景下才显出魅力,因此灯光的应用也是提高顾客注意力的重要手段之一。只是室内营销环境不应采用彩色玻璃,以免使商品颜色失真,给顾客带来不必要的误导。

5)室内营销环境中还应注重将生态、自然因素引入空间,并利用声、光、色、空气等因素对其营销环境进行合理有序的组织。环境中应有针对性地设置形式多样的商品广告,包括立柜式、悬挂式、印刷式、POP广告与大屏幕电视、电视广告墙、室内灯箱与霓虹灯广告及各种卡通、吉祥物、饰物等宣传物品,以对顾客购物进行诱导,并创造出卖场内热烈、欢快、丰富怡人的空间效果与购物环境氛围。

2. 室内自选环境

商业建筑室内自选环境的设计,包括独立设置的大型超级市场与设置在商业建筑中的自选销售环境等形式。不管何种形式的自选环境,都实行开架售货、自选服务、在出入口处集中收款,并实行统一经营方式展开营销活动。它们的设计特征为:

(1)超级市场 所谓超级市场是采取自助服务方式,有足够的停车场地,销售食品和其他商品的零售店(图4-16)。其设计要点为:

图4-16 超级市场室内外空间环境的设计

1)在超级市场营销环境空间的布局中,要处理好各个区域的配比与位置关系,其中区域的配比应本着尽量增大卖场的原则,因为卖场区域的扩大可直接影响销售额的增加;而位置关系有凸凹型、并列型与上下型三种,设计中要做好它们之间的关系。

2)超级市场设置的购物线路应设计一条适应人们日常习惯的购物路线。这样顾客就会自然地沿着这一线路穿行,并能看到卖场内各个角落的商品,实现最大的购买量。

3)超级市场是现代零售业形式,它不仅实施自选式购物方式,还必须配置现代化的设备系统,诸如灯光、空调、制冷、货架、收银及相关设备系统,以构造一个冬天不冷、夏天不热、人多不挤、灯光明亮的购物环境。

4)超级市场商品陈列必须遵循一目了然、伸手可及、琳琅满目、一尘不染、包装展示与货位固定的原则,其商品展示陈列的方法包括大量陈列、相关陈列、杂物陈列与比较陈列等方式,其目的就是为了使顾客能在最短的时间内舒适、便利地选购更多满意的商品。

(2)自选销售环境 商业建筑中的自选销售环境,主要经营生活百货与家用电器等商品,但随着自选销售形式对顾客产生的吸引和带来的便利,如今商业建筑室内85%以上的营销环境均采用自选销售的方式,除部分生活百货等商品采用超市收银模式外,多数商品采用的是销售区域集中收银的模式(图4-17)。其设计要点为:

图4-17　商业建筑中的自选销售环境

1）自选销售环境内的商品布置和陈列要充分考虑到顾客能均等地环视到全部的商品，顾客流动通道应保持畅通。

2）自选销售环境内的布置要避免死角，并可延长顾客购物线路，使其可以看到更加丰富的商品，增大商品选择的空间。

3）自选销售环境内的陈列可较大型超级市场灵活，其空间组织、造型、色彩与照明处理都可以形成一定的表现主题和特点，以展现商业空间的时代风貌和商业文化特色。

3. 交通环境

商业建筑室内交通环境是其营销环境中重要的组成部分，主要包括水平交通空间与垂直交通空间两个方面的内容。其中水平交通空间是指营销环境中同层内的各种通道所用空间；垂直交通空间是指营销环境中不同标高空间的楼梯、电梯和自动扶梯等所用空间（图4-18）。它们都是引导顾客人流通行的重要交通空间，对形成商业营销环境中的整体交通组织系统具有举足轻重的重要作用，必须符合国家的有关规范要求。其设计要点为：

1）室内交通环境与营销环境内流线组织紧密相关，其空间序列应清晰而有秩序，并连续顺畅、流线组织关系明晰，能便于顾客在营销环境内顺畅地浏览选购商品，且能够迅速、安全地疏散到室外空间。

2）室内营销环境内水平流线应通过通道宽幅的变化与出入口的对位关系、垂直交通工具的设置、地面材料组合等区分开来，并加强室内营销空间导向系统的设计。

3）大中型商业营销环境内应设顾客电梯或自动扶梯，自动扶梯上下两端水平部分3m范围内不得兼作他用；当厅内只设单向自动扶梯时，附近应设与之相配合的楼梯供顾客同时使用。

图4-18 商业建筑室内交通环境

4）营销环境室内的送货流线与主要顾客流线应避免相互干扰，并应和仓库保持最短距离，以便于管理。

5）营销环境室内的顾客出入口是商业营销环境迎接送往顾客的重要交通空间，其设计要在顾客安全、防风防雨等方面考虑周全。出入口门扇的尺寸以不妨碍客流为宜，而且多选择方便儿童、老年人和残疾人等自由出入的自动门。另外，由于出入口在紧急时刻也是人的避难出口，因此在设计时应便于识别与找寻。

4. 外部空间环境

商业建筑外部环境空间是与建筑内部环境空间相对的概念，它同样和人们有着密切的关系（图4-19）。商业建筑外部空间环境主要包括建筑外观、入口广场、停车场地及户外设施等内容。其中商业建筑外观包括商业建筑立面形象、店面、橱窗、广告与招牌等；入口广场包括商业建筑外观设置的开放性场地、水景、绿化、庭园、雕塑、壁画及各种公共设施，以及设在广场上的各类商业广告与促销小品建筑、道具和设施等；停车场地包括广场式、附设式与立体式等形式，是现代有车族顾客十分关注的问题；户外设施包括休息、卫生、信息、照明、交通、游乐、管理、无障碍设施等配套系统，它们共同构成了商业建筑外部空间环境的整体风貌，其设计要点为：

1）在现代商业建筑外部空间设计中，应注重体现其空间的性格与特点，以便能在其外部环境设计创作中弘扬出商业建筑外部空间个性、体现出外部空间环境设计的特色。

2）在现代商业建筑外部空间设计中，对其外部环境设计文脉的关注也是设计创作中需要认真对待的问题。为此在设计中应立足于当地的地理环境、气候特点进行设计。同时，追求具有地域特征与文化特色的环境设计风格，并借助地方材料和吸收当地技术来达到设计的效果。

3）在现代商业建筑外部空间设计中，应充分利用广告媒体的作用来体现商业建筑外部空间的性格，以取得良好的商业设计气氛，达到促进商品销售的目的。

4）在现代商业建筑外部空间设计中，还应利用街道、建筑屋顶、天台、露台等外部空间来增加商业建筑的使用面积，不仅可以争取到赢利性环境，还可巧妙地布置游憩场所及开辟出屋顶花园等空间，使室内营销环境空间能向建筑外部空间延伸。

商业建筑外部环境是城市商业中心开发建设的重要内容。随着社会经济的发展，人们对商业建筑外部空间的要求与传统商业活动相比已有了质的变化，城市市民及消费者不仅需要一个购物的场所，更是需要具有一定品位和特色的外部空间环境，为多彩多姿商业活动的开展提供活动的平台空间。

图4-19　商业建筑外部环境的设计

4.3.3　意境塑造

　　商业建筑室内环境设计中，最为重要的是营销环境的设计立意，它是商业建筑室内营销环境设计的灵魂。然而如何塑造商业建筑室内环境设计的意境，确定其装饰风格和基调，如何围绕着意境和风格这一中心来进行商业建筑室内环境各个方面的装饰，是商业建筑室内环境设计中最为关键的，也是最难把握的重要工作。就商业建筑室内营销环境的装饰立意来说，其意境设计与格调设计又是商业建筑室内营销环境设计立意的具体任务（图4-20）。由于商业建筑营销环境的经营特色、地点、建筑结构等的不同其室内营销环境的意境与格调设计也应不同，那种千店一面，万店雷同的商业建筑室内环境装饰设计，决不是高水平的装饰设计。商业建筑室内营销环境的意境塑造可以根据人们的爱好、想象和希望来

图4-20   商业建筑室内环境设计的意境塑造
a）加拿大蒙特利尔伊顿中心的设计意境以浪漫的法国风情为主，体现出雍容华贵的视觉形象
b）韩国草莓主题公园的购物商店展示厅营造出现代商业体验空间的室内环境氛围
c）美国商业建筑室内环境具有个性与艺术化的设计意境塑造
d）香港海港城中儿童卖场中庭内具有童趣的室内环境设计，塑造出浓郁的空间气氛来

进行。其一可以通过商业整体空间或局部空间来塑造商业营销环境的意境；其二意境塑造要贯穿整个商业营销环境设计，并让顾客能够产生身临其境的联想；其三意境塑造可以模拟自然万物，再现历史或某种场景，使商业营销环境具有引人入胜的艺术氛围；其四意境塑造也可用某类商品和装饰陈设来体现或隐喻商业营销环境的经营范围和业务特色，并展现出现代商业建筑室内环境空间的经营观念、营销方式、顾客的购物倾向与企业的个性魅力。如近年来建成的法国巴黎Jean-Patou香水店、德国路德维希堡林登·阿波特克老字号药店、香港Open服饰旗舰店、北京黄浦会餐厅、昆明味腾四海火锅店、沃尔玛购物广场武汉销品茂店与深圳华润中心·万象城购物中心均体现出其现代建筑作为城市商业文化空间的设计意境。

4.4   商业建筑室内环境的案例剖析

4.4.1   英国伯明翰Selfridges百货商店

伯明翰Selfridges百货商店由Future System设计，这座22296.73m² （240000ft²）的百货商店共有4层，与一座现有的商场相连，它不规则的建筑外形直接反映了场地周围中世纪街道的轮廓（图4-21~图4-24）。

图4-21　Selfridges百货商店建筑外观及玻璃通廊环境设计实景

　　这座将消费目标人群定位在年轻人的商场凸显在低矮破旧的城市环境中，一经建成就成为了当地的标志性建筑，成为了人们购物的必经场所。建筑的外表皮在垂直和水平方向的曲率同时发生变化，因此不能用传统的几何工程学来分析建造。施工最后采用金属条板外喷射混凝土，其外再喷涂防水涂料，并附加保温隔热层，最外层采用人工合成灰泥粉刷。从时装设计中获得启发，建筑师用15000个经过氧化处理的铝盘覆盖整个表面，它们光鲜亮丽的外表不仅保护了粉刷墙面，同时也掩饰了建筑表面的瑕疵。门窗等开口部位好像动物的口和眼，从远处看，鱼鳞一样的表皮拉紧在整个建筑膨胀的外形上，在灰砖形成的城市环境中独树一帜。

　　Selfridges百货商店内戏剧性的核心是它的中庭，它不仅带来了自然采光，同时也起到了定位的作用。中庭里充满了人的活动，提供了面向各层开敞的无阻隔的视野，从而起到了吸引顾客消费的作用。商场室内风格多样统一，无论是货架、餐桌还是灯光的设计都显示了无穷的创造性。

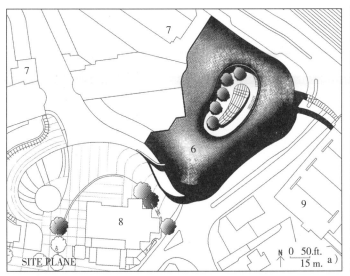

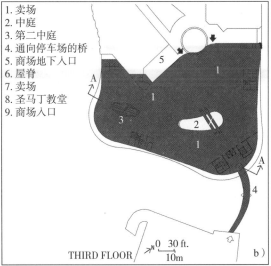

1. 卖场
2. 中庭
3. 第二中庭
4. 通向停车场的桥
5. 商场地下入口
6. 屋脊
7. 卖场
8. 圣马丁教堂
9. 商场入口

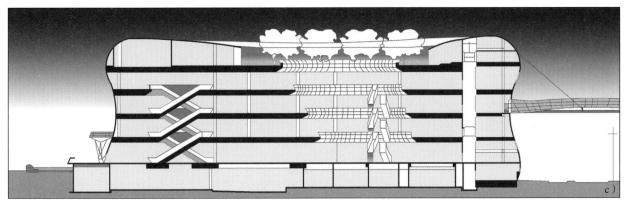

图4-22　Selfridges百货商店建筑总平面、一层平面布置及建筑剖面图

a）Selfridges百货商店建筑总平面图　b）Selfridges百货商店建筑一层平面布置　c）Selfridges百货商店建筑剖面图

图4-23　Selfridges 百货商店建筑室内中庭设计实景

139

图4-24　Selfridges百货商店建筑室内营销环境设计实景

4.4.2　法国巴黎Jean-Patou香水店

　　Jean-Patou香水店坐落于一座有着拱廊的传统经典欧式建筑之中，由法国Eric Gizard设计师设计，其建筑面积为150m²（图4-25~图4-27）。作为1887年创建于法国诺曼底的Jean-Patou品牌，其旗下的品牌香水诞生于1930年，其后于2001年被P&G收购。而Jean-Patou香水店室内营销环境的设计，在充分考虑其品牌优雅、品质简洁的基础上，运用简约、现代的装饰风格，从室内设计方面对整个空间的语言进行了重新演绎，营造出优雅的空间质感来。

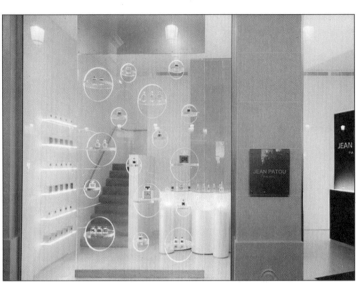

图4-25　法国巴黎 Jean-Patou 香水店室内右侧展示区及其环境设计实景

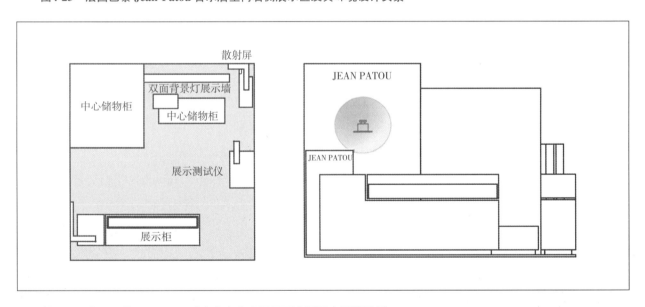

图4-26　法国巴黎Jean-Patou香水店室内底层平面布置及立面设计图

　　从Jean-Patou香水店室内营销环境整体来看，顾客进入店室一楼，即可看到4大4小的8个圆柱结构，其内置放着4种不同产品的风格（Joy，1000，Sublime，Enjoy）。在圆柱展台后面设有一块粉红色的玻璃，目的在于延续香水店创始人对此色彩偏好的文脉，圣地弗里亚粉红及圆柱展台和墙壁的特定色泽交相辉映，使琥珀色的香水在透明树脂块体的衬托下显得更为晶莹剔透。悬在圆孔中的香水瓶更是宛若天空中的精灵，吸引着顾客的注意力。穿插其中的粉色在柔情中体现了精致，将典雅的风格融入于生活情趣之中，使进入商店的人们忘却了外面世界的俗世纷扰。

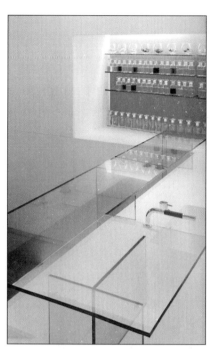

图4-27 法国巴黎 Jean-Patou香水店室内空间环境实景

走上香水店二楼，迎接顾客的是开放式沙龙和香水吧。在这里设计师让人们重温了Saint-FIo-rentin7号酒吧的风情，当男人们在酒吧举杯畅饮谈论政事的时候，女人们则可在此享受高级香水的芬芳。香水吧用纯白树脂加上透亮的粉红色玻璃点缀，边上的陈列架上摆放着不同香水的制造原料。开放式沙龙的旁边是贵宾室，客人们可以在此为自己订制喜爱的香水。

整个Jean-Patou香水店室内营销环境的设计，使步入其中的顾客可以感知出设计师Eric在当代装饰艺术中特有的创作灵感，尤其是在当代空间环境设计中对历史元素的传承，以及自己独到设计语言的运用，让人们无论是从室内空间的整体还是陈设的细都，均可从中感受到其对雅致生活的倡导和别样的追求。

4.4.3　德国路德维希堡林登·阿波特克老字号药店

位于德国西南部路德维希堡的林登·阿波特克（Linden Apotheke）是一家老字号药店（图4-28~图4-30），专门售卖自然疗法的产品和天然成分化妆品。面对竞争日趋激烈的市场，药店为了实现其经营的市场定位，加深品牌在顾客心目中的印象并扩大影响力，聘请德国著名的设计公司Ippolito fleitz group对其卖场环境进行翻新改造。

从改造后的卖场环境来看，其设计风格带有典型的德国风范，室内空间设计严谨，线条简约而不简单，纯粹的白色墙面、连续精致的货架和墙面的弧线等这些元素组合在一起，赋予其室内空间非凡的面貌。其中在卖场空间布置方面，设计师从前至后为整齐排列的商品确定了一个清晰的背景，空间的联结点通过新的销售柜台创建起来附着在中间支撑柱后，并向两边延展。卖场室内空间的整体性通过从墙壁到天花板光滑的弧形过渡及白色墙面的连续性得到进一步的强调。地面部分运用鹅卵石铺设，以和路德维希堡镇的风格相呼应。为了充分利用空间，卖场中间部分还设计了三个可旋转的商品陈列柜，以便人们更为方便地挑选商品。

在药店室内界面装饰上，还由Ippolito fleitz group的设计师同纺织品设计师莫尼卡·特仑可拉（MonikaTren-kler）共同绘制了艳丽的主题壁画，其彩绘的内容为11种药材，从而成为药店的象征图案。以上这些设计元素交替使用，不仅体现出药店的主题，还让来到这里的顾客在领略到愉悦与亲切的同时，对品牌也有了更深的认识，这就是药店卖场室内设计的精妙与独到之处。

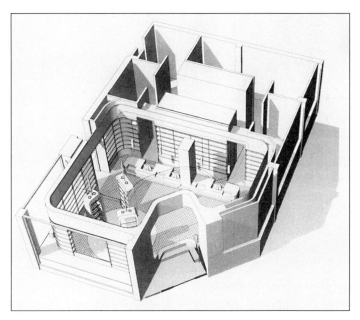

图4-28　德国路德维希堡林登·阿波特克老字号药店轴测分析图

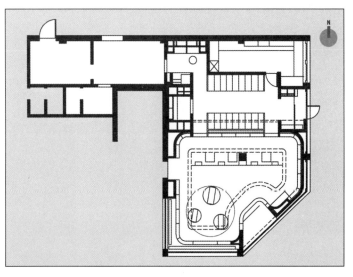

图4-29　德国路德维希堡林登·阿波特克老字号药店建筑室内环境平面布置设计图

图4-30　德国路德维希堡林登·阿波特克老字号药店室内空间环境实景

4.4.4　中国香港云咸街西餐酒吧

云咸街西餐酒吧（Ariqato Western Bar and Restaurant）位于中国香港中环苏豪区及兰桂坊之间，这里为港岛著名的饮食及娱乐区，周围有多个大型购物商场，前往岛内多个景点也在此中转，加上酒吧邻近地铁站口，经营定位为商务午餐、晚餐服务及入夜酒吧，设计时尚舒适（图4-31~图4-34）。

在空间布局上西餐酒吧将较大面积作为酒吧经营，入口处设有外卖收银，并在开放厨房前及主通道旁配有优雅的膳食空间。酒吧在色调上注重日式西餐酒吧的意蕴，以体现空间在传统审美方面的追求。从酒吧空间界面来看，顶面为开放式，配合天花射灯，营造出奇妙的光影效果。墙面以麦哥利木及镜面装饰，既增加了店堂深度，又丰富了空间层次。地面则运用实木地板，以呼应西方现代中产阶层的豪华、气派的空间设计主题。此外，设计师揉合较现代的设计风格，在酒吧店堂以艺术装饰品进行点缀，从而传达出优雅、祥和的气氛。同时空间设计还强调与外围环境的融合，使进入西餐酒吧的宾客，在此不仅能够感受到港岛的繁华与摩登，还能品味到现代、简约的欧洲装饰设计文化。

图4-31　中国香港云咸街西餐酒吧室内入口吧台环境设计实景

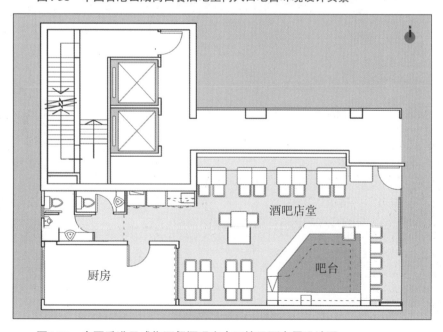

图4-32　中国香港云咸街西餐酒吧室内环境平面布置设计图

图4-33　中国香港云咸街西餐酒吧室内环境设计实景之一

图4-34 中国香港云咸街西餐酒吧室内环境设计实景之二

4.4.5 昆明味腾四海火锅店

味腾四海火锅店是昆明顶尖美食机构"新龙门"的起家店，经营的是传统重庆火锅，在昆明有很高的知名度。随着餐饮市场竞争的加剧，传统火锅已远不能满足人们的消费水准，尤其是原有店面内部的空间结构及品位都已落后于现在市场的需求，对其进行整体性改造也就在所难免。设计师认为，这种改变本身就意味着一种质的升华，也就联想到一个事物的升腾向荣的景象。联想到火锅，其最大的特色就是——沸腾，食用火锅的人也就是因为喜爱这种沸腾热烈的场面而选择了火锅。而"圆"形很好地契合了这种沸腾的构思，通过圆形的搭配组合可以将上升沸腾之意表现得淋漓尽致。同时"圆"所表现出来的无限广阔的包容性，极像昆明人缓慢而自在的生活态度。由此可见，将

图4-35 昆明味腾四海火锅店建筑室内环境设计实景

"圆"视为"味腾四海"的图腾也就再适合不过了（图4-35~图4-37）。

味腾四海火锅店原为4层，每层500m²，平面呈四分之一圆形，层高除一层略高外，其余楼层均为梁底2.4m。原来只有一、二层营业，业主决定把三层也纳入营业范围，这样不仅增加了食用空间，而且充分利用了原有楼房的格局，可谓一举两得。但是它同时带来了一个问题——空间的改造已不可避免。为了保障整体空间的品质，避免空间过度单调压抑，必须拆掉二、三层的部分楼板。并通过一系列特殊的处理方式使空间由此变得大气而生动，环绕包间的环状金属带也越发地加强了升的态势，不仅丰富了

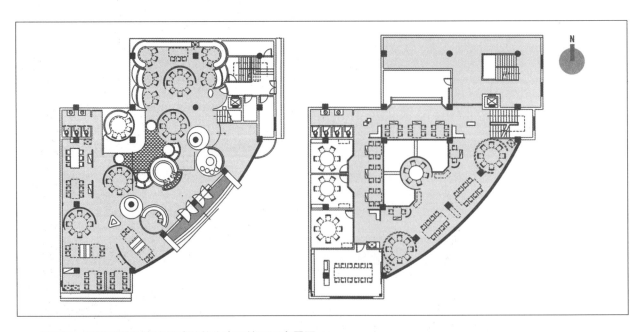

图4-36 昆明味腾四海火锅店建筑室内环境平面布置图

图4-37　昆明味腾四海火锅店建筑室内环境空间实景

整个空间层次，也使得就餐环境更为典雅尊贵。同时借中庭梁的金色与包间绿色玻璃呈现出昆明特有的阳光和春城的印象，大量的绿色玻璃也配合了业主的创意，并展现出健康美食火锅的格调。

在整个味腾四海火锅店改造设计中，圆是这个空间中出现最多的元素，在造型中大量出现的圆是鲜活的，流动的。外立面由向上升的气泡图案组成，这种图案构成手法暗示出沸腾火暴的室内空间。室内实木隔屏上也采用相同手法，只是在尺度密度上降低为宜人的小圆孔。中庭的环状金属带扭动上升，圆形木帘飘动摇曳。圆形餐桌，上面是圆形吊顶，餐桌上也开出大小不一的圆形空洞，配合上圆形餐具、圆形灯具、圆形饰物，而这一切都在尽情地暗示着一个关于"圆图腾"的饕餮盛宴的到来。

4.4.6　沃尔玛购物广场武汉销品茂店

沃尔玛是由美国零售业的传奇人物山姆·沃尔顿先生于1962年在阿肯色州创立的（图4-38~图4-42），经过四十余年的发展，沃尔顿已经成为美国最大的私人雇主和世界上最大的连锁零售商。目前，沃尔玛在全球十个国家外设了5000多家商场，员工总数达160多万，分布在美国、墨西哥、加拿大、阿根廷、巴西、中国、韩国、德国和英国等十个国家。每周光临沃尔玛的顾客近1.4亿人次。

图4-38　沃尔玛购物广场武汉销品茂店建筑外部环境与室内空间实景

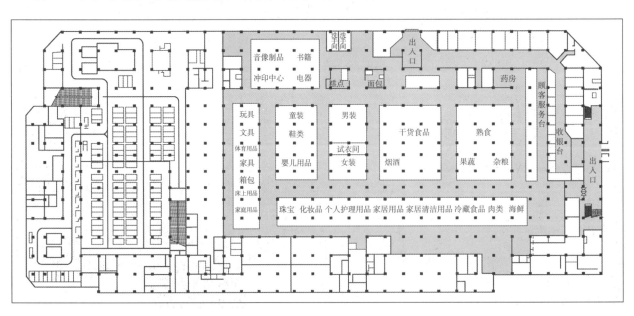

图4-39　沃尔玛购物广场武汉销品茂店建筑室内环境平面布置图

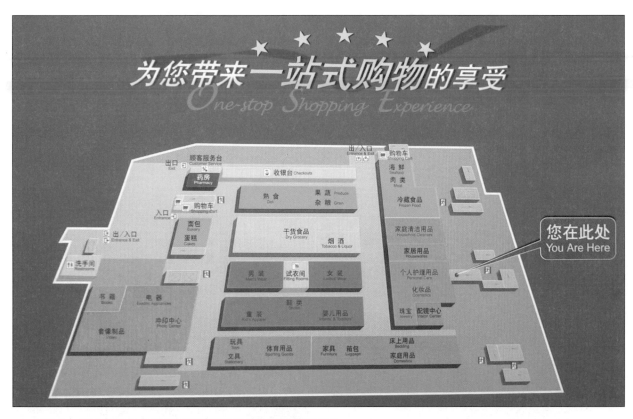

图4-40　沃尔玛购物广场武汉销品茂店商品布置导购平面图

图4-41　沃尔玛购物广场武汉销品茂店建筑室内环境空间实景之一

图4-42　沃尔玛购物广场武汉销品茂店建筑室内环境空间实景之二

　　沃尔玛购物广场武汉销品茂店是其在武汉开设的第二家大型超市，位于武汉长江二桥南端武昌徐东路与武青二干道交会处东南角，营业面积18000m²，是沃尔玛在中国单层面积最大的店，于2005年9月23日正式开业。沃尔玛购物广场主营生鲜食品、服装、家电、玩具、书籍、洗涤与生活用品等，经营商品的种类达到18000种左右。沃尔玛购物广场武汉销品茂店与万达广场店的室内装修和陈设一模一样，连特价商品信息、优惠活动也完全相同。使其成为万达广场店的"完全克隆版"。

　　沃尔玛购物广场是沃尔玛公司的主要经营业态，其理念是通过"天天平价"为顾客提供物美价廉的商品；以员工的"盛情服务"为顾客提供一流的购物体验；有近两万种商品为顾客提供独特的"一站式购物"体验，为顾客节省时间和开支，成为深受市民欢迎的零售经营环境。

4.4.7　深圳华润中心·万象城购物中心

　　位于深圳市罗湖区黄金地段华润中心·万象城购物中心，是由中国香港华润集团投资开发的，其总建筑面积55万m²，总投资逾40亿港元，是深圳有史以来规模最大的综合性商业建筑群（图4-43～图4-46）。首期项目于2002年10月破土动工，包括超大规模室内购物及娱乐中心"万象城"以及国际标准5A甲级写字楼"华润大厦"。作为华润中心的核心部分，万象城力推"一站式"消费中心，建筑面积达18.8万m²，拥有300个独立店铺。万象城购物中心建筑共6层，地下1层，每层均有停车场，从而大大方便了有车族和目的性消费的群体。

图4-43　深圳华润中心·万象城购物中心建筑及环境总体设计鸟瞰图

图4-44 深圳华润中心·万象城购物中心建筑造型及外部空间环境实景

图4-45 深圳华润中心·万象城购物中心建筑室内空间环境实景之一

图4-46 深圳华润中心·万象城购物中心建筑内空间环境实景之二

　　万象城购物中心内部一层中厅宽广，内部全部采用玻璃围栏，地板以浅色系的大理石为主，灯饰造型简约，因此给人整体、通透、明亮、简单的印象，同时也突出了商场的中高档定位。人流通道宽广，路线设计比较合理，方向感清楚，电梯设计非常合理，有效连接室内的上下交通。整个万象城建筑室内各层营销卖场的布局为：负一层以餐饮，超市为主，加以部分珠宝、服装店铺；一层以知名品牌的服装为主；二层以服装为主；三层为餐饮，各色精品与服装店；四层有一个大型真冰溜冰场，可以聚集不少年轻人的到来，因此业态以休闲品牌的服装，饮食广场等为主；五层为嘉禾影院与相关娱乐服务设施。万象城采取"主力店＋次主力店＋专门店"的门店组合形式。4家主力店包括RéEL时尚生活百货、华润万家新业态Olé超级市场、深圳最大的电影城——7厅嘉禾影城、奥运标准的"冰纷万象"滑冰场；次主力店有ESPRIT、NOVO、IT、Sport100、AZONA、Deli City美乐汇、顺电、王子饭店等。

　　万象城的目标是成为"深圳最大、华南最好、中国最具示范效应的超大型室内购物中心"。业内人士普遍认为，已建成的万象城一期及其二期的五星级商务大酒店、酒店式服务公寓以及一个由商业步行街串联而成的特大型室外娱乐休闲广场，将与原有的地王商业中心一起催生深圳的新商圈——"华润商圈"。

第5章 会展建筑的室内环境设计

　　随着世界经济从20世纪70年代以来逐渐呈现出来的全球化发展趋势，世界各国、各地区间的经济文化交流日益频繁，表现为越来越多的国际展览和会议活动，而会展建筑就是这种交流活动的载体。与此同时，一方面当代展览形式多样、内容丰富，对传统的展览建筑提出了全新的要求。另一方面，进入信息时代后世界经济出现新的发展趋势，展览业发展成为一项独立的产业，各种专门的商贸展览由于其重要的社会功能和巨大的经济效益走向定期化、常规化，直至形成蓬勃发展的会展经济。作为现代经济文化发展进程的产物，会展建筑则成为会展经济发展的物质基础和保证，它将以其鲜明的时代特征，逐渐成为一个城市走向现代化与国际化的标志。同时，现代会展建筑的功能性质，决定了它在所处地域突出的中心地位，并将对国家经济发展和社会进步产生出强大的推动作用。

5.1　会展建筑室内环境设计的意义

5.1.1　会展建筑的意义与类型

　　会展建筑究其概念，是指以展览空间为核心空间，会议空间作为相对独立的组成部分，并结合其他辅助功能空间（包括办公、餐饮、休憩等）的大型展览建筑综合体。它是从展览建筑演变而来，是现代建筑中规模大、形式新、功能完善的新建筑类型，其建筑功能和地位的特殊性使会展建筑在信息时代的城市环境中起到举足轻重的建筑形态导向作用（图5-1）。会展建筑的功能主要是集会议、展览、商务等功能于一身，只是依据环境和市场需求的不同，会展建筑各个部分在功能空间配置和比例上有所不同而已。

图5-1　形式多样的会展建筑造型

a）德国法兰克福会展中心建筑　b）美国宾夕法尼亚州戴维巴特劳斯会展中心建筑　c）南宁国际会展中心建筑
d）厦门国际会展中心建筑　　e）爱知世博会日本馆建筑造型　f）中国香港会议展览中心建筑

但作为一种新的建筑形式，会展建筑主要分为综合型、专业型、特种型与世博会几类（图5-2）：

图5-2　会展建筑的构成类型

a）、b）综合型会展建筑——广州中国对外贸易商品交易会与英国伯明翰国家展览中心会展建筑

c）、d）专业型会展建筑——美国贾维茨展览中心与陕西杨陵农业高新科技博览会会展建筑

e）、f）特种型会展建筑——中国艺术博览会与全国人才交流大会会展建筑

g）、h）世界博览会建筑——英国伦敦第1届世界博览会及中国上海第41届世界博览会中国馆建筑

1. 综合型 如广州中国对外贸易商品交易会会展建筑、英国伯明翰国家展览中心会展建筑。
2. 专业型 如美国贾维茨展览中心会展建筑、陕西杨陵农业高新科技博览会会展建筑。
3. 特种型 如中国艺术博览会、全国人才交流人会会展建筑。
4. 世博会 如1851年5月1日在英国伦敦举办的第1届世界博览会及2010年在中国上海开幕的第41届世界博览会。

5.1.2 会展建筑的构成关系

会展建筑主要由展览、会议、服务、管理四种空间用房及外部广场与庭院等空间所构成。各种不同性质的空间用房按照不同的比例组合关系构成整个会展建筑综合体（图5-3）。

1. 展览空间用房

是会展建筑的主要空间，所占面积比重较大，因此其功能空间的复合性对于会展建筑的整体性能有着巨大的影响，与空间发展的整体导向相辅相成。其本体功能以适应各种展览活动为主，由于展览类型不

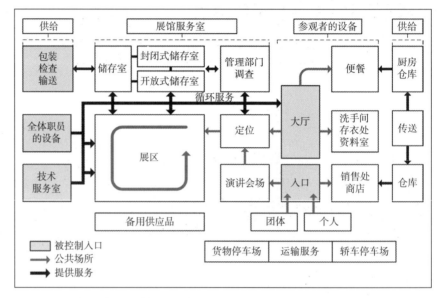

图5-3 会展建筑及其内外环境空间构成关系图

同，内容也包罗万象。作为当代展厅，从使用方面讲是柱间的跨度越大越好，层高越高越好，当然，无柱的高大空间最为理想；同时，地面荷载越大也将越具有适应能力，展厅地面承重应以重工业展览要求为取值标准。同时，为了充分利用展厅的大空间，许多展厅的设计都能满足多功能的使用，如会议、演出，甚至体育比赛等。

2. 会议空间用房

不同规模会议空间的多功能使用在会展建筑设计中十分普遍，用以满足不同形式会议的需求。会展建筑中会议空间的适应性不仅仅体现于空间的多功能使用，更强调空间在适应本体功能的同时延展出的其他使用功能，从会议演讲到文艺表演或作为展览空间，从空间面积到体积灵活变化，实现多维度适应。另外，会议空间用房需适应不同规模、不同形式会议举行的特点，以满足其会议举行的多种需要。

3. 服务空间用房

除用以举行会议和展览活动的会议厅和展厅等主体空间外，如门厅、休息厅、走道、楼梯、电梯、设备间、库房及餐饮、娱乐、健身、住宿及购物等空间和设施，均属于服务空间的范畴。它们与主体空间结合，共同保障会展建筑的功能得以完整实现。

4. 管理空间用房

主要包括行政办公用房，会展策划、洽谈、财务及布置、礼仪、服务、保卫、福利卫生用房，单身宿舍及接待用房，行政库房等。

5. 外部广场与庭院

包括入口广场、户外展出表演场所、停车场、建筑中庭与庭院空间等内容。

5.1.3 会展建筑室内环境设计的特点

会展建筑的设计特点则包括以下内容：

1. 功能综合化

会展建筑由展览、会议、办公与旅馆组合在一起，提供一系列的服务；从会议、展览活动的举办到为参展厂商和代表服务的写字间、客房、洽谈用房、餐厅等，实现了功能的一体化及综合化。并且会展建筑提供出来大量的、长期的建筑内外展览空间，利用独立的会议中心举办各种学术讨论和科技交流活动，辅以餐饮、休憩、办公等必不可少的功能，对推动生产发展、商品流通，促进国内、国际贸易发展，推动技术创新进步，起到了不可估量的作用。

2. 高度信息化

会展建筑作为国际或区域经济文化交流的载体，要求其建筑具有高度的信息化以满足会展建筑内巨大的人流、物流、资金流和信息流高速运转的要求。同时，信息化是现代会展建筑区别于传统展览建筑的重要特点。随着信息化、高科技成为社会的主题，会展建筑逐渐向高科技发展，大型的商贸展览除了是大量的产品、资金流动的场所，其巨大的人流、物流还必然携带着巨大的信息流。市场信息潜在的效益已逐渐显示出不可估量的价值，越来越受到重视。

3. 集群产业化

会展建筑能够有效地带动本地区第三产业的发展。经营规模巨大、功能繁多的大型会展建筑能给展览公司带来可观的效益；展览公司规模的扩大、经营范围的拓展，又进一步推动了展览业的蓬勃发展，进入良性循环。而且展览活动反过来又能够带动旅游、餐饮、娱乐以至于住宅产业的发展，带来巨额利润和城市繁荣。

5.2　会展建筑室内环境的设计原则

5.2.1　功能性原则

在会展建筑室内环境设计中，会展活动是其建筑内部空间设计的决定因素，会展建筑内部环境的功能、空间应该与会展活动的多样性、不定性相联系。这种多样性和不定性主要表现为功能范畴，随着建筑所包容的功能范围逐渐扩大，在进行会展建筑内部空间设计时应采取相应的对策，综合运用各种技术手段，顺应社会、经济的发展规律，在确保建筑功能性原则得到满足及安全性条件得到保障的基础上来进行，即不得任意改变建筑的功能布局与结构构造，使会展建筑内部空间的功能在空间形态、布局方式、交通流线与适宜环境方面得以完善。

5.2.2　精神性原则

在会展建筑室内环境设计中，其建筑内部空间设计需遵循精神性原则方面的要求，并通过形式构思来实现其由概念到形象的创作过程。它具有相对独立性，但也需将功能、技术、经济、社会环境等结合起来进行综合考虑后，将概念转化为视觉形象，以最终形成形象生动的会展建筑。此外在设计中还需把握设计美学的探索与融合、地域文脉的传承与超越、建筑文化的解读与表达，以及内外环境的谐调与整合等方面的关系，能用时尚的设计形式与艺术表现语言来展现其在精神与美学层面上的追求。

5.2.3　技术性原则

在会展建筑室内环境设计中，其建筑内部空间设计尚需关注建筑技术的发展。纵览会展建筑及其内部环境的发展历程，可以看到运用和表现技术的不同观念直接影响到会展建筑内部环境设计创作的思想和方法，客观表现为不同的建筑形式和风格。会展建筑技术观的发展与整个社会文化、科学世界观的背景息息相关，并表现出许多共性化的重要特征。其中技术性原则还将会展建筑内部环境在创作理念的重构、新型结构的突破、高效能源的控制与生态语义的表达等设计层面发生变化，直至推动其在技术综合方面出现设计的观念更新和手法多维，为会展建筑内部环境创作提供了丰富的设计语境。

5.2.4 经济性原则

在会展建筑室内环境设计中，其建筑内部空间设计还需注重经济性原则。经济发展推动会展成为现代生活不可或缺的产业之一，会展建筑内部空间自身的场馆设施、组织管理、日常运营都直接受到经济因素的影响与制约。会展业之间的竞争也日趋激烈，其建筑内部环境设计也应与经济发展的需要结合起来予以考虑，并能从会展建筑内部空间设计项目的效益分析、科学模式的确定、合理的量化标准与技术的经济指标等方面进行综合思考，从而创造出经济优化的会展建筑内部空间环境，以完善其间服务的职能并打造出成熟的会展发展朝阳产业来。

5.3 会展建筑室内环境的设计要点

5.3.1 空间组织

会展建筑内部空间环境主要包括展览、会议、服务、管理等功能空间，各种功能空间因有着不同的内部需求和外部环境条件而表现出不同类型的布局和构成模式。功能相关或相近的空间集中布置，有利于强化每一部分的作用，提高空间的利用效益。会展建筑内部环境是典型的大空间建筑综合体，要想获得良好的空间利用率，在总体布局上应采用集中与分散相结合的灵活布置方式。

1. 集中式布置

集中式布置是会展建筑内部环境与其他大空间建筑的联合布局，组成整体空间集群，有利于空间的通用和共用。不足是集中布局会带来空间单独使用的不便，要使其获得良好的利用效率，各个单体设施"点"的日常利用极为重要。并且集中布局需要注意解决交通流线分设、水暖电气分区控制等管网设施，以及分区管理等问题，并可对人流交通予以分流及设置单独对外出入口，以便于日常使用和管理。

2. 分散式布置

分散式布置是会展建筑内部环境依据功能需要各自独立布局，便于各单体空间进行单独管理和使用。

3. 内外交通流线

交通是会展建筑内部空间与外部空间系统的联系手段，也是其空间组织方面重点考虑的问题。交通系统合理的多层次设计是会展建筑设计的关键问题，无论是内部交通组织，还是会展建筑与城市的交通联系，都直接关系到会展建筑的经济运营（图5-4）。大型会展建筑内外环境人流、货流量极大，不宜向城市道路直接开口，而应从城市道路中引出专用支路再设入口。同时参观人流入口与货物入口应分置，主入口还应考虑行人流和机动车流的分置。利用公共汽车或出租车等方式到达的观众由主要入口进入后步行穿过入口广场进入会展建筑。自驾车的观众要先将汽车停放在地面或地下停车场，然后再进入会展建筑内部空间。

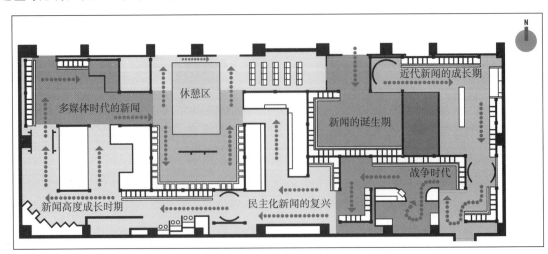

图5-4 会展建筑交通流线图

此外，会展建筑内部环境根据内部功能空间的组织结构关系，又呈现出三种表现形式，即：

（1）集中空间模式　利用会展建筑内部环境大跨度的结构形成开敞的内部空间，侧重于大型会议和展览的功能使用。大空间可以根据需要自由分隔，在使用上具有高度的灵活性。各种辅助空间沿主体空间周边布置，可根据需要划分出相应的部分作为独立区域单独服务。如日本幕张会议展览中心将一座大型多功能体育馆作为会展中心的一个多功能展厅来设计，使其与其他部分可分可合。由于大型体育馆的规模同国际性会展建筑单个展厅规模相近，因而作为一个特殊展厅来处理完全可行，与其他展厅的分合关系也比较容易处理（图5-5）。

图5-5　日本幕张会议展览中心建筑内外环境空间的运用（集中空间布置形式）

（2）单元空间模式　将主体会展空间划分成若干单元，并有机地加以组合排列，形成规律性的系列空间布局。每个单元都带有相应的辅助配套设施，各单元空间尽管保持一定的联系，但相对独立。如德国2000年汉诺威世博会（图5-6），其总用地面积为160hm²，由20余个大小不同的各类单元式展馆组成，整个展会由东西两部分单元式展区组成，总展厅面积将达10余万m²。

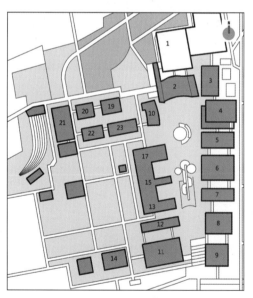

图5-6　2000年汉诺威世博会展区建筑内外环境空间的运用（单元空间布置形式）

（3）多层空间模式　现代会展建筑及其内部环境的规模日趋庞大，职能也越来越复杂，因此在特定的条件下必须将建筑功能空间在水平和垂直方向上进行分区组合。由于每层建筑面积有限以及结构跨度的制约，建筑所能提供的开敞空间规模较小，因此其功能的适用范围减小，灵活性也随之降低。如瑞士苏黎世会展中心是一个占地面积为15900m²，由4层建筑（包括地下层）组成，可提供近3万m²的展示空间，顶层是多功能大厅，可以进行各种商业展览、会议、演示与宴会等活动（图5-7）。

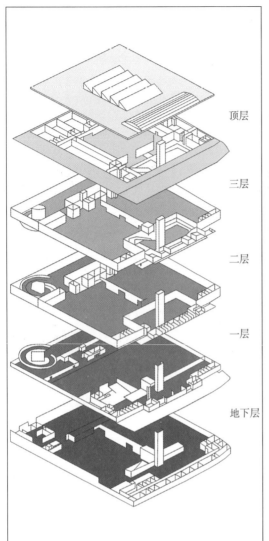

图5-7 瑞士苏黎世会展中心建筑内外环境空间的运用（多层空间布置形式）

5.3.2 各类用房

1. 展览部分的设计

展览空间是会展建筑的主要空间，所占面积比重较大，其设计应以适应各种展览活动为主，由于展览类型不同，内容也包罗万象。作为现代展示陈列空间，从使用方面来讲是柱间的跨度越大越好，层高越高越好，当然，无柱的高大展示陈列空间最为理想（图5-8~图5-10）。其设计要点为：

图5-8 会展建筑内部展览空间环境

图5-9 会展建筑内部展览空间环境实景之一

1）会展建筑的展览空间设计应注重经济实用性，在展示陈列空间的处理上，应注重空间的通透明亮感，尽量利用自然采光和通风。由于会展中心规模庞大，对能源的消耗巨大，从环境保护的角度出发，在展厅空间大多采用自然采光。从外观到内部装修，以简洁实用为主旨，更侧重对空间的处理。展厅形状一般为规整的长方形，在展区之间设置小范围的休息区，辅以绿化、休闲座椅等。

图5-10　会展建筑内部展览空间环境实景之二

2）展览空间在确定柱网、层高和地面荷载时，要从具体的市场要求出发，认真分析展品的涵盖范围、展览的级别与地位，权衡使用与经济两方面的因素，使其既具有一定的通用性，又避免不必要的浪费，从而制订出符合当地需要的方案。同时，展览空间还应统一层高、荷载和柱网标准，以增强其适应性及为展览空间今后的业务拓展打下牢固的基础。

3）展览空间的内外环境设计无论从平面布局、空间构成，还是在设备配置和消防安全上都应运用当今先进的科学设计理念，配备智能化程度很高的网格系统。入口处应设有参展商和参观者的登录系统，可记录、储存他们的详细信息并加以分析，人们可通过计算机查询系统在屏幕上看到所需的资料，多媒体、移动通信等都在展馆中得以应用。

4）展览空间的内外环境的布局形式应采取整体连续式、平行多线式或分段连续式，但都要有系统性。参观路线要明确，避免迂回交叉。参观路线不宜过长，应适当安排中间休息的地方。在展览空间内外环境还应设置完备的交通标识系统，从展馆外部的交通标识，到展厅的疏散通道、服务措施，以及展厅入口设有展馆平面示意图等。

5）展览空间内部环境为充分利用其大空间，许多展示陈列空间的设计都能满足多功能的使用，如会议、演出，甚至体育比赛等。在复合型展示陈列空间内部进行的文艺演出，一般是以流行音乐、大型歌舞等对视听条件要求不甚苛刻的文艺形式为主。文艺演出观赏区通常为单向，看台单侧布置较好。能进行万人比赛的大型复合型展示陈列空间，还能进行体育比赛用，应尽可能提高展览空间内部环境空间的利用率。

2. 会议部分的设计

会议空间是会展建筑的另一主要空间，其设计应以适应不同会议形式与规模的需要来设置，所占面积比重也不等（图5-11）。会议空间的适应性不仅仅体现于空间的多功能使用，更强调空间在适应本体功能同时的延展使用功能，从会议演讲到文艺表演又作为展览空间，从空间面积到体积灵活变化，以实现多维度适应。其设计要点为：

图5-11　会展建筑内部会议空间环境实景

1）作为会展建筑的会议空间，进行内部环境设计首先需区分其会展建筑会议空间的服务性质，即是"会"与"展"并用，还是"会"附属于"展"。前者会议空间通常较大，常在1000~3000座以上，它们除为展览会开幕式、大型会议等提供场地，还单独接待各种活动，如专门的会议、演出等。为此，会议空间内部配备的音响等设施及装修应相当规范、专业，座椅也常为剧院式的。而那些将会议空间与展览空间合并的建筑，也应基于这种使用规律而设计；后者会议空间是一种专为展览期间举办会议而设置的，从使用频率的角度出发，其规模多在250~500座之间，而那些更大的会议活动则到附近城市设施中另行租用，为了提高会展建筑服务的档次，这些配套会议空间内部也应配备常规会议设施所需的音响视听、照明、同声传译等设备以及相应的服务设施，同时，为提高其利用率它们又常设计为多功能的形式。

2）对于会展建筑的会议空间内部的基本功能来说，不同的会议使用方式决定了不同的厅堂布置形式。国外的会议形式较为灵活和自由，一般在会场外的休息厅设有咖啡、饮料和小食品供应，与会者可以随时自由出入，因此会议厅的坐席排列并无特殊的要求，甚至可以采用活动座椅。国内的会议活动较为正式，会议空间内部的布置方式也显得较为庄重，且座椅排距都比较宽，每座需配有书写桌及专人服务的走道。

3）一般会议分为报告性会议、讨论性会议及宴会三种，其会议空间内部的设计应依据这三种会议的特点来进行。通常用于报告性与讨论性会议的空间内部，应设置隔声效果好、尺度各异的会议厅室，座椅布置形式可以采用议会式或行列式，并配备必要的服务房间。用于举办宴会的空间内部，由于多用于欢迎来宾或进行某些庆祝活动，其内部装修应典雅大方，座椅布置形式要灵活多变。若宴会规模较大时，还可借用展览空间来举行。

4）为提高会议举办的级别与档次，在会议空间内部应布置完善的会议设施，包括同声传译系统、录像设施，幻灯与投影仪放映设施、音响设备及调光系统，以满足现代会议空间内部对其使用上的需要。另外座椅的布置形式是其适应不同会议形式的关键。设计中应注意会议空间内部活动座椅的设置必不可少，它可使会议空间内部迅速达到正规会议布置的需要。同时，还能为宴会布置等形式的转换提供便利的条件。

3. 辅助部分的设计

会展建筑及其内部环境的辅助部分包括会展服务、交通及餐饮、娱乐、健身等空间，其设计要点为：

（1）服务空间
会展建筑及其内部环境伴随着经济和技术的发展，在其规模和数量上都有了较大幅度的增长，从而对使用的方便性和高效率的组织安排提出了更高的要求（图5-12）。各种辅助性空间被逐渐引入到建筑内部，并将其划分为基本使用空间和附属设备空间两大部分，这种对建

图5-12 会展建筑内部环境的服务空间实景
a）会展建筑内部入口大厅签到处环境　b）会展建筑内部环境导展服务台
c）会展建筑内部环境出租办公室　　　d）会展建筑内部环境住宿客房

筑空间职能的明确划分，使得会展建筑的功能日臻完善。为此，在服务空间内部设计中，其服务用房的柱网尺寸宜加大，并依据其需要予以灵活分隔使用。其中服务空间内部的柱网尺寸宜采用9m×9m，层高4.2m，地面荷载1t/m^2，这样的空间尺度具有良好的通用性，不但可以很好地满足各项业务服务、生活服务的功能需求，而且对新功能的注入有着良好的适应能力，所以是一个比较理想的技术指标。虽然采用此种空间尺度会提高整体造价，但空间应变性强，可以通过以后多年高效运转，取得良好的经济效益。

（2）交通空间　会展建筑及其内部环境多为面积较大的空间，其内部用于交通的空间包括门厅、休息厅、走道、楼梯、电梯等空间。随着会展建筑的社会职能角色逐渐发展转变，其内部交通空间的规模越来越大，担当的职责也更加丰富多样，设计时应注意内部交通空间（门厅、过厅、休息厅、楼梯、电梯等）之间的联系要方便（图5-13），出入口要明显，室外交通道路要顺畅，运输路线不应干扰参观路线。会展建筑为多层空间时，应设有供老人、儿童、孕妇、残疾人使用的电梯和运输展品的专用电梯。

图5-13　会展建筑内部环境的交通空间实景

a）中国香港会展中心建筑入口空间　　　　b）中国香港会展中心建筑内部门厅
c）中国香港会展中心建筑内部自动扶梯　　d）中国香港会展中心建筑无障碍步道

（3）餐饮、娱乐、健身等空间　会展建筑内部环境的附属配套设施还包括餐饮、娱乐、健身等空间，它们不仅丰富了现代会展建筑的内部环境构成内容，还为会展建筑内部空间适应性的多元发展提供契机（图5-14）。在设计中需依据会展建筑内部环境的设置要求及具体空间条件予以布置，从而既能满足会展活动举办时的服务需要，还能适应其日常的经营要求，以把握好内部环境空间的应用和多种经营的进行。

4. 室外部分的设计

会展建筑室外环境包括停车场地、入口广场、户外展出表演场所、建筑中庭与庭院空间等内容（图5-15）。其设计要点为：

图5-14　会展建筑内部环境的餐饮、娱乐、健身等空间实景

a）会展中心建筑内部环境附设的餐饮空间　b）中国香港会展中心建筑内部环境附设的咖啡厅

c）会展中心建筑内部环境附设的娱乐空间　d）会展中心建筑内部环境附设的健身空间

图5-15　会展建筑外部环境空间及室内中庭实景

a）中国香港会展中心建筑外部环境停车场地　b）南宁国际会展中心建筑外部环境入口广场

c）会展中心建筑户外展出表演场所　　　　　d）会展中心建筑内部环境中庭空间

1）会展建筑作为城市中开放的公共活动场所，通过室外环境与城市产生动态的联系，把城市活动引进到建筑中来，其核心就是引入城市交通和人流。在会展建筑的开发中，应尽可能使建筑的内部交通直接或通过外部空间间接与城市交通系统联系，从而减少相互之间的影响；此外，户外展出表演场所是将会展内容融入城市的展示陈列方式，也是展示陈列空间的外部拓展，尤其是在城市中心区域的会展建筑，其外部环境中的会展内容展示陈列，能够更好地起到吸引人们关注的作用。

2）会展建筑中的货物流线主要指展品的运入和运出。展品由专用货物入口进入后，其流线为：入口——专用道路——货物装卸区——货车停放场地——集装箱堆场与仓库——出口。其中货物装卸区应保证有一定的面积，其宽度需满足多辆货车同时装卸，进深至少保证30m。由于布展、撤展时装卸货品比较集中，尤其是撤展时间极为有限，该场地的宽敞程度将是影响装卸货效率的关键因素，故在其室外环境设计中要重点考虑。

3）会展建筑室外环境停车组织问题，国内和国外的情况有很大不同，国外停车是以小汽车为主，国内的停车除部分小汽车外，多数为大型客车。因此，在其室外环境设计中把握好停车场的建设规模则是需要重点考虑的设计问题。通常大型会展建筑其室外环境常设有大量的停车设施，若停车场建在地下或屋顶，则必须在停车场设有电梯和主要展厅相通，且须有一系列标识指示方向。

4）会展建筑中庭与庭院空间，不仅具有交通组织的作用，其本身还是一个公共活动中心，并成为会展建筑中综合性多用途空间的一部分。它是人们彼此之间碰面的场所，若附设餐厅、酒吧、娱乐场所和商店等服务设施，可为人们的交往活动提供适当的物质条件。此外，中庭大厅宽敞的开放空间也可用来举办各种仪式庆典、表演和产品展示等活动，作为展厅的延伸部分，这些空间也是应纳入会展建筑室外环境精心考虑与设计的场所。

5.4 会展建筑室内环境的案例解析

当今社会，经济发展成为全球性的主题。世界各国、各地区间的经济文化交流日益频繁，大型会展活动日趋增多，规模和观众数量也不断扩大。从而也从会展形式、内容等方面向建筑及其内部环境提出了全新的要求。进入信息时代，世界经济出现新的发展趋势，使会展业发展成为一项独立的产业，各种专门的商贸会展由于其重要的社会功能和巨大的经济效益而走向定期化、常规化。会展建筑及其内部环境以其独有的建筑特性，以及在贸易行为和区域开发中所发挥的作用，得到了更高层次的重视，甚至被纳入城市中心商务区建设范畴，成为国家、地区与城市的标志性建筑。会展建筑及其内部环境设计的意境塑造也应体现出特有的时尚与个性，以及文化、环境与技术的共生，直至地域特征来。其设计探索可从下列案例窥见一斑。

5.4.1 德国莱比锡新会展中心

德国的会展业发达，被誉为"会展王国"，国际上具有主导地位的会展近2/3都在德国举办。由于政治、经济、文化、历史等多方面的原因，德国形成许多会展城市，东部有柏林、莱比锡；中北部有汉诺威、汉堡；中南部有慕尼黑、斯图加特、纽伦堡；西部有杜塞尔多夫、科隆、法兰克福和埃森。这些城市的会展场馆规模庞大、设施先进，在设计上更是各具特色。新会展中心位于莱比锡城市北部边缘地区（图5-16~图5-25），是由总部设在汉堡的冯·格康、玛格和合伙人事务所通过设计竞赛赢得的中标项目，并承担了规划设计和部分单体

图5-16 德国莱比锡新会展中心建筑造型及外部环境实景

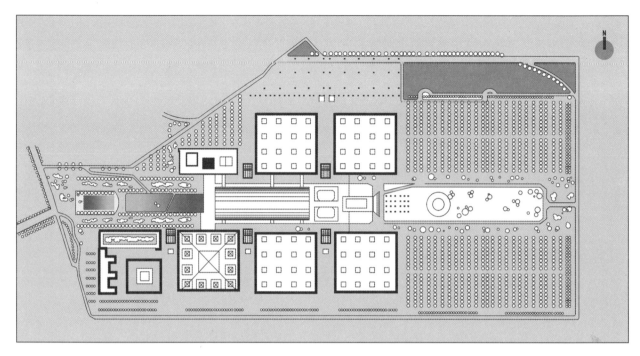

图5-17　德国莱比锡新会展中心总体平面布置图

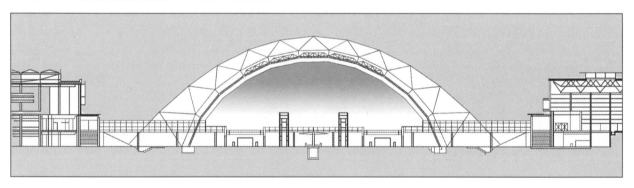

图5-18　德国莱比锡新会展中心横向剖面设计图

图5-19　德国莱比锡新会展中心整体鸟瞰与玻璃大厅建筑远眺

设计任务。从新会展中心总体布局来看，会展中心用地为一个公园，占地面积为27hm²，拥有10.25万m²的展厅使用面积和7万m²的室外面积。规划设计巧妙地将各种功能，紧凑地组织在围绕着园林景观布置的数个会展建筑中，且采用并行式平面布局。其特点是各个展厅相对独立，并行布置于主要人流通道的两侧，装卸货口位于展厅外侧或展厅之间，总体布局呈鱼骨状。具有交通流线简洁明了，两侧展馆既可单独也可联合使用的功能。

图5-20 德国莱比锡新会展中心玻璃大厅建筑造型及内部空间环境实景

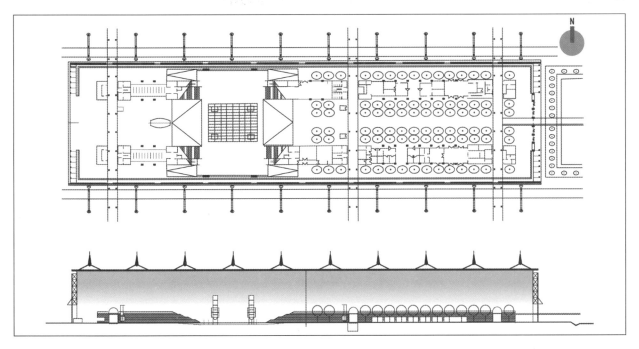

图5-21 德国莱比锡新会展中心玻璃大厅建筑平面与立面设计图

图5-22 德国莱比锡新会展中心玻璃大厅建筑室内环境空间实景

图5-23 德国莱比锡新会展中心玻璃大厅建筑室内环境空间及桁架细部

　　会展中心的焦点是雄伟壮观的玻璃大厅，它是欧洲独一无二的钢和玻璃结构的巧妙组合。大厅跨度80m，长度243m，高度近30m，中央的"大堂"主导和连接着会展中心整个建筑群。这个现今世界最大的玻璃大厅成为整个会展中心的标志。不仅具有组织会展人流，更具集会、演出、展示等多种功能。会展中心从广场的水池到玻璃大厅，形成整体的景观环境，中心有轴线控制，形成一个山谷形的整体布局，轴线由前广场的水池到玻璃大厅，以东侧的景观公园收尾。轴线两侧为管理用房、会议中心、展厅、多功能厅，分别将空中连廊与中央玻璃大厅相连，整体形成一个宜人的群体关系和良好的景观效果。

　　会展中心玻璃大厅以与众不同的形象成为了莱比锡城市的标志。其玻璃大厅的灵感来源于莱比锡火车站的大型玻璃光棚，体现了对历史的尊重与回应，形成了广义的地域特征表达。形象丰富、功能灵活的环境很快成为城市市民生活的重要组成部分，这里不再只局限于展览活动，对历史的尊重与回应同时，也形成了广义的地域特征而已经成为城市有机活力的公共场所。人们可以来参加展览、会议，也可以进行休憩、散步、日常活动等。玻璃大厅也是一个高科技的产物，其内部空间没有使用空调系统，冬季通过地板下的盘管加热，保证室温不低于8℃，夏季则利用盘管中的冷水降温。但夏季主要降温手段为自然通风，拱形的顶部和接近地面的玻璃都可以开启，这样通过热压差促进自然通风。另外，将南侧正常视线以外的玻璃上釉，以防止室内温度过热。

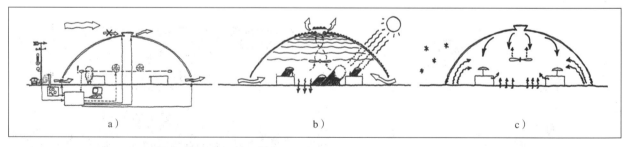

图5-24 德国莱比锡新会展中心玻璃大厅建筑室内环境、通风与遮阳，以及供热示意图
　　a）环境控制原则示意图　b）夏季通风与遮阳示意图　c）供热示意图

　　整个会展中心拥有5个互相连通的展览厅堂，除玻璃大厅外，还有5个展厅，其中第一展厅内部净高达12m，在大厅中心更达16m。这样的高度让第一展厅特别适合高大的特殊立型设计的展品。此外第一展厅支柱距离达75m，适于开办临时的现场大型活动（体育、表演、音乐会等）。第二、第三、第四和第五展厅内部净高达8m，共计5000m²的展地面积可以被灵活划分。37m以上的支柱距离允许大型展品

的陈列。在所有的展厅内部空间都安装了先进的地下管道系统，以便多媒体和通信、电子，以及水和压缩空气的使用。展厅里的光线都可以调节，仿自然光照为摄影摄像提供了良好条件，每个展厅均与莱比锡博览会在线信息中心有网络连接。

另外展厅内部的标识系统相当周密，大到城市、展馆外部的指引交通标识，小到展厅内部疏散通道、服务指示等。道路上不仅设有明晰的指示路牌，还设有动态交通指南系统用以调控车流，指引到达会展中心的车辆能在最近的停车空位停放。

会展中心外部露天展区面积达7万m²，并有能容纳共2000人用餐的5家餐馆和众多

图5-25　夜幕下的莱比锡新会展中心玻璃大厅建筑及环境空间实景

的小吃吧、咖啡厅和快餐店。整个会展中心还由轨道设备组成了一个运输线网，以方便参观车辆进入和展品的运输，尤其是重型展件的运输。所有的展厅都可以通过特别通道开进运输车辆，而不影响参观游客的出入。为数众多的大门和车辆入口、展厅间宽阔的交通区以及一条环行路都为快速地布置和撤展提供了理想的运输条件。仰首眺望，莱比锡会展中心80m高的塔柱以及其上安装的展会徽标——双重字母"M"引人注目，会展中心那迷人的建筑外形和内部多功能的服务设施正迎接着八方来客的光临。

5.4.2　广州国际会展中心

广州国际会展中心位于广州市东部珠江前后航道交汇处的琶洲岛内（图5-26~图5-34），是广州市政府为了扩展蓬勃发展的会展业，打造21世纪区域中心城市而建设的超大型公共建设项目。设计采用国际招标方式征集，日本佐藤综合计画的方案被确定为中标实施方案，华南理工大学建筑设计研究院为合作设计单位。国际会展中心建设用地总面积为70万m²，首期占地41.4万m²，建筑面积39.5万m²，一、二层展厅13个，展示面积约13万m²，室外展场面积2.2万m²，于2002年底正式投入使用，是目前亚洲最大的会展中心。

1. 设计理念

广州国际会展中心建筑设计主题为"飘"。"飘"的地域设计理念立意充分反映在建筑形态中，象征珠江暖风微微吹过大地，使会展中心这个现代高科技和地域环境文化的载体飘然落在广州珠江南岸。

"飘"的主题为珠江边的建筑找到了一个恰如其分的新的地域语言。它不仅完美表现了这个在地面上铺开的庞然大物，也传递了珠江的信息，物化了风的形象，隐喻从珠江吹向大地的风。建筑师从一个抽象的概念切入，紧扣"珠江来风"的主题，突出地表现了建筑"飘"的个性，为地域文化的表达提供了一个全新的视角。

2. 建筑造型

广州国际会展中心建筑造型以卷曲的形象将立面与屋面以曲面相连，标志性极强。建筑与广州的滨水环境相融合，有较好的地域性表现力。其轻灵的动感形象使这个静态的建筑具有了飘忽不定的美感，暗示了商品科技的发展与流变态势，与喧嚣沸腾的商业文化形成一种动态的平衡。建筑外观采用银灰色金属材料，高技术的钢结构及网架结构形式溢于言表，体现出科技信息时代建筑的表现特征。

广州国际会展中心本身已经成为一道景观，一道由屋顶、绿地、广场和水结合而成的整体景观，并在此基础上努力寻求与自然的和谐，同地域的融合。设计中有意将珠江引入用地内的景观，从珠江北岸

图5-26 广州国际会展中心建筑整体鸟瞰

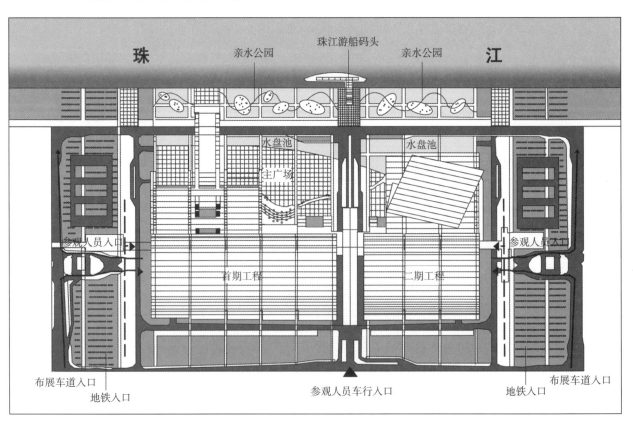

图5-27 广州国际会展中心总体平面布置图

图5-28　广州国际会展中心建筑外部造型实景

南望,会展中心宛若飘浮在珠江上。大地草坡与建筑的外轮廓曲线自然连续,浑然成为一体。考虑到整个建筑的体量宏大,沿江视野开阔,景观环境好的特征,环境设计上有意形成建筑与绿地、水体有机结合的整体形态,创造了有新意的建筑外部环境。

虽然广州国际会展中心建筑与环境的超大尺度是整个设计的基本主调,但建筑的设计中也充分考虑了人性化与大尺度的对比。在北广场内设计了小尺度的象征"运河"的曲线水体,桥、座椅等形成了人体尺度的休憩空间,创造了人性化的地域场所空间,体现对地域环境的尊重和对人性关怀的人文气息。

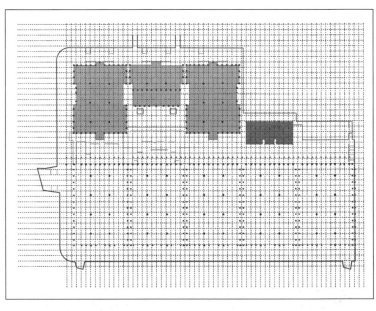

图5-29 广州国际会展中心建筑平面布置设计图

3. 内部空间

广州国际会展中心一期在主道南侧布置了两层共10个展厅,其展厅平面基本单元尺度为90m×126m;在主道北侧首层布置了两个90m×114m的展厅及一个90×42m的展厅,北侧展厅下面架空层布置了三个尺寸相同的展厅。展览大厅建筑内部展位布置采用最小单元为3m×3m国际标准展位,展位布置还可以根据需要灵活布置。展厅的基本大单元分隔时充分考虑了展厅的人流动线规划和避难路线,主通道为6m,次通道为3~4m。展览大厅建筑内部的剖面高度的基本尺寸按国际标准,净高为13m,因此首层层高设定为16m,二层层高为16~20m不等,最低点高度为8m(钢结构下弦张拉索的高度),每间隔15m有一条拉索。架空层层高为4.8~5.4m,净高为3.5m,专为小商品的展览使用。90m×126m展厅单元之间设置了一条宽6m的空间间隔,8m标高处为夹层通道,16m以上为露天开敞空间,二层展厅与展厅之间,6m间隔两侧为玻璃分隔,16m标高以上设置了自动开启的排烟装置,自然光由顶部射入二层展厅保证了二层展厅的基本自然采光。同时,新风换气、消防排烟都在这6m宽的开敞缝隙中解决,它名副其实地成为整座建筑的呼吸系统。

图5-30 广州国际会展中心建筑室内环境空间设计效果图之一

图5-31　广州国际会展中心建筑室内环境空间设计效果图之二

图5-32　广州国际会展中心建筑室内环境空间实景

在博览会、交易会、展览会召开的时候，展览大厅内部空间除了可单独使用外，也可数个大厅同时使用。展厅地面设有管线槽，以方便就近为展位提供电力、通信、供水、供气。

空间处理上的最大特征是"珠江散步道"的设计。珠江散步道是展馆中央主要的交通走廊，也是人流活动重要的共享空间。设计理念上充分考虑了岭南建筑文化注重园林绿化的传统，将室外的园林与室内空间结合，同时也是对周边滨水景观的有力回应。

此外，会展中心管理区设在展厅南北两侧夹层中，服务区分散设置在各功能区附近。主要设备机房设置在架空层中部，末端设备机房分散设置在展厅南北两侧的夹层中。

4. 室外展场

广州国际会展中心室外展场设置在建筑的北侧，面向珠江，同时也可以看成是北展厅的一个延续，室外展场有独立的水电供应，地面设计考虑了重型设备的荷载要求。

图5-33 广州国际会展中心建筑室外展场环境空间实景

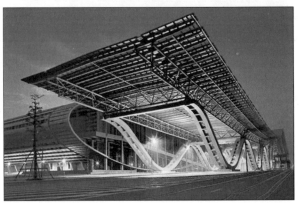

图5-34 广州国际会展中心建筑室外环境空间灯光照明效果实景

广州国际会展中心从设计到落成仅用了不到3年时间，其设计的意境塑造紧扣"珠江来风"的主题，突出地表现了建筑"飘"的个性，也为岭南地域文化在现代会展建筑及其内外环境的设计表达提供了一个全新的视角解。

5.4.3　2010年上海世博会中国馆

中国2010年上海世博会是世界各国汇聚中国的举世盛会。中国馆位于世博园区的核心地段，南北、东西轴线的交汇处，将在黄浦江畔展现东道主的好客热情与大国风范（图5-35~图5-39）。中国馆建筑组群由建筑面积为2万m^{2}的中国国家馆、3万m^{2}的中国地区馆以及3000m^{2}的港澳台馆三部分组成。在世博会举办期间，中国馆是上海世博会主题演绎的主要展示区和重要载体。

图5-35　2010年上海世博会中国馆建筑设计中标方案效果图

1. 设计理念

作为世博会主办国建造的最重要展馆之，中国馆以"城市发展中的中华智慧"为核心展示内容，承载着中华民族对科技发展和社会进步的期盼。并从"自强不息"、"厚德载物"、"师法自然"、"和而不同"4个分项来演绎中国城市发展实践的独特内涵，馆内丰富的展示手段，将全面、立体地展示全国各地、各民族多彩多姿的文化、各具特色的文明和最新的发展成就，从而让世界人民更加全面深入地了解中国。细细品味与解读，中国馆的设计方案中凝练了众多的中国元素。同时，这些传统元素又透露出新鲜的时代气息。

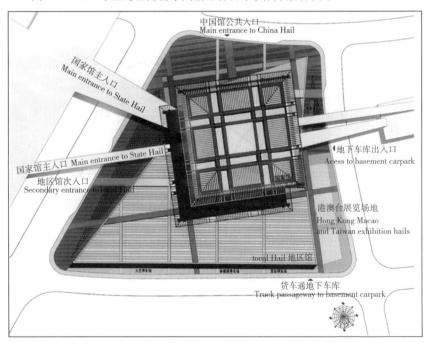

图5-36　2010年上海世博会中国馆总体平面设计图

2. 建筑造型

为了体现上海世博会中国馆的设计理念，其中国馆区建筑造型确立了"地区馆作为建筑基座，国家馆构造城市雕塑"的布局形式。其中中国国家馆居中升起、层叠出挑、庄严华美，形成"东方之冠"的主体造型。地区馆水平展开，形成华冠庇护之下层次丰富的立体公共活动空间，以基座平台的舒展形态映衬国家馆。国家馆和地区馆的整体布局隐喻天地交泰、万物咸亨，体现了东方哲学对"天""地"关系的理解。国家馆、地区馆功能上下分区、造型主从配合，空间以南北向主轴统领，形成壮观的城市空间序列，独一无二的标志性建筑群体。

国家馆建筑作为中国向世博会推出的'第一件展品',它的造型由巨型钢构架构成,轮廓像斗拱,构成则像中国传统木建筑,连同下部的4个核心筒,形似一个巨型四足鼎,居中升起、层叠出挑,整体选用了"中国红",以使形象更加突出。

地区馆建筑将为全国31个省、市、自治区提供展览场所,展示中国多民族的不同风采,以及全国各地的城市建设成就。世博会后,国家馆将成为中华历史文化艺术的展示基地,地区馆将转型为标准展览场馆,和世博会主题馆一起,作为举办各类展览和活动的场所,并与周边的世博会建筑共同打造出以会议、展览、活动等功能为主的现代化服务业聚集区。

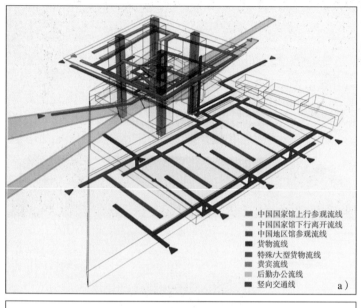

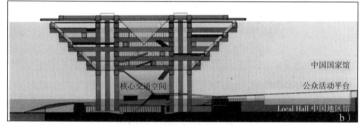

图5-37 2010年上海世博会中国馆建筑设计分析
a)流线分析 b)功能分析 c)使用示意

3. 内外空间

中国馆的内外空间组合秩序由"规"与"回"两部分组成,它们都源于中国传统城市建筑的原型。"规"源于传统中国建筑的仪式化空间。在象征自然本质的中心对称空间模式中引入步行空间,从而使单个空间演变为有层次递进感的空间序列,这正是故宫中空间秩序的由来。"回"源于传统中国建筑的非仪式化空间,用人的视觉、听觉等多方面体验赋予看似无序的自然山水以结构性的秩序,从而使自然空间升华为人文化的可把握的自然之精华,这正是江南园林空间秩序之原由。中国馆建筑将这两种模式融为一体,在国家馆的中心对称空间和地区馆平坦延伸的空间之间引入了不同模式的人的活动。

此外,中国馆的内外空间还具有既通透又动感的设计特点,比如其内部自然采光的中庭、地面的城市广场、地方馆内的中国花园、63m高的观景平台所形成的三层叠台,均增加了世博会空间的公共性和开放性,并以舒展怀柔的亲切,广纳人群,既为游客、市民提供休闲活动的场所,也将成为未来城市举办各种重大仪式及宣传活动的标志性场景,展现出现代会展建筑内外空间带来的和谐与对城市的人文关怀。

图5-38　2010年上海世博会中国馆建筑内外空间设计效果图

　　2010年黄浦江畔的"东方之冠"尽情展现了上海"海纳百川"的情怀，气宇轩昂地印证中国上海世博会的盛况，并通过其中国馆向世界展现中国古代科技智慧和现代科技的飞跃发展，中国城市文明的进程，直至展示中国庄重祥和的国家形象。

图5-39　2010年5月开幕的上海世博会中国馆内外环境实景图

第6章 交通建筑的室内环境设计

交通建筑成为一种建筑类型，是随着现代各种交通工具的出现而产生的，包括客货运输等各种形式的交通建筑。若从现代交通运输来看，它已发展成为各种交通工具既有分工、又相互合作的模式，形成以高速公路、地铁、轻轨、空中走廊和港口的立体交叉衔接为主要特征的综合运营体系。在这一体系中，客货运站也从服务于一种交通工具，转变成集多种交通工具于一身的综合转换站。并由单一交通服务性内容的建筑，发展成既是城市的交通枢纽，又是高效率、快节奏、带有综合服务性质的城市商业中心。随着交通建筑功能和性质的改变，人们在观念上，对交通建筑的认识也发生了很大的变化。尤其是交通建筑与社会、政治、经济、文化的发展联系紧密，其成长也伴随着一个国家、一个城市的文明进步、经济发展及高科技、新材料的发展，体现出一定时期一个国家、地区生产力的发展水平，是技术进步和艺术特色的综合反映。

6.1 交通建筑室内环境设计的意义

6.1.1 交通建筑的意义与类型

交通建筑是随着各种现代交通工具的出现而产生的公共建筑类型。它是为铁路、公路、水运、航空和管道等运输方式服务的大交通结构中的转换点和结合部，古代的驿站、船坞等早期的交通建筑，甚至一座驿站就是一座城池。随着以蒸汽机为标志的工业文明的出现，火车、轮船、汽车、飞机相继问世，在人们搭乘这些交通工具的地点，就会矗立起一座交通建筑。而相对一个城市来说，交通建筑无疑也就成了城市的大门，是展现所在城市的经济实力、现代化程度和精神文明建设状况的"窗口"，交通建筑已成为人们生活中最重要的建筑类型（图6-1）。

从城市交通系统构成来看，主要分为城市对外与内部交通两种类型。其中对外交通将不同的城市连接起来，与之对应的交通建筑是铁路客运站、长途汽车站、航空港、水运码头等；内部交通则将城市范围内的不同地点连接起来，与之对应的交通建筑包括公交车站、轻轨站、地铁站、渡口、交通枢纽、加油站与停车场等。其中：

1. 铁路客运站

是从事铁路客、货运输业务和列车作业的交通建

图6-1 类型多样的现代交通建筑内外空间环境

a）上海火车南站建筑实景　　b）佛山汽车站建筑实景　　c）盐城港建筑实景
d）广州新白云机场建筑实景　e）北京地铁车站建筑实景　f）上海虹桥城市综合交通枢纽

筑，多建于城市中心区边缘。常以建筑组群的形式出现，其超大的建筑尺度使其成为一个重心，发挥着统领周边区域的重要作用（图6-2）。此外，铁路客运站集聚人气的特征使其区域范围内充满了商机，因此铁路客运站并不局限于交通建筑的单一功能，往往演变为包括商业、文化、娱乐、酒店、办公在内的城市多功能综合体。作为城市大门的铁路客运站在城市中扮演着重要的角色，在城市规划中它常被组织到城市轴线中去，如北京西站与中华世纪坛相连形成一条城市轴线，以彰显两者的重要性。铁路客运站有时也被赋予某种象征性的形象特征，建成于1996年的北京西站以新古典主义手法，采用空中门洞的形式，组织亭阁、牌楼等传统元素，用以诠释古都北京的文化特征。在许多城市里，铁路客运站及站前广场坐落在"T"字形城市干道的交汇点，从而成为城市干道的对景建筑，如北京站、柏林中央火车站、武昌站与上海南站等。

图6-2 铁路客运站的建筑内外环境

a）20世纪50年代末建设的北京站建筑外部造型　b）德国柏林中央火车站建筑内部实景
c）重建的武昌站建筑内部候车大厅实景　　　　d）21世纪初建成的上海南站建筑内部实景

2. 公路客运站

是从事公路客、货运输业务的交通建筑，按照城市规划要求同火车站、机场、码头和市内交通站等联系方便，使旅客能减少奔波。条件许可时，可与其他交通运营部门联合建站（图6-3）。为了避免长途车辆横穿市区，站址宜选在交通方便的城市边缘地带。站址应有发展余地，并配置适当的服务性行业，如旅馆、饮食店等。长途汽车的客运优势在于便捷，加上高速公路的崛起促使客运量快速增长。目前建成的较具特色的公路客运站有：上海长途汽车客运总站、深圳福田长途汽车站、西安长途汽车站、合肥长途汽车站、樊城汽车客运站、昆明汽车客运站、乌鲁木齐长途汽车站、银川长途汽车站、秦皇岛长途汽车站、杭州长途汽车客运站、厦门长途汽车客运站和兰州汽车客运站等。

3. 航空港

航空港是从事航空客、货运输的公共建筑以及有关设施，通常也称飞机场或机场。位于城市郊区，

图6-3 公路客运站的建筑内外环境

a)上海长途汽车客运总站建筑外部造型　b)深圳福田长途汽车站建筑内部候车大厅实景

通常距市区20~30km,由车程30分钟左右的高速公路与城市相连,因而其建筑形象较为孤立,与城市整体联系较弱,但航空港的城市空中门户地位使其成为城市整体景观的先导,是人们感知一座城市的时空体验第一环节(图6-4)。航站楼建筑在满足复杂功能的前提下,有时被赋予某种隐喻的象征性形象特征,成为特殊的城市标签,同时也形成航空公司的企业形象。美国建筑师埃诺·沙里宁于1956年开始设计的纽约肯尼迪机场环球公司航站楼,外观如同一只展翅欲飞的大鸟。沙里宁认为,在建筑艺术方面,这座航站楼要表现出航空旅行激动人心的特色,因此不把航站楼做成封闭的、静止的空间,而将其设计成一座表现运动和过渡状态的建筑物。航站楼落成后,反响热烈,有人形容它是"喷气航空时代的高迪式巨型雕塑"。英国建筑师诺曼·福斯特设计的北京首都国际机场T3航站楼,其总平面由两个相对的"人"字形组成,流线型的外观隐含有飞机的形态特征,并以强大的空间感染力塑造出新国门形象。

图6-4 航空港候机楼的建筑内外环境

a)北京首都国际机场T3航站楼建筑外部造型　b)日本大阪国际机场航站楼建筑内部大厅环境实景
c)广州新白云机场建筑内部大厅环境实景　d)武汉天河机场航站楼候机大厅环境实景

4. 水路客运站

水路客运站是从事江河湖海水上运输的公共建筑和设施,有客运专用和客货运兼用两种形式。专用客运站的客运量较大,宜建造大型站房(如上海港吴淞客运中心)。在客货运兼用码头建客运站,须考虑货物装卸、贮存、运输等设施,避免货物流线和旅客流线相互交叉干扰。客运站房通常紧靠码头岸线布置,旅客可由候船厅直接上下船,如日本神户港、埃及亚历山大港和上海港客运站等。如果客运站房离码头较远,旅客可通过架空廊道到码头,如青岛港客运站、大连港客运站等。在水面落差大的码头,可设置水上浮泊客运站,如长江内河水运的武汉港、重庆港等(图6-5)。

图6-5 水路客运站候船楼建筑内外环境
a)长江内河水运的武汉港客运站候船大楼建筑外部造型 b)上海港客运站建筑内部候船大厅环境实景

5. 城市公共交通

城市公共交通是指在城市所辖区域范围内供公众出行乘用的各种客运交通方式的总称,包括公共汽车、电车、出租汽车、轮渡、地铁、轻轨以及缆车等(图6-6)。它是城市客运交通系统的主体,目的在于将城市范围内的不同地点连接起来,分布地点广泛。

(1)公交车站 是城市内部交通电、汽公交车的交通驻点与换乘站点,分布于城市道路两旁相对典型的生活区域,是目前城市内部最主要的交通形式。

(2)地铁轻轨车站 是城市内部高速、安全、准时、大容量的交通设施,其交通驻点建筑

图6-6 城市公共交通服务设施内外环境
a)公交车站 b)地铁车站 c)过江隧道 d)停车场地

即轻轨与地铁车站，是城市现代化的重要标志。轨道交通是解决城市交通拥挤的有效途径，因此被誉为现代都市的大动脉。

（3）渡口隧道　是城市被江河分隔而采用的水上与水下跨越江河的交通设施，如武汉为连接长江两岸交通沿市区江面建的汉口武汉关、王家巷及武昌中华路间的渡船码头以及长江隧道等，与两岸间已建的数座长江大桥共同构成了便捷的城市跨江交通系统。

（4）停车场与加油站　是现代城市中重要的辅助性交通设施，其布置也是有车一族关注的热点问题。

6.1.2　交通建筑的构成关系

交通建筑一般由站房，站前广场和站场（坪）或水域等三大部分组成。其设计优劣在于进出的流线要明了简捷，避免迂回交叉，以尽量缩短旅客在建筑中滞留的时间，提高通行速率，营造"安全、快捷、舒适"的登、候车（机、船）环境。其中：

1. 铁路客运站

铁路客运站由站房、站前广场和站场客运建筑三部分组成。其中站房建筑是主体，包括候车部分（各类候车室）、营业管理部分（售票室、行李包裹房、小件寄存处、盥洗室、客运室、转运室等）、交通联系部分（大厅、通道、楼梯）等。站前广场包括停车场、道路、旅客活动地带和广场周围的服务设施。站场客运建筑包括站台、跨线天桥和地道、检票口等设施。

2. 公路客运站

公路客运站由站房、停车场、站前广场三部分组成。站前广场应能满足旅客和市内交通工具迅速集散的要求，并为旅客提供活动空间。停车场应能满足出场和回场车辆正常出入和合理停放的要求。大型站房建筑的运营部分有门厅、候车大厅、售票厅、行李托运厅、行李库房和相应的办公用房、装卸工休息室、问讯处、小件暂存处、旅客厕所、盥洗室、饮水间、广播室、闭路电视控制室、司售服务人员休息室、调度室等；管理部分有站长室、办公室、会议室等；职工生活用房包括本站职工和过往车辆司售人员的食宿用房；车辆保养部分有维修车间、加油站、洗车设施等，不同等级的站场酌情增减。

3. 航空港

航空港由客货运输、飞机活动与机场维护三个区域构成。其中客货运输区域是为旅客、货主提供地面服务的区域。主体是候机楼，此外还有客机坪、停车场、进出港道路系统等。货运量较大的航空港还专门设有货运站。客机坪附近配有管线加油系统等；飞机活动区域为保证飞机安全起降的区域，包括跑道、滑行道、停机坪和无线电通信导航系统、目视助航设施及其他保障飞行安全的设施，在航空港内占地面积最大。飞行区上空划有净空区，是规定的障碍物限制面以上的空域，地面物体不得超越限制面等；机场维护区域为飞机维护修理和航空港正常工作所必需的各种机务设施的区域。区内建有维修厂、维修机库、维修机坪和供水、供电、供热、供冷、下水等设施，以及消防站、急救站、储油库、铁路专用线等。

4. 水路客运站

水路客运站由客运站房、广场、指挥调度用房和配套设施组成。客运站房是水路客运站的主体建筑，中小型客运站房一般为单层建筑，大型客运站房多为二层建筑。大型客运站房内通常设有候船厅、母子候船室、团体候船室、售票厅、行李房、小件寄存处、问讯处、小卖部、邮电服务处、盥洗室、茶水供应处、工作人员休息室、办公室、广播室等。小型客运站房内布置较为简单。国际航线客运站房内还设有边防、海关、防疫检查机构等。广场一般设在客运站房前面，并有相应规模的停车位置。指挥调度用房包括办公室、瞭望指挥塔台等，有的还装设闭路电视监视系统。

6.1.3　交通建筑室内环境设计的特点

随着经济的发展，科技的进步和人们观念的更新，全球化时代已使室内设计步入多样化、地域化、人性化和可持续发展时期，交通建筑的室内环境设计也将以满足综合发展的趋势，呈现出功能的复合化、操作的智能化、设施的现代化和空间形象的国际化特点来。其室内环境设计将向着以人为本，强调和谐的整体艺术效果方向发展。其设计特点具体将体现在"通、透、亮"几个方面（图6-7）：

图6-7　现代交通建筑室内环境设计
a）北京首都国际机场T3航站楼建筑室内通透的空间效果　　b）北京南站建筑明亮的候车大厅室内环境实景
c）广东番禺长途汽车站建筑通透的候车大厅室内环境实景　d）上海港客运站建筑明亮的候船大厅室内环境实景

"通"指的是在使用环境上体现现代交通建筑的服务意识，在旅客的使用空间内尽可能减少不必要的辅助用房。在主要服务流程方面，为旅客提供无遮挡、通透视线的保证。

"透"则表现在积极采用新型材料方面，在交通建筑内部环境营造出人与环境、人与建筑相互沟通、理解的氛围，让旅客能透过玻璃看到不同交通工具的正常运行，以增强人为对交通安全方面的信心。

"亮"交通建筑室内外环境应尽现明亮，运用通透的玻璃幕墙和漫反射、半透明的膜结构为其综合大厅提供自然充足的柔和光线，展现出现代交通建筑高雅、明快的设计气氛。

同时，交通建筑室外的不同地域风格也可在"通、透、亮"的设计特点方面完整地展现出来。

6.2　交通建筑室内环境的设计原则

6.2.1　个性化原则

交通建筑室内环境设计的原则是：突出现代、高效、简洁及人文、地域方面的设计特点，设计中除要求塑造出交通建筑室内环境整体有序的风格外，还应力求以简洁、明快、流畅的语言体现交通建筑的时间感与秩序感，创造出富有内涵的个性化室内空间环境与气氛，从而形成建筑特殊的文化品质与不同的地域文化风貌，体现出交通建筑室内环境设计的时代气息。

6.2.2　功能性原则

交通建筑室内环境设计应根据其使用性质、规模和相应的标准来确定室内公共、服务空间及附属设施等各类用房之间的面积配比、房间大小与数量。另外室内环境布局应从现实需要出发，并根据平时、节假日客流量的变化和发展的需要，站房设计还应能为今后调整使用和扩建、改建留有余地。

6.2.3　快捷性原则

交通建筑室内环境设计除了需满足一般公共建筑的设计要求外，应特别注意流线的合理安排，为旅客创造方便舒适的候车环境，为工作人员提供良好的工作条件。同时还需以高新技术为依托，运用新结构、新材料和现代化设备、设施，组织好各种流线，安排好内部空间，编织出具速度和力度内涵的建筑形态，从而能让旅客以最短的路径、最快的方式进出站房。

6.2.4　生态化原则

在交通建筑室内环境设计中导入生态化设计理念，不同的交通建筑可根据其室内环境的条件在室内进行绿化，既可种植乔木、灌木，也可铺置草坪，以使交通建筑室内外环境互为交融，形成一片绿意浓浓的室内生态景观。

6.2.5　节能与无障碍原则

在交通建筑室内环境空间处理上应注意经济性和能源的节约，尽可能利用自然采光和可再生重复利用的建筑材料于室内环境空间。另外在其室内环境空间中还应充分体现无障碍设计标准，充分考虑老幼伤残人士的使用并提供各种设施，使整个室内空间能够形成无障碍的通行环境。

6.3　交通建筑室内环境的设计要点及案例剖析

6.3.1　铁路客运站建筑室内环境的设计

1. 空间布局

现代铁路客运站建筑室内环境的空间布局是其设计中重要的组成部分，其设计布局形式按站房与铁路线的平面关系，可分为线端型（尽头式）、线侧型（通过式）和混合式三类；按站房室内地面与站台面的高差关系，可分为线平式、线上式和线下式三类（图6-8）；按旅客同一时间内在站最高聚集人数可分为特大型站（4000人以上）、大型站（1500~4000人）、中型站（400~1500人）和小型站（400人以下）。若按旅客活动在空间形态与交通流线的组织方式来分则为：

（1）以候车大厅为核心的分散式布局　即指车站的站房、站场、场前广场以及外围服务设施等均在同一平面上散开的构成方式。总体上以候车大厅为核心，将售票厅、行包房、出站口、邮政、餐饮、购物等内容，按相关程度分散布置，个体之间的联系和疏导则依靠站前广场来组织。

（2）以活动大厅为核心的集中式布局　即将车站中旅客使用率最高的候车部分加以简化，并与售票、问询及寄存等公共交通部分合并，形成一个综合性多功能的活动大厅。这种集中式的布局，适用于列车密度较大、旅客候车时间较短的情况。其站房主体独立性强，不需要利用广场去组织人流，避免了不必要的交叉混乱，空间得以净化，流线更趋简明。同时它所具有的为旅客提供多样化综合服务的观念意识，也适应了旅客活动方式的演变，并为后来的综合体模式车站的发展打下了基础。

（3）以综合空间为核心的通过式布局　即把多种交通工具组织在一起，以多个通过式综合空间为

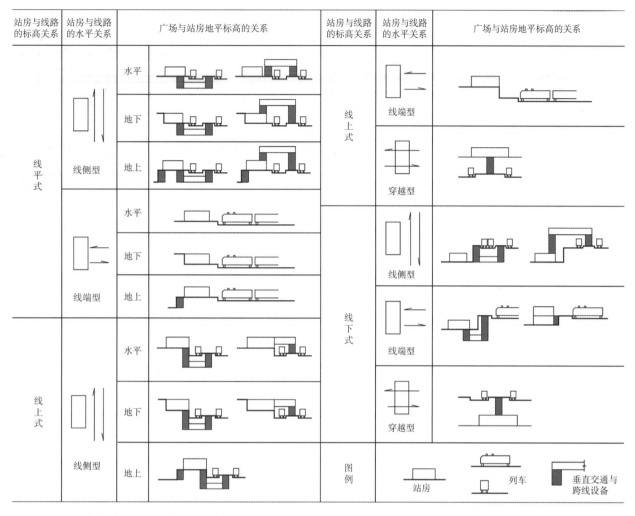

图6-8 现代铁路客运站建筑室内环境的空间布局类型

中枢，多种服务设施及商场、旅馆等为外围的综合性多功能车站，往往采用高架式和线下式等多种组织形式，使旅客进站的流线简短而便捷。同时，周围的商场、餐厅等服务空间都有多个通道，与数个综合大厅相连接。这种多向通畅的进站流线，以及多重空间的复合型布局，即为以综合体为核心的通过型模式。这种类型的车站与城市中心区的商业布局结合，统一规划统一建设，朝着集中布局、多层衔接和节约用地的方向发展，是铁路客运站未来发展的高级阶段。铁路客运站的主要功能是输送旅客，解决旅客乘车、下车和中转换等问题，这些活动形成各种流线。流线按性质可分为旅客线、行李包裹流线和车辆流线；按流动方向可分为进站流线和出站流线。在客运站的设计中，首先要安排好各种流线，按照各类旅客进出站和办理各种手续的顺序，进行总体布置和各个厅室的配置，尽量缩短旅客进出站的路线和高程，力求避免进出站流线之间以及旅客、行李包裹、车辆流线之间的互相干扰，务使流线简单通畅。大小客运站的规模和客流量相差很大，因此在设计大型站时，主要需从空间分配上安排流线，而小型站则可利用错开时间的办法来安排流线。

铁路客运站历来把交通流线作为其设计构思的重点，其建筑空间的组合模式则是实现相应流线设计的基本空间条件（图6-9）。流线设计的要点在于分清进出站的顺序，并做到流线简捷、通顺，避免相互交叉、干扰和迂回，力求缩短旅客的流程距离。

2. 各类用房

从铁路客运站房建筑及室内环境来看，其内部主要包括客运用房、驻站机构用房与辅助用房三类，其中客运用房包括综合大厅、进出车站大厅、候车室（普通候车、母子候车、军人候车、中转休息、软席候车、贵宾候车、国际候车、团体候车）、售票处（售票、中转签票、电话订票、出站补票）、行包房（行包托取、到发行包、行包堆场）、旅客服务（问讯导引、小件寄存、美食餐饮、文化娱乐、购物超市、邮电银行、失物招领等）与客运管理用房；驻站机构用房包括铁路公安派出所、警卫室、卫生检查站、海关办公室等；辅助用房包括技术作业、行政办公、职工生活与设备用房等。其中候车室是客运站房中的主体部分，其他相关用房则依据车站规模的不同要求予以设置。而站房建筑及内部各类用房的设置应特别注意流线的合理安排，为旅客与工作人员创造方便舒适的候车环境及良好的工作条件。其各类用房的设计要点分别为：

（1）候车大厅　是铁路客运站房中的主体部分，也是旅客最多和停留时间最长的地方（图6-10）。通常大型站宜采用分线路候车方式，中小

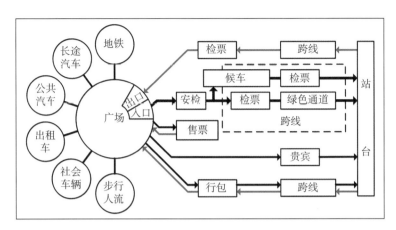

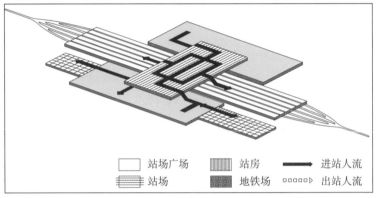

图6-9　现代铁路客运站建筑室内旅客流线系统分析及空间组合模式

型站可采取集中候车方式，候车大厅分普通候车室和专用候车室。

1）普通候车室。其内部空间应合理划分为安静候车区（设座椅）、检票列队区、通行区及服务设施区，其内部应流线合理、环境舒适、设施完备，应就近设置饮水处、盥洗室及厕所。出入口、检票口

图6-10　铁路客运站房中的候车大厅

a）北京南站客运站房中的进站大厅室内环境实景　b）深圳站二楼的普通候车大厅室内环境实景
c）拉萨站候车大厅二楼母子候车室室内环境实景　d）拉萨站候车大厅贵宾与软席候车室室内环境实景

与候车区需布置合理,避免相互干扰。另高架候车室应设方便老弱残旅客通向站台的电梯。

2)专用候车室。包括母子候车室、贵宾与软席候车室,军人与团体候车室和长时间候车室等,其设计要点分别为:

母子候车室应靠近站台并设有单独使用检票口,为儿童创造睡眠、母乳喂养及游戏条件,并设置独立使用的饮水、盥洗、厕所设施,细部设计尚需考虑到儿童安全。

贵宾与软席候车室室内宜分成大、中、小不同房间和单独使用的盥洗、厕所间,以及服务员室与备品间。并设置单独检票口直接通向站台与广场,必要时可设置专用停车广场。

军人与团体候车室应设置单独进站检票口,其他设施可共用。

长时间候车室可设铁路宾馆和站房旅客住宿单元,并独立配置盥洗、卫厕设备。并尽可能减少噪声干扰。

(2)售票大厅 大中型铁路客运站应独立设售票厅、票据库和办公用房,这些用房宜集中设置,以便内部联系。小型站设售票室一间,安排售票柜台和存放票据的位置(图6-11)。其设计要点为:

图6-11 铁路客运站房中的售票大厅室内环境实景

售票大厅的平面位置应避免不购票的旅客穿行,厅内售票室前应有足够的列队长度,在售票窗口前应设1.1m高导向栏杆,售票室内地面应高于柜台外地面0.20~0.30m,且不向旅客购票大厅直接开门。另外厅内应悬挂公布旅客须知的各项铁路运营图、车次及票价表、车票信息发布屏于大厅的墙面。

(3)行包用房 包括行包托取、到发行包作业和行包堆场库房等空间,行包库位置宜靠近旅客列车的行李车处,并直通站台(图6-12)。通常铁路客运站日均行包作业量小于1000件时,宜设到达、

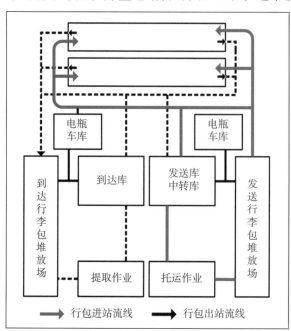

图6-12 铁路客运站房行包用房功能流线分析及服务空间室内环境实景

发送、中转综合库；日均行包作业量在1000件以上时，宜分设到达库和发送库（位置宜相互靠近）；日均行包作业量在7000件以上时，到达、发送库宜分设在站房两端；日均中转行包作业量在2000件以上时，宜单独设置中转行包库。

一般大型站可按照进出站流线分别设置发送的和到达的行李包裹房及仓库，以便旅客托运和提取，缩短搬运路程。同时，还应安排好托取作业、堆放和通道三者的关系，提高行包堆场库房的利用率。办理运输鲜活货的包裹，宜在库房内设置专用堆放场地，并设清洗、排水设备。中小型铁路客运站的行包房则集中设置，并应在站前广场方向设行包停车场。

（4）旅客服务用房 包括综合大厅、进出车站大厅、问讯导引、小件寄存、美食餐饮、文化娱乐、购物超市、邮电银行、失物招领等旅客服务空间（图6-13）。

1）综合大厅。作为大型铁路客运站房内外联系及内部交通枢纽之用，它联系着各类候车大厅、售票大厅、行包空间等，其交通流线需

图6-13 铁路客运站房旅客服务用房空间室内环境实景
a）综合大厅室内环境 b）进站大厅室内环境 c）出站大厅室内环境
d）美食餐饮室内环境 e）问讯导引、寄存与购物超市室内环境
f）进站入口检票设施 g）自动售票、取款与通信联络服务设施

简捷、明确，避免迂回交叉，主要用作交通通行，大厅内应设置完备的导向标识和车站信息发布屏，以及广播与监控系统。

2）进出车站大厅。进站大厅可与综合大厅合用，并应在客运站房入口设置安全检查设施。出站大厅可设1.1m高栏杆和验票台供工作人员验票，并设补票室、行李称重与警务室等用房。

3）旅客服务空间。铁路客运站房内部应依据规模设置相应的商业服务设施，包括问讯导引、小件寄存、美食餐饮、文化娱乐、购物超市、邮电银行、失物招领等为旅客服务的空间。通常中型以上客运站房应设问讯处，位于综合大厅，位置应明显，以方便询问。大型客运站房应考虑设置电视、电话问讯设施，并分设两个以上问讯点；小件寄存可设在综合大厅，在中转旅客较多的站，宜设在出站处。寄存量大的客运站房可分设几处，方便进出站旅客寄存物品；美食餐饮、文化娱乐、购物超市等服务空间，

在展现其空间内部设计共性的同时，还应体现其车站所处地域的设计个性来。

（5）客运管理用房　包括客运、广播、运转与检票等客运管理空间。

1）客运与广播室。客运室的位置要求既能面向基本站台，又能方便地通向候车室（厅）等旅客聚集的地方。广播室要设在能瞭望列车到发和不受旅客干扰的地方，最好又临近客运室。以便于客运值班员随时到各站台接发列车、接待旅客和处理有关问题，并及时通过广播与信息系统告知候车旅客。

2）运转室。为铁路客运站运输管理的核心，必须直接掌握列车的到发和通过，控制站场内的运行信号，指挥启闭线路。其位置宜远离旅客聚集或人流通过的地方，以保持环境安静，便于瞭望站场和接发列车。如果采用电气监视集中控制，可将运转室分别布置成运转控制室和值班室，前者位置要便于瞭望，后者要便于接发列车。

3）检票口。包括进站和出站检票口，前者设在旅客候车室（厅）分线进入站场的各个入口处，后者设在旅客由站场走出车站的管理卡口。进站检票口和出站检票口的数目、位置和宽度都应符合进出站旅客流程、流量和检查方式。

（6）站台与跨线设施　客运站台与跨线设施也是铁路客运站房的重要组成内容。

1）站台。旅客上下火车的空间，有线侧式与线端式两种（图6-14、图6-15）。通常前者设基本站台和中间站台，后者设分配站台和中间站台；大型和市郊、短途旅客多的客运站还应设专用站台。始发列车多的站，应增设行李包裹站台。站台的长度按停靠列车的最大长度确定，小站可适当缩短。站台高度分为低站台（站台面高于轨道面30cm）、一般站台（站台面高于轨道面50cm）和高站台（站台面高于轨道面110cm）三种。站台宽度应根据各种列车到发和通过量、旅客进出量、行李包裹运送量以及站台设施等确定。站台应设雨棚，其形式有：

单柱式雨棚。单柱占站台面积少，旅客和搬运车辆在柱子两侧通行较为方便，站台内部空间开敞，适用

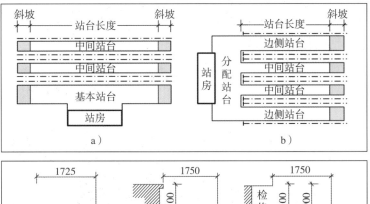

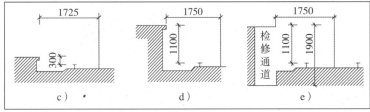

图6-14　铁路客运站台类型及其高度

a）线侧型站台　b）线端型站台　c）低型站台　d）、e）高型站台

图6-15　铁路客运站台空间室内环境实景

a）南宁站客运站台空间室内环境　b）长沙新站客运站站台空间室内环境设计效果

于宽度不大的站台。

双柱式雨棚。适用于站台面较宽、跨线建筑（天桥、地道）出入口较多的站台。

跨线式雨棚。旅客使用条件较好，但造价太高、通风、采光、结构处理都比较复杂，在用蒸汽机车牵引时，还要解决排烟问题。

另外在站台上应设时钟、广播器、照明设备、站名灯、指示牌等的位置及其安装。悬挂物卜部距站台地面以3.00m为宜。基本站台上还可设售货亭、盥洗台、厕所和花坛等。

2）跨线设施。为站房和站台、站台和站台之间的通道，有地道、天桥、平过道三种形式（图6-16）。线侧下式客运站，站房低于站台，多采用地道；线侧上式或线侧平式客运站，旅客在楼层候车的，多采用天桥；小站可采用平过道。跨线设备的宽度根据进出站人数确定，一般特大型旅客站出入口的宽度不小于4m；大型旅客站不小于3.5m；中型旅客站不小于3m。另大型以上客运站房旅客地道宜设阶梯和坡道各1个，并附设旅客导向指示标识，以方便指引旅客上车和离站。

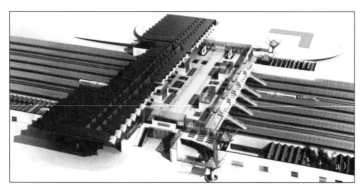

图6-16 铁路客运站台跨线设施实景

　　a）苏州站客运站站台跨线设施及环境设计效果　　b）武昌站客运站站台及跨线雨棚及室内环境实景

　　c）深圳站客运站站台的地下跨线通道及环境实景　　d）北京南站客运站站台跨线设施及室内环境实景

3. 意境塑造

根据国家批准的《中长期铁路网规划》，到2020年全国铁路营业里程将达到10万km，在未来10年内将建设客运专线1.2万km以上，将对2万km既有线进行时速200km的提速改造，我国铁路快速客运网将达到3万多公里。与此同时，大规模的铁路客运站建设已经展开，其建筑及内外环境随着现代交通的发展更是呈现崭新的设计风貌。

4. 案例剖析—武汉新火车站

位于武汉市青山区杨春湖东侧的京广高速客运车线上的武汉新火车站（图6-17~图6-21），其总投资超过140亿元，建成后将成为我国铁路交通四大枢纽中心，以进一步凸显武汉作为中国内陆最大铁路

图6-17 武汉新火车站建筑造型设计鸟瞰效果图

枢纽的地位。作为投资之巨的大项目，武汉新火车站工程主要包括新火车站站房、站场，轨道交通4、5号线地铁车站，配套道路、环境改造等工程。武汉新火车站的建筑及内外环境从设计上来看将凸显几大亮点：

（1）从造型设计来看 武汉新火车站站房造型如一只展翅大鸟，其中50m高的车站建筑中部突出的大厅屋顶，显示了千年鹤归、中部崛起的武汉地方文化特色；站房建筑呈波浪形，九个波浪即九片重檐屋顶代表了九省通衢的寓意。

（2）从候车空间来看 武汉新火车站首创等候式和通过式相结合的流

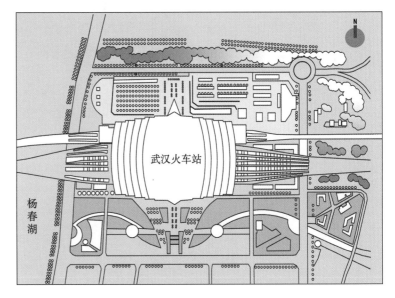

图6-18 武汉新火车站建筑及外部空间环境平面布置设计图

线模式，运用"视觉引导"设计，旅客可在中央大厅选择性进入候车室候车，或直接由绿色通道进站。此外，车站的候车方式为"高架候车，上进下出"。候车大厅屋盖闪着金属光泽，采光充足，四边是环形商业广场，游客在中庭可以居高临下看清站台列车发车情况。出站旅客通过天桥和各种垂直交通工具，乘坐电梯或者步行下楼梯，到达各公交站台、停车场，完全实现人车分流。人流是单向向下流动，不走回头路。

（3）从转乘形式来看 武汉新火车站将实现铁路干线、地下铁路、公路等紧密衔接，实现"无缝"换乘或短距离换乘。在建成后的武汉新火车站，公交集团计划首发线路8条，途经线路6条，14条线路分别通向武昌、汉口、青山、化工新城、九峰城市森林保护区等地。作为配套建设，地铁4号线一期、地铁5号线将提前延伸到武汉新火车站。另外附近的杨春湖客运换乘中心，则可供旅客下了火车直接换乘长途汽车转乘。

（4）从设计定位来看 武汉新火车站将与同城的武昌、汉口火车站在设计风格和运输定位等方面有所区别，并将借鉴国外火车站经验，设计方案也有些独特"洋味"。化繁为简的内部空间组织、浑然天成的建筑造型设计与协调发展的创新技术支撑，以及高质量的空间、明亮舒适的环境、流畅的交通组织、完善的使用功能，体现出设计定位对旅客的尊重，同时也让身处高度交通压力和快节奏城市生活压力下的旅客得到相应的舒缓与享受。

由此可见，现代铁路客运交通已由传统单一、较为封闭的客运方式逐步转向与其他交通方式融合互补、分工合作，形成一种大交通的客运格局。武汉新火车站作为未来城市对外交通的重要节点，与城市轨道交通、公交汽车、长途汽车、出租车、社会车辆、非机动车，甚至航空、船运等交通方式紧密衔接，其内外延的变化已超越单纯的铁路客站的含义，发展成为城市综合交通枢纽，其铁路客运站房的建筑及内外环境设计将

图6-19 武汉新火车站建筑造型
a）远眺呈波浪形造型的武汉新火车站客运站房建筑设计效果
b）中部崛起的武汉新火车站客运站房建筑入口造型设计实景

图6-20 武汉新火车站客运站房建筑内部空间环境设计实景

图6-21 武汉新火车站客运站房建筑内部空间环境设计实景

a）客运站房候车大厅室内环境实景 b）客运台房候车室室内环境设计实景 c）客运站台室内环境实景

凸显出中部崛起和九省通衢的意境和寓意来。

6.3.2 公路客运站建筑室内环境的设计

1. 空间布局

公路运输是指以汽车为运输工具，机动灵活，使用方便，加之路网纵横交错、布局稠密，既可直达指定地点，减少货物的换装转运等中转环节和客货的中途停留时间，实现"门到门"运输，又便于同其他运输方式（铁路运输、水运、航空运输）衔接，进行综合运输，保证整个交通运输系统正常运转的运输方式，其客运站则是公路交通运输建设的基础设施（图6-22）。公路客运站的建筑规模根据车站的日发送旅客折算量可分为四级。其中一级为7000~10000人，二级为3000~6999人，三级为500~2999人，四级为500人以下。若从公路客运站总体平面布局来看，需处理好站前广场、客运站房、停车场地三者之间的关系，其空间布局应考虑功能要求进行合理分区，以方便使用；同时还需根据城市规划及交通管理要求，单独分设客车进站口与出站口，进出口的宽度不应小于4m，且设在站房的右侧，出站口宜设在站房的左侧。并与旅客的主要出入口应保持一定的安全距离，并设置隔离措施，以保证旅客安全与行车安全。

图6-22 公路运输是实现"门到门"的运输方式与基础设施

从公路客运站房建筑及室内环境平面布局来看，其平面布局形式可分为以下几种形式（图6-23）：

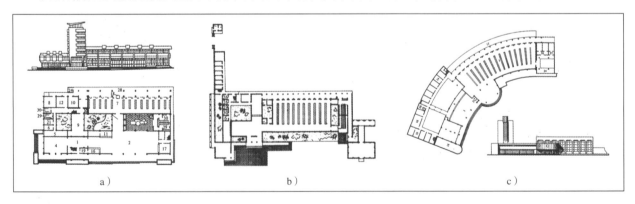

图6-23 公路客运站房建筑及室内环境平面布局的形式
a）重庆南坪长途汽车站的"一字形"平面布局形式 b）安徽省淮安长途汽车站的"L字形"平面布局形式
c）湖北黄石长途汽车站的"扇形"平面布局形式

（1）一字形　适用于站房的位置在城市干道，周围有较宽场地的公路客运站房平面布局形式，如重庆南坪长途汽车站。

（2）L字形　适用于站房的位置在十字路口情况的公路客运站房平面布局形式，如安徽省淮安长途汽车站。

（3）扇形　为节约用地采用扇形的公路客运站房平面布局形式，如湖北黄石长途汽车站。

不管公路客运站房平面布局形式如何，均需遵守"简洁、直接、通透"的空间布局原则，由于汽车客运站承担的长途汽车班次多，停站时间短，旅客在站内候车时间也相应很短，这一点与机场或火车站等交通设施有很大区别，因此其平面空间布局采用简洁的设计，交通流线直接，并创造通透的空间效果无疑是设计的关键。

此外公路客运站房为其主要建筑，包括候车、售票、行包、业务办公等营运用房。其内外人、车流量大且密集，流线复杂，因此内部空间的交通流线布局非常重要。进出客运站房的人流处理在满足功能要求的基础上应有效实现分流，避免交叉与人流的堵塞（图6-24）。

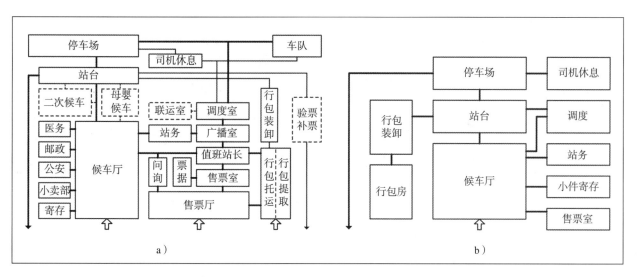

图6-24　公路客运站建筑室内旅客流线关系

a）公路客运1~3级站建筑旅客流线关系示意　b）公路客运4级站建筑旅客流线关系示意

2. 各类用房

从公路客运站房建筑及室内环境来看，其内部主要包括客运用房、驻站机构用房、行政用房、辅助用房与车辆维修用房等，其中客运用房包括候车大厅（普通候车、母子候车）、售票厅（售票室、票据库）、行包房（行包托取、行包提取）、旅客服务（问讯导引、小件寄存、美食餐饮、文化娱乐、购物超市、邮电、银行、失物招领等）、站台、行包装卸廊、广播室、调度室、医务室、值班站长室、站务员室、联运办公室、司助休息室、检票补票室、站前广场、电话亭、厕所；驻站机构用房包括公安派出所、海关办公室、动植物检疫室、邮电业务用房；行政用房包括行政办公室、计财办公室、会议室、门卫值班室；辅助用房包括加油站、洗车台、锅炉房、浴室、发电机房；车辆维修用房包括保养车间、小修车间、辅助工、材料库、检修车台、车间办公室、职工生活用房等。其中旅客候车大厅是客运站房中的主体部分，应为旅客与工作人员创造方便舒适的候车环境及良好的工作条件。其各类用房的设计要点分别为：

（1）候车大厅　是公路客运站房中的主要空间，也是旅客候车和人数最多的地方（图6-25）。随着市场经济的发展和城乡交往的增加，发车频率提高，除换乘旅客在候车大厅较长时间等候外，大批旅客均可到站即上车，无需在其长时间等候。为此候车大厅内部的设计也有较大变化，但内部空间仍应合理划分为安静候车区（设座椅）、检票列队区、通行区及服务设施区，以

图6-25　公路客运站房候车大厅室内环境空间实景

满足其功能上的需要。其次候车大厅内部空间应充分利用天然采光与吸声减噪措施，厅内需设咨询台、触摸式信息屏、IC卡电话和直饮水等服务设施，设有计算机中心控制信息收集和显示。再者候车大厅内部交通流线要通畅，安全出口不应少于两个；入口设有安检设施，厅内应设服务与卫浴盥洗设施。通常候车大厅只设普通候车室，在一、二级站候车大厅应设母子候车室，且近站台并单独设检票口。

　　（2）售票大厅　公路客运站房中的售票大厅除四级站可与候车厅合用外，其余应分别设置，其使用面积按每个售票口20m²计算（图6-26）。售票大厅应有旅客正常购票的活动空间，并与候车厅、行包托运处等有较好联系，并单独设出入口。售票窗口前宜设导向栏杆（高度以1.20~1.40m为宜），售票窗

图6-26　公路客运站房售票大厅室内环境空间实景

口应设局部照明（照度值应不小于150lx）。售票大厅除满足自然采光及通风外，宜保留一定墙面，以用于分布各业务事项。此外独立设置的售票厅的位置必须明显易见，最好面对站前广场，厅内应有良好天然采光与自然通风条件。

（3）行包房与装卸廊　公路客运站房中的行包房包括行包托运处、行包提取处与行包装卸廊，为一完整作业流线不应与其他流线交叉或受干扰。和旅客直接联系的托运口、提取口，应考虑旅客进出站的流向，设置于方便之处。除四级站外，应设行包装卸廊，其长度及开口数应与发车位相适应。在行包装卸廊与站场间应设较简捷的垂直交通设施。行包房与装卸廊应具有防火、防盗、防鼠、防水、防潮等设施。一、二级站行包房的托运处和提取处按旅客进出站流线可分设于站脚两端，三、四级站行包房可设于站房一端以便于管理。除四级站外，凡有邮政业务的各级公路汽车客运站，宜独立设置邮包房，并邻近行包房。

（4）站台　公路客运站必须设置站台，以利于旅客上下车、行包装卸和客车运转，其净宽不应小于2.50m。站台应设置雨棚，位于车位装卸作业区的站台雨棚，净高不应低于5m。发车位为旅客上车和客车始发位置，应设于站台与停车场之间，其地坪应设不小于5%坡向站场的坡度。

（5）停车场　站内停车场是公路汽车客运站的重要组成部分，主要供驻站车辆停放及进出车辆停放使用（图6-27）。设计应满足其车辆停放的要求，场内车辆宜分组停放，每组停车数量不宜超过50辆。组与组之间防火间距不应小于6m，此外还应设置疏散通道，其宽度不宜小于4m。站场照明不得对驾驶员产生眩光，站场照明平均照度为3~10lx。一级站的停车场宜设置汽车自动冲洗装置，二、三级站应设一般汽车冲洗台。站场内设置的加油站、油库，其允许容量及防火间距必须符合现行建筑设计防火规范的要求。

图6-27　公路客运站房停车场场地及检票入口空间环境实景

（6）进出站口

通常一、二级站停车场的汽车疏散口不应少于两个。进出口除应用文字和灯光分别标明进站口及出站口外，还宜装置同步的声、光进出车信号，其灯光信号必须符合交通信号规定。进出站口的宽度不宜小于4m。应与旅客主要出入口或行人通道保持一定的安全距离，并应有隔离措施。站口应设置引道，并应满足驾驶员视线的要求。

3. 意境塑造

随着公路建设的迅猛发展及客运车辆高档化和客运事业现代化的需要，公路客运站建设正引起人们越来越多的重视，不少城市把汽车客运站建设列为地方交通规划建设的重点之一。交通部2000年4月发布的《道路旅客运输企业经营资质管理规定（试行）》规定：一、二级道路客运企业都必须自有一个一级或两个二级汽车客运站，这也成为推动客运站建设发展的巨大动力。从城市角度看，随着城市化进程的加快以及城市规模的不断扩大，也需要对原有汽车客运站的布局、规模、功能等进行调整，以与城市现代化相适应，从而推动公路客运站的建筑及内外环境呈现出新的设计风貌。

4. 案例剖析——广州海珠客运站

位于广州市海珠区南洲路的海珠客运站，是全国首家具有生态环保智能化的客运站（图6-28~图6-34）。2003年正式建成投入营运，该站按照"以人为本"的设计理念，采用系统的环保技术、园林式的绿化布局设计施工，造型新颖独特，自然环境优美，成为集高科技、智能化、生态化、人本化为一体的新型客运站。海珠客运站首期工程占地31517m²、建筑面积7132m²、绿化面积5000m²，设计能力为日发送客车800班次、发送旅客2.5万人次。

图6-28　广州海珠客运站站房建筑造型及外部环境空间实景

广州海珠客运站设计以"人、环境、新旅程"为核心的设计理念，力求以人为本、生态环保，提供了高效、舒适、安全的智能化新型公路客运站场环境，让旅客享受绿色交通新旅程。客运站的设计目标为：率先在公路主枢纽工程中设计建设立体生态客运站，探索客运站场规划建设新模式；通过试点取得生态环保型客运站建设的经验，继而在客运站场规划建设中逐步推广。

从海珠客运站房建筑造型来看，若在高空俯瞰，它似飘逸在珠江畔的一片绿叶，侧面则似荡漾在碧波上的一叶轻舟。有如展翅欲飞的"船形屋"，象征着广州历史悠久的"海文化"，又延续了岭南建筑精巧通灵的地域文化生态。作为城市的门户，赋予客运站重要的象征意义无疑是市民们的心声，而运用简洁的造型、协调的比例、适当的尺度及现代材料组合和细部精巧构件来表达现代交通建筑的特征，则是设计师的追求。

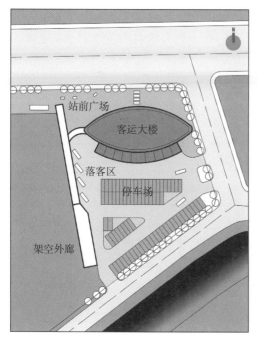

图6-29 广州海珠客运站站场总体平面布置设计图及站场入口空间环境实景

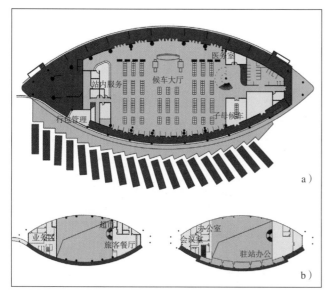
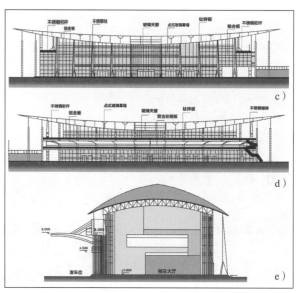

图6-30 广州海珠客运站站房建筑各层平面布置及立面与剖面设计图
a）站房建筑首层平面布置设计 b）站房建筑2~3层平面布置设计 c）站房建筑正立面设计
d）站房建筑背立面设计 e）站房建筑剖面设计

从海珠客运站房建筑室内环境来看，客运站房内部平面交通组织保证上、下车分区明确，人、车流线简洁，互不交叉。单体平面以简洁的几何体组合，布局尽可能做到经济适用、高效紧凑。客运楼、辅助楼两大部分围合成停车空间及绿色庭园，二者通过人行廊道连接。站房内部一层包括售票区、候车区、发车区、行包托运区等，旅客有明确的空间定位感，可以迅速进站或出站，方便快捷。候车大厅设有咨询台、触摸式信息屏、IC卡电话、直饮水、医务室等服务设施，客运大楼西边部分二、三层为客站办公区，东边部分商业区设有各种餐饮、商店等配套服务设施。同时考虑到对旅客的人文关怀，室内环境中设置了其他客运站尚未设有的无障碍服务台、自助式小件行李寄存柜等，在大厅里专门设计了达到国家标准的盲人通道，并给旅客提供咨询、购票、候车、上车等全过程的服务，可以称为广州地区首座

"无障碍"客运站。发车走廊采用锯齿斜插式停车卡位,保证乘客上车安全;在洗手间设计了专为孕妇、残疾人使用的设施。另外为了实现公交与公路长运的无缝接驳,在客运大楼西侧设计了一条旅客下客长廊作为站内主要人流通道,长约100m,下车旅客可直接通过人行长廊进入南洲公交汽车总站或到售票厅购票转乘。

图6-31 广州海珠客运站场停车场地及入口广场环境空间实景

图6-32 广州海珠客运站场外部庭园及站房建筑入口空间环境实景

从海珠客运站房装饰选材和细部处理来看,为了使客运站形成 "通、透、亮" 的设计风格,客运站房建筑内外环境均采用新颖的建筑与装饰材料。其中建筑的外立面选用 "人" 形钢柱、点式玻璃幕墙、铝板幕墙及不锈钢等,室内空间则以玻璃、铝板、不锈钢、石材、面砖等饰材为主。内墙饰以表达汽车运输的主题金属浮雕,以为室内空间引入诗意。室内环境色彩注重清新、淡雅、和谐的格调,并与

图6-33 广州海珠客运站房建筑室内候车大厅空间环境实景

图6-34 广州海珠客运站房建筑外部空间及环境绿化实景

透入室内充足、柔和的自然光线交相辉映，从而形成简约、大气、清新怡人、美观脱俗的视觉美感来。

作为全国首例汽车客运站"生态站场"，其系统是由气环境、声环境、水环境、能源环境与光环境五个子系统所构成。从而使站场产生的污染物被充分降解并循环使用，以达到经济效益和社会效益的统一。另海珠客运站内外环境的绿化设计与建筑主体风格协调，组合平台绿化与庭院绿化、水平绿化与垂直绿化，形成全方位的园林式绿化布局，站内设置微型"休闲公园"，让自然绿色走进室内，走近旅客。旅客也可透过绿色花园，以全新的视点观赏客运站场。

6.3.3 航空港建筑室内环境的设计

1. 空间布局

航空港是供飞机起飞、降落、停放，保障飞行活动的场所（图6-35）。其总体规划布局主要由几个基本要素来决定，包括主导风向、航站楼规模、地面运输系统、地形地理学等。航空港由两大体系所组成："空侧"飞机活动区和"陆侧"地面工作区。其中空侧包括飞行空间、空港空间、跑道、滑行道、停机坪及有关设施，空中航行的阻碍等；陆侧则包括航站楼、进出空港的交通道路、停车场等。航站楼是整个航空港的中心，也是连接空侧与陆侧的纽带。从航站楼建筑及内外环境功能分区来看，对于空侧需要考虑的因素有：跑道的数量和方位，停机坪的样式、大小和结构，对于陆侧需要考虑的因素有：航站楼及其附属建筑的相应位置，停车场的规模，机场道路系统的范围，公共交通连接的方式等。此外，还要考虑到航空港未来的发展策略，为以后的扩张做准备。

若从航站楼建筑及室内环境平面布局来看，其平面布局形式可分为以下几种形式（图6-36）：

图6-35 航空港建筑内外环境

a）北京首都国际机场T3航站楼建筑外部造型　　b）日本大阪国际机场航站楼建筑外部造型

c）中国香港新机场航站楼建筑外部入口雨棚造型　d）广州新白云机场建筑外部造型

e）上海浦东国际机场航站楼建筑外部造型　　　f）厦门高崎国际机场航站楼建筑外部造型

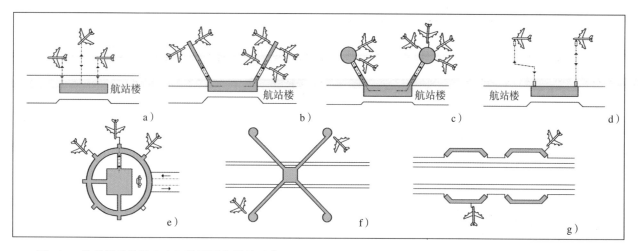

图6-36 航站楼建筑及室内环境平面布局的形式

a）正面式 b）指廊式 c）卫星式 d）转运式 e）岛屿式 f）空侧式 g）线型式

（1）正面式 适用于规模不大的空港或吞吐量较小的航站楼。一般停放3~5架飞机。旅客上下飞机徒步几十米。当飞机停放较远时，采用汽车接送旅客。由于气候影响，会对旅客露天行动造成不便，国际上很多国家和国内大部分空港均采用这种布置形式。

（2）指廊式 适用于飞机直接停靠在廊道两侧，机位固定，便于设置为飞机服务的各种设施。旅客不受气候影响，一般采用登机桥。在吞吐量增多时，扩建较为方便，廊道可延伸。如廊道扩建较长时，需设自动步道。英国的伦敦希思罗空港、美国的芝加哥奥海尔空港等均采用这种布置形式。

（3）卫星式 从航站楼放射出几个卫星厅，飞机围绕卫星厅停放，一般停放6~8架。卫星厅与航站楼之间用廊道连接，可采用地上通道，也可采用地下通道。无论采用哪一种均需设立登机桥与其相连。法国的戴高乐空港、北京首都国际机场一期等均采用这种布置形式。

（4）转运式 为飞机停放在距航站楼较远的机坪，用机场转运车将送旅客运往飞机停放点。其转运车型有两种：一是低底盘转运客车，旅客上下步入车厢；另一种是可升降转运客车，旅客直接进出飞机。美国的华盛顿杜勒斯空港是第一个采用专门车辆将旅客送往登机坪的机场，国内诸多机场均采用用这种登机形式。

（5）岛屿式 也称"空中码头式"，是将航站楼比做一个岛屿，飞机围绕圆形航站楼停放，旅客送往车辆直驶入楼内，设立多层车库。旅客上下飞机均在楼内乘换。加拿大的多伦多空港即采用这种布置形式。

（6）空侧式 亦称"陆侧/空侧式"是在岛屿式和卫星式的基础上发展起来的。它的中心枢纽为航站楼，即"陆侧"，四周设立四座卫星即"空侧"。空侧卫星与陆侧航站楼之间采用高架电车连接。中国台湾桃园机场即采用这种布置形式。

（7）线型式 亦称"直线型"，是将每个单元的航站楼布置在空港路的两侧，像一串"项链"。按航线使用，对扩建非常有利。法国戴高乐机场二号航站楼采用这种形式布置，还有一些航站楼是将几种形式混合在一起的。

不管航站楼建筑平面采用何种布置形式，合理安排人流、物流则是其最基本的物质功能。航空港的基本流线有：出港旅客及行李流线，进港旅客及行李流线，国际航线旅客及行李流线，国内航线旅客及行李流线，迎送者与参观者流线。概括来说即进出港旅客流线及进出港行李流线。作为航站楼建筑及室内环境流线组织的原则是要在内部空间环境中避免各种流线的交叉干扰，严格区分国际与国内航班，严密分隔安全区与非安全区。旅客流线要简捷、通顺，并有连续性，做到"流线自明"，并可借助各种标志指示牌，顺利到达目的地。旅客通过的流线，应避免变换各种地面标高。在人流集中的地方，如办理各种手续、安检等应考虑足够的工作面及旅客排队等候面积，使其不受其他人流的干扰（图6-37）。

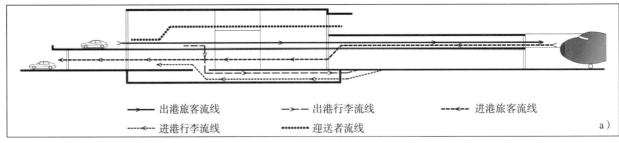

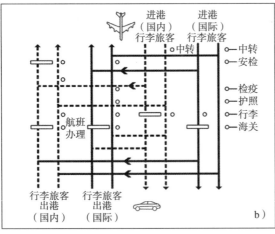
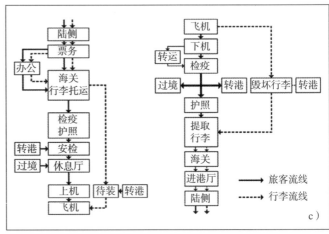

图6-37 航站楼建筑室内环境流线关系示意

a）航站楼建筑室内环境剖面流线 b）航站楼建筑室内环境平面流线 c）国际航班出、进港流线关系

航站楼内部为旅客服务的公共场所和旅客行走的路线，都应设置引导标识和装置，这类装置由文字和图案所组成，尤其以形象图案引人注目，一般采用两种颜色加以区分，出、进港部分，颜色以蓝、绿、灰为宜，以求给人以宁静的感觉。引导装置标识的位置和数量要得当，图案标志的尺寸应结合室内空间而定，并应以醒目为原则。

2. 各类用房

航站楼作为交通建筑，其功能主要是有效组织好旅客搭乘飞机前后一系列的流程工作。按其出发还是到达来分，整个航站楼建筑及室内环境可分为出港区和到港区。其中出港区的组成包括出港公共大厅、候机大厅、商店、酒吧、饭店、电话、传真、商务设施、信息咨询点、售票处、行李托运以及检票柜台、安全检查区等。到港区的组成包括到港公共大厅、商店、电话、行李提取大厅、海关、健康和移民检查等。出港和到港两个空间互不干扰，流线各自独立。此外，航站楼内还有相当面积的办公区域，主要包括检疫、边防、安检、航管楼与塔台等各类空间及用房，其中旅客候机大厅是航站楼中的主体部分，应为旅客与工作人员提供舒适的候机环境及良好的工作条件。按旅客出、到港的流程为序，其各类用房的设计要点分别为：

（1）出港大厅 是旅客从市区乘坐不同交通工具到机场步入航站楼建筑内部的第一空间（图6-38），由于旅客均在此办理出港登机手续、托运行李，故将其称之为出港大厅。这里是航站楼留给旅客第一印象的空间环境，是体现机场服务与管理水平的重要场所。从出港大厅的构成来看，主要包括信息咨询、登机检票、行李托运、售票改签、安检前的等候休息空间及商业服务空间等。

登机检票柜台与和其结合的排队等待区是出港大厅内的最重要组成部分，有两种布置方式。其一为横排式，它沿着出港大厅的横向一侧一字排开，由一长排检票柜台组成，面向航站楼入口。它为送行者也可到达的公共出港大厅与出港旅客经过安检以后使用的候机大厅之间设立了一到屏障。其二为独立单元式，布置的位置在公共出港大厅的中心，每个单元沿着纵向方向布置，再在整个横向方向以15~20m的间距来排列多个单元。相对而言，独立单元式可以布置的柜台数量比横排式所布置的柜台数量要多，在空间效果上也显得更加紧凑。

图6-38　航站楼出港大厅室内环境实景

a）日本大阪国际机场航站楼出港大厅入口空间　　b）上海浦东国际机场航站楼建筑出港大厅室内空间

c）中国香港新机场航站楼出港大厅入口空间　　d）中国香港新机场航站楼出港大厅登机检票柜台

e）日本大阪国际机场航站楼出港大厅室内空间　　f）日本大阪国际机场航站楼出港大厅登机检票柜台

g）泰国曼谷国际机场航站楼出港大厅行李托运柜台　　h）泰国曼谷国际机场航站楼出港大厅室内空间

出港行李托运也在检票柜台办理，其后由转输带送入行李分拣处检验后装车运送上机。这里是旅客在航站楼里得到的最直接服务，也是衡量航站楼服务质量的窗口。

（2）安全检查　为保证飞行安全，防止劫机事件发生，安全检查是现代航站楼建筑内部运营管理中极为重要的一个组成部分（图6-39、图6-40）。其设计上应充分考虑平面布局的灵活性，以适应安全检查发展需要和管理的改进。

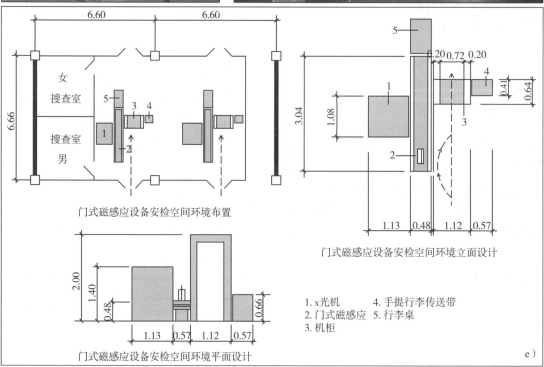

门式磁感应设备安检空间环境布置

门式磁感应设备安检空间环境立面设计

门式磁感应设备安检空间环境平面设计

1. x光机　　4. 手提行李传送带
2. 门式磁感应　5. 行李桌
3. 机柜

图6-39　现代航站楼内部的安全检查设施布置

a）、b）机场门式磁感应设备安检空间环境　c）、d）海关与边防检验空间环境

e）门式磁感应设备安检空间环境布置及立面与平面设计尺寸

出港安检空间设在出港与候机大厅之间，检查内容包括：

门式磁感应设备——旅客通过磁力门探测随身是否有隐藏的武器，手提行李则通过传送带传至X光机进行检测。

国际航线的旅客在进出港时还必须在边防和海关进行检查。

海关检查——因各国海关制度及检查重点、旅客构成情况均有不同，设计时应根据国情制度而定。布置中应考虑银行、搜身室、物品保管室的布局形式。通常在大中型空港宜采用"双通道系统"：认为自己需要申报的旅客，走红色标志的通道，认为自己勿须申报的旅客则走绿色标志的通道。

边防检验——在其检验口交付护照和证件，检验口通道只接受一人通行，布置形式有单间并列和双间背对背。

（3）候机大厅 候机大厅是出港区的主要组成空间，对于正面式和指廊式航站楼的候机厅来说，整

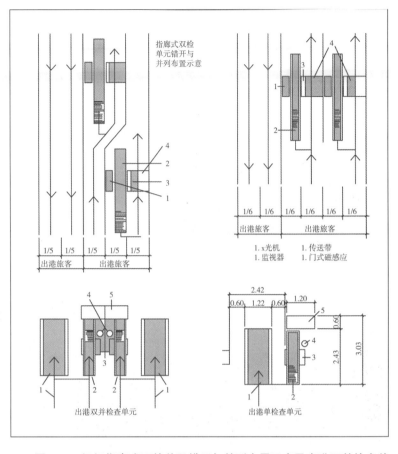

图6-40 机场指廊式双检单元错开与并列布置示意及出港双并检查单元与单检单元空间环境示意

个大厅需要划分为若干个小的分区，每个分区都有一个服务单元，包括书报杂志和商业零售区、公厕、饮水室等。卫星式航站楼，每个卫星厅即是一个分区（图6-41~图6-43）。

航站楼候机大厅内除了公共候机区外，还开辟多个专门的候机室，包括贵宾候机室、母婴候机室和吸烟人士候机室等。

图6-41 候机大厅空间环境实景

a）日本大阪国际机场航站楼出港候机大厅空间环境   b）泰国曼谷国际机场航站楼候机大厅空间环境

图6-42 航站楼出港候机大厅空间环境实景

a）武汉天河机场二航站楼出港候机大厅空间环境 b）荷兰阿姆斯特丹机场航站楼候机大厅空间环境
c）法国戴高乐机场航站楼出港候机大厅空间环境 d）泰国曼谷国际机场航站楼候机大厅空间环境
e）马来西亚吉隆坡国际机场航站楼出港候机大厅空间环境

  贵宾候机室可设计成商务旅客们期待的形式，能提供饮品、快餐及与公共候机室相比更私密更丰富的舒适感。英国设计师约翰·波森设计的中国香港新机场国泰航空休息室比任何贵宾室都具有特色，且由中国香港半岛酒店经营，让贵宾可以像在最好的酒店里一样悠然自得地尽情享受。

  母子候机室主要服务于妇幼老弱，面积不宜太大，但要求环境安静并有独立的卫生设备，最好有专

图6-43　航站楼出港候机大厅空间环境实景

a）阿联酋迪拜机场航站楼出港候机大厅贵宾候机室内部空间环境

b）、c）新加坡樟宜荷兰国际机场航站楼候机大厅休息与餐饮空间环境

d）泰国曼谷国际机场航站楼出港候机大厅餐饮空间环境

e）、f）日本大阪国际机场航站楼出港候机大厅购物空间环境

门的出入口进入月台上飞机。在成都双流国际机场的母子候机室里，除了在装饰上加入一些充满童趣的元素外，还很贴心地为婴孩准备了小床。使这些小旅客们能有一个舒适的环境来准备展开他们的旅程。

吸烟室和其他候机室不同的是，为了保持空气的流通和清新，应设有专门的通风口来换气。

航站楼候机大厅中的商业服务空间，既有许多世界名店，也有地域特色商店，包括各类餐饮美食店、娱乐休闲空间等。一些著名的航空港，其商业服务空间甚至就是一个大型购物中心，其消费群有旅客、迎送人员、机场工作人员、机场来宾访客等，经营收益已成为机场提高效益、增加非航空收入的主要手段。

（4）登出机桥　登出机桥是连接航站楼门位同机舱门之间的过渡廊桥，是由金属外壳做成的通道，可为各种机型服务（图6-44）。廊桥本身可以水平转动、前后伸缩、高低升降，它运行方便，安全可靠，使旅客免受风、雨、雪、喷气的影响，密闭性好，噪声干扰少。从登出机桥的种类来看，世界各空港广泛使用的有直接型、间接型、翼上型等七种，设计要点为：确定其机型及机舱门距地高度，航站楼门位处距机坪地面高度，登出机桥操作动力（电动或液压），气候（温度、风力、雨雪）等对其设计的影响。

图6-44　登出飞机过廊桥内外环境空间实景

a）进出港过渡廊桥与机门连接实景　　　　　b）武汉天河机场进楼出港过渡廊桥实景
c）航站楼候机大厅登机口与过渡廊桥连接空间实景　d）航站楼进出港过渡廊桥内部与机门连接空间实景

（5）自行通道　指不少巨型航站楼从出港大厅入口到登机单元候机室或从离机到到港大厅行程较远，航站楼内设有的自行通道，又称"水平电梯"，即借助机械传送替代旅客的步行，运行安全，舒适平稳，可载乘童车、残疾人轮椅。由于连续运行，应避免人流拥挤，当断电时可作为路面行走（图6-45）。

（6）行李领取大厅　是到港旅客提取行李的空间，通常到港行李要经历从飞机上卸下、运送到航站楼、提取行李以及海关检验等几个过程，然后再发送到行李提取大厅由旅客自行提取。其空间设计要点为：在行李传送的流线布置上，规模小的航站楼，一般使用同层式布置，传送简便。比较常用的是二层式布置方式，到港旅客从二层下到行李领取大厅提取行李（图6-46）。

图6-45 自行通道空间环境实景
a）泰国曼谷国际机场航站楼候机大厅内的"水平电梯"自行通道
b）日本东京成田国际机场航站楼出港厅内的"水平电梯"自行通道

图6-46 航站楼到港行李领取大厅空间环境实景
a）新加坡樟宜国际机场航站楼到港行李领取大厅空间环境　　b）北京首都机场二航站楼到港行李领取大厅空间环境
c）日本东京成田国际机场航站楼到港行李领取大厅空间环境　　d）中国香港新机场航站楼到港行李领取大厅空间环境

　　而在行李运送上要最小化行李运送的各个环节，尽量避免出现转弯和层次的变化，传送带的倾斜度不能超过15°，行李流线要避免与客流和货流路线交叉，尽量使行李分拣区靠近停机坪。作为行李处理系统来看它是新航站楼建设投资中一项重要的开支，不少航站楼进出港层下面的整个楼层都为这个系统所占据。其系统采用自动化的设备及计算机进行管理，并由电子眼监测以防出现差错。

（7）到港大厅　是旅客从到港后到离站所经过的航站楼建筑内部，厅内设有接站出口、接站人员休息空间、商业服务区、饮水、公厕、市区转运车站、售票与问讯处等空间，其内部环境的精心设计和周到的服务，无疑会为旅客离站留下美好的回忆和难忘的印象，这也是航站楼建筑及室内环境设计的魅力所在（图6-47）。

图6-47　航站楼到港大厅空间环境实景

a）日本东京成田国际机场到港大厅验证空间环境　　b）上海浦东机场到港大厅检疫空间环境

c）、d）日本东京成田国际机场到港大厅转机改签空间与出站口环境实景

e）、f）新加坡樟宜国际机场到港大厅外公共活动空间与问讯环境实景

g）新加坡樟宜国际机场航站楼出口空间环境　　h）日本东京成田国际机场航站楼外公交转乘空间

3. 意境塑造

随着国家经济的迅猛发展，使国内机场建设也进入了发展的快车道，据预测在未来20年我国民航业仍将持续发展，航站楼的新建、迁建、扩建与改建将继续成为引人注目的巨大建设项目和具有标志性的建筑工程。其建筑内外环境的设计目标：

1）为城市提供一个现代化的、融合地方特色的门户形象，设计需要具有一定的标志性。

2）为机场和航空公司提供高效、安全、节能的航站楼运营设施，以及增加机场非航空收入的商业设施。

3）为旅客和接送人员、机场用户提供一个方向易识别、便利和舒适的环境场所。航站楼建筑及内外环境的意境塑造，也将成为实现这种目标需要把握的关键之一。

4. 案例剖析——北京首都国际机场T3航站楼

位于北京首都国际机场1、2航站楼东侧的T3航站楼是中国第一个建成的真正意义上的枢纽机场航站楼，也是中国最重要的门户机场，于2008年2月29日正式建成投入营运（图6-48~图6-58）。T3航站楼在其建筑内外环境中体现出以下设计特色。

图6-48　北京首都国际机场T3航站楼建筑造型设计实景

其一为注重空间感受与人性化设计；其二为强调生态环保、绿色节能；其三为凸显地域特色的表达；其四为完善非航空赢利概念下的商业设施规划；其五为实现复合立体化发展模式。

北京首都国际机场T3航站楼南北长2900m，宽790m，高45m，总建筑面积98.6万m²，是目前全球最大的单体航站楼。其设计特色和意境从以下几个方面展现出来：

（1）从建筑造型设计来看　北

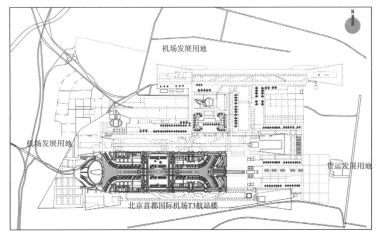

图6-49　北京首都国际机场总体平面布置设计图

图6-50　北京首都国际机场T3航站楼建筑整体造型设计鸟瞰效果图

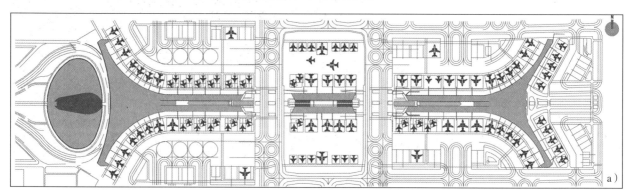

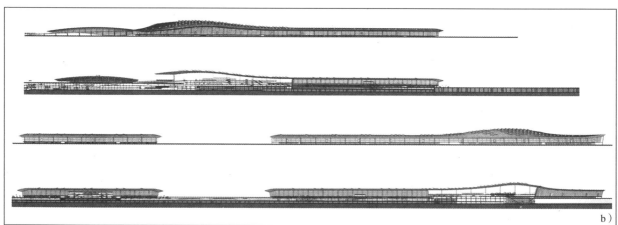

图6-51　北京首都国际机场T3航站楼建筑设计图

a）T3航站楼建筑整体平面布置设计图　　b）T3航站楼建筑整体立面与剖面设计图

京首都国际机场T3航站楼建筑设计方案出自英国建筑大师诺曼·福斯特之手，若从空中俯视犹如一条巨龙，形成了充满整体动感的建筑体量。这种完整的建筑格局无论是在室内还是室外，都将形成令人震撼的出行体验。整个T3航站楼建筑造型可以看成"龙吐碧珠"、"龙身"、"龙脊"、"龙鳞"、"龙须"五个部分。其中：

1）"龙吐碧珠"指的是旅客进出的"集散地"，即交通中心（GTC），俗称停车楼。这一次扩建的停车楼面积为34万m²，拥有7000个停车位。

2）"龙身"是扩建工程的主体。作为"龙身"的T3航站楼建筑面积42.8万m²，南北向长2900m，宽790m，建筑高度45m，由T3C主楼、T3D国际候机指廊、T3E国际候机指廊组成。两个对称的"人"字形航站楼T3C（国内区）和T3E（国际区）在南北方向遥相呼应，中间由红色钢结构的T3D航站楼相连接。

3）"龙脊"指的是主楼双曲穹拱形屋顶，也是整个T3工程中最为壮观的地方。这里的钢网架由红、橙、橘红、黄等12种色彩起伏渐变而成，如同彩色云霞托起腾飞的巨龙。

4）"龙鳞"是屋顶上正三角形的天窗，从远处看，犹如巨龙身上的鳞片。可以自然采光的"龙鳞"天窗，是国内机场首次运用这样的技术。航站楼天花板上有155个这样的采光天窗，能让阳光洒向大厅的每个角落。

5）"龙须"指的是四通八达的交通网。设计师利用了本次扩建工程中同步配套投资建设的进场交通工程，包括三条高速公路、一条轻轨和一条地方路改造。

T3航站楼由T3A主楼，T3B、T3C主楼，T3D、T3E国际候机廊和楼前交通系统组成。T3主楼地面5层和地下2层，主楼1层为行李处理大厅、远机位候机大厅、国内国际VIP；2层是旅客到达大厅、行李提取大厅、捷运站台；3层为国内旅客出港大厅；4层为办票、餐饮大厅；5层为餐饮。航站楼不仅在建

图6-52　北京首都国际机场T3航站楼建筑造型及进港入口空间环境夜景照明效果

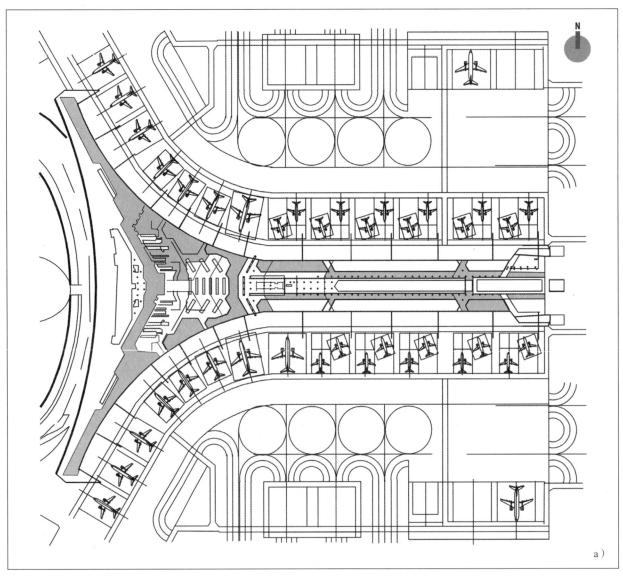

a）

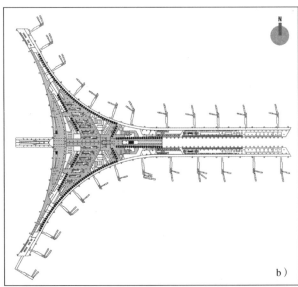

b）

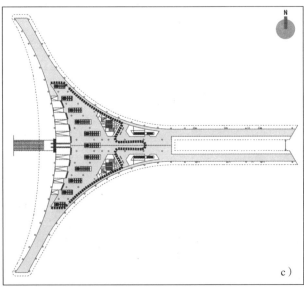

c）

图6-53　北京首都国际机场T3航站楼建筑A楼各层平面布置设计图

a）建筑首层平面布置设计　b）建筑二层平面布置设计　c）建筑四层平面布置设计

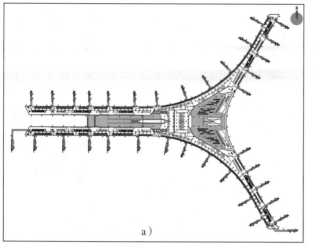
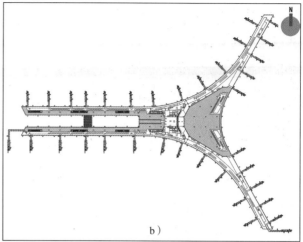

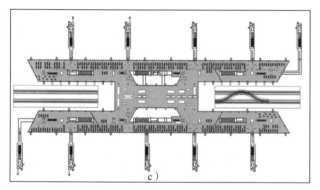
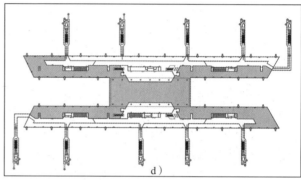

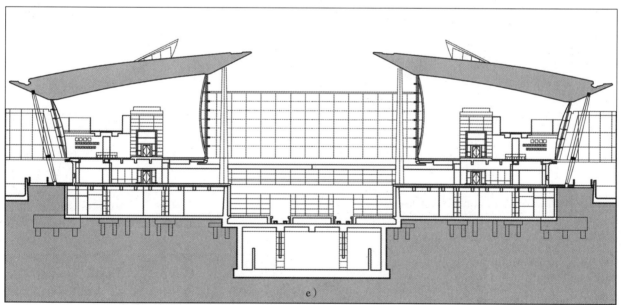

图6-54 北京首都国际机场T3航站楼建筑B、C楼各层平面布置及APM庭院剖面设计图
a）T3航站楼建筑B楼二层平面布置设计 b）T3航站楼建筑B楼三层平面布置设计 c）T3航站楼建筑C楼二层平面布置设计
d）T3航站楼建筑C楼三层平面布置设计 e）APM庭院剖面设计

筑设计方面采用了当今世界级水准的机场建设标准，使其造型具有现代感，同时在时尚元素中融入中国文化意象，使T3航站楼在建筑形式和空间处理中既充满感人的艺术因素，又具备理性的逻辑概念，是诗意和理性的完美融合。为了营造戏剧化气氛，建筑在外形处理上采用一个具有空气动力学曲线特征的三维屋面将三座分离的建筑分别覆盖，并深深地悬挑出外幕墙，特别是在陆侧车道边上空，悬挑达50m

图6-55　北京首都国际机场T3航站楼建筑A楼各层平面室内空间环境实景之一

图6-56 北京首都国际机场T3航站楼建筑A楼各层平面室内空间环境实景之二

之多，超尺度的挑檐既有遮挡风雨和防晒的作用，又制造了一种令人难忘的出行体验。

（2）从内部空间环境来看　在T3航站楼内部空间，连续的曲线屋面将不同楼层的建筑整合在一起。整个屋面系统被约36m间距的钢柱支撑，除此之外再无多余的构件和管线与天花连接，巨大的空间中没有一面隔断是通高的，如同一个巨大的教堂，整个建筑从地面到拱顶成为一个连续的空间。为了体现枢纽航站楼空间简洁、通透的效果，在屋面挑檐之下采用连续不断的玻璃幕墙，绵延数公里的玻璃幕墙强化了建筑的通透和开放的效果。透过玻璃人们可以全景地看到外部的飞机动态和自然景色，从而放松出行的紧张。在T3航站楼内部设计中还通过简洁明了的建筑空间规划使人们很容易获得方向感，通

图6-57　北京首都国际机场T3航站楼建筑A楼各层平面室内空间环境实景之三

a）出港大厅　b）贵宾候机室　c）候机单元　d）行李领取大厅　e）、f）候机大厅

过有条理的功能秩序安排，加强了这种感觉。为了避免旅客使用机场时的紧张和疲惫，对流线进行了清晰的组织。这些人性化的设计，保证了旅客进入机场航站楼后就立刻知道他们该往哪里去，并且总是能看到前面要走的路，不必频繁地上下楼和改变行进方向。为了创造这样的效果，设计中通过一个清晰的结构带来的秩序，减少对标识系统和彩色符号牌的依赖。

T3航站楼在内部空间功能组织上，将T3A航站主楼及国内航站楼置于前端，将T3C和T3B国际航站楼置于后端，并对T3A和T3B/T3C采用了完全不同的布局方式，即：T3A国内航站楼采用了出港旅客在3层、到港旅客在2层的布局方式；而T3B/T3C 国际航站楼则与之相反，出港旅客在2层、到港旅客在3层。这样的功能组织布局将出港办票厅、到港行李厅、国内/国际主要出发/到达层以及连接它们的APM系统进行综合考虑，充分利用了APM的机动性，将车站分别设在了T3A和T3B的2层，将一部分通常由旅客完成的楼层转换转化成了由车辆完成。该布局国内到港旅客为平层流程，国内出港和国际进出港仅有一次楼层转换且为较为方便的下行。同时，T3B国际进港旅客通道采用上夹层的方式，还可以使国际旅客下飞机即可感受到航站楼通畅的整体空间效果，借此给予旅客进入中国时美好的第一印象。

图6-58 北京首都国际机场T3航站楼建筑内外环境陈设艺术及到港A楼各层平面室内空间环境实景

T3航站楼在内部空间景观设计上更是彰显文明古国源远流长的历史。旅客步入T3候机大厅，迎面即是《紫微辰恒》雕塑，它的原型是我国古代伟大科学家张衡享誉世界的发明"浑天仪"，精巧逼真；国内进出港大厅摆放了4口大缸，名为《门海吉祥》，形似紫禁城太和殿两侧的铜缸；二层中轴线上，摆放了形似九龙壁的汉白玉制品——《九龙献瑞》，东、西两侧是"曲苑风荷"和"高山流水"两个别致的休息区；T3国际区的园林建筑是T3航站楼景观的另一大亮点：15000m²的免税购物区以"御泉垂虹"喷泉景观为核心，东、西两侧是"御园谐趣"、"吴门烟雨"皇家园林；国际进出港区还设有两个巨幅屏风壁画——《清明上河图》和《长城万里图》。旅客置身航站楼，犹如畅游一座满是稀世珍宝的艺术博物馆，相信过往旅客都会收获一份身心的愉悦与享受。专家们评价，T3航站楼的文化景观继承和丰富了中国传统艺术文化，集观赏性与功能性于一身，颂扬了中华文明的同时，又有旅客对T3的坐标定位功能。

T3航站楼在内部空间服务设施上也同样会使旅客感受到首都机场的人文关怀，人性化功能随处可见。同时还充分考虑到弱势群体及特殊旅客的需要。温馨周到的母婴室；玩具、动画片一应俱全的儿童活动区；环保设计的吸烟室告别了烟雾缭绕的环境；无障碍设施则使残障旅客深切体会到首都机场对他们无微不至的关怀。

（3）从建筑景观环境来看　T3航站楼在建筑景观环境设计重点从航站楼进场路及交通中心屋顶、旅客捷运系统与T3B内部三个部分予以体现，其中在通往航站楼的高架路两侧种有成熟的松树，构成了路侧商业区的墨绿色边缘。该区域内种有落叶林，落叶林的树冠层与高架路和铁道相呼应，创造了一种随季节而变化的审美效果。穿过落叶林的树冠层，可以隐约看到远处的地面交通中心；在中央指廊之间的"峡谷"地带，旅客捷运系统得到了景观绿化。沿两侧墙面片植浓密的竹子提供了一个绿色垂直边界，同时铺植轨道地面的低层植物又避免了碎石地面的单调。轨道之间的空间种了各种树木和灌木丛。这为出发和到达大厅的旅客带来绿色视野，也为乘坐旅客捷运系统行进的旅客提供了一个绿色中间地带；而在T3B内部广泛使用树木和植物，特别在座位和零售区。零售区花园布满了移栽的成熟树木，分布在中央空间，提供了绿荫，同时这些高大的树木还为航站楼的环境空间带来了生机。

首都机场是中国的门户，T3航站楼的落成与使用，其设计的先进性与文化性也使之成为北京进入21世纪的标志性建筑。其具有中国现代特色和文化底蕴的航站楼建筑及内外环境的设计意境塑造，将引领中国现代建筑及内外环境走向世界，直至成为一个精神的门户。

6.3.4　水路客运站建筑室内环境的设计

1. 空间布局

水路运输是以船舶为主要运输工具、以港口或港站为运输基地、以水域（海洋、河、湖等）为运输活动范围的一种客货运输方式（图6-59）。与其他运输方式相比，水运具有受自然条件的限制与影响大，开发利用涉及面较广，对综合运输的依赖性较大的特点。优点是通过能力大，运费低，节省燃料。根据航行水域的性质分为海运和河运两类。海运按其航行范围和运距分为沿海海运、近洋海运和远洋海运；河运按其航道性质与特点分为利用天然河流的一般内河水运，使用人工开挖的运河水运，以及利用水面宽阔的湖泊与水库区水运。水运客运站是水路交通运输建设的基础设施，其建筑规模根据设计年发客量或设计旅客聚集量分为小型站、中型站、大型站和特大型站，即分别为四级站、三级站、二级站和一级站。若按站房楼层和流线系统来分有单层式、跃层式与多层式等。

进行水路客运站总体平面布局，需处理好站前广场、客运站房、客运码头以及上下船设施等之间的关系，其空间布局一是需要充分利用站址的地形条件，合理布置，节约用地，考虑远、近期结合并留有发展余地；二是站前广场、客运站房和客运码头宜布置在沿江或沿海城市道路的同一侧。客运站房的平面布置，应尽量缩短客运站房与客运码头的距离，有条件时，站房可建在客运码头之上；三是一、二级客运应与港口货运作业区分开设置，三、四级客运站的位置则可根据港口具体情况确定；四是水路客运站总平面设计应功能分区明确，客、货流线通顺短捷，并应使客流、货流、车流分开，进、出站口分开，国际客运站应使联检前、后的旅客流线分开。

此外水路客运站总体空间的流线由旅客流线、行包流线和车辆流线组成（图6-60~图6-62）。应按旅客流动方向划分为进站流线和出站流线两种。其组织原则一是进站流线与出站流线分开；二是旅客流线与行包流线分开；三是旅客流线与车辆流线分开；四是一般旅客与短途旅客、贵宾流线分开；五是职工人数较多的特大型站，职工出入口应与旅客出入口分开；六是国际航线客运站应使联检前的旅客及行包流线与联检后的旅客及行包流线分离。

客运站流线设计的要点为：功能分区要明确，按旅客进出站顺序力求流线通顺简捷，避免流线交

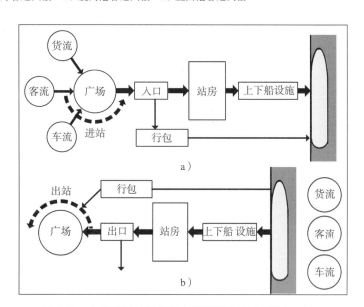

图6-59 水路客货运输建筑内外环境实景

a）豪华游轮客运 b）长江内河货运 c）日本东京晴海客运大楼 d）厦门港客运大楼 e）宜昌港客运大楼

叉、干扰和迂回现象出现，并尽可能缩短各种流线的流程。

2. 各类用房

从水路客运站房建筑室内环境来看，其内部主要包括客运用房、驻站机构用房、行政用房、辅助用房与上下船设施等，其中客运用房包括候船大厅（普通候船、母子候船、团体候船、贵宾候船室）、售票厅（售票室、票据库）、行包房（行包托取、行包提取）、旅客服务（问讯导引、小件寄存、美食餐饮、文化娱乐、购物超巾、邮电银行、失物招领等）、上下船设施、行包装卸廊、广播室、调度室、医务室、值班室、船务员室、联运办公室、检票补票室、站前广场、电话亭、厕所；驻站机构用房包括公安派出所、海关办公室、动植物检疫室、邮电

图6-60 水路客运站建筑室内环境进出流线系统示意

a）客运站建筑室内环境进站流线系统 b）客运站建筑室内环境出站流线系统

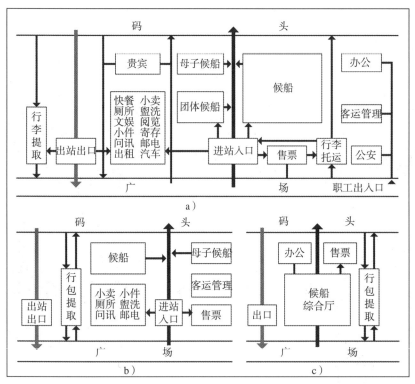
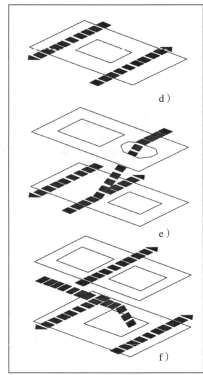

图6-61 水路客运站建筑室内环境流线关系示意及布置方式

a）大型客运站建筑室内环境流线系统　　b）中型客运站建筑室内环境流线系统
c）小型客运站建筑室内环境流线系统　　d）旅客进出客运站平面错开布置方式
e）旅客进出客运站立体与平面交叉布置方式　f）旅客进出客运站立体与平面错开布置方式

业务用房；行政用房包括行政办公室、计财办公室、会议室、门卫值班室；辅助用房包括加油站、锅炉房、浴室、发电机房及职工生活用房等，其各类用房的设计要点为：

（1）候船大厅　候船大厅是水路客运站房中的主体部分，也是旅客最多和停留时间最长的地方（图6-63）。其建筑内部空间平面布置应根据功能要求，合理划分候船区、检票区、通行区及服务设施区，使其互不干扰又有机结合，并具有灵活布置和调剂使用的可能性。大中型客运站房内应设多个候船厅室，以利于组织人流，减少不同流向人流的相互干扰，并可以按照旅客需要分设不同性质的候船厅室。其中母子候船室应临近上船设施，室内或附近应专设饮水、盥洗及厕所；在可能条件下，宜设食品加热和烘衣房；气候炎热地区，宜设供儿童游戏的室外庭院。二等舱或贵宾候船室的出入口应单独设，并与一般旅客流线分开，出入口应考虑停车

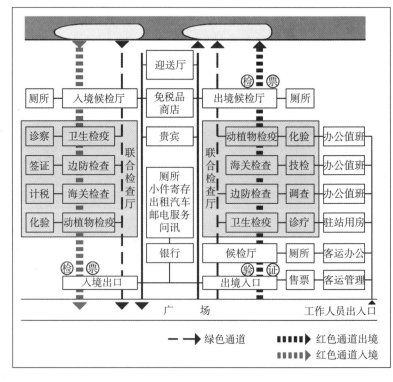

图6-62 国际航线客运站建筑室内环境流线关系示意

图6-63 水运客运站建筑候船大厅室内环境空间实景

a）日本东京晴海客运大楼建筑造型及外部环境空间 b）日本东京晴海客运大楼建筑室内环境空间

c）上海港客运站建筑内部候船大厅环境实景 d）鄂州港客运站建筑候船大厅室内环境实景

场和雨棚设施。过厅和候船厅室应有良好采光和通风。室内设计要色彩明快，装饰适度，便于清洁。候船大厅的天棚及墙面宜做吸声处理，地面和墙裙应采用易于清洁的建筑材料。厅内候船休息座椅布置及排列方式，须结合进站流线，应便于组织旅客上船。另外厅内还应设有播音、报时和文字显示设施。检票口应设导向栏杆，其高度不应低于0.80m。军人与团体候船室应设置单独进站检票口，其他设施可共用。长时间候船室可设航运宾馆和站房旅客住宿单元，并独立配置盥洗与卫厕设备。问讯导引、小件寄存、美食餐饮、文化娱乐、购物超市、邮电银行、失物招领等旅客服务空间可根据需要和具体条件予以设置。

（2）售票大厅 一、二级水路客运站应单独设置售票大厅，三、四级水路客运站则可设在候船综合大厅内。售票大厅多由售票厅、售票室、票据库和办公用房组成。业务用房应集中布置，便于内部联系。单独设置售票大厅须直通站前广场，且与候船大厅和行李托运厅邻近，入口处应设立问讯处。厅内应有良好的天然采光和自然通风，窗地比不宜小于1/6，净高不宜低于4.20m，天棚和墙面宜作吸声处理。售票口前宜设导向栏杆，其高度不宜低于1.20m。售票口上方应设置标有航线、时刻、票价及有无船票等文字的显示设施。

（3）行包房与装卸廊 水路客运站行包房由行包托运厅、提取厅、托取仓库及业务办公用房组成。一、二级站可分开设置行包托运厅和行包提取厅，三、四级站可合并设置。行包房的位置，应结合总体流线及旅客托取行包顺序，尽量减少与其他流线交叉和干扰，并方便旅客托取和装卸作业。行包仓库应结合行包流线和托取作业的位置合理布置，力求运输短捷，与码头联系方便。行包仓库的平面形状宜完整，形体不宜过于狭长，柱网不宜太密，柱距应便于运输工具通行和行包堆放，出入口的数量应尽量减少。行包仓库应通风良好，并考虑防潮、防火、防鼠和防盗等措施。一、二级站应根据所采用的行包搬运设备，相应地设置运输设备间和维修间。采用斜坡道的坡度不宜大于1:8，行包通道坡度宜为1:10~1:12，并采取防滑措施。采用斜梯时，每个梯段的踏步不应超过18级，亦不少于3级。

（4）上下船设施　上下船设施包括斜梯、引桥、平台、驳船及天桥等，它们是检票口与轮船出入口之间的过渡通道，其设计应结合轮船到发班次、客运量、行包数量、地形及站房布局等具体条件，合理组织旅客的上下船流线和行包流线（图6-64）。一般上下船通道均宜设屋盖，通道净高不应低于2.50m。不设侧墙处应设栏杆，其高度不应低于1.10m。设侧墙处墙台高度不低于0.90m。墙上突出物距地面高度不应低于2.00m。通道或天桥的宽度应根据客流密度确定，但其宽度不应小于3.00m。短途携重旅客候船处宜设避雨设施，并设专用检票口。而采用斜坡道的坡度不宜大于1:8，行包通道坡度宜为1:10~1:12，并采取防滑措施。采用斜梯上下船时，每个梯段的踏步不应超过18级，亦不少于3级。另外客滚船码头应分别设置旅客和车辆登船设施，有条件时宜采用立体交叉形式。在客滚船码头附近应设

图6-64　水运客运站建筑候船大厅与轮船联结处上下船设施

　　a）海运港口客运站上下船设施及环境空间实景　b）海运港口上下船设施及环境空间实景
　　c）内河港口客运站上下船设施及环境空间实景　d）内河港口客运站上下船设施及环境空间实景
　　e）码头上下船设施及环境空间实景　　　　　　f）游船码头上下船设施及环境空间实景

登船车辆的专用停车场，其容量宜为设计代表船型载车数量的1~2倍。

（5）站前广场　主要由机动车与非机动车停车场、道路、旅客活动地带、服务设施和绿化用地组成（图6-65）。其广场设计应结合城市规划要求及地形条件，选择合理的布置方式。城市道路、广场与站房出入口应布局紧凑，尽量缩短旅客的步行距离。另需妥善安排各种车辆的行驶路线和停车场地，合理组织旅客、行包、车辆流线，尽量避免车流与人流交叉干扰，保证旅客安全和使用方便。站前广场的规模，应结合建设用地和地形条件，在节约用地和投资的原则下，合理分配各分区面积，既满足近期使用，又考虑扩建与发展的可能性。广场的面积，当按设计旅客聚集量计算时，一般宜采用3.0~3.5m²/人。在站前广场应适当安排绿化用地，绿化率不宜小于10%。站前广场若做成庭院式，需控制车辆进入其内，而将车辆按类型划分停车场地；若做成立体交叉式广场布局，则可利用坡道将进出站旅客与到发汽车在上下空间错开，进出站旅客流线可不受交叉干扰。

图6-65　水运客运站建筑候船大楼站前广场及空间环境
a）大连港海运客运站候船大楼站前广场及环境空间实景　b）武汉港内河客运站候船大楼站前广场及环境空间实景
c）重庆港内河客运站候船大楼站前广场及环境空间实景

3. 意境塑造

从国家水路运输发展来看，在"十一五"期间已筹集至少400亿元的资金，重点用于内河和沿海航道、水上支持保障系统等项目的建设。在未来10年内交通部也在酝酿新一轮针对公路、水路、港口和码头建设的5万亿元投资计划。这个计划包括沿海港口、内河港口航道以及交通运输枢纽等附属设施的建设。有望到2020年实现水运业的现代化，使中国实现由现在的海洋大国、航运大国向未来的航运强国转变。作为水路运输关键的港口建设，其客运站建设也将迈向一个新的高度，展现出独特的设计意境。

4. 案例剖析——重庆港朝天门客运站

位于长江和嘉陵江汇合口处的重庆港朝门客运站，是一座既具有客运站功能又具有港口管理办公功能的综合性大型公共建筑，也是重庆的水上门户和城市的标志性景观。

重庆港朝天门客运站历史悠久，地形复杂，交通繁忙，人流拥挤（图6-66~图6-69）。为了组织好人流和车流，结合历史和现实条件，按其功能将港区分为四个区：港区之南为客运大楼区；港区之西为上下旅客通过的码头区；港区之北沙嘴三角形地段为绿化的观光游览区；港区中心结合现状为城市交通广场区。明确合理的功能分区对客运站的人流、车流及行李转运的组织十分有利，使港区秩序井然。

图6-66　远眺重庆港朝天门客运站候船大楼建筑及环境空间

图6-67　重庆港客运站候船大楼建筑造型及站前广场环境空间实景

重庆港朝天门客运站港运大楼建筑造型的设计立意取"帆"的象征构思，以隐喻"航行"和"一帆风顺"的设计意境塑造。裙房采用退阶手法，倾斜檐口，弧形大玻璃窗，使建筑与山城的风格协调，保持并增加了环境特征。同时其建筑造型还使人产生"船"和"欢迎"的感觉。港运大楼建筑高层主体采用三叶弧形平面，顶部作适当的斜切处理。主体上采用圆形和"帆"式弧窗，与"帆"和"船"的构思相吻合。挺拔高耸的塔楼和丰富多彩的裙房形式都会给观者留下深刻的印象，使人联想到川江帆影，突出了长江航运的特点。

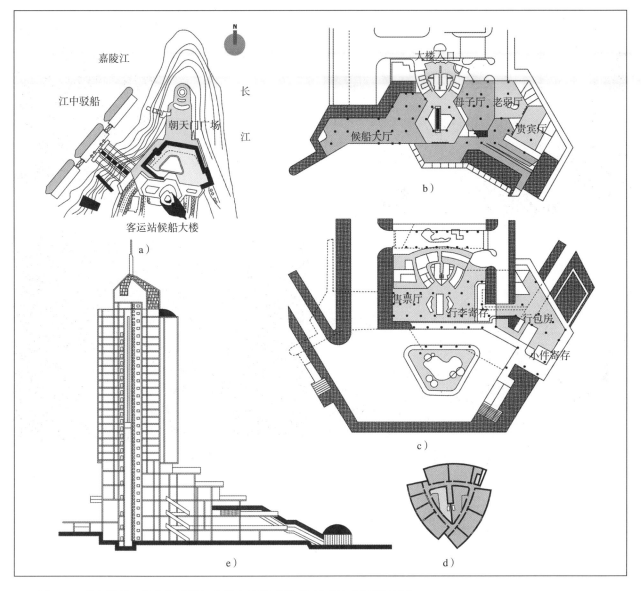

图6-68 重庆港朝天门客运站候船大楼建筑造型及平面布置与剖面设计图
a）客运站候船大楼建筑及环境总体平面布置设计　b）客运站候船大楼建筑一层平面布置设计
c）客运站候船大楼建筑地下一层平面布置设计　d）客运站候船大楼建筑标准层平面布置设计
e）客运站候船大楼建筑剖面设计

　　朝天门客运站位于港运大楼的裙房，建筑面积1.75万m²。港口管理局的轮船公司及其他部门的办公空间位于港运大楼高层主体，建筑面积2.15万m²。客运站裙房地下二层，南边为全埋式，北面在交通广场地面之上，东西两侧半埋半露。地下室中部为小车库和设备用房。地下二层西部为检票大厅，设地下通道与主体连接。所有人流均不穿越广场和道路，均用立体交叉解决人车分流。在检票大厅内专设残疾人购票、候船间，使残疾人可直接从检票厅等候上船。

　　客运站地下一层设售票及行包托运大厅及其辅助用房，所有旅客均从天桥或自动扶梯进入，利用立体交叉解决人车分流。行李托运在西南面设专用出入口，避免了运送行李车辆与广场主要车流交叉。

　　一层设候船大厅、母子候船厅及二等舱候船厅。从广场东西两侧设有配备自动扶梯的高架人行管廊直接到售票、行包及候船大厅。同时候船及售票大厅设有自动扶梯及电梯直通检票厅。下船旅客从检票厅直接疏散到交通广场周边，并乘用城市交通工具到市区，使其自然形成了封闭式交通广场。

　　客运站的人流和车流交通组织十分严密，完全没有人流车流交叉现象。而且交通导向明确，具有明

图6-69　重庆港朝天门客运站候船大楼建筑造型及内外环境空间实景

a）客运站候船大楼建筑室内住宿部分大堂空间实景　b）客运站候船大楼建筑群体及环境空间鸟瞰

c）客运站候船大楼建筑与轮船联结处上下船设施　d）客运站候船大楼建筑群体夜景灯光照明效果

显的识别性，这样不但使港区交通有条不紊，而且彻底解除了旅客爬坡上坎、日晒雨淋之苦。裙房2~4层均为客运站管理和业务办公用房，在第二层设有大会议室，四层设有内庭园，办公环境良好。高层主体5~25层均为港口管理局和长江航运轮船公司的管理和业务办公用房。所有内部办公人员的出入口均设在南边一层和地下一层，办公人员的流线与旅客人流截然分开，毫无干扰。

主体第26层为营业性多功能厅，内设小卖部、茶座、舞厅等娱乐设施。除内部人员使用外，也对外开放。主体建筑顶层设计为全玻璃的观景厅，游客可在此居高临下观看两江客船货轮，铁驳木舟，鳞次栉比，百舸争流的景色，俯瞰城市山水相映的秀美风光。

6.3.5　城市公共交通建筑室内环境的设计

城市公共交通与市民的生产和生活息息相关，它是城市客运交通系统的主体，也是国家在基本建设领域中重点支持发展的基础产业之一（图6-70）。从城市公共交通的运营服务方式来看，它可分为以下三种类型：

1）"定线定站服务"即车辆（渡轮）按固定线路运行（航行），沿线设有固定的站点。行车班次（或航行时刻）按调度计划执行。在线路上车辆的行驶方式可分为全程车、区间车、站站停靠的慢车、跨站停靠的大站快车等。

2）"定线不定站服务点"即车辆按固定线路运营服务但不设固定站点或仅设临时性站点，乘客可以在沿线任意地点要求上下车，乘用比较方便。目前在各个城市发展很快的小型公共汽车多数属于这一类。

图6-70 城市公共交通设施实景

a）城市地铁 b）高架轻轨 c）有轨电车 d）双层巴士 e）无轨电车 f）双层有轨电车 g）公共汽车 h）出租汽车 i）电瓶游车 j）直升飞机 k）高速快艇 l）跨海城市渡轮 m）自动扶梯 n）登山缆车 o）过江缆车

3）"不定线不定站服务"即主要指出租汽车服务，其运行线路与乘客上下车地点均不固定，除电话叫车、营业站点要车外，还可在街道上扬手招车。

从城市公共交通建筑室内环境设计来看，在城市公共交通的各类站场中，多数站场均为外部环境，如城市中的电、汽公交车的交通驻点与换乘站点，出租汽车的交通驻点等，只有城市地铁轻轨、渡口隧道有内部环境，而停车场与加油站除管理用房外，需考虑内部环境设计的地方不多。为此，在城市公共交通系统中涉及建筑室内环境设计的主要是城市地铁轻轨与渡口隧道等交通驻点空间，其各自设计要点为：

1. 地铁与轻轨

（1）设计特征　地铁与轻轨是城市内部高速、安全、准时、大容量的交通设施，其交通驻点建筑即指轻轨与地铁车站。都属于城市快速轨道交通的一部分，因其运量大、快速、正点、低能耗、少污染、乘坐舒适方便等优点，常被称为"绿色交通"。据发达国家的经验表明，地铁和轻轨是解决大中城市公共交通运输的根本途径，对于21世纪实现城市持续发展有非常重要的意义（图6-71）。

地铁与轻轨同属于城市快速轨道交通，它是现代化城市所应有的高效公共交通工具。地铁是指在城市地下穿行的轨道交通；轻轨是指在城市地面和上空行驶的轨道交通，并且地铁与轻轨可以相互转换，在城市地面建筑较稀疏的地段，轨道交通还可以直接在地面铺设。两者各自的设计特征为：

图6-71　地铁与轻轨设施内外环境实景

a）上海地铁车站站台环境空间实景　　　b）以色列城市中能上坡的地铁车站站台环境空间实景
c）武汉城市轻轨车站站台环境空间实景　d）上海浦东机场至市区的磁悬浮列车及轨道环境实景

地铁车站顾名思义就是建在城市地下的车站，因此它具有地下建筑的特点：

1）为了有利于结构、施工及节约投资，它的形体必须简单、完整。

2）没有自然光线，必须全部靠人工采光。

3）设有庞大的空调设施，以保证地下空间的舒适环境。

4）有众多鲜明的指示标牌和消防设施，以保证客流安全、顺畅、快捷地进出。

5）有一定长度的地下通道与地面出入口连接，在地面有较大体量的通风设施与建筑。

轻轨车站的特征是车站架于地面之上，乘客必须上行才能到达车站的站台，因此车站具有一般地面建筑的特征及强烈的交通建筑形体。另外，为了节约用地及减少对城市建设的影响，轻轨线路往往结合城市交通干道，与城市地面交通叠合建造，此外，在车站两侧建有过街的人行天桥。

地铁车站与轻轨车站除了它们各自的特征外，还具有轨道交通所共有的特征，即车站沿着轨道，按车辆编组长度作线形布置；车站有候车站台及客流集散、售检票等功能的站厅；还有必要的设备用房及管理用房等。

（2）空间布局　地铁与轻轨车站的空间形式，按运营性质均可分为以下几类：

中间站——供乘客上下车之用，是一种最通用的车站形式。

换乘站——除供乘客上下车外，还能由一条线换乘到另一条线的车站上去。

区域折返站——地铁与轻轨沿线因客流量不均匀，为合理组织列车运行，需部分列车在中间站折返。

终点站——线路终点站，其任务是办理列车折返业务。

接轨站——轨道支线与地铁正线实行混合运行。

若按站台平面布置形式可分为以下几类（图6-72）：

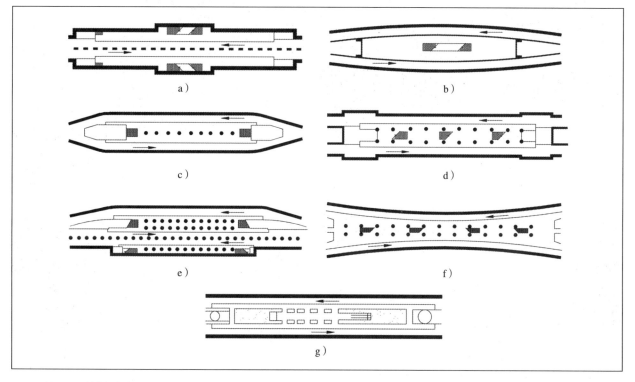

图6-72　地铁与轻轨车站站台平面布置的形式
a）侧式　b）鱼腹式　c）双跨岛式　d）三跨岛式　e）一岛一侧　f）喇叭式　g）塔柱式

侧式——进出站楼梯设在中央，设备用房设在站台端部。

鱼腹式——进出站楼梯设在中央最宽处，机电用房设在站端。

双跨岛式——进出站楼梯设在两端，利用喇叭口设机电用房。

三跨岛式——多组楼梯沿纵向布置，机电用房设在端头井内。

一岛一侧——可作为中间站，也可作终点站，有天桥地道联系。

喇叭式——多组楼梯沿纵向布置，机电用房设在两端。

塔柱式——有粗大塔柱，侧站台要适当加宽，使用自动扶梯。

而具体到地铁与轻轨车站的空间布局，需注意的要点有：

1）设计应根据地铁与轻轨车站不同售票、检票与换乘方式采用不同方法进行空间布局。其中售票机应设在便于乘客进站经过之处，避免设在人流交叉和干扰多的地方。检票机的位置应与人流成垂直方向布置。出站的检票机要靠近出站通道口布置；进站检票机要靠近下行的楼梯口布置，尽量缩短乘客在站内停留时间。

2）车站控制室应设在便于对售票机、检票机、楼梯或自动扶梯口等部位进行监视的地方。

3）车站平面布置应注重功能分区，车站外部地面出入口、地下地上通道、站厅公共区、站台候车区等各部分功能不同、空间序列也不同，并且站点形状、大小各异，设计中需通过对其空间的巧妙组合和安排获得具有变化的站点内部空间效果来。同时，还需为未来的发展留有余地。

4）车站空间布局必须满足客流的需要，保证乘降安全、疏导迅速、布局紧凑、便于管理，并具有良好的通风、照明、卫生、防灾等设施，为乘客提供舒适的乘车环境。

（3）设计要点 地铁与轻轨车站设计要点，主要需具有适用、安全、识别、舒适与经济等特性（图6-73）。

图6-73 地铁与轻轨车站内部空间环境设计

1）适用性。地铁与轻轨车站是人流相对集中的交通站点，设计必须有序地组织人流进出车站并方便换乘，满足客流高峰时所需的各种面积规定及楼梯、通道等的宽度要求，另外要有足够的设备用房和管理用房，以满足技术设备的布置及运行管理的要求，使车站具有管理和完善的使用功能。

2）安全性。地铁与轻轨车站被比作上天入地的工程，因此其站点的设计要给人们带来安全、可靠的保证，如有足够明亮的照明设施以减弱人们身处地下的不安心理；有足够宽的楼梯及疏散通道，在突发事件时能在安全时间内快速疏散；有明确的指示标牌及防灾设施等。在突发事件时能在安全时间内快速疏散，有明确的指示标牌及防灾设施等。

3）识别性。地铁与轻轨是一种定时快速的公共交通，站间运行速度很快，到站至发车的间歇时间 也极短，因此车辆线路及车站都必须有明显的特征和标志，以免旅客的误乘和错站。如按车辆运行线路标示不同的色带，站点有特殊的造型和不同的色调，使乘客能快速作出正确的行为判断。

4）舒适性。地铁与轻轨车站作为大量客流集散地，其设计应体现出以人为本的设计观。站内诸如自动扶梯数量的配置、环控的设置、车站内各种服务设施如公用电话、自动售票、残疾人通道、公厕、座椅、垃圾筒等，尽管人们在车站内逗留的时间是短暂的，但还是要创造一个满足人的行为所需的场所，使人们在生理和心理上得到舒适感。

5）经济性。地铁与轻轨车站的投资巨大，其中车站站点的工程造价约占总投资的13%。因此，车站设计在满足功能的前提下，应尽量压缩车站的长度及控制车站的埋深或车站架空高度，以降低造价、节约投资。同时，地铁与轻轨车站应考虑多功能和综合性开发，诸如其出入口与城市地下过街通道相结合；与地下商业街、公共建筑物地下层的连通与结合；与各种公共交通工具的换乘衔接（如火车站、汽车站、航空港、轻轨交通、区域性地铁快车线、市郊小汽车停车场、自行车停车场）等，从而取得空间综合开发的经济性。

（4）案例解析——上海磁悬浮列车龙阳路站2003年开通并投入运行的上海磁悬浮列车示范运行线龙阳路站至浦东机场轨道全长33km，运行时最高时速可达430km/h，它是全世界第一条投入商业运行的磁悬浮线路，在科技进步与交通创新方面有着很强的示范意义（图6-74~图6-77）。

图6-74　上海磁悬浮列车龙阳路站外部环境实景
　a）龙阳路站建筑造型及外部空间环境实景　b）龙阳路站建筑造型侧立面效果　c）进入龙阳路站建筑室内空间乘车平台的入口上下扶梯

上海磁悬浮列车龙阳路站位于上海地铁2号线龙阳路站南侧，它是整个营运线路的起点站和控制中心，其形象代表着上海磁悬浮交通线的视觉印象。如何通过建筑及室内环境设计所产生的视觉形象来表达磁悬浮列车高速度、高科技的内涵，无疑是其设计中所追求的。

上海磁悬浮列车龙阳路站的建筑造型设计从磁悬浮车站最基本的剖面入手，椭圆形的断面包容了整个站台层与站厅层，在椭圆形的外表面，采用了600mm×1800mm的铝合金挂板，形成优美、光滑，有精致肌理的金属屋面。在包容车站的椭圆形柱体两端，作了45°削角处理，从而使整个建筑在视觉上有一种动感，更有个性与冲击力，展现出磁悬浮列车站房的高科技和速度感。同时车站的内部空间设计还强调旅客在视觉与心理上的感受，如利用天窗由大到小的变化既画出一道优美的曲线，又让旅客获得由暗到明的体验，仿佛进入时空隧道一样，使车站内部空间的感受与磁悬浮列车所要表达的内容一致。

上海磁悬浮列车龙阳路站的南面布置有出发与到达旅客的车道，贵宾车辆的出入口安排在东面，整个接送旅客的车辆流线构成了基地内部最基本的交通流线，停车场与规划中的公交枢纽站以及商务办公大楼结合地铁7号线的出入口安排在西面，从而构成了整个交通枢纽换乘中心。车站的客流除一般由车站南面乘机动车进出外，大部分客流主要通过地铁2号线换乘，旅客从地下到地上并通过连接二者之间的带

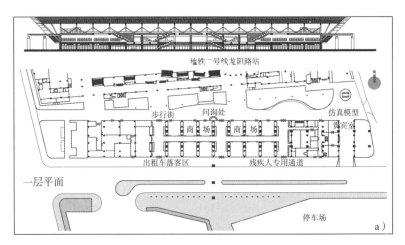

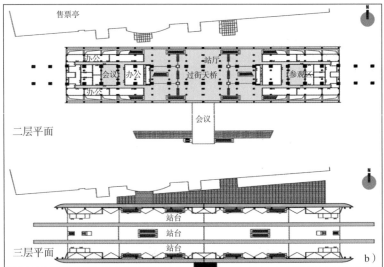

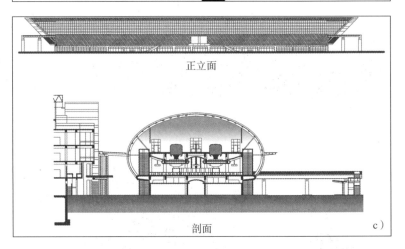

图6-75　上海磁悬浮列车龙阳路站建筑各层平面及正立面与剖面设计图
a)建筑一层平面设计　b)建筑二层、三层平面设计　c)建筑正立面与剖面设计

玻璃天棚的长廊实现换乘与空间的过渡。在龙阳路车站乘坐磁悬浮列车，其流程为乘客从车站南侧的轨道线和北侧连接地铁2号线带玻璃天棚的室外开放空间乘自动扶梯到达站厅层，经买票和检票后再由自动扶梯到达站厅层，经买票和检票后再由自动扶梯到达站台层候车出发，到达乘客的流线与其正相反。贵宾在布置有单独出入口的底层贵宾休息厅休息后，可直接使用贵宾专用梯从底层直接到站台层，也可在站厅层的控制中心参观后再乘贵宾专用梯到达站台层出发，残疾人有专用梯上下。

图6-76　上海磁悬浮列车龙阳路站建筑室内环境空间实景之一

作为世界上第一条投入商业运行的高速磁悬浮铁路的起点，为了表达高科技与现代感，车站选择公司的标志色——绿色作为顶棚的颜色，并结合地面、墙面、钢结构等颜色的选

图6-77　上海磁悬浮列车龙阳路站建筑室内环境空间实景之二

择，从而形成稳重、大方及更具特色的室内空间效果。另外在车站底层平面的设计中，结合功能安排，对连接地铁2号线与磁悬浮车站的带玻璃顶的过渡空间进行重要处理，布置有绿化和休闲的区域，结合底层平面布置有出租的商店，磁悬浮列车陈列室，体现其商业方面的价值与潜能，也为旅客提供了良好的服务。随着磁悬浮列车的启动，呼啸而去的磁悬浮列车真是令人兴奋，可以说它是上海的速度，也是上海奔向世界的骄傲。

2. 渡口与隧道

（1）设计要点　渡口与隧道是城市被江河分隔而采用的水上与水下跨越江河的交通设施，如轮渡的候船码头及隧道的内部空间。由于上述两类城市公共交通运行方式的不同，其空间布局也有其各自的特点。

1）渡口。是指在水深不易造桥的江河、海峡等两岸间，用机动船运载旅客和车辆，以连接两岸交通的设施（图6-78）。通常渡口设施包括临水岸壁，泊船码头，供车、人上下渡船的引道、引桥，支承引桥及供渡船碇泊的趸船等，作为城市公共交通系统供人往来两岸的轮渡渡口，还建有候船室、停车场、管理站等建筑物。其中候船室与以供船舶停靠，上下旅客，装卸货物趸船有其内部空间外，其他均为外部空间，最多有个雨篷。而作为城市渡口的候船室建筑及室内环境，由于渡船往来频繁，人们在此候船时间较短，其空间布局较水路客运站要简单，规模要小。不少渡口候船室设在趸船上，候船室内有休息座椅、商业服务与厕卫等，标准高的设有母婴候船区及贵宾区等空间。设计要考虑趸船漂在水面有摇动的问题，若为建在岸边的候船建筑，则不用考虑这个特点；另外候船室要注意设置完备的维护及安全救护设施，以防落水意外的发生。

2）隧道。是地下通道的一种，也是最常运用的一种，通常用来穿山越岭，过水跨江，以连接山岭与两岸交通的设施（图6-79）。其种类包括城市人行隧道、水底隧道（过江隧道、穿湖隧道、海底隧道）与铁路隧道等形式，其中用于城市公共交通系统的主要有人行隧道、水底隧道等。前者供行人作通道使用，以解决在地面人车争路的问题；后者供车辆通行，以解决两岸道路的直接连通。通常隧道内部由两种基本的空间组成：车行空间和功能空间，表现为竖向分层状，其上、中、下部分别为纵向通风空间、车行空间、管线通道；车行空间是人形成思维和活动的虚体空间，以车辆通行限界来描述，当人置身于其中时，关注的则又是隧道的功能空间了。作为城市公共交通所用的人行隧道与水底隧道的内部环境，其设计要点包括：

1）在隧道的出入口解决空间过渡的秩序。隧道的入口应该具有可读性，能区分其边界，便于接近者保持方向感；另外应使进入者能清晰辨识其空间的特征；再就是空间应以序列展开，并以一系列的变化与过渡，如光线、声音、方向、表面与层次的变化，使通过者得到丰富的空间感受，从而减轻从地上进入地下，或从地下进入地上的不适。

2）在隧道的内部解决空间方向的识别。在隧道内部空间，由于其整体体量与形态是不可见的，并且缺乏由窗户提供的与外部有关的参考点，因此很容易使人失去空间的方向感，并由此引起紧张、焦虑和恐惧。故在隧道内部空间的布局与组织中应最大限度地帮助人们认知空间，使人们对身在其中的环境和场所可以很容易地在头脑中描述出来，应加强隧道内部空间组织的可识性。

图6-78 连接江河湖海两岸间的轮渡码头

a）中国香港维多利亚湾九龙与港岛之间的轮渡　　b）厦门港海湾城区与鼓浪屿之间的轮渡

c）武汉长江江面上的过江轮渡　　d）上海浦江江面上的过江轮渡

3）在隧道的内部解决空间舒适度的塑造。在隧道内部空间，视觉上的舒适感一方面取决于空间本身的舒适程度，即它的比例与形态等，另一方面则由内部空间中的光线、色彩、图案、质感、陈设等决定。此外，在隧道内部空间设计中应特别考虑听觉、嗅觉、触觉方面的舒适性，通过控制噪声，背景音乐，利用采暖、通风、制冷、除湿设备等方法来解决机械噪声大以及寒冷、潮湿、通风差、空气质量不好的问题。

图6-79 穿山跨江的隧道设施

a）城市连通道道路穿山隧道　b）中国香港维多利亚湾九龙与港岛之间的跨江隧道

4）在隧道的内部解决空间照明方面的需要。在隧道内部空间进行人工照明设计，需要综合考虑其照度、均匀度、色彩的适宜度以及具有视觉心理作用的光环境艺术等，以从整体上确定其光的基调及灯具的选择（包括发光效果、布置上的要求、自身形态），争取创造出符合人视觉特点的隧道内部空间光照环境。在隧道出入口，因其起着连接内外的作用，相对于内部应有较高的照明度。从隧道外进入隧道内部，照度应逐渐变化，以保持一个合适的照度梯度变化为宜。

（2）案例剖析——中国香港中环天星轮渡码头　中国香港轮渡是中国香港交通的一个重要部分。渡轮服务昔日是连接被维多利亚港分隔的香港岛和九龙的主要交通工具，至今其重要性虽然大减，但仍然是来往市区及离岛区的主要交通工具。其中中环天星码头是指由天星小轮经营，位于香港中环的轮渡码头（图6-80~图6-83）。主要提供来往尖沙咀及红磡之间的轮渡服务，是中环码头的一部分。

图6-80　香港中环天星轮渡码头及渡船内部环境空间实景

现中环天星码头的建筑分为中央大楼及码头两个部分，为维多利亚式建筑风格。其中央大楼顶部安装有从荷兰购入的电子仿古钟楼，上层则设有展出天星小轮有关物品的展览厅，亦有古典雅座播放介绍香港历史的影片，并附设有多间商铺，地面楼层则是公众候船休憩空间。在8号码头顶层是公众观景楼层，可供人隔着落地玻璃欣赏维多利亚港景色。在7号码头顶层设特色餐厅，其顶部安装了玻璃天窗，使阳光直接进入室内。

天星码头建筑内部空间较旧码头光亮及宽敞，功能分区更加合理，客流流线更为明确，检票设施配置先进，相关服务系统完善。并且立面安装落地玻璃，方便游客欣赏维港景色。上下船步道采用人性化处理，且分上下两层将登船和出船人流分开。无障碍设施到位及标识醒目，并用色彩标示出专用通道。入夜内部照明光亮，外部港岛灯光融入其间形成美丽的夜色景观。

天星渡轮是中国香港的一部分，它们已在中国香港服务了100多年，连接香港岛与九龙半岛，不仅为人们提供跨海往来的交通便利，而且也成为记忆中国香港历史的一个标志。

图6-81 香港中环天星轮渡码头原候船大楼及新建的中央大楼，其顶部安装有从荷兰购入的电子仿古钟楼

图6-82 香港中环天星轮渡码头新建候船大楼内部环境实景

a）渡船乘坐检票入口　b）登船导向及告示　c）底层过厅　d）二楼候船厅　e）二楼候船观景平台　f）候船服务商店

图6-83　具有人性化设计特色的上下船步道设施及其内部环境实景

a）登船步道设施及其内部环境　b）下船步道设施及其内部环境
c）登船入口及其设施　　　　　d）满载过海乘客的渡轮离开码头向对岸驶去

（3）案例剖析——上海西藏南路越江隧道　位于上海南浦大桥和卢浦大桥之间世博园区规划区域内，是黄浦江上第八条隧道（图6-84~图6-86）。越江隧道主线北起浦西西藏南路、中山南路路口；沿东南方向穿越黄浦江至浦东的高科西路、云莲路口，隧道全长约2.67km。规划为双孔，每孔为单向双车道，计算行车速度为40km/h，行车净高为4.5m，净宽为7.5m。作为2010年世博会期间连接浦江两岸世博会场馆的专用越江通道，满足了园区内每小时六到七万人次的越江需求，世博会后并向社会开放。

从西藏南路隧道内部空间来看，为盾构段的典型横剖面，其上部空间由于外围特殊的圆形盾构结构，决定了其与结构边界形成的是拱顶状，拱顶弧线顶点与车辆限界相距2m有余，成为各功能的必争之地，西藏南路隧道采用的是全新的横向排烟与纵向通风结合的形式，为了优化人的视觉感受，经过一系列研究和探讨，对隧道横截面各功能空间做新的排列组合，把原先位于顶部的排烟通道移至隧道下部的一侧空间，在不影响车辆限界的前提下，通过侧边引至顶部的通风管道收集火灾工况下积聚在顶部的大量烟雾，整合下部以传输为主的各功能管线，紧凑地布置在隧道下部的另外一侧空间，而拱顶部分的功能空间仅有序设置一些必要的设备，这样一来，立即改变了原本比较压抑的宽扁形隧道内部空间的心理感受，给人带来比例和谐、宽敞的视觉享受。

隧道内部的细部是功能与结构的连接构件，处于不同功能和结构部位以及不同形态部位的连接处，呈水平状向前延伸，要改变它所包含的视觉信息，就要从这些"细枝末节"做起。在隧道的拱顶，射流风机、车道信号灯、检测电缆、广播喇叭等各种技术设备，不加遮拦的裸露布置在结构内表面，正体现

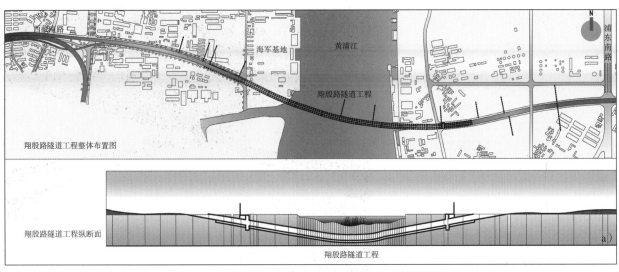

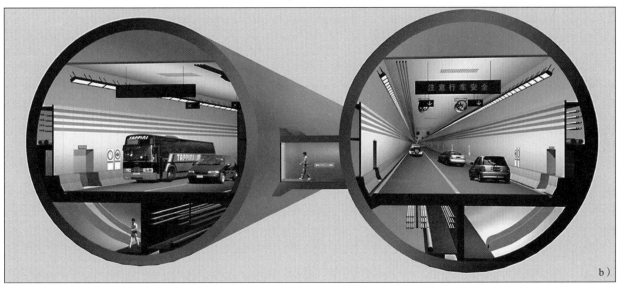

图6-84　上海西藏南路越江隧道工程设计图之一

a）越江隧道工程总体布置及纵断面设计　b）越江隧道工程圆形内部环境空间设计

图6-85　上海西藏南路越江隧道工程设计图之二

a）越江隧道工程洞口设计鸟瞰　b）越江隧道工程洞口光过渡设计效果

了高技派的特征，精细的拉杆、轻巧简洁的钢构支起各种机械设备、数字信息面板，立时带来具有机械美、高科技美的视觉感受。

隧道内部侧壁的装饰板是保护隧道侧面结构的重要构造措施，它与司机的视线呈同一水平层，人的视知觉大部分都来自于它，同时为了保证隧道内部交通顺畅安全，减少司机的视觉干扰。于是，运用铝-锌波形板作为隧道的防护装饰板，铝-锌波形板不仅有优异的诸多性能，而且具有华丽的表面；加上在铝-锌波形板中部局部穿孔，形成朦胧的光带，随着机动车的前进，淡淡的光晕和波形板材重复的起伏形成不断变换的视觉效果，既重复又绝不单调。

图6-86　越江隧道工程内部空间环境设计

隧道内部的色彩分为顶部、侧壁及路面三块，其中隧道的顶部对于司机来说是整体视觉的背景，采用无色彩的黑色防火涂料较适合；黑色为退色，就像夜空，给人以镇静、收缩、遥远的感觉，涂料表面粗糙，吸收较多光源，反射低，这样给予了隧道内部空间无限放大的错觉，从而减少穿越隧道时的压抑感；隧道的侧壁是司机的主要视觉区域，既不能降低照明也不能过于刺眼，因此微泛蓝青的白色系列较为合适，当灯光照在亮丽的银白色金属板上时，隐隐漫出的蓝青色给人以干净、透明、智慧的感受，激励着人的情绪，有助于保持司机的注意力。

在科学技术和设计手段日益发展的今日，通过对隧道内部空间和服务对象的分析，运用一系列手段对其功能空间的构成、管线之间的安排，新型材料的运用和各种色彩的协调等各方面进行改进，将使上海西藏南路越江隧道以人为本的人性化设计理念渗透到内部空间的每个角落，直至以崭新的隧道内部空间形象来迎接上海世博会对人类城市未来生活的探讨和城市公共交通建设的需求。

第7章 文化建筑的室内环境设计

文化建筑是公共建筑中最能彰显个性的部分。它不同于居住、办公和商业建筑，文化建筑的建造形式似乎没有什么固定的模式可以遵循。每一个成功的作品，都实现着设计师对建筑艺术的感性认识与追求。设计师在此类建筑的设计过程中，投入了极大的热情，一步一步接近着自己的理想。赏析文化建筑，可以帮助您更快地走进建筑艺术殿堂！

7.1 文化建筑室内环境设计的意义

7.1.1 文化建筑的意义与类型

文化建筑是指由各级人民政府及社会力量等建设并向公众开放，用于人们开展各种文化娱乐活动，具有公益性质的公共建筑形式。文化建筑具有规模大小不同，内容繁简各异的特点，它们都是进行文化娱乐活动的物质基础和载体，是一个国家、地区、城乡经济发展水平、社会文明程度的重要标志。

从文化建筑构成类型来看，主要分为图书馆、博物馆（纪念馆）、美术馆、文化馆（艺术馆）、剧场（音乐厅、歌舞厅、影院）与文化艺术中心等（图7-1）。

1. 图书馆

图书馆是系统搜集、整理、保存、传播和利用书刊资料，为一定社会的政治、经济和文化服务的科学、教育、文化机构。目前国内图书馆按主管部门或领导系统来划分可分为文化系统的公共图书馆、教育系统的学校图书馆、科学院系统图书馆、科研机构图书馆及工会系统的工会图书馆等。并建立了国家、省、市、县、乡的庞大图书馆服务体系。

2. 博物馆（纪念馆）

博物馆（纪念馆）是一个征集、保藏、陈列和研究代表自然和人类文化遗产的实物，并对那些有科学性、历史性或者艺术价值的物品为公众提供知识、教育和欣赏的文化教育机构、建筑物、地点或者社会公共机构。博物馆类型划分的主要依据是其藏品、展出、教育活动的性质和特点，以及其服务对象的不同。其中国外一般将博物馆分为艺术博物馆、历史博物馆、科学博物馆和特殊博物馆四类。国际博物馆协会将动物园、植物园、水族馆、自然保护区、科学中心和天文馆以及图书馆、档案馆内长期设置的保管机构和展览厅都划入博物馆的范畴。国内一般将博物馆分为专门性博物馆、纪念性博物馆和综合性博物馆三类，国内也参照国际上的分类法，并结合中国的实际将其划分为历史类、艺术类、科学与技术类、综合类四种类型，其中纪念馆在国内是纳入博物馆建筑设计范畴的。

3. 美术馆

美术馆是保存和展出绘画、雕塑等美术作品的公共建筑，可分为综合性美术馆和专门性美术馆。前者如纽约大都会美术馆；后者如纽约亚洲东方艺术馆，纽约科宁玻璃艺术馆，华盛顿的国家肖像馆，巴黎克卢尼中世纪美术馆，里约热内卢的精神病患者作品美术馆，北京徐悲鸿纪念馆等。

4. 文化馆（艺术馆）

文化馆（艺术馆）是指用于开展群众文化和娱乐活动的公共建筑，按国内已有文化馆（艺术馆）的形式进行归纳，有大中城市工会系统建立的工人文化宫、俱乐部或劳动人民文化宫；政府有关部门为增进各民族文化交流和娱乐活动建立的民族文化宫；各地共青团组织兴建的青年宫、少年宫；各级地方政府兴建的地区性文化馆、艺术馆；农村地区兴建的文化活动中心、乡村与街道社区建立的文化站等群众文化服务体系。

5. 剧场（音乐厅、歌舞厅、影院）

剧场（音乐厅、歌舞厅、影院）是指供演出戏剧、音乐、歌舞与电影、曲艺与杂技及大型文艺演出等的观演类公共建筑，它可以根据其容量的大小、演出的性质、观众厅的形状和舞台的形式等分类。其中对建筑设计影响最大的是演出的性质。剧场按演出的性质，可分为歌剧舞剧院（有些国家还有专门的芭蕾舞剧院）、话剧院、地方戏剧院（一些国家的话剧院也是戏剧院）、多功能剧场等。中国的剧场大多为影剧院性质，可以放映电影，也可供演剧之用。但随着电影放映中数字录音宽银幕环绕立体声技术的发展，使之电影放映从多功能影剧院中分离出来，形成专业化的影院放映服务模式。

6. 文化艺术中心

文化艺术中心是指集观演、展览、图书、培训、研究与美食、娱乐、商业等多功能文化艺术活动与服务系统于一体的具有大型及综合化特色的文化娱乐类公共建筑，它是现代城市中具有标志性及影响力的文化艺术活动场所。如加拿大的多伦多新文化艺术中心和国内的南京文化艺术中心、中山市文化艺术中心等均属于文化娱乐类公共建筑。

7.1.2 文化建筑的构成关系

文化建筑一般由前厅、表演与陈列、后台与库房、研究与培训、管理与附属部分及外部广场与庭院等空间所构成。但不同类型的文化建筑义具有各自的构成特点，其中：

1. 图书馆

完备的图书馆建筑通常由书库、阅览

图7-1 文化建筑的构成类型

a）中国国家图书馆建筑　　b）河南省博物馆建筑　　c）广东美术馆建筑
d）梁启超故居纪念馆建筑　e）武汉市青少年宫建筑　f）宁波市鄞州区文化馆建筑
g）湖北剧场建筑及环境　　h）上海音乐厅建筑　　i）深圳书城建筑及环境
j）上海市社区文化站建筑　k）上海百乐门歌舞厅建筑　l）北京星美国际影城建筑
m）上海东方文化艺术中心建筑及环境

室（厅）、图书加工管理用房、公共活动空间和辅助用房组成。大中型图书馆除设普通阅览室外，还设分科阅览室、报刊阅览室、参考阅览室和其他非书本资料读物阅览室、文献检索室等；图书馆除设基本书库外，还设储存书库、善本书库、辅助书库和非书本资料库（如缩微读物库、视听信息资料库）。国家图书馆和储备图书馆设有庞大的集中式书库。公共图书馆、科学研究图书馆还设有演讲厅、展览厅、视听资料播映厅等公共活动厅室。科学研究图书馆和大学图书馆还有情报加工和咨询工作室、研究室等。

2. 博物馆（纪念馆）

完备的大型博物馆建筑由以下几部分组成：

（1）陈列部分　包括基本陈列室、特殊陈列室（序言、专题、珍品等）、临时陈列室、室外陈列场、讲解员室等。

（2）观众服务部分　包括门厅、休息室、报告厅、售票处、小卖部、更衣室、厕所等。

（3）保管贮藏部分　包括卸落台、接纳室、暂存库、登录编目室、摄影室、化验室、消毒间、藏品库、珍品库等。

（4）修复加工部分　包括修复室、模型室、摹拓室、装裱室，美工、木工、机电、印刷等工作间，材料库等。

（5）学术研究部分　包括研究室、试验室、档案情报室、资料室、图书室等。

（6）管理与附属部分　包括馆长室、办公室、宿舍、食堂、车库、设备机房等。

3. 美术馆

美术馆建筑一般由展出、保存、修复加工、研究、观众活动等部分和管理用房组成。

（1）展出部分　包括基本陈列室、特殊陈列室、临时陈列室、展出庭院、讲解员室等。

（2）保存部分　有卸车台、接纳室、暂存室、登录编目室、摄影室、消毒室、化验室、藏品库、珍品库等。

（3）修复加工和研究部分　有修复室与摹拓室、装裱室、资料室、图书室等。

4. 文化馆（艺术馆）

文化馆（艺术馆）建筑由以下几部分组成：

（1）群众活动部分　包括表演用房、游艺用房、交谊用房、展览用房和阅览用房等。

（2）学习和业务辅导部分　包括学习用房和业务辅导用房。

（3）管理与附属部分　包括行政办公用房、维修用房、库房、机电设备用房以及值班室、宿舍、厨房等。

5. 剧场（音乐厅、歌舞厅、影院）

剧场一般由观众部分（或称前台）和演出部分（或称后台）组成。其中观众部分的核心是观众厅（有的带楼座或观众厅挑台），此外还有前厅、休息厅、厕所、售票处，检票处等用房；有些大剧场还设有酒吧、餐厅以及商店、展览室等。演出部分主要是舞台（包括主台，侧台、后舞台和乐池等），还有更衣、化妆、排演、休息、接待及服装道具、布景的制作和贮藏等用房和各种办公室。演出部分还包括广播、扩声、电视监控或转播、同声传译、放映间、灯光控制等技术设备用房。有的剧场还可设置排演厅、练乐练唱室。此外，还有冷冻机房、空调机房、变配电间、锅炉房、水泵房以及车库、演职员宿舍、食堂、浴室等辅助房间。

独立建设的音乐厅，其建筑内部则由听众部分（听众厅、门厅、休息厅等）、演奏部分（乐台、合唱台、管风琴间等）和演出准备部分（化妆室、调音室、练习室、乐队和指挥休息室、储藏室等）组成。

电影院建筑通常由以下三部分组成：

（1）观众使用部分　包括门厅和休息厅、观众厅、售票房、小卖部以及厕所等。

（2）放映设备用房　包括放映室、倒片、广播、机械维修、配电整流、放映机冷却机组间，放映员室和卫生间等。

（3）管理用房　包括办公室、经理室、美工室、工作人员用房和杂用、储藏间等。

此外，还有变电、供暖、通风、空调与制冷室等。

6. 文化艺术中心

按文化艺术中心的规模、构成内容与组合方式进行建设，一般可分为展演、培训、研究、后勤与综合商业服务等几个组团及大型户外文化活动场地，以满足现代城乡民众不同层面的文化娱乐开展的需要。

7.1.3 文化建筑室内环境设计的特点

1. 综合性

综合性特点是文化建筑最基本的设计特征。由于人们对文化活动的需求是多种多样的，因此文化建筑室内环境的设计必然要同其需求相适应，从各方面来满足人们艺术欣赏和自我表现的文化需求，为人们提供多层面的综合文化活动场所。

2. 大众性

大众性特点是文化建筑的又一鲜明特征。文化建筑是一种面向社会大众服务的公共设施，具有向大众传播科学文化知识，进行精神文明教育，开展丰富多彩文化活动的功能。而且文化建筑还具有全开放的特点，使大众可以尽情及无拘无束地在此参与活动。

3. 地域性

由于不同地区、民族、信仰、风俗及人口构成、民众兴趣、物质生活水平的千差万别，文化建筑室内环境设计应与所处地区的自然、历史、文化、生活与生产环境建立密切的关系，以体现出特有的地域性特点。并且文化建筑的地域性特征越鲜明，文化建筑的艺术性也越强烈。

4. 多用性

文化建筑室内环境空间在满足其各自文化活动开展的同时，还应适应多种文化活动进行的使用要求，以发挥出建设资金的最大效益。为此其建筑空间应具备空间组织上多用性和灵活性，从而实现文化建筑室内环境空间的综合利用，提高其建筑和设施的利用效率。

7.2 文化建筑室内环境的设计原则

文化活动是一个社会稳定、和谐、健康发展并形成社会凝聚力的最基本的因素，也是今天我们发展先进文化，构建和谐社会，建设强大的社会主义国家的前提。文化建筑是供人们多种文化活动开展和服务的空间场所，其室内环境在设计中应遵循以下原则（图7-2）

7.2.1 公益性原则

文化建筑室内环境应把为国家建设完善的文化服务体系作为设计的出发点和依据，把为公众提供免费或优惠的公共文化服务作为最终目的。这种服务的对象既包括城市、中心发达地区的居民，也要包括农村、边远落后地区的居民，即不分南北、人不分老幼、身份不分高低贵贱，都有机会享受到国家的这种公共文化服务，从而使文化建筑的公益性质得到最大的体现。

7.2.2 便利性原则

文化建筑作为一种面向全体公民的公共服务设施，其设计不仅应布局合理、还应靠近所服务群众的生活圈，同时，其建筑室内环境设计还需时时处处体现以人为本，以保证公众在文化建筑空间场所中能够便利地享受到公共文化服务，这不仅包括为正常人群提供的便利服务，也包括为残疾人提供的无障碍服务，这即是文化建筑室内环境中应考虑的便利性设计原则。

7.2.3 艺术性原则

文化建筑作为国家、地区、城乡具有标志性的文化设施，其设计本身就应体现出独特的艺术个性和

图7-2　文化建筑及其室内环境在设计中应遵循的原则
a）国家图书馆建筑在室内中庭空间环境中体现出公益性设计的特点
b）日本东京现代美术馆建筑入口空间的晴雨伞架，为进出参观者提供了设计的便利性
c）影城建筑入口大堂通过光色处理，为观众营造出充满艺术魅力的环境空间
d）泰国曼谷的歌舞表演厅，其舞台设有台阶与观众席连通，可供演员与观众在演出中互动，直至参与表演

文化特性。而其建筑内外环境除满足文化建筑的功能要求外，还应尽可能地提高建筑室内环境文化活动设施的建设标准，使公众在文化建筑空间场所中能够欣赏与品味到高水平展、演作品的艺术魅力，直至使整个文化建筑空间场所成为公众心目中神圣的艺术殿堂。

7.2.4　参与性原则

在文化建筑室内环境设计中，除提供公众观赏文艺作品的良好设施与服务条件外，还需结合现代文艺作品展演中公众参与的特点，在其展演空间中提供场所和设施便于公众来参与文艺作品的展演。同时，为了提高公众进行文化活动的热情，文化建筑内外环境还可为公众提供培训、辅导和开展文艺作品创作的场所和服务设施，从而既可通过文艺活动给人以愉悦身心的美的享受，又可通过其文艺知识的普及获得教益，直至推动文化事业的健康发展。

7.3　文化建筑室内环境的设计要点及案例剖析

7.3.1　图书馆建筑室内环境的设计

图书馆是人类知识的聚集地，不管是文化系统的公共图书馆，教育系统的学校图书馆，科学院系统与科研机构图书馆，还是工会系统的工会图书馆。作为一种文化建筑，其室内环境设计不仅要满足读者在视、听、触觉等多方面的需要，而且在整体环境上也要体现出较高的艺术韵味和良好的文化氛围。以使读者在其中能够产生一种求知欲望和探索的热情，从而为读者提供一个幽雅、宁静、舒适及赏心悦目的人文艺术空间氛围（图7-3）。

1. 空间组合

现代图书馆应该是一个为读者高效率服务的、开放的信息中心，而一个高效率的图书馆，其建筑室内环境的空间组合是设计的主要内容（图7-4、图7-5）。进行图书馆室内环境的空间组合，必须了解并解决好图书馆设计的基本功能要求。

图7-3 图书馆建筑内外环境空间

a）法国国家图书馆建筑造型与环境空间实景　　b）韩国国家图书馆建筑造型与环境空间实景

c）中国国家图书馆建筑室内宁静的阅读空间环境　d）浙江大学图书馆建筑室内阅览空间环境

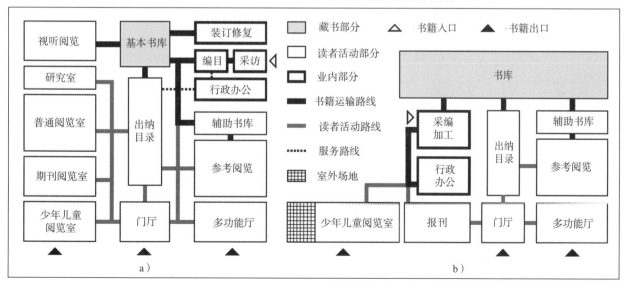

图7-4 现代图书馆建筑室内环境的空间组合关系

a）大型图书馆建筑室内环境的空间组合关系　　b）中型图书馆建筑室内环境的空间组合关系

1）图书馆建筑室内环境应合理安排好借、阅、藏三者的关系，它们三者构成了图书馆内读者和图书的基本流线，其设计决定着建筑室内环境的平面形式。在进行平面布局时，必须使书籍、读者和服务之间路线畅通，避免交叉干扰，并使读者尽量接近书籍，以缩短编、借、阅、藏之间的运行距离。特别是基本藏书区与阅览区的联系要直接简便，不与读者流线交叉或相混。在借、阅、藏三部分中，"阅和藏"又是主要的，即书籍与读者的关系是最基本的。为此在其平面布局中需注意藏书区与阅览区的关系，借阅部分通常是布置于这两者之间。

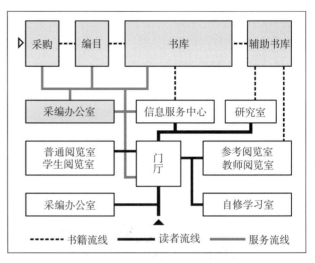

图7-5　现代大学图书馆建筑室内环境的空间组合关系

2）图书馆建筑室内环境需考虑好各个部分的空间布局，一般应将馆内对内和对外两大部分分开，闹区和静区分开，以及将不同对象的读者阅览室分开，从而为图书馆的高效使用创造条件。

3）图书馆建筑室内环境应营造出安静的阅览环境和灵活的阅览空间。由于安静的阅览环境是读者专心致志地从事学习和研究的必要条件，因此在设计中必须从其室内环境总体布局到细部处理都要仔细研究，使之达到安静的要求。另外随着时代的发展，图书馆内空间的组合应从灵活使用着眼，尽量提供大而开敞的平面布局，使用轻质且便于调整的灵活隔断乃至书柜、书架，以便可以灵活布置藏书和阅览空间，为数字时代的图书馆建筑与设备新技术的应用提供室内环境上的条件。

4）图书馆建筑室内环境应有合适的交通流线组织，为保证馆内环境安静，流线设计时要避免读者在阅览室之间相互穿行，要妥善处理好大阅览室的位置，要易于读者寻找，且路线简捷，以减少馆内的互相干扰，更要避免公共人流穿过阅览区（图7-6）。对阅览空间的布局，既要求平面紧

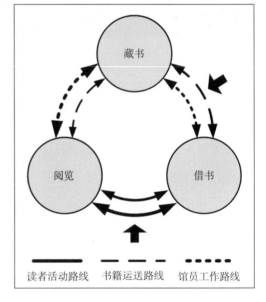

图7-6　图书馆建筑室内环境的交通流线组织关系

凑，又应保持各个阅览室的独立使用和单独管理的便利。书库一般布置在建筑的中央或后部，也可布置在建筑的下部或顶部。同时，还应考虑好建筑室内的防火分区及安全疏散，以及无障碍设计等方面的要求，使图书馆建筑室内环境能体现以人为主体的设计理念。

2. 界面处理

图书馆建筑室内环境的界面处理，主要是按照空间组合设计的要求，对其空间围护体的墙面、地面、天花，以及分割空间的实体、半实体的处理（图7-7、图7-8）。如：图书馆内的阅览空间可分为报刊阅览、书籍阅览、专业阅览和电子阅览等，在每个阅览空间之间可通过绝对分隔的方式进行处理，用承重墙、到顶的轻体隔墙等限定度高（隔离视线、声音、温湿度等的程度）的实体界面装修设计分隔，这样分隔出来的空间有非常明确的界限，是封闭的，并且隔声良好，视线完全阻隔或是有灵活控制视线遮挡的性能，可以保证各阅览室之间的安静和有全面的抗干扰能力。另外图书馆建筑的性质决定了其室内空间整体感觉上应是明亮、淡雅、宁静的，因此室内色彩是其中不可忽略的重要因素。图书馆建筑室内色彩包括墙面、顶棚、地面及灯具、家具、陈设与设备等应统一设计。设计过程中要充分体现色彩上的和谐，以使读者可以平静地在此阅读、学习与工作。

图7-7 图书馆建筑室内环境界面处理之一

图7-8　图书馆建筑室内环境界面处理之二

　　图书馆建筑室内环境装修材质应是绿色环保的，其界面处理应将安全和健康放在首位。因此在其设计中应采用绿色设计，并充分重视生态环境和自然资源的利用。装饰材料和用品应符合防虫、防霉、无毒、无害、阻燃、保温、节能、节水、节材等要求。同时，室内应引入绿色植物，以营造生机勃勃的绿色室内环境来。

　　3. 意境塑造

　　建筑本身是文化的一种载体，因此作为文化建筑的图书馆建筑往往是一个国家、地区及城乡具有标志性的建筑作品，为此要求图书馆建筑不仅能给人以美的享受，还能启迪人们去体会其深邃的文化内涵；同时图书馆建筑的文化特性还要求在图书馆建筑室内环境设计中能够努力塑造出浓郁的文化意境。

　　图书馆室内环境的意境塑造，需"意在笔先"才能感动人心，以给人情趣无穷的审美感受，并更加凸显图书馆内外环境的知识性、教育性和文化性。图书馆建筑内外环境的意境塑造的形式包括以下几类（图7-9）。

　　（1）对国际建筑文化的意境塑造　加拿大温哥华图书馆，以意大利罗马著名的斗兽场为原形进行创作，它联系的不是本地的文脉，而是西方历史上的古典形式，反映了欧洲文化在北美的延展，给人们的是本地文化来自何方的形象表述。

　　（2）对地域传统文化的意境塑造　苏州图书馆以江南民居的坡屋顶和园林式的建筑符号为元素，向人们展示的是浓浓的"儒雅风尚"的吴文化气息。

　　（3）对现代建筑文化的意境塑造　湖北省图书馆新馆则以"楚天鹤舞，智海翔云"为其建筑的主题立意，同时又巧妙结合了沙湖环境特色和湖北省图书馆的发展历程，对建筑及其内外环境的地域性、文化性、标志性作出了全新的演绎。

　　可见，作为对人们进行终身教育的公益场所，图书馆在知识经济时代是整个社会文明发展的重要组

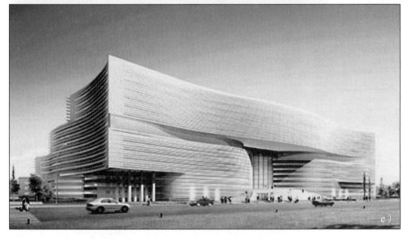

图7-9 作为文化建筑的图书馆室内环境设计意境塑造

a）、b）加拿大温哥华图书馆建筑与室内环境设计实景　c）、d）苏州图书馆建筑与室内环境设计实景

e）、f）湖北省图书馆新馆建筑与室内环境设计实景

成部分，正如著名建筑大师贝聿铭先生所说：图书馆的责任就是创造一种环境，更多地关注读者，让所有人能够在里面尽情地享受知识的甘露。在创新精神和人文特色的基础上，把读者、书和环境完美地结合在一起，在开放、灵活的气氛中体现严谨、实用。只有这样，图书馆的建筑内外环境才能体现出和谐优美的文化氛围，直至独具文化特征的设计"性格"来。

7.3.2 博物馆（纪念馆）建筑室内环境的设计

博物馆（纪念馆）作为人类文化遗产与自然遗产的宝库，是人类历史与文明的展示橱窗，它的本质在于运用特殊的"实物语言"，达到历史与当代的对话（图7-10、图7-11）。此外，博物馆还用科学方

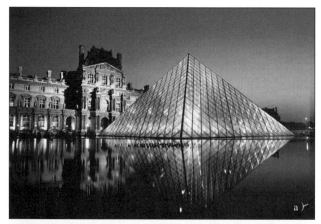

图7-10　博物馆建筑及其室内环境设计实景

a）法国卢浮宫博物馆建筑及环境空间　　　　b）英国大英博物馆室内环境空间

c）俄罗斯国家历史博物馆建筑及环境空间　　d）美国波士顿艺术博物馆室内环境空间

e）埃及国家历史博物馆建筑及环境空间　　　f）澳大利亚国家博物馆建筑及环境空间

g）故宫博物院建筑及环境空间　　　　　　　h）上海博物馆室内环境空间

图7-11　纪念馆建筑及其室内环境设计实景

a）俄罗斯斯大林格勒二战胜利纪念公园环境空间　　　b）美国林肯纪念馆室内环境空间

c）中国人民抗日战争纪念馆建筑室内环境空间　　　d）海南红色娘子军纪念馆环境空间

法和技术手段对其馆藏物品进行研究和保存，使馆藏物品成为人类文明史、自然演化的有力实证，并成为城市文化设施的重要组成部分。从某种角度上说，今天的人们要了解一个地方的过去和现在是从博物馆开始的。可见一座博物馆就是一部物化的发展史，人们通过文物与历史对话可以穿过时空的阻隔，俯瞰历史的风雨，达到研究、教育和欣赏的目的。而博物馆（纪念馆）作为具有标志性的现代文化建筑，其建筑内外环境的展示与陈列设计对其影响巨大，需要从以下几个方面来把握其设计的要点。

1. 空间组合

空间组合是博物馆（纪念馆）室内设计中重要的组成部分，当一个博物馆实体确定下来后，对其的展示空间布局、展品排列、展品与辅助设备的空间环境进行设计是其工作的重点，其设计要点包括：

1）博物馆（纪念馆）建筑室内的空间布局按其功能可以划分为对外、对内两大部分，其中博物馆（纪念馆）三大基本职能中的收集保管与调查研究属于内部作业部分，它只与馆内部的行政管理人员、专业研究人员及外来的专业观众有关；普及教育职能则是通过向外来观众公开展览来实现的，属于对外开放的公共部分。二者在功能上既有区别又有联系，其常用空间包括展示陈列区、藏品储存区、技术处理区、办公及服务区等内容（图7-12）。

2）博物馆（纪念馆）建筑室内的空间组织应层次分明、有节奏变化，其空间之间的过渡要顺畅，并需注意

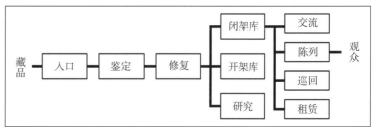

图7-12　博物馆（纪念馆）建筑室内空间组合关系图

空间组织的整体与连续性，以形成空间的序列与秩序。博物馆（纪念馆）空间序列的组织一般是按观众参观的活动程序来组织，其序列包括有空间的起始——过渡——高潮——结束等阶段，并可在具体设计中根据实际情况去繁就简（图7-13）。

3）博物馆（纪念馆）建筑室内的空间布局应明确合理，应依据其建筑室内展出内容的特点，合理组织参观流线。参观流线要明确，尽量避免迂回、重复、堵塞、交叉，并便于观众参观集散和藏品装卸运送。

4）博物馆（纪念馆）建筑室内在空间组合上，应依据其规模的不同灵活地进行展示陈列空间的布局。并且在大、中型博物馆（纪念馆）建筑室内空间适当安排有间隔的休息场所，以使观众在参观中能够得到视觉上的停顿，便于消除其长时间参观产生的疲劳。

此外，现代博物馆（纪念馆）建筑室内环境中的设施较过去远为复杂，而且处于不断更新之中。所以，其空间布局

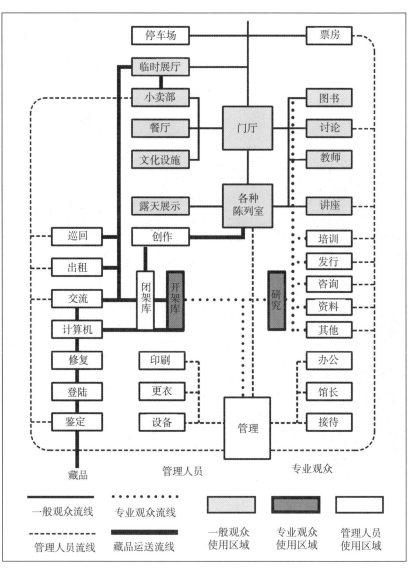

图7-13　博物馆（纪念馆）建筑室内空间交通流线图

还应考虑日后增设、改换一系列设备装备的需要，为未来的发展留有余地。

2. 展示陈列

展示陈列是博物馆（纪念馆）履行教育职能，实现社会效益最重要的手段（图7-14、图7-15）。随着现代展示设计的快速发展，博物馆（纪念馆）的展示设计已从主题的确定、展品的选择、展品的编排、文字的编辑、空间的划分、展品的布置、背景的配合、灯光的烘托等处处可见精心的设计。其设计要点包括：

1）博物馆（纪念馆）建筑室内环境的展示陈列，应根据其展示陈列内容的性质和规模来确定空间及展品的布置方式。当展示陈列内容为一个完整主题时，各部分之间的展示陈列空间及展品布置应构成一个系统，且采用单线陈列的方式；当展示陈列内容为多个主题时，其展示陈列空间及展品布置应具有各自独立的特点，且采用多线陈列的方式；另外博物馆（纪念馆）建筑室内环境的陈列展品内容繁多，从其信息特点来看可分为有形物体与无形物体两类。其中前者包括实物、仿制品、模型等，展示陈列方式主要有悬挂式、悬吊式、展柜式、置放式、地台式、壁龛式、连续式、场景式与操作式，以及特色展示陈列空间等形式。后者包括利用录音、录像、光盘等储存各种信息来进行展示陈列，其展示陈列方式主要是利用多媒体与电子技术将信息传播给观众。

2）博物馆（纪念馆）建筑室内环境中色彩的选择与构成要突出以陈列展品为核心，在陈列空间内

图7-14 博物馆（纪念馆）建筑室内环境设计展示陈列实景之一

图7-15　博物馆（纪念馆）建筑室内环境设计展示陈列实景之二

要将展品造型、展示设备、展示照明等多种因素作综合考虑，同时要陈列空间色彩与人、物、环境、灯光作为一个整体来进行系统设计。以通过对陈列空间与展品色彩的调节、搭配使博物馆（纪念馆）的陈列实物展品在展示过程中，能够将其展品的原始色彩真实地表现出来，以让观众在舒适、愉快，轻松的环境中获得陈列展品的最佳信息。

3）博物馆（纪念馆）建筑室内环境中陈列空间的光环境设计要以突出陈列展品为主，不同博物馆（纪念馆）陈列空间中陈列展品的类型多种多样，因此，其照度应根据陈列展品的类别来确定。一般陈列空间与陈列展品的照度要均匀，并尽量避免产生眩光和防止紫外线对陈列展品的损害。在此前提下，应通过人工照明的艺术设计来凸显陈列展品的特点、增强展品的魅力，从而达到激发参观者兴趣、渲染文化氛围的目的。

4）博物馆（纪念馆）建筑室内环境中收藏品的保存必须防止三种变化：即环境的变化（温度、湿度、空气污染等方面），内部的变化（生物、物理与化学方面）和人为的变化（运输与处理方面）。而保存藏品的最佳环境条件主要取决于材料本身的化学构造，不同的陈列展品其保存要求也各不一样。这不仅在展品的陈列空间，即使在库房存放也应考虑这一要求。

3. 意境塑造

博物馆（纪念馆）作为沟通时空的桥梁是一个时代与文化展现之处，也是一个国家与民族生活的精神堡垒。它所收藏、保存、研究、展示、教育、沟通的文化与自然遗产，不仅是全人类的智能展示，也是一个民族的物质、精神的储存。因而人们在博物馆（纪念馆）中可得到超越时空的记忆、知识、情感与生活以及文化的延伸，同时也希望在博物馆（纪念馆）的环境中不仅能看到有形的文物或标本，还能在其氛围里深悟出对象背后所蕴含的无形遗产，博物馆（纪念馆）建筑室内环境设计意境的塑造便是充分体现其主题思想的前提条件。

图7-16 南通中国珠算博物馆建筑造型及环境空间实景

4. 未来发展

进入21世纪的知识经济时代，人类对上世纪的许多观念、制度、体系、价值观等都一一予以重新审视、批判，并有选择性的传承和延续。世界上所有博物馆（纪念馆）建筑内外环境设计均面临新思维的冲击。虽然博物馆的功能仍然是收藏、研究、展示和教育，但是面对新时代博物馆"以人为本，藏品不再是博物馆核心；重视展示陈列意境塑造，要求与观众互动；尖端科技在各类博物馆（纪念馆）建筑内

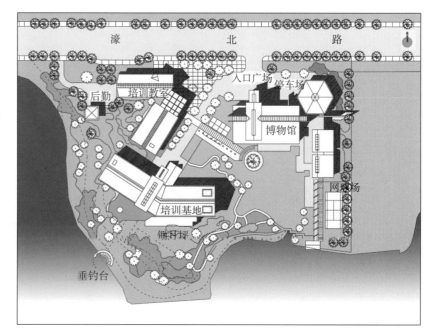

图7-17 南通中国珠算博物馆建筑及环境总体平面布置设计图

外环境设计中的应用；以商业行销管理策略开拓博物馆（纪念馆）建筑内外环境活动空间；将企业管理手法运用到博物馆（纪念馆）的经营；重视博物馆（纪念馆）社会资源的开发"等新思维已成为走向未来博物馆（纪念馆）建筑内外环境设计发展必须面对的重要研究课题。

5. 案例剖析——南通中国珠算博物馆

2004年12月开馆的南通中国珠算博物馆（图7-16~图7-21），其建筑内外环境设计传达出水墨画中"黑、白、灰"的意境。当人们走近博物馆的时候，一组色调素雅沉稳、错落有致、隽秀挺拔的

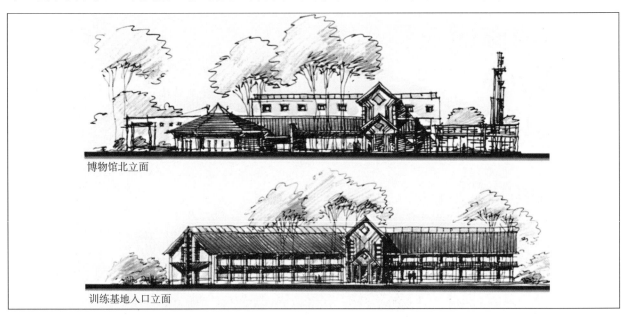

博物馆北立面

训练基地入口立面

图7-18 南通中国珠算博物馆建筑北立面与入口立面设计图

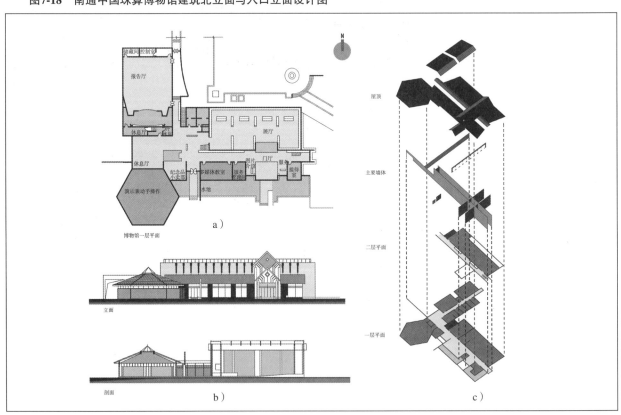

图7-19 南通中国珠算博物馆建筑设计图

a）博物馆建筑一层平面设计 b）博物馆建筑立面与剖面设计 c）博物馆建筑各层轴测图

图7-20　南通中国珠算博物馆建筑造型及室内展示陈列环境实景之一

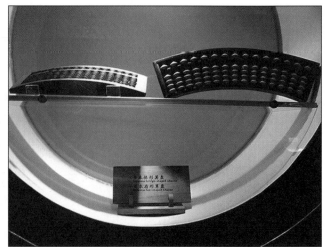

图7-21　南通中国珠算博物馆建筑室内展示陈列及外部环境实景之二

建筑就映入眼帘，仿佛来到了一个画境之中。这是一幅现代的水墨画，淡灰绿色的屋面，白墙和深青色的基墙，黑、白、灰的搭配，散发出一种和谐的整体美。进入馆内展示陈列空间，只见镇馆之宝——子玉算盘的陈列及精美的展品，古朴的色调、浓郁的文化氛围，让你在时空的嬗变中，在历史与未来的交融中，感受珠算的悠久历史与深厚底蕴，惊叹算盘精品的美轮美奂。入口空间实墙上开了带有珠算符号的百叶窗，更是暗喻"结绳记事"的典故，不露声色中增加了博物馆内外环境的文化内涵。

6. 案例分析——德国柏林博物馆（犹太人博物馆）

丹尼尔·列别斯基（D.Libeskind）设计的德国柏林博物馆（犹太人博物馆）建筑，称得上是"浓缩着生命痛苦和烦恼的稀世作品"（图7-22~图7-28）。该建筑是为纪念死于第三帝国时期的六百万犹太人而建，并且展有犹太人在德国近两千年的历史。建筑采用多次折叠的造型，连贯的锯齿形平面线条被

图7-22 德国柏林博物馆（犹太人博物馆）整体鸟瞰及建筑造型与环境空间实景

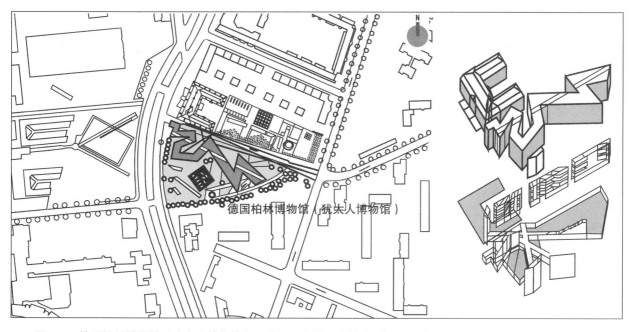

图7-23 德国柏林博物馆（犹太人博物馆）总体平面布置及建筑造型轴测设计图

图7-24 德国柏林博物馆（犹太人博物馆）建筑造型及环境空间实景

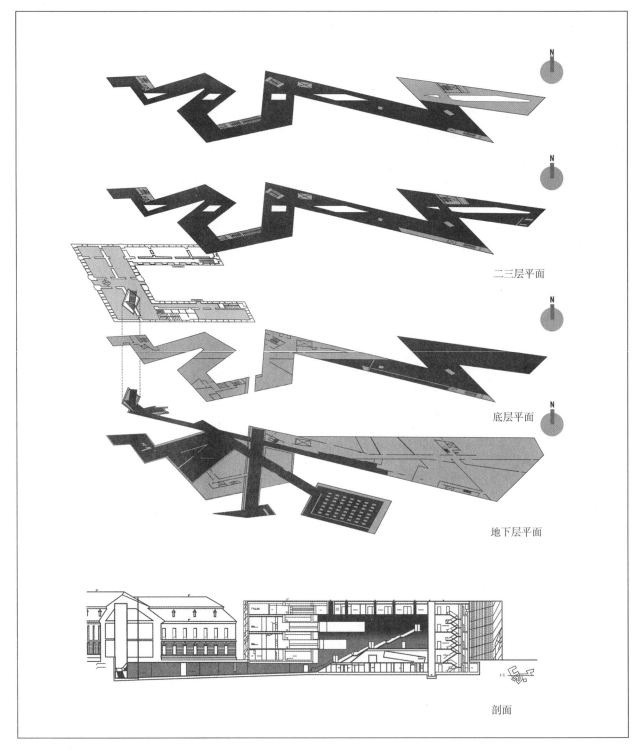

二三层平面

底层平面

地下层平面

剖面

图7-25　德国柏林博物馆（犹太人博物馆）建筑各层平面布置及剖面设计图

一组排列成直线的空白空间打断。这些空白空间代表了真空，意喻着犹太人民及文化在德国和欧洲被摧残后留下的、永远无法消亡的"空白"之意。人们步入馆内便不由自主地被卷入了一个扭曲的时空，内部展示陈列所有空间中的线条、块面都是破碎而不规则的，室内空间几乎找不到任何水平和垂直的结构。加上沉重的铁门、阴冷黑暗的狭长空间、微弱的光线，使参观者无不感受到大屠杀受害者临终前的绝望与无助，由此混乱的图形表达出欧洲集体意识中最痛苦的回忆和恐怖，体现出对犹太人大屠杀那份无言的悼念与反省精神。

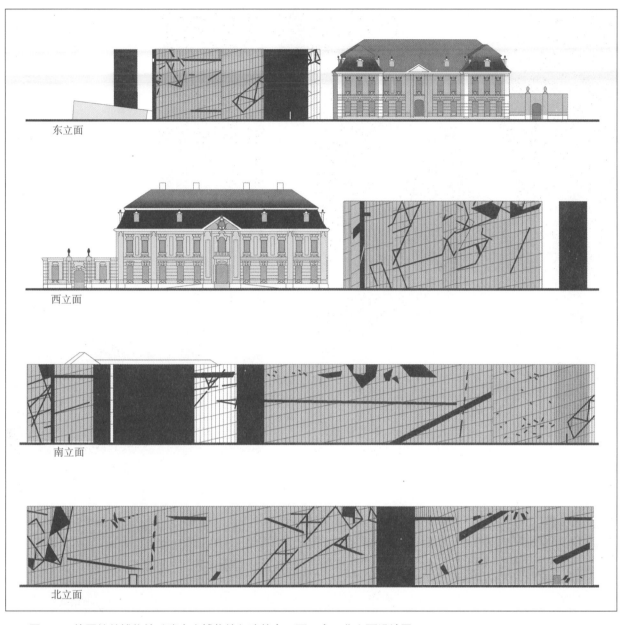

图7-26 德国柏林博物馆（犹太人博物馆）建筑东、西、南、北立面设计图

图7-27 德国柏林博物馆（犹太人博物馆）建筑内部空间环境实景

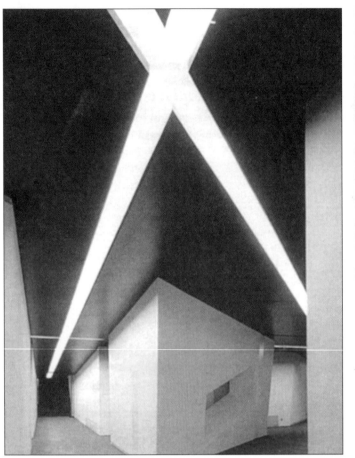

图7-28　德国柏林博物馆（犹太人博物馆）建筑内部空间及外部环境实景

7.3.3 美术馆建筑室内环境的设计

美术馆是收藏美术精品、对群众进行审美教育、组织学术研究、开展国际交流等活动的博览建筑,并可视为博物馆的范畴,具有其设计的共性及个性特点(图7-29)。美术馆作为国家与地方的美术事业机构是政府及民间美术活动的展示陈列场所。随着时代的发展,现代美术馆在内容、功能及角色上也将发生变化。从某种意义上说:现代美术馆的运作是其公共性的实现过程,美术馆的价值在于对审美艺术的普及、教育和推广上。这也预示着现代美术馆已经从往日被动的展示转向了今天主动的引领,它不仅要满足公众的文化权益,还要成为公众审美艺术方面交流与合作的平台。美术馆作为国家与地方重要的文化设施,其建筑内外环境需要从以下几个方面来把握其设计的要点。

1. 空间组合

由于美术馆属于博览建筑的范畴,其空间组合具有相同的设计特点。并且美术馆与艺术馆、博物馆一样,均属于"看"的空间,即人们来到这里主要还是来看展品,同时也会来此品味其空间的意韵,故在其空间设计上,应建立以展品、艺术品为主导地位,空间"内敛、含蓄、克制"的设计理念,让美术馆室内设计消失在建筑空间和艺术展示之间。这是因为审美艺术观赏是一种情绪交流的活动,而进行这样的活动必须营造一个非情绪化的场所。尤其是美术馆的室内空间设计,不同于一般意义上商业空间设计,它将是一个相对永久性的建筑,代表着地方、政府、艺术家和大众具有多元性的审美艺术要求。

在美术馆交通流线方面,由于美术展览观赏与博物馆相比更具特色,故在建筑室内空间组合及交通流线的组织方面也有其设计特点。如以2001年进行第三次改造的中国美术馆为例(图7-30),其建筑内部交通组织在保留中央大厅东西两侧原有楼梯及电梯的基础上。东西门厅增设了大型双门无机房电梯,并从地下一层至地上三层,满足了地下室与地面各层的联系,且兼作消防梯使用;分散于中央大厅和

图7-29 美术馆建筑及其环境空间实景
a)美国纽约古根海姆美术馆建筑 b)俄罗斯圣彼得堡美术馆建筑
c)法国巴黎罗丹美术馆建筑 d)日本东京现代美术馆建筑
e)中国国家美术馆建筑 f)中央美术学院美术馆建筑
g)上海美术馆建筑 h)深圳"华"美术馆建筑及环境空间

东、西门厅的四部楼梯和四部电梯供主楼作垂直交通用，使观众可以方便快捷地到达各楼层展厅进行参观。

2. 展示陈列

美术馆与博物馆的展示陈列具有共同设计要点，只是作为美术馆，其展品更多是纯粹艺术品、应用艺术品和民间艺术品（图7-31~图7-34）。作为纯粹艺术品，有反映现实性题材的二维平面和三维立体作品和模型，也有探索性题材的装置和多媒体，展品具有综合及不确定性，在其展示陈列空间处理上要具有可塑性和调整的余地，以满足多样化美术作品在场馆中的展示陈列，并利于其美术作品表述效果的准确传达。此外，需引起关注的设计要点还有以下几点：

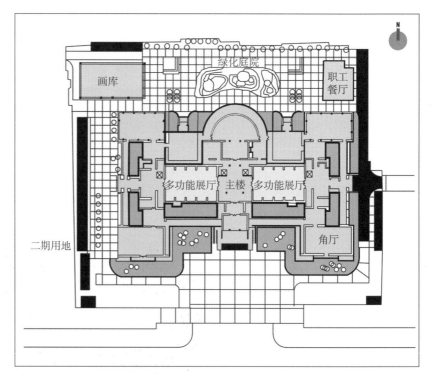

图7-30 中国美术馆建筑内外环境经过改造的空间组合及平面布置

1）纵观美术馆展示陈列空间创造，准确地把握美术馆展示陈列设计的特征、功能、目的、手段、手法与标准是关系到展示陈列成败的重要因素。要使美术馆展示陈列设计得形象美观。整个展示陈列空间的展品、文字、图形与音响，还有所需要的灯光照明灯组均要达到切合主题而又富于审美艺术感染力，能使观众在一个舒适而又愉快的环境中浏览观赏。

2）美术馆展示陈列应注重科学性与艺术性的完美结合。其科学性表现在展示陈列中要运用多方面的科学技术，其艺术性则表现在展示陈列中要借助多种艺术形式予以表述，以使展示陈列能够产生出艺术神韵和魅力。

3）美术馆展示陈列的审美设计不在于过多的变化而在于多样的统一，不在求刺激而在求平和，不在求繁杂而在求简练。

4）美术馆展示陈列展品的参观路线应灵活自由，以使观众可以根据自己的兴趣与爱好选择不同的观赏对象。

图7-31 美术馆建筑室内入口大厅环境空间效果

图7-32 美术馆建筑室内作品展出大厅环境空间效果

图7-33　美术馆建筑室内作品展出服务空间环境效果

图7-34　美术馆建筑室外作品展出环境空间效果

5）美术馆展示陈列空间应配有固定的陈列展橱与展柜，不少珍品应放置在恒温恒湿的展示陈列设备内予以展出。

6）美术馆展示陈列的展品由于本身的属性，对于光线、阳光、尘埃都较敏感，应增加适当的保护措施。

今天，许多美术馆开始关注人们对其的反响，不少美术馆提供许多导览和教育活动，希望能为社会大众尽到服务的责任。

3. 意境塑造

美术馆作为国家与地方文化形象的直接表征，其建筑内外环境的审美意境塑造更是充分体现了这种文化形象的设计前提。

4. 案例剖析——美国国家美术馆东馆

于1978年落成的美国国家美术馆东馆，位于华盛顿国家大草坪北边和宾夕法尼亚大街夹角地带，它与新古典式风格的西馆建筑有一个共同的名字——国家美术馆（图7-35~图7-39）。这里是世界上建筑最精美、藏品最丰富的美术馆之一，每一个爱好艺术的人都会在此流连忘返，在目不暇接中全身心感受到艺术的魅力。东馆建设前夕，美术馆馆长J. C. 布朗要求东馆应该有一种亲切宜人的气氛和宾至如归的感觉，要使观众来此如同在家里安闲自在地观赏家藏珍品一样。为传达出建筑的这种意境塑造要求，贝聿铭先生经过综合考虑，用一条对角线把梯形用地分成两个三角形。西北部面积较大，作为展览馆，底边朝西馆；东南部是直角三角形，为研究中心和行政管理机构用房。这种划分使两大部分在体形上有明显的区别，但整个建筑又不失为一个整体。建筑内部以三角形大厅为中心，不同展厅环绕布置。厅内布置树木、长椅，通道上布置艺术品。大厅高25m，自然光经过天窗遮阳镜折射、漫射之后，落在华丽

图7-35 美国国家美术馆东馆整体环境鸟瞰及建筑造型实景

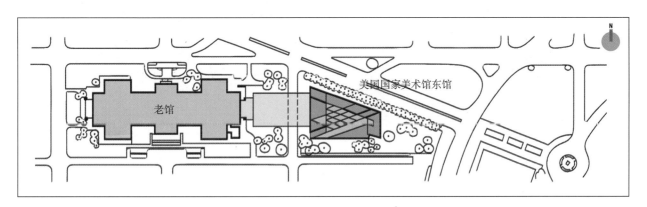

图7-36 美国国家美术馆东馆建筑及环境总体平面布置设计图

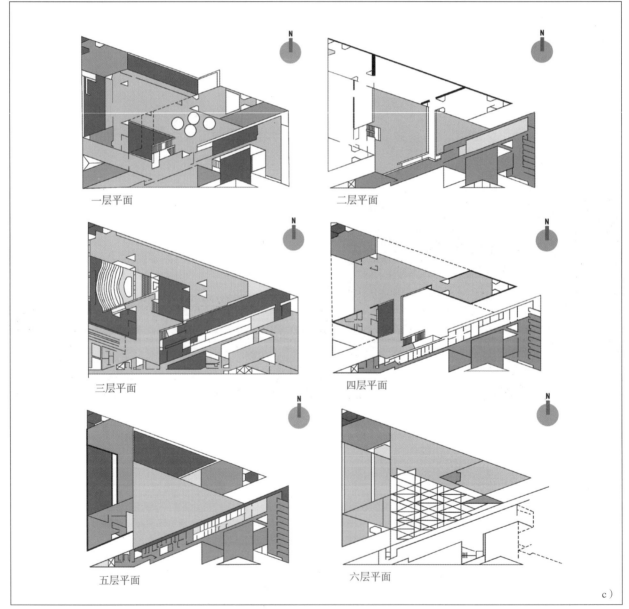

图7-37 美国国家美术馆东馆建筑造型及各层平面布置设计图

a）东馆建筑造型设计模型　b）东馆建筑造型设计实景　c）东馆建筑各层平面布置设计

图7-38 美国国家美术馆东馆建筑入口空间及室内展示陈列环境实景

图7-39　美国国家美术馆东馆建筑内外空间环境展示陈列的美术创作作品实景

的大理石墙面和天桥、平台上，非常柔和。东馆的展厅可以根据陈列展品和作者的意图调整平面形状和天花高度，从而获得了内部空间使用上的灵活性，并使观众能各得其所地观赏艺术展品。按照布朗的要求，视觉艺术中心带有中世纪修道院和图书馆的色彩。七层阅览室都面向较为封闭的、光线稍暗的大厅，力求创造一种使人陷入沉思的神秘、宁静的气氛中。

5. 案例分析——深圳华侨城何香凝美术馆

坐落在深圳华侨城的何香凝美术馆，是中国第一个以个人名字命名的国家级美术馆，也是继中国美术馆之后的第二个国家现代美术馆（图7-40~图7-43）。美术馆建筑面积5000余 m²。其建筑设计造型通过飞梁、弧墙、坡道、玻璃雨篷、方块形体的啮合及强烈的虚实对比，简洁素雅的面材和庭院的空间趣味，体现出何香凝女士一生含蓄内向的品格。美术馆在室内设计方面进一步延续了建筑外部的处理手法，内部空间去除一切多余装饰，墙面为白色涂料，天花饰以原色木质条纹吊顶，门扇也为原色木质，使其显得素雅宁静，既符合美术馆的展示功能，又充分体现出空间的纯净性。而"天井"中庭，不仅洋溢着东方庭院的逸趣，更使建筑内外互相呼应，从而丰富了参观者的视觉效果。整个美术馆的建筑内外环境，不仅注重其建筑的功能，且以洗练优美的空间构成、现代建筑材料和结构方式以及对传统庭院建筑空间品质的挖掘，诗意盎然地塑造出了美术馆的文化意境。

图7-40　深圳华侨城何香凝美术馆

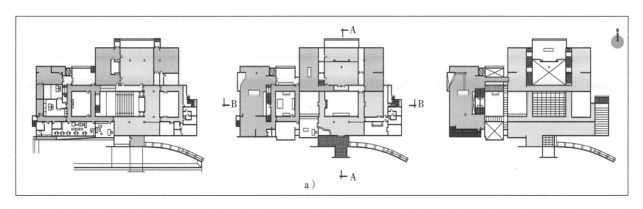

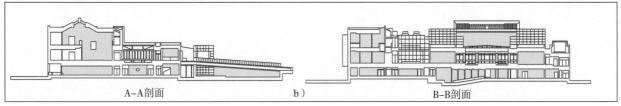

A–A剖面　　　　　　　　b）　　　　　　　　B–B剖面

图7-41　深圳华侨城何香凝美术馆建筑及其内外环境设计图

a）何香凝美术馆建筑各层平面布置设计　b）何香凝美术馆建筑纵横剖面设计

图7-42　深圳华侨城何香凝美术馆建筑入口空间及室内展示陈列环境实景

图7-43　深圳华侨城何香凝美术馆建筑外部美术作品陈列及其环境空间实景

7.3.4　文化馆（艺术馆）建筑室内环境的设计

　　文化馆（艺术馆）是国家设立的开展社会宣传教育、普及科学文化知识、组织辅导群众文化艺术（活动）的综合性文化事业机构和场所（图7-44~图7-46）。按照文化部的规定，县级以上的综合性文化事业机构和场所称之为群众艺术馆，主要职能是群众文化的指导和研究，业务门类是各种文学艺术的范围；县级综合性文化事业机构和场所称之为文化馆，主要职能是群众文化活动的组织和辅导，业务门类以文学艺术为主体，辅以普及科技文化知识等；县级以下的综合性文化事业机构和场所称之为文化

图7-44　文化馆（艺术馆）建筑及其环境空间实景之一

　　a）日本东京文化会馆建筑及其环境空间　b）俄罗斯符拉迪沃斯托克人民文化宫建筑及其环境空间

图7-45 文化馆（艺术馆）建筑及其环境空间实景之二

a）中国台中市谷关温泉文化馆建筑及环境空间　　　b）中国高雄市梓官乡鸟鱼文化馆建筑及环境空间

c）北京市朝阳区文化馆建筑及环境空间　　　　　　d）江苏省武进县文化艺术中心建筑及环境空间

e）江苏省溧水县文化馆建筑及环境空间　　　　　　f）广西自治区都安县文化馆建筑及环境空间

g）上海五角场镇社区文化分中心建筑及环境空间　　h）云南省巍山县南诏镇文化站建筑及环境空间

图7-46　文化馆（艺术馆）建筑及其环境空间实景之三

a）云南省楚雄市工人文化宫建筑及环境空间　　　　b）贵州省民族文化宫建筑及环境空间

c）江苏省常州市少年科学艺术宫建筑及环境空间　　d）湖北省武汉市铁路俱乐部建筑及环境空间

站，它是国家最基层的文化事业机构，是乡镇政府、城市街道办事处所设立的当地群众进行各种文化娱乐活动的场所。文化馆（艺术馆）服务的对象是全体社会成员，服务手段是综合型的。并且已成为发展社会主义先进文化不可或缺的重要组织者、辅导者和带动者，在普及和繁荣群众文化中起着重要的主导作用。文化馆（艺术馆）作为国家设立的公益性文化事业机构，其建筑内外环境需要从以下几个方面来把握其设计的要点。

1. 空间组合

文化馆（艺术馆）的功能特点是业务活动繁多，既组织文化娱乐活动，又开展宣传教育和学习辅导工作，内容丰富形式多样，项目日新月异。有些项目活动时间短、变化频率高，有些活动项目时间集中，参与活动的群众面广人多、层次不等、老幼有别。为此，文化馆（艺术馆）建筑室内环境设计在空间组合方面应根据开展活动的内容、人流活动的规律合理的组织与布局（图7-47）。

1）文化馆（艺术馆）空间组合中首先应按功能构成进行动静分区，其中文化馆（艺术馆）建筑室内环境中的观演、游艺、交谊与群众文化辅导用房因人流数量大，噪声干扰强，活动时间长，可作为动区集中布置，并设有独立的出入口；展览、阅览与群众文化教育用房人流数量虽大，但活动噪声弱，可作为动静结合分区布置，且需靠近出入口设置；专业创作、研究与管理用房人流量小、活动安静，可作为静区集中在建筑后面和上层布置，以免受到来此参加活动人流的干扰，影响文化创作与研究工作的进行。

2）文化馆（艺术馆）建筑室内的空间布局应明确合理，并依据其建筑规模与功能构成，合理组织进出馆参加群众文化活动人流的出入流线，尽量避免迂回、重复、堵塞与交叉，同时要考虑人流入场及疏散的畅通。文化馆（艺术馆）为多层或高层建筑时，应将活动频繁、人流量大的活动项目安排在低层，以减少对其他活动部分的干扰。

3）文化馆（艺术馆）建筑室内环境中的各类用房应具有空间上的适应性、灵活性和可变性，以适应群众文化活动变化与流行的发展趋势。另外文化馆（艺术馆）建筑内部环境由于受到各个方面的制约，在组成内容、面积、质量标准上均应结合具体情况有所侧重，有些内容可以扩大或增设，也可缩减或合并，以适应当地群众文化活动开展独特需要。

4）文化馆（艺术馆）建筑室内环境的空间组合，应在天然采光、自然通风与良好朝向等方面做文章，以创造节能、环保、绿色及无障碍的室内空间环境。

5）对于规模小的基层文化站建筑，应尽量考虑将某些活动空间合并使用，并便于在安排活动时可一室多用，从而适应多层面文化活动的开展。

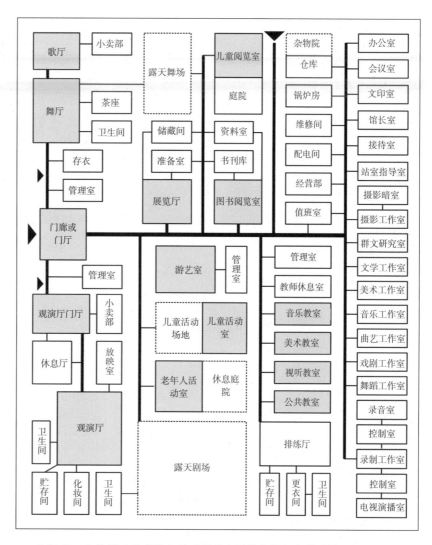

图7-47 文化馆（艺术馆）的功能特点及其空间组合关系图

2. 各类用房

文化馆（艺术馆）建筑室内环境中包括观演、游艺、交谊、展览、阅览、综合活动、学习辅导、专业创作与管理经营用房等（图7-48~图7-50），其设计要点为：

1）观演用房是文化馆（艺术馆）提供群众欣赏影视、自娱演出和报告讲演的室内空间，包括门厅、观演厅、舞台和放映室等。只是文化馆（艺术馆）建筑室内环境中观演厅的规模以不超过500座为宜，其座位排列、通道宽度、视线与声学设计，以及放映室的设计均应符合影剧院建筑设计的相关规定。

而观演厅室内设计应使观众获得良好的视听效果，环境具有亲切、宁静和典雅的艺术气息。并且室内空间具有舒适的物理环境条件，以及合理的流线组织和安全疏散方面的保证，且用房一般设单独出入口和疏散口。

2）游艺用房是文化馆（艺术馆）开展群众娱乐活动的场地，包括棋牌、球类、电坑、游戏、健身等。文化馆（艺术馆）应根据活动内容和实际需要设置供若干活动项目使用的大、中、小活动室，并附设管理及贮藏间等。有条件的宜将老人与儿童游艺空间分别设置，并附设儿童室外活动场地。

3）交谊用房是文化馆（艺术馆）组织群众交谊活动的场地，包括舞厅、茶座、管理用房及小卖部等。而舞厅、茶座应具备舒适的环境条件，以使参加交谊活动的群众能够沉浸在情操高雅的空间氛围之中。此外交谊空间还应设吸烟室、衣帽及贮藏间，并附设准备间等用房。

图7-48　文化馆（艺术馆）建筑室内环境的各类空间用房类型之一
a）、b）观演用房——中小剧场与放映空间　　c）、d）游艺用房——电玩游戏与棋牌空间
e）、f）交谊用房——炫闪舞厅与酒吧空间　　g）、h）展览用房——书画与文博展览空间

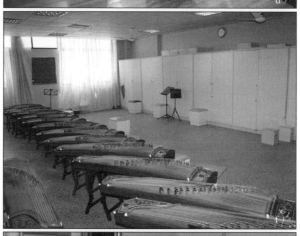

图7-49 文化馆（艺术馆）建筑室内环境的各类空间用房类型之二

a）、b）阅览用房——普通与电子阅览空间　　　　　c）、d）综合活动用房——各类群众文化活动开展空间

e）、f）学习辅导用房——绘画与乐器教学空间　　　g）、h）专业创作用房——陶艺与油画创作空间

图7-50 文化馆（艺术馆）建筑室内环境的各类空间用房类型之三

a）以文养文、自负盈亏的附设书店 b）经营与辅导结合的附设乐器行

4）展览用房是文化馆（艺术馆）进行群众文化教育宣传工作的场地，包括展览厅（室）或展览廊、宣传橱窗与贮藏间等。展览厅（室）的布置应按照展览的性质、展出的内容、参观的线路、展品的陈设及管理方面的要求来布置，同时还需注重展览厅（室）内应以自然采光为主，运用灯光应避免直射和眩光的影响。另外展览厅（室）出入口的宽度及高度应符合安全疏散、搬运展览物品的要求。

5）阅览用房是文化馆（艺术馆）内供群众阅读图书、报刊和电子读物的地方，包括阅览室、资料室、书报贮存间等。文化馆（艺术馆）内的阅览空间应光线充足，照度均匀，并避免直射光照和眩光。其平面布局中普通阅览、报刊阅览、电子读物阅览及儿童阅览室应适当分隔，阅览空间应设于馆内较安静的位置。

6）综合活动用房是文化馆（艺术馆）内受条件制约无力建设全都用房时为开展各类群众文化活动而建设的综合用房，包括综合活动大厅、综合活动厅（室）及配套使用的房间等。综合活动用房宜单独集中布置，并与门厅、休息大厅有便利的联系。综合活动用房使用功效的发挥与配套房间是否足够有关系，是设计中需重点考虑的问题。

7）学习辅导用房是文化馆（艺术馆）进行群众文艺骨干培养，提高群众文化活动水平的重要工作用房，包括普通学习室、专业（音乐、舞蹈、美术、书法、摄影、计算机与外语等）学习室。其中普通学习室与学校教室相同，但需考虑上课人数不固定、房间使用机动性强的特点；专业学习室则需根据不同专业学习的要求来进行空间布置，如音乐学习室钢琴应放在木质讲台上，并对顶棚与墙面做吸声处理。美术学习室需有恒定的采光条件，并配有画架或画桌、水池及多个电源插口。计算机学习室可面对面布置工作台，并设教师工作控制台，室内应设多个电源插口和网线接口等。

8）专业创作用房是文化馆（艺术馆）提高专业干部文艺创作水平和服务水准而设置进行专业创作的工作空间，包括一般工作室、美术、书法、摄影、录音录像和文学创作等的工作室。其中一般工作室主要供文学、戏曲、音乐等专业人员使用，故工作室应有较好的工作条件。美术、书法、摄影、录音录像工作室则应依据各自的专业创作需要进行配置，如画室应有较大的工作台，摄影室应有暗室，录音录像室应有演播厅及辅助用房等。

9）管理经营用房是文化馆（艺术馆）进行群众文化管理和馆内行政管理的办公空间，包括馆长室、行政办公室、财务室、文印室、接待与会议室等，其空间应集中且以业务用房安排为主。经营用房是以文养文、自负盈亏的商业空间，包括文化用品店、画廊、乐器行、书店等，是文化馆（艺术馆）的附属空间，并为群众文化活动的开展提供相应的后勤服务保障，只是室内设计要处理好与主体的关系，切忌本末倒置。

3. 意境塑造

文化馆（艺术馆）作为国家设立的开展社会宣传教育、普及科学文化知识、组织辅导群众文化艺术（活动）的综合性公益性文化事业机构，其建筑内外环境设计的意境塑造也应体现出特有的文化气质来。

4. 案例剖析——湖北省艺术馆

2007年11月为迎接第八届中国艺术节的举办在湖北省武汉市东湖之滨建成的湖北省艺术馆即是湖北省文化建设的标志性建筑之一。湖北省艺术馆建筑占地面积15318m²，主体建筑地上4层，地下1层，总建筑面积25000m²（图7-51~图7-56）。建筑内部设有美术展览厅、音乐艺术厅、电影声像厅、学术报告

图7-51 湖北省艺术馆建筑造型及整体环境实景

a）建筑及整体环境实景　b）建筑造型及入口广场　c）馆标与馆舍建筑环境空间

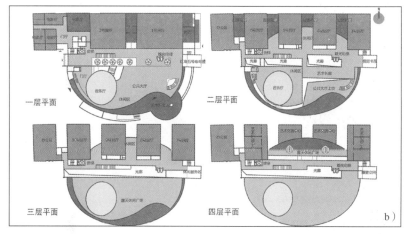

图7-52 湖北省艺术馆建筑及环境设计图

a）建筑及环境总体平面布置设计　b）建筑各层平面布置设计

图7-53　湖北省艺术馆建筑入口及室内公共空间环境设计实景

图7-54　湖北省艺术馆建筑室内展示陈列空间环境设计实景

厅、画廊、画库、专家工作房、艺术教室等内容。其艺术馆建筑内外环境将方和圆、直和曲等简单的形体与线条，与人造瀑布的光影、波纹有机地穿插在一起，体现出"理性与浪漫完美结合"的设计意境与艺术气质。

艺术馆建筑外部南门广场前曲后直，入口公共大厅透明流动的曲线，则暗示带有区域象征的东湖水的清澈柔美，可使人联想到艺术的纯净空灵与浪漫潇洒。东面远离广场的展厅部分取直线造型，并通过沿用省博物馆的饰面石材和敦实的体块来表达建筑艺术的雄浑沉着与严谨理性。

艺术馆建筑内部首层是主楼层。美术展览厅呈方形，表现了理性、适用、宁静、敦实的一面。音乐艺术厅呈圆形，又表现了浪漫、活泼、热闹、轻柔的一面，且兼多媒体演示报告厅，延伸至二层，共设有600个座位，可承担高规格的舞台演出、学术报告及会议等文化活动的举办，四个设备先进的电影厅更可为观众提供视觉与听觉的盛宴。

二层和三层分别布有4个面积425m²的展厅，可用于书画、艺术品或工艺品的展出。四层是用于各

图7-55　湖北省艺术馆建筑室内剧场及学术研讨会议空间环境设计实景

图7-56　湖北省艺术馆建筑内外环境空间设计实景
a）、b）建筑室内艺术书店空间环境　c）、d）建筑室内附设咖啡吧与雕塑作品空间环境陈列
e）、f）建筑室内中庭与外部空间环境实景

种门类艺术培训的空间，设有美术、舞蹈、音乐等培训教室，并建有光纤网络信息平台，以发挥艺术馆推广教育的作用。此外四层还设有艺术交流中心和艺术家工作室，为艺术家提供了交流、创作和研究的场所；艺术馆建筑内外环境空间的意境塑造，无疑为荆楚人众营造出一方高品位的文化空间场所。

7.3.5　剧场（音乐厅、歌舞厅、影院）建筑室内环境的设计

剧场（音乐厅、歌舞厅、影院）是为了人们进行观演活动而建的具有"观赏——表演"空间的大型公共建筑，是一个为广大市民提供欣赏各类音乐、戏剧、表演、影视等艺术的场所，也被称之为观演建筑（图7-57、图7-58）。从其构成范围来说，观演建筑包括了剧场、音乐厅、歌舞厅、影视中心、观演

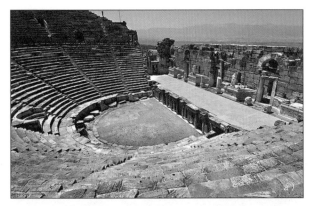

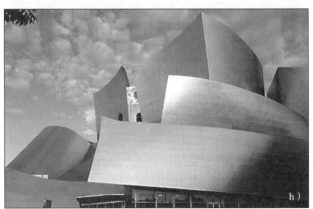

图7-57 剧场（音乐厅、歌舞厅、影院）建筑及其环境空间实景之一
a）意大利古罗马时期的圆形剧场建筑及其环境 b）英国伦敦莎士比亚环球剧场建筑及其环境
c）法国金碧辉煌的剧院内部空间环境 d）入夜的国家大剧院建筑及其空间环境
e）奥地利维也那国家歌剧院金色大厅内部空间环境 f）德国柏林爱乐音乐厅建筑及其空间环境
g）广州星海音乐厅建筑及其空间环境 h）美国洛杉矶迪斯尼音乐厅建筑及空间环境

图7-58 剧场（音乐厅、歌舞厅、影院）建筑及其环境空间实景之二

a）法国巴黎歌剧院建筑及其空间环境　b）美国大都会歌剧院建筑及其空间环境　c）澳大利亚悉尼歌剧院建筑及其空间环境

d）新加坡歌剧院建筑及其空间环境　e）美国好莱坞环球影城建筑及其空间环境　f）日本东京环球影城建筑及其空间环境

g）上海影城建筑及其空间环境　　　h）武汉华纳万达影城建筑及空间环境

综合体、临时性剧场等。这种特殊的建筑类型来源于人们原始生命的生存需求，并随着人类文明的进步而发展，至今已成为一种独立而又特殊的建筑类型。由于观演建筑其本身具有很强的艺术性、技术性和综合性，从古至今其设计和建造都深受社会的政治、经济、文化、科技等各个方面的制约。也正是这样在每个特定的时代，观演建筑都能真实地反映一个地区、一个国家的经济、文化、科技水平及社会的精神面貌，体现出所处城市的建设风貌和时代特征。

从世界观演建筑发展的趋势来看，现代观演建筑建设的高峰时期在20世纪50~60年代，如美国纽约的林肯演出中心、澳大利亚的悉尼歌剧院、日本的国立剧场、英国伦敦的国家剧院都是这个时期建成的现代著名剧场。进入20世纪80年代以后，建成较有名望的观演建筑有美国巴尔的摩音乐厅，德国的柏林室内音乐厅，日本大阪音乐厅，北京音乐厅及随后在中国香港和中国台北文化中心分别建造的音乐厅等，显示了当代观演建筑的勃勃生机。随着经济的快速发展，城市化进程的加快和表演艺术事业本身的需要，国内观演建筑于20世纪90年代以后也进入一个高速发展的时期，一批国家级、省、市级的剧场（音乐厅、歌舞厅、影院）等观演建筑也陆续建成，如上海大剧院、中国大剧院、广州歌剧院、新湖北剧场，以及北京的国家大剧院等，其独特的建筑造型、先进的观演条件、丰富的文化内涵均给人们带来耳目一新的视觉感受，已成为城市的文化"名片"，反映出所处城市发展的雄心壮志和文化品位。而剧场（音乐厅、歌舞厅、影院）等观演建筑作为国家建设的公益性文化设施，其建筑内外环境需要从以下几个方面来把握其设计的要点。

1. 空间组合

剧场（音乐厅、歌舞厅、影院）等观演建筑通常为一组群，从使用和管理上将其空间分为观众活动区和演出活动区两大部分（图7-59）。前者主要设置供观众集散和休息的场地，安排车辆停放以及绿化、美化设施等，演出活动区主要供演员和内部管理活动使用，除后台的有关设施外，也常设置一些附属用房以及演员和职工宿舍、食堂等。为此，在剧场（音乐厅、歌舞厅、影院）等观演建筑内外空间的组合上首先要处理好"观"和"演"的分区关系，要组织好观演建筑内外交通及人流线路，特别是观众进场和散场的人流路线应当短捷。在剧场（音乐厅、歌舞厅、影院）等观演建筑的出入口前面都应留出一定的用地作为集散缓冲所需的空间，其大小按不少于每观众0.2m²计算。观众与演员，工作人员，内部运输等的出入口应有适当划分。道具、布景等用车能运至侧台外的装卸口，并在其外部环境专设停车场地及绿化广场，应保

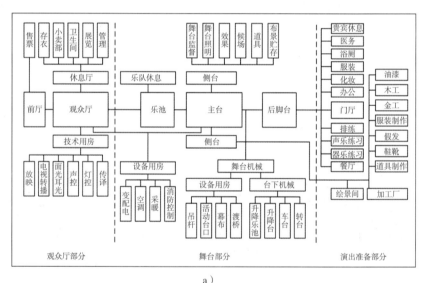

a）

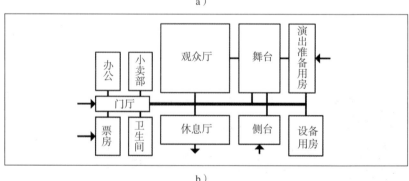

b）

图7-59 剧场（音乐厅、歌舞厅、影院）建筑室内环境的空间组合关系
a）大型剧场（音乐厅、歌舞厅、影院）建筑室内环境的空间组合关系
b）小型剧场（音乐厅、歌舞厅、影院）建筑室内环境的空间组合关系

证消防车能通畅地到达舞台周围及其后院等部位。在剧场（音乐厅、歌舞厅、影院）等观演建筑的室内空间应根据其演出性质、规模、剧种与形式上的区别来处理好前厅、休息厅、观众厅与舞台之间的空间组合关系及其人流活动的规律来布局。其中：

1）作为观演建筑的室内空间，应将良好的视听条件放在首位来考虑，并将其纳入空间布置与界面处理的层面来设计。观演建筑的室内设计必须根据人的视觉规律和声学特点来解决室内的视听问题，应让观众、听众看得满意、听得清楚，并能从其良好的视听条件中品味到高科技带给人们的视听盛宴。

2）观演建筑室内空间中有不少演出往往长达几小时甚至半天，观众也常达到千人之多，因此其室内空间应具有良好的通风、照明条件，而宽敞的流动空间和舒适的坐席，以及安全方便的交通组织和疏散条件可使观众在其中能更加专注地观赏演出作品，取得身临其境的艺术感悟。

3）观演建筑室内空间应把装修艺术和声学技术结合起来，以充分体现观演建筑室内环境特有的艺术魅力。同时，作为观演建筑室内环境还需避免来自内外环境中的各种噪声，能通过现代科技手段来达到良好的隔声效果。

4）观演建筑室内空间应具有高度的艺术性，使其能够形成一个高雅的艺术氛围，潜移默化地通过精彩的艺术表演与高雅的空间环境气氛来影响和提高人们的审美情趣和欣赏水平，直至推动全民通过高雅艺术的欣赏来达到提高品位的目的。

2. 构成部分

剧场（音乐厅、歌舞厅、影院）等观演建筑及其室内空间一般由演出部分、观众部分、管理及辅助用房三个部分所构成，其设计要点分别为：

（1）演出部分　包括舞台表演与备演两类空间（图7-60、图7-61）。

1）舞台表演空间包括舞台（基本台）、侧台（副台）、后舞台（大型影剧院）、乐池（表演地方戏的一般不用）、舞台机械设备及电气设备等有关用房（如灯光控制室、电声控制室等），兼演电影的

图7-60　剧场建筑内部演出部分的舞台表演空间环境实景

剧场还要设放映部分，包括放映室、电气室、倒片及工作室等。

2）舞台备演空间包括为演员及演出活动服务的辅助用房如化妆室、服装室、更衣间、小道具室、候演室、卫生间、乐队休息室、剧团办公室、维修室、库房等，大、中型剧场常需设排练厅、美工室等用房。

演出部分是剧场（音乐厅、歌舞厅、影院）等观演建筑室内设计的重点，设计中需首先明确其舞台是用于综合性表演还是专业性表演，或二者兼有之。以完成其室内设计层面的工作，并为舞台表演的舞美设计提供

图7-61　剧场建筑内部演出部分的舞台备演空间环境实景
a）舞台音响灯光控制室　b）舞台备演排练大厅
c）舞台备演化妆更衣室　d）舞台演员候演休息室

灵活的设计空间。为此，在其室内设计中应与以下三个方面的人员密切合作：

其一应与演出部门的导演、演员、舞美设计师合作，选定舞台的类型，确定舞台组成与尺度。

其二应与舞台机械师配合，确定舞台机械系统选用，以及布置台上机械与台下机械，协商所需要的技术空间，解决舞台栅顶，天桥，吊杆与幕帘间的协调关系。

其三应与灯光照明师配合，以作出舞台照明系统的选用、协调舞台耳光、面光、脚光、侧光、顶光、天幕灯光的控制及系统的选用，以及灯光控制位置的设定。

此外，还必须做出舞台防火及排烟设计，设置防火幕、防火门、水幕、消火栓、报警系统及消防控制室，防烟及排烟系统。解决土建设计中通风采暖管道与舞台工艺布置的矛盾，校验舞台混响时间。

兼放映电影的剧场设置的放映部分包括放映机室及倒片室、电气室、休息室等。放映机室应设置两台放映机，一台幻灯机，宽度约需6m，深度≥3m，净高≥3m。倒片室约需12m²，电气室约需10m²。在放映机室与观众厅间的墙上应开设有放映孔和观察孔，其尺寸分别为300mm×180mm，180mm×180mm。放映孔中心距放映室地面一般为1.25m，放映孔中心距观众厅后排地面应大于1.9m。放映室通常布置在观众厅的后部。有楼座时，可设在楼座后部，也可设在池座后部。放映室应有单独的对外出入口，不穿越观众厅。

舞台备演部分的化妆室应有大小之分，标准较高的单人用化妆室每间应不小于12m²，4~6人用化妆室每人不应小于4m²，10人以上的大化妆室每人应不小于2.5m²。演员化妆多采用人工照明，室内应有良好的采暖通风条件，并设冷热水面盆（大化妆室按每6人设一个计）。所有化妆室内都应有扬声器。标准高的影剧院可考虑设适当的套间化妆室（即带有卫生间及休息，会客室等）。

演员候场室要求安静，位置靠近出场口，室内设沙发及全身镜并有宽敞的门通向舞台。当化妆室全部设在二层时，候场室的面积应适当加大，可至20~30m²。

小道具室设在靠近演员出场口，一般设有开敞式柜台使演员顺路方便地领取道具。抢妆室的位置要靠近舞台表演区，面积不必大，能放下一张化妆桌和容纳化妆师在内即可。

（2）观众部分　包括观众厅、门厅、休息厅、卫生间、小卖部等内容，一些有特殊接待任务的剧场还有贵宾室及相应的辅助用房和专用卫生间（图7-62~图7-64）。

图7-62 剧场建筑内部观众部分各种类型的观众大厅空间环境实景

　　观众厅设计最主要的是要保证观众在其环境中能够舒适的欣赏到各种艺术表演，能够看得清、听得好，遇到紧急情况能够迅速、安全地疏散。在其室内设计中应注意以下几点：

　　1）观众厅的平面形式有矩形、钟形、扇形、六角形。此外，还有马蹄形和圆形等，应根据观众容量、视线平面要求及建筑环境进行组合。

　　2）观众厅的座位排列可分为长排式及短排式。长排式可连排50个座位，短排式当一侧有走道时，座位不超过9个，两侧有走道时不超过18个；座位的宽度硬椅不小于0.48m，软椅不小于0.50m；长排式排距硬椅不小于0.90m，软椅不小于1.00m；短排式排距硬椅不小于0.78m，软椅不小于0.82m；长排式边走道宽应不小于1.20m，短排式边走道宽不小于0.80m，纵向走道宽不小于1.00m；横向走道除排距以外通道净宽不小于1.00m，横向走道间座位应不超过20排。为使观众能面向舞台，座位排列应有一定的曲率，其曲率半径一般大于或等于最远视距的2倍，约60m。

3）观众厅的视线设计，保证观众获得良好视线的标准是：看得清、无遮挡、形象不失真。因此视线设计主要研究解决视距、视角和地面坡度等三个方面的问题。

视距。指观众眼睛到设计视点的水平距离。一般以观众厅最后一排至大幕中心线（或银幕中心线）的直线距离作为设计控制的最远视距。歌舞剧场的最远视距不宜超过33m，话剧和戏曲剧场不宜超过28m，电影的最远视距控制在36m以内，最大值不超过40m。

视角。通常坐着的观众在人眼不转动时，观察彩色物体的水平视角为30°~40°，转动眼睛可达60°，人头舒适转动角度为90°，最前排水平视角不宜超过120°；人眼垂直视角在15°~30°范围，超过30°时辨认物体形状能力迅速减弱，故最大俯角不宜超过30°；而楼座接近台口处的边座戏包厢最大俯角不宜超过30°。

地面坡度。解决的办法是使座位所立地面逐排升高，使观众厅的地面形成一定坡度。而进行地面坡度设计，尚需弄清第一排座位的位置、设计视点的位置、排距和地面升起等标准和其计算的方式。

4）观众厅的音质设计，观众厅的音质要有足够的响度，而通常观众厅的环境噪声一般达45dB左右，所以声音要求比噪声大10dB左右其响度才能满意；其次还需避免回声与聚焦，办法是调整反射面角度或将反射面做成扩散面或吸声面；再就是影响音质清晰度和丰满度的主要因素是混响时间，而合适的混响时间根据使用要求和体积不同在500~1000Hz范围内宜采用0.9~1.5s。其中：歌舞剧1.2~1.5s；话剧0.9~1.2s；戏曲1.0~1.4s；电影0.9~1.1s。

门厅与休息厅主要供观众在演出前与演出场间休息、停留、等候和交谈时使用，其面积的大小应根据剧院的性质、规模以及地区差别的要求来定。

图7-63 剧场建筑内部观众部分各类门厅与公众大厅空间环境实景

a）法国巴黎歌剧院建筑内部观众门厅空间环境　b）上海音乐厅建筑内部观众门厅空间环境
c）国家大剧院建筑内部公众大厅空间环境　d）武汉亚贸兴汇影城建筑内部观众门厅空间环境

图7-64 剧场建筑内部观众部分贵宾休息及服务大厅空间环境实景

a）国家大剧院建筑内部贵宾休息空间环境　　b）上海大剧院建筑内部贵宾休息空间环境

c）重庆华纳万达影城内部服务大厅空间环境　　d）国家大剧院建筑内部公共大厅服务空间环境

e）上海大剧院建筑内部服务大厅空间环境　　f）北京保利国际影城内部观众过厅空间环境

其中门厅的设计应便于观众的入场及疏散，要求流线方向明确，路线短捷，并符合防火和疏散要求。门厅内的小卖、茶水、存衣等服务内容的设置应位置适当且不被人流穿越，同时尚需注意其通风、采光及艺术处理。休息厅的设计应方便观众的使用，位置不宜过偏。同时还应注意人流路线的组织和表演节目的宣传及预告，配有完备的休息和服务设施。

（3）管理及辅助用房　管理用房包括办公室、会议室、值班室、库房、售票室等（图7-65），而辅助用房是指剧场的变配电间、锅炉房（无集中供热的采暖地区）或空调机房等设备用房。有特殊需要的还可能设电视转播、同声传译等用房，其设计可依据剧场的建设标准和要求进行设计处理，其中部分特殊需要的用房尚需与专业设计工种协商来进行联合设计。

图7-65　剧场建筑内部管理及辅助用房部分空间环境实景

a）北京人艺实验剧场建筑内部会议室空间环境　b）安徽芜湖华亿环球影城内部售票大厅空间环境

3. 意境塑造

剧场（音乐厅、歌舞厅、影院）等观演建筑作为国家、地区与城市的文化标志性建筑，其建筑内外环境设计的意境塑造也应体现出特有的艺术个性与文化意蕴。

4. 案例剖析——悉尼歌剧院

位于澳大利亚悉尼市贝尼朗岬角的悉尼歌剧院，由丹麦建筑设计师约恩·乌松AC（Jørn Utzon）设计（图7-66~图7-71）。若从远处望去，只见歌剧院像是浮在海上的一丛奇花异葩，那洁白的建筑外部环境色彩与优美、独特的建筑造型，在蓝天碧水的映衬下酷似一组乘风破浪的帆影，又如一簇簇盛开的花朵，在蓝天、碧海、绿树的衬映下，塑造出婀娜多姿，轻盈皎洁的"船帆屋顶剧院"的设计意境来。

图7-66　澳大利亚悉尼歌剧院建筑鸟瞰与外部造型实景

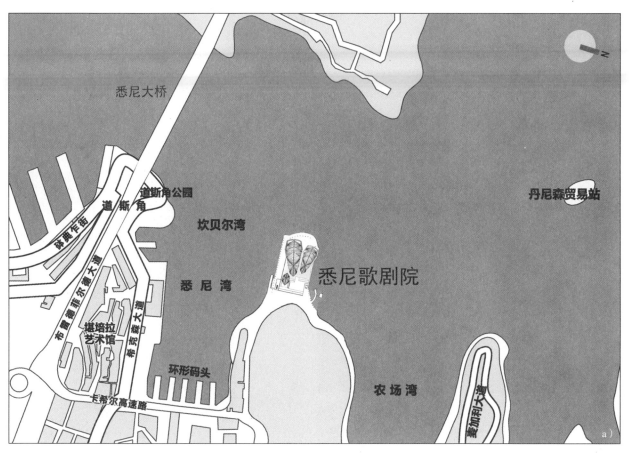

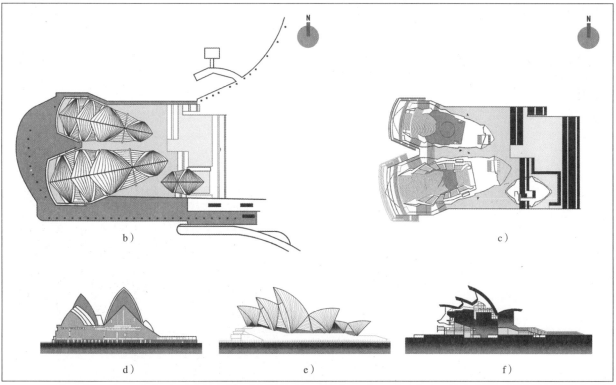

图7-67 歌剧院在悉尼市的位置及其建筑设计图

a）歌剧院在城市的地理位置图 b）歌剧院建筑总体平面布置设计

c）歌剧院建筑首层平面布置设计 d）歌剧院建筑北立面设计

e）歌剧院建筑东立面设计 f）歌剧院建筑剖面设计

悉尼歌剧院作为一个综合性的文化活动中心，其外观为三组巨大的壳片，耸立在南北长186m、东西最宽处为97m 的现浇钢筋混凝土结构的基座上。三组壳片下分别有多个演出厅堂，其中音乐厅是悉尼歌剧院最大的厅堂，共叮容纳2679名观众，通常用于举办交响乐、室内乐、歌剧、舞蹈、合唱、流行乐、爵士乐等多种表演。音乐厅内最特别的是正前方由本土艺术家Ronald Sharp设计建造由10500个风管组成的大管风琴，号称是世界最大的机械木连杆风琴。并且整个厅内界面装修均使用本土木材，使本土独有的设计风格呈现出来。

歌剧厅较音乐厅小，设1547个座位，主要用于歌剧、芭蕾舞和舞蹈表演；内部陈设新颖、华丽，

图7-68　悉尼歌剧院建筑内部音乐厅表演舞台及观众大厅空间环境

图7-69　悉尼歌剧院建筑内部歌剧厅表演舞台及观众大厅空间环境

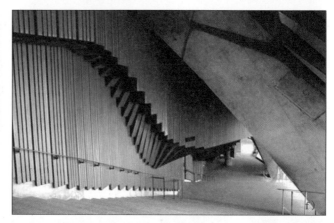

图7-70 悉尼歌剧院建筑内部观众休息大厅及入口门厅空间环境实景

a)~d)建筑内部观众休息大厅空间环境　e)、f)建筑内部入口门厅空间环境　g)建筑内部演员化妆换装空间环境
h)建筑入口票务大厅空间环境　　　　i)建筑内部演员排练大厅空间环境

图7-71　悉尼歌剧院建筑内部临海空间及外部环境实景

　　a）歌剧院建筑内部临海空间环境　　　　　　b）歌剧院建筑内部出口空间环境　c）、d）歌剧院建筑外部临海遮阳雨篷空间环境

　　e）歌剧院建筑外部两个壳体相间的空间环境　f）歌剧院建筑外部临海空间环境　g）回望歌剧院建筑似帆的造型倩影

　　h）歌剧院建筑入夜的灯光照明效果

歌剧厅的舞台面积为440m²，有转台和升降台等表演装置。舞台上陈列有两幅法国织造的毛料华丽幕布富有特色。一幅名为"日幕"，图案用红、黄、粉红3色构成，犹如道道霞光普照大地；一幅名为"月幕"，图案用深蓝色、绿色、棕色组成，好像一弯新月隐挂云端。舞台灯光由计算机控制，闭路电视可对台上、台下情景等进行监控管理。另在壳体开口处旁边两块倾斜的小壳顶下形成了一个大型的公共餐厅，名为贝尼朗餐厅，每天晚上接纳6000人以上。其他各种活动场所设在底层基座之上。剧院有话剧厅、电影厅、大型陈列厅和接待厅、5个排列厅、65个化妆室、图书馆、展览馆、演员食堂、咖啡馆、酒吧间及各种服务设施等。

如今坐落在悉尼港的蓝天碧海之间的悉尼歌剧院不仅规模宏大，陈设讲究，演出频繁，每年在悉尼歌剧院举行的表演大约3000场，约二百万观众前往共襄盛举，是全世界最大的表演艺术中心之一，是悉尼市的灵魂。只要一见到这个特异的白色造型物体，即可想到悉尼乃至于澳大利亚，其设计的艺术魅力可见一斑，2007年悉尼歌剧院被列为世界文化遗产。

5. 案例剖析——星海音乐厅

位于广州二沙岛上临珠江而建的星海音乐厅，是以人民音乐家冼星海的名字命名的音乐厅（图7-72~图7-77）。其建筑占地面积1.4万m²，建筑面积1.8万m²，设有1500个座位的交响乐演奏大厅、460个座位的室内乐演奏厅，100个座位的视听欣赏室，和4800m²的音乐文化广场。整体建筑为双曲抛物面钢筋混凝土壳体，室内不吊天花板，做到建筑空间与声学空间融为一体。是我国华南地区规模最大，设备先进，功能完备，具有国际水平的音乐厅堂。

图7-72 星海音乐厅
a）远望珠江江畔、广州二沙岛上的星海音乐厅建筑　b）星海音乐厅建筑及其入口空间
c）人民音乐家冼星海雕像及星海音乐厅建筑与环境空间

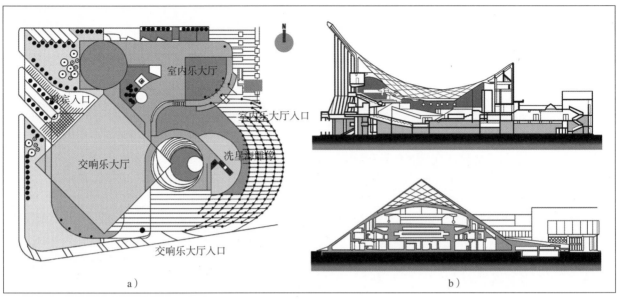

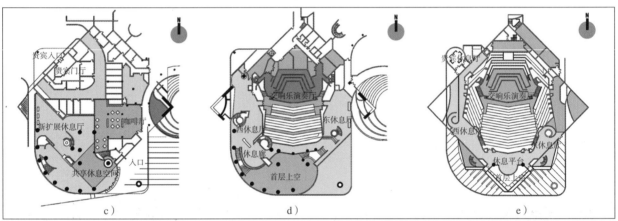

图7-73　星海音乐厅建筑及其环境设计图

a）星海音乐厅建筑总体平面布置设计　b）星海音乐厅建筑剖面设计　c）星海音乐厅建筑首层平面布置设计

d）星海音乐厅建筑二层平面布置设计　e）星海音乐厅建筑三层平面布置设计

　　星海音乐厅建筑的意境塑造紧紧围绕"音乐"的主题来做文章，其建筑自北向南斜望，犹如一只展翅欲飞的天鹅，从西往东看，南面的抛面与二楼平台构成一架撑起盖面的大钢琴，与珠江的碧水合奏着永不休止的和弦；晴日里，从两条抛物面的弧形脊看旭日喷薄而出和夕阳西坠，又似五线谱上圆圆的音符。

　　在星海音乐厅的室内空间，其设计更是延续"音乐"主题的意境来营造其音乐的氛围。进入大厅门廊，迎面便是中西合璧的艺术景观：冼星海、聂耳、阿炳等与巴赫、莫扎特、贝多芬等中外音乐家的雕像分别呈现在东西两扇青铜浮雕上，像一个个震撼人心灵的乐章，诱人遐想。音乐厅内 "传统文化精神"与"音乐"两大元素贯穿内部空间设计之中的感觉更是扑面而来，如首层交响乐大厅入口处的青铜门板底座，那精致的工艺与粗旷的造型，在泛着幽幽绿光的青铜器上，使人领略了古代青铜文化的风采。另在大厅正面墙上托出一组"雨打芭蕉"的浮雕，以及室内乐休息大厅入口设计的"石桥"，门廊上大尺度的青铜门扇的次序，均使内部空间设计带入了更多的广东地域文化特征。

　　交响乐演奏厅是星海音乐厅的主体，也是目前国内最大的纯自然声演奏厅，其声学指标是根据国际上"顶级"音乐厅所具有的音质参数，并结合该厅的规模设计的；厅内观众席呈山谷梯田型，设有堂座、厢座、楼座和廊座共1500个座位，每一个座位虽然与舞台有着不同角度，但收到的音频基本是均匀

图7-74　星海音乐厅建筑入口门厅及内部观众休息大厅空间环境实景

图7-75 星海音乐厅建筑内部交响乐演奏厅表演舞台及观众大厅空间环境

图7-76 星海音乐厅建筑内部室内乐演奏厅表演舞台及观众大厅空间环境

的，而且混响时间为1.8s；厅堂跨度80m，大厅穹顶吊有40余只玻璃钢调音体。交响乐厅内舞台正上方的管风琴为现今东南亚地区最大的巨型管风琴，其音域宽广，表现力强，演奏出来的效果可以与一支大

图7-77　星海音乐厅建筑灯光照明夜景效果及外部环境空间实景

型交响乐队相媲美，有"乐器之王"的美誉。

　　室内乐演奏厅是具有国际水平的演奏厅，设有堂座、厢座、楼座共460个座位，在这里除举办室内乐、重奏、独奏、独唱外，也可举办单、双、三人舞演出，独幕剧表演等。演奏厅对任何艺术演出具有同步录音、录像、制作CD、VCD的功能。由于该厅能够通过计算机调节室内声学性质，故不仅可用于室内乐演奏，也适用于多种形式的演出及音乐讲座、电影放映等。此外，音乐厅内另设的音乐录音室、图书资料中心等，使得星海音乐厅围绕"音乐"的主题配置得更为完善，成为一座名副其实的音乐艺术圣殿。

7.3.6　文化艺术中心建筑室内环境的设计

　　作为集观演、展览、图书、培训、研究与美食、娱乐、商业等多功能文化艺术活动与服务系统于一体，具有大型及综合化特色的文化娱乐类公共建筑，文化艺术中心无疑是现代城市中最具标志性及影响力的文化艺术活动场所，也是一个城市或地区，乃至国家用于呈现文化艺术发展成就的具有综合性特征的建筑组群（图7-78）。其建筑空间的这种综合性特征是从20世纪下半叶开始发展起来的，它既是后工业社会发展的客观需要，也是各行业建筑自身生存和发展的需要。从社会发展角度看，市场竞争加剧，时间观念加强，人们希望在单位时间内能办更多的事，以提高社会生活方式的高效率。因此，为了提高

图7-78　文化艺术中心建筑环境空间实景

a）美国纽约林肯文化艺术中心建筑环境　b）英国伦敦巴比肯艺术中心建筑环境　c）新喀利多尼亚斯特芝贝欧文化中心建筑环境

d）日本三重县艺术中心建筑环境　　e）中国香港文化中心建筑室内空间环境　f）上海东方艺术中心建筑环境

g）苏州科技文化艺术中心建筑环境　　h）中山市文化艺术中心建筑室内空间环境

建筑空间的使用率，增加商业服务效率，满足人们在使用过程中的多方位需要，各种类型建筑的传统单一功能都被突破，增加了与社会生活相关的功能用房及商业服务设施，相关的文化教育设施及文化休闲设施，并能做到寓教于乐，不少建筑类型都由单一功能走向综合性强的复合功能。

纵览文化建筑的发展历程，它从单一走向综合，个体走向组群，形成城市中规模宏大的文化艺术中心建筑组群，显然是现代社会政治、经济、科技、文化与艺术发展到较高层面后的必然产物。如20世纪60年代中期在美国纽约建成的林肯表演艺术中心，70年代在法国巴黎建成的蓬皮杜艺术和文化中心及后来建成的加拿大多伦多新文化艺术中心，日本东京新国立剧场和歌剧城，以及近年在国内多个城市陆续建成的深圳华夏艺术中心、上海东方艺术中心、厦门文化艺术中心、中山市文化艺术中心、武汉琴台文化艺术中心等均呈现出当代文化建筑发展的趋势和设计特色。其建筑内外环境需要把握的设计要点主要包括：

1. 空间组合与布置

在建筑内外环境空间布局方面，文化艺术中心作为规模庞大的建筑组群，大都将观演、展览、图书、培训、研究与美食、娱乐、商业等功能在空间上进行横向与竖向的分布，并将其用广场及街区的形式集合成为一个整体，从而形成建筑气势恢弘、壮观，空间布局合理、协调，交通流线清晰、通畅，结构合理又节省用地的文化建筑群体。同时，在文化艺术中心建筑组合功能内容上也可进行更加广泛的拓展，并不断引进新的概念和做法来体现其设计的时尚与特点。如坐落于浦东行政文化中心的上海东方艺术中心，是上海的标志性文化设施之一，由法国著名建筑师保罗安德鲁设计，总建筑面积近40000m²。从高处俯瞰，东方艺术中心的建筑空间组合与布置为五个半球体，依次为正厅入口、演奏厅、音乐厅、展览厅、歌剧厅，其整体空间组合与布置使建筑外形宛若一朵美丽的"蝴蝶兰"（图7-78）。

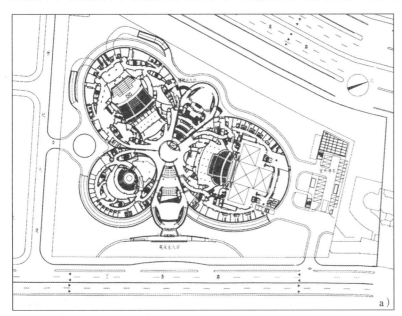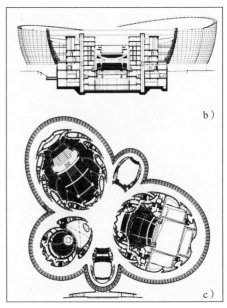

图7-79　上海东方艺术中心建筑空间组合与布置

a）上海东方艺术中心建筑空间总体平面组合与布置设计　b）上海东方艺术中心建筑剖面设计

c）上海东方艺术中心建筑空间二层平面组合与布置设计

在文化艺术中心建筑组群内的各个规模不等的文化建筑室内环境空间布置上，则需遵循不同文化建筑室内环境空间组合的要点进行设计，并注重能将各个文化建筑室内环境空间中公共部分结合起来做统一考虑，诸如其建筑室内环境中的休息、卫厕、管理及辅助用房等空间，即可在文化艺术中心建筑组群内做一体化的设计处理，从而达到提高空间使用效率，节省用地的目的。

2. 建筑技术与材料

作为现代社会政治、经济、科技、文化与艺术发展到较高层面后在各个国家、地区或城市建设具有标志性特征的文化建筑组群，均将日新月异的建筑技术与材料应用到各自文化艺术中心建筑组群的内外环境设计中，并使建筑的新技术、新材料、新工艺在其建筑上得以最充分的运用与展示。国内近年来在进行的一系列大型文化设施建设中，如从上海大剧院首推的拉索连接陶瓷烤花玻璃到东方艺术中心的双曲双层夹胶金属穿孔网玻璃外墙，从国家大剧院带防噪声阻尼材料钛金外壳到重庆大剧院双层呼吸式再生陶瓷玻璃幕墙，都将最新的建筑技术与材料、工艺充分运用到了其外部界面上（图7-80）。

图7-80　文化艺术中心建筑中新技术、新材料、新工艺的运用与展示

a）、b）上海东方艺术中心建筑内部的陶砖面墙与双曲双层夹胶金属穿孔网玻璃外墙应用实景

c）、d）国家大剧院建筑带防噪声阻尼材料钛金外壳与无序的桁架玻璃外墙应用实景

而在文化建筑室内环境空间中，不管是以博览类还是观演类为主体的文化建筑中，也都随着建筑结构技术的发展，出现了壳体、穹顶、拱形、帐膜与充气结构等形式，使文化建筑室内环境空间的跨度、高度、空间有了更大的自由度，从而使其室内环境设计在空间艺术、界面处理、装饰陈列方面更加灵活。而金属、玻璃与石材等计算机切割控制技术的完善，更是为丰富文化建筑室内环境空间的设计创作提供了新的手段与方法。此外，展示陈设与演出技术的发展，机械制造水平的提高及计算机智能控制技术的广泛应用，使得文化建筑室内环境空间的展示陈设与演出道具、机械、设备、布景、灯光、音响的综合智能化控制及多样化达到了一个崭新的高度，也使现代文化建筑及其室内环境能够将人们带入一个引人入胜的艺术空间。

3. 个性特色的塑造

文化艺术中心建筑作为国家、地区与城市的文化标志性建筑，其建筑及其内外环境设计的个性特色的塑造无疑是最受关注的问题之一。

4. 案例剖析——蓬皮杜艺术和文化中心

蓬皮杜艺术与文化中心位于法国巴黎市中心区，是于1977年建成并开馆的国家级文化建筑（图7-81~图7-87）。由英国建筑师R. 罗杰斯和意大利建筑师R. 皮亚诺合作设计，整个建筑占地7500m²，建筑面

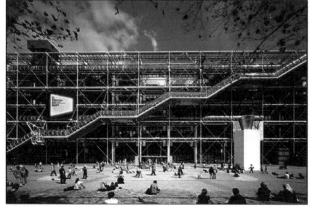

图7-81　蓬皮杜艺术和文化中心建筑及其环境整体鸟瞰与外部造型空间实景

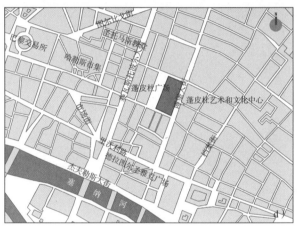

图7-82　蓬皮杜艺术和文化中心建筑及其环境空间实景

a）~c）蓬皮杜艺术和文化中心建筑及其环境空间　d）蓬皮杜艺术和文化中心建筑在城市中的地理位置

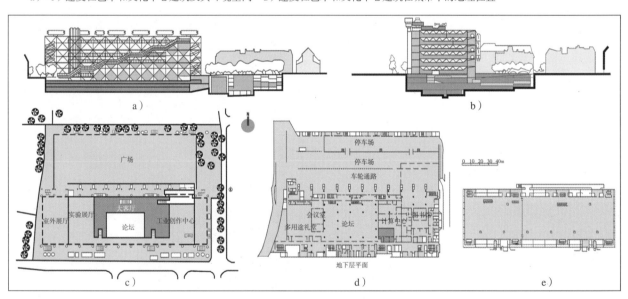

图7-83　蓬皮杜艺术和文化中心建筑及其环境设计图

a）建筑及其环境纵向剖面设计　　　　　b）建筑及其环境横向剖面设计

c）建筑及其环境一层平面布置设计　　　d）建筑及其环境地下层平面布置设计

e）建筑及其环境标准层平面布置设计

积共10万m²，地上6层。蓬皮杜艺术和文化中心主要包括四个部分：公共图书馆，建筑面积约1.6万m²，现代艺术博物馆，约1.8万m²，工业美术设计中心，约4000m²，音乐和声响研究中心，约5000m²。连

图7-84　蓬皮杜艺术和文化中心建筑内部空间环境实景之一

图7-85 蓬皮杜艺术和文化中心建筑内部空间环境实景之二

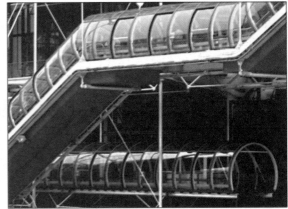

图7-86　蓬皮杜艺术和文化中心建筑内外空间及环境色彩、灯光照明实景

同其他附属设施，总建筑面积为10.3305万 m²。除音乐和声响研究中心单独设置外，其他部分集中在 幢长166m、宽60m的六层大楼内。大楼的每一层都是一个长166m、宽44.8m、高7m的巨大空间。整个建筑物由28根圆形钢管柱支承。其中除去一道防火隔墙以外，没有一根内柱，也没有其他固定墙面。各种使用空间由活动隔

图7-87 蓬皮杜艺术和文化中心建筑外部空间环境实景

断、屏幕、家具或栏杆临时大致划分，内部布置可随意改变，使用极其灵活与方便。

蓬皮杜艺术和文化中心外部钢架林立、管道纵横，并且根据不同功能分别漆上红、黄、蓝、绿、白等颜色。因这座现代化的建筑外观极像一座工厂，故又有"炼油厂"和"文化工厂"之称。其中红色的是交通运输设备，蓝色的是空调设备，绿色的是给水、排水管道，黄色的是电气设施和管线。人们从大街上可以望见复杂的建筑内部设备，五彩缤纷，琳琅满目。在面对广场一侧的建筑立面上悬挂着一条巨大的透明圆管，里面安装有自动扶梯，作为上下楼层的主要交通工具。设计者把这些布置在建筑外面，目的之一是使楼层内部空间不受阻隔。

罗杰斯解释他的设计意图时说，"我们把建筑看作同城市一样的灵活的永远变动的框架。……它们应该适应人的不断变化的要求，以促进丰富多样的活动。"又说："建筑物应设计得使人在室内和室外都能自由自在地活动。自由和变动的性能就是房屋的艺术表现。"罗杰斯等人的这种建筑观点代表了一部分建筑师对现代生活急速变化的特点的认识和重视。20世纪60年代在英国出现过的"阿奇格兰姆"建筑学派的主张与此相似。就广义而言，蓬皮杜艺术和文化中心的建筑设计也可以说是代表了现代建筑中"重技术派"的作品。

蓬皮杜艺术和文化中心的建筑内外环境设计在国际建筑界引起广泛注意，对它的评论分歧很大。有的赞美它是"表现了法兰西的伟大的纪念物"，有的则指出这座艺术文化中心给人以"一种吓人的体验"，有的认为它的形象酷似炼油厂或宇宙飞船发射台。正是蓬皮杜艺术和文化中心在其设计个性与特色方面的塑造，使其像一个夺目的瑰宝镶嵌在巴黎市内。开始时，也像埃菲尔铁塔一样，因为它与众不同而遭到许多非议。现在人们开始习惯了，不但不觉得怪，反而感到非常实用。如今它不仅是一个名副其实的艺术和文化中心，而且成为法国巴黎市中心区一大名胜。

5. 案例剖析——武汉琴台文化艺术中心

琴台文化艺术中心位于武汉市汉阳区月湖湖畔北岸，是于2007年为了举办第八届中国艺术节作为主会场而在中部地区建成的一个国家级文化艺术中心建筑（图7-88~图7-93）。由广州珠江外资建筑设计院黄捷主持设计，整个文化艺术中心包括1800座的琴台大剧院、1600座的琴台音乐厅及月湖文化主题公园。建成后它将成为占地达2.15km²，国内一流的艺术殿堂和体现武汉城市风貌的标志性建筑，也是位于武汉三镇交汇处重要的旅游胜地及市民文化、休闲、娱乐的重要场所。从已建成的琴台文化艺术中心建筑组群来看，琴台大剧院与

图7-88 武汉琴台文化艺术中心建筑灯光照明艺术效果

图7-89 武汉琴台文化艺术中心建筑及其环境空间实景
　a）琴台文化艺术中心琴台大剧院建筑及其环境空间灯光照明艺术效果
　b）琴台文化艺术中心琴台音乐厅建筑及其环境空间灯光照明艺术效果

琴台音乐厅则构成其主体与核心景点。

　　琴台大剧院总建筑面积约6.5万m²，设计取意"高山放歌"。其建筑内部设计以人为本，设备先进，表演舞台台口宽18m，高12m，进深达50m，宽72m，拥有一个由两部分组成的面积为92m²的乐池，可容纳120人的乐队演奏，可供大型音乐剧、歌剧、芭蕾、歌舞剧、戏剧、音乐会等各类世界顶级艺术表演在此演出的要求。观众厅内装修典雅、陈设别致，其良好的视听设计与配套设备可给观众带来完美的艺术享受。大剧院的外观造型设计吸取了中国园林步移景异的手法，以"琴键飞奔，水袖飞舞"般的飘带伸臂构架构型，限定出层次丰富的景观空间，与宛如古琴琴弦的金属玻璃体交相辉映，加上青铜幕板形成的历史厚重感及红色主调带来的文化底蕴，让人们体味出浓郁的楚文化个性特色与设计神韵。

图7-90 武汉琴台文化艺术中心建筑入口空间及其休息门厅内部环境实景

图7-91 武汉琴台文化艺术中心大剧院与音乐厅建筑内部观众大厅及其表演舞台空间环境实景

图7-92 武汉琴台文化艺术中心大剧院多功能厅与建筑内部观众大厅休息空间及贵宾厅环境实景

琴台音乐厅总建筑面积约3.6万m²，设计取意"流水知音"。以自然声演出交响乐为主，由交响乐厅、室内乐厅、多个艺术展示厅、排练厅及公共服务空间、交通辅助用房等组成。其建筑采用了世界流行的"欧洲经典鞋盒"造型，使其内部声音流动性好，弦乐器与木管乐器、木管乐器与铜管乐器的平衡能让音乐更具整体及丰满感。

在具体设计中一方面抬高大剧院及音乐厅建筑标高，形成贯通汉江、月湖的入口大厅视线；另一

图7-93 武汉琴台文化艺术中心建筑外部入口道路及其空间环境景观效果

方面，建筑总体动势顺应汉江、月湖东西延伸的形态，构成东西长向舒展的造型，有如行云流水，富于设计的韵律感，从而形成互动的城市空间。建筑作为整体肌理的一部分，和基地形成清晰的图底关系，融入整体的城市环境。与此同时，东南侧入口大堂空间斜向偏转，遥指月湖南岸建于明万历年间的古琴台，形成历史之轴，宛如沧海之回流，使主入口空间更富于动感，突现高山流水遇知音的设计主题，并为琴台文化艺术中心平添了无尽的遐思和魅力。

文化广场是以文化艺术为主题的大型城市广场。它紧临古琴台，与文化艺术中心隔湖相对。设有凤凰广场、万人露天剧院、月影舞台；东侧为知音岛，绿意葱茏，还有会唱歌的雕塑；东南侧为音乐森林，流水潺潺；西南边为莲花湿地，栈桥曲折相连，沿湖边延伸……北有观江平台。作为大量人流的集聚地，它能同时容纳万人聚会和大型重要文化活动在此举办。

如今整个琴台文化艺术中心建筑组群宛如一首凝固的交响乐，将高山流水的激昂、楚风奔放的意境淋漓尽致地展现出来，直至让人们通过其建筑及内外环境个性特色的塑造来引发观众在不同文化背景上的共鸣，以获得其独特的文化体验与感悟。

总之，在当代智力和资本流动日益频繁的全球市场背景下，独特的城市文化建筑特质的创造将伴随着人们对其内涵与特征的认识而更加深入，从而也必将促使其概念得到更进一步的拓展。若从当代城市文化的产生与传播机制来看，所有与城市文化创造进程相关的空间都应被视为文化空间，其中既包括为市民服务，传统意义的文化、娱乐消费型空间；也包括促进城市文化发展和产业化的文化生产空间，如国内不少城市正在建设之中的媒体、网络、动漫、游戏等文化产业创业园区的建筑与内外环境，都将成为纳入未来文化建筑及其内外环境设计的范畴来研究。由此，文化建筑的内涵、作用及特征，也将随着社会经济需求的变化而不断地更新与发展。

第8章　科教建筑的室内环境设计

　　当今世界科学技术的发展突飞猛进，新技术革命席卷全球。科学技术正深刻地改变着我们的生活方式，并成为经济与社会发展的动力。教育是科技进步的动力，并通过培养科技人才、参与科学研究和技术开发等途径直接推动科学技术的发展。可见科技与教育是当代社会发展普遍受到关注的问题，也是国家发展与提高综合国力的必由之路。科教建筑是为科技与教育发展提供推动作用的基础设施，其发展与建设水准无疑也从一个侧面反映了社会、经济发展的程度，尤其在进入高科技时代的今天，在当代建筑文化思潮影响下，科教建筑在建筑形式上将融入更多的时代主题于设计风格之中，从而出现异彩纷呈、多姿多彩的建筑内外空间环境式样来。

8.1　科教建筑室内环境设计的意义

8.1.1　科教建筑的意义与类型

　　科教建筑是科研与教育建筑的统称，其中科研建筑是指进行科技研究、实验与测试，以及用于科学普及宣传和科技企业孵化器的一种建筑类型，而教育建筑是指从事育人活动的各类环境空间，学校建筑即是教育建筑的集中体现，它为不同层面的育人活动提供了专门的物质和精神环境。

　　从科教建筑构成类型来看，科研建筑主要包括科研机构、院校及企业的普通和各种专门研发空间、实验场所及科普场馆等。这类建筑往往技术性要求较高，有的特殊实验室从选址、总体布局到建筑本身的设计都有严格的要求。而教育建筑主要包括高等学校、中小学校与托幼儿园，以及各种培训中心和补习学校。因教学要求和规模的不同，各种学校的建筑从总体布局到单体建筑的设计都有很大差别。其中大专院校无论总体还是单体建筑的设计都最为复杂，也最具代表性。从广义上看，科教建筑还应包括某些和教育、科教关系较密切的文化建筑如各种图书馆、博物馆、美术馆等形式（图8-1）。

1. 科研建筑

分为研发空间、实验基地与科普场馆三种建筑类型。

（1）研发空间　是供科研人员进行科学研究与技术开发工作的空间环境。研发空间按其功能分为研发办公、研发实验、研发试制、研发培训、研发展示、行政管理与后勤服务、交流娱乐用房等内容。

（2）实验基地　是供科学研究、教学或生产机构进行分析、检验和测试用的建筑。实验室按其作用分为基础实验室、应用实验室和测试实验室等。包括自然科学与社会科学方面的各类分析、检验和测试实验用房等内容。

（3）科普场馆　是指以提高公众科学素质为目的、常年对公众开放、实施科普教育活动的场馆。科普场馆是公民科学素质建设和实施科教兴国战略的重要基础设施。科普场馆主要包括各类科普知识为主及专业性为主的科技馆和青少年科技活动中心等类型。

2. 教育建筑

主要分为高等学校、中小学校和托幼儿园三种建筑类型。

（1）高等学校　泛指对公民进行高等教育的各类学校。包括普通高等学校、成人高等学校、民办高等学校等，并从学历上分为专科、本科、硕士研究生和博士研究生四个层次，有大学、学院和专科学校三种类型。而高等学校建筑则分为教学、科研、实验、图书、文体活动、实习车间、后勤服务、学生与教工生活等建筑类型。

（2）中小学校　泛指对公民进行初等与中等教育的各类学校。按学制小学为六年，中学分为初级与高级两个阶段，各为三年。其中小学与初中为国家规定的九年义务教育阶段，高中则为非义务教育阶段。中小学校有普通、重点与特殊学校（盲校、聋哑与弱智学校）之分，其建筑则分为教学、实验、图书、文体活动、后勤服务、学生与教工生活等类型。

（3）托幼儿园　泛指为学龄前儿童集中进行保育和教育而使用的建筑，其中供三周岁以下的幼儿使用的建筑为托儿所，三至六周岁幼儿使用的建筑为幼儿园。托幼建筑由幼儿生活、活动、服务、后勤

图8-1　现代科教建筑及其空间环境实景

a）德国慕尼黑宝马总部大楼及其研发中心建筑　　b）神州数码北京研发大厦建筑室内空间环境
c）武汉光电国家实验室建筑及其空间环境　　　　d）上海贝尔实验室建筑室内空间环境
e）中国科技馆建筑及其空间环境　　　　　　　　f）中国香港天文馆建筑室内空间环境
g）美国哈佛大学校园建筑及其空间环境　　　　　h）中国香港大学建筑系教学空间内部环境
i）武汉大学附属中学校园建筑及其空间环境　　　j）芬兰约恩苏市立小学教室空间内部环境
k）克罗地亚萨格勒布市Janun区育儿中心建筑　　l）重庆市江北区某社区托幼儿园教室空间内部环境

与管理等用房及外部活动场地与娱乐运动设施所组成，并有日托制（早去晚归）幼儿园与全托制（也称寄宿制）幼儿园等类型。

8.1.2　科教建筑的构成关系

1. 科研建筑的构成

科研建筑的构成关系可分为研发实验与科普场馆来探索，它们具体为：

（1）研发实验建筑　研发实验建筑一般由前厅、研发实验与辅助用房、公用设施用房、行政及生活服务用房、外部广场与庭院等空间所构成（图8-2）。但不同类型的研发实验建筑又具有各自的构成特点。

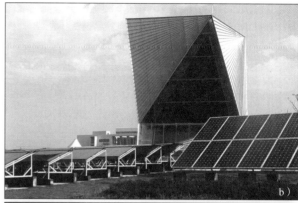

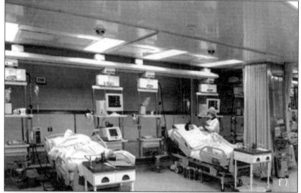

图8-2 研发实验建筑及其空间环境构成实景

a）摩托罗拉在以色列的研发大厦建筑 　　b）宁波诺丁汉大学可持续能源技术研究中心建筑空间环境

c）北京启明星辰研发中心建筑入口空间 　　d）AMD上海研发中心专用研发工作空间内部环境

e）原子吸收实验室室内空间环境 　　f）呼吸疾病国家重点实验室室内空间环境

g）日本大和实验室室内空间环境 　　h）联想中国北京研发中心建筑及其外部空间环境

1）研发实验用房 是科研实验建筑的核心。包括通用研发工作室、专用研发工作室、通用实验室、专用实验室、观测室、测试室和计量室等用房。

2）研发实验辅助用房 包括图书情报资料室、学术活动室、实验动物房、温室、标本室、附属加工工厂、各类器材仓库等用房。

3）公用设施用房 包括水、电、气、油、制冷、空调、低温及热力系统，通信，消防，三废处理，维修工场及车库等用房。

4）行政及生活服务用房 包括行政办公、福利卫生、单身宿舍、接待与行政库房等用房。

（2）科普场馆 科普场馆建筑一般由科普陈列、活动参与、观众服务、保管贮藏、修复加工、研究普及、管理与附属部分、外部广场与庭院等空间所构成（图8-3）。

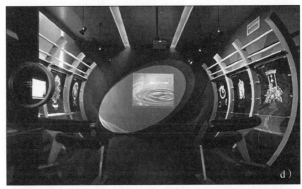

图8-3 科普场馆建筑及其空间环境构成实景

a）科普场馆建筑入口大厅室内空间环境　　b）科普场馆建筑中展示陈列序厅室内空间环境

c）科普场馆建筑中观众参观部分室内空间陈列　　d）科普场馆建筑中观众参与部分室内空间陈列

e）科普场馆建筑中声光电演示部分室内空间陈列　f）科普场馆建筑中影视观赏部分室内空间环境

1）科普陈列部分。是科普场馆建筑的核心。包括基本陈列、特殊陈列、临时陈列、室外陈列与科普讲解等内容。

2）活动参与部分。包括科学探秘、科学影城、科技活动、科技探索与青少年科技实验等内容。

3）观众服务部分。包括门厅、休息室、报告厅、售书处、小卖部、更衣室、厕所等内容。

4）保管贮藏部分。包括卸车台、接纳室、暂存库、登录编目室、摄影室、化验室、消毒间、藏品库、珍品库等内容。

5）修复加工部分。包括修复室、模型室、摹拓室、标本室，美工、木工、机电、印刷等工作间与材料库等内容。

6）研究普及部分。包括研究室、试验室、档案情报室、资料室、图书室、青少年科普教室与活动场地等内容。

7）管理与附属部分。包括馆长室、办公室、宿舍、食堂、车库、设备机房等内容。

8）外部广场与庭院。包括入口广场、停车场、户外科普陈列、青少年科技活动、探索与实验营地等内容。

2. 教育建筑的构成

教育建筑的构成关系可分为高等学校、中小学校与托幼儿园来探索，它们具体为：

（1）高等学校 高等学校通常分为教学中心区、科学研究区、体育活动区、实习教学区、后勤服务区、学生生活区六大部分。教学中心区是高等学校最重要的组成部分，其主体建筑可以是教学主楼，也可以是图书馆、科研中心等。高等学校教学建筑主要包括公共教学建筑、专业教学建筑、图书资讯建筑、科研实验建筑、实习教学建筑、文体活动建筑、后勤服务建筑、学生与教工生活建筑等类型（图8-4~图8-6）。

图8-4 高等学校建筑及其空间环境构成实景之一

a）武汉大学文科教学楼群建筑及其空间环境 b）华南理工大学新校前区教学楼群建筑内部空间环境

c）广西大学实验中心大楼建筑及其空间环境 d）中国台湾南开科技大学设计学院专业教学空间内部环境

图8-5　高等学校建筑及其空间环境构成实景之二

a）悉尼大学图书馆建筑室内空间环境　　　　b）同济大学图书馆建筑室内空间环境

c）东南大学移动通信国家重点实验室建筑　　d）鹭江高等职业技术学院服装设计专业实验教学空间环境

e）深圳大学学术会堂建筑室内空间环境　　　f）中国农业大学体育馆建筑室内空间环境

1）公共教学建筑。主要指普通教室及公共教室。包括供一个班级教学用的基本教室，合班用的中型教室和120人以上的阶梯教室，配备有现代化的电化教学设备的教室（包括语言实验室）。

2）专业教学建筑。主要指各种实验室和专用教室。包括制图、美术、音乐、舞蹈及各类体育、计算机等专用教室。这些教学用房均需根据功能要求和特点进行设计。

3）图书资讯建筑。包括学校综合图书总馆与院系专业资料分馆，各个专业教研机构的专用资料室，以及学校网络中心等内容，图书馆常常成为高等学校教学区建筑群的主体。

4）科研实验建筑。包括国家、省部与学校各级类型多样的实验室、研究所、测试中心、计量中心、计算中心与视听中心等内容，是供高校专职研究人员、教师和研究生进行工作和研究实验的场所。

5）实习教学建筑。包括各类实习车间、实习农场、模拟教学场地、创新基地等内容。

6）文体活动建筑。包括学生中心、俱乐部、体育馆、运动场、游泳池、集中绿地、河湖林地等内容。

图8-6　高等学校建筑及其空间环境构成实景之三
a）东京大学学生餐厅建筑室内空间环境　　　　b）华中科技大学学生综合超市建筑室内空间环境
c）晋中职业技术学院学生宿舍室内空间环境　d）浙江大学大学生活动中心建筑室内空间环境

　　7）后勤服务建筑。包括医院、超市、商店、银行、餐厅、对外接待中心与宾馆，福利与服务设施等内容。
　　8）学生与教工生活建筑。包括学生与教工宿舍、公寓、食堂、俱乐部、户外活动场地等内容。
　　（2）中小学校　中小学校建筑通常由教学实验建筑、文体活动建筑、生活服务建筑及附属部分、外部广场与庭院等空间构成（图8-7、图8-8）。

图8-7　中小学校建筑及其空间环境构成实景之一
　a）武汉大学附中校园教学建筑及其空间环境　b）武汉大学附小教学建筑标准教室室内空间环境

图8-8　中小学校建筑及其空间环境构成实景之二

a）中学语音教室室内空间环境　　　　b）中学实验教室室内空间环境

c）中国台湾南投县中礼堂室内空间环境　d）荷兰Hardernberg De Matrix公共学校室内运动空间环境

e）美国某小学活动教室室内空间环境　　f）中学学生食堂室内空间环境

g）中学学生宿舍室内空间环境

1）教学实验建筑。包括中小学校普通教室、专用教室、阶梯教室、图书馆、实验室、天文馆、办公室、会议室、接待室等内容。

2）文体活动建筑。包括中小学校礼堂、多功能室、体育馆、运动场、游泳池、健身房与课外活动用房等内容。

3）生活服务建筑。包括中小学校寄宿宿舍、食堂、超市、医务室、保卫室及教工宿舍、公寓、食堂、俱乐部、户外活动场地等内容。

4）附属部分、外部广场与庭院。包括中小学校附属工厂、入口门房、升旗广场、庭院及校园绿地等内容。

（3）托幼儿园

托幼儿园建筑通常由儿童、辅助与服务用房及户外活动场地等空间构成（图8-9）。

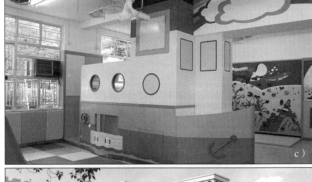

图8-9 托幼儿园建筑及其空间环境构成实景

a）武汉大学测绘校区托幼儿园建筑及其空间环境 b）托幼儿园教学活动空间室内环境
c）托幼儿园活动空间室内环境 d）托幼儿园儿童卧室室内空间环境
e）托幼儿园儿童户外活动场地空间环境

1）儿童用房。包括儿童活动室、卧室，托儿哺乳室、配奶间等和卫生间（厕所、浴室、盥洗)，还有供儿童集体活动的音体室等内容。

2）辅助用房。包括儿童卫生保健用房（医务室、隔离室等)和管理用房（园长室、办公室、休息室，传达室）等内容。

3）服务用房。包括厨房、主副食品库房、洗衣室和烘干室等内容。

4）户外活动场地。包括公共活动场地和班级用活动场地等内容。

8.1.3　科教建筑室内环境设计的特点

1. 科研建筑室内环境设计的特点

（1）专业性　科研建筑具有先进、复杂和极强的专业设计特点，其专业的适用性与使用的合理性对于科研建筑来说无疑是最重要的。为此，它不仅需要大量的甚至复杂的技术设备和工程系统支持，还需要各个专业的设备、管道系统、电力系统来支持，其设计的专业性在整个建筑室内环境设计中占有重要位置，以从专业方面满足科研人员探索与创新工作的需要。

（2）灵活性　由于科研工作具有专业之间持续重组与交叉合作特点，据有关统计资料显示，全球研发中心与实验基地每年的重组率为35%。这就要求科研建筑室内环境应具有灵活的空间设计，在设计阶段既要满足当前需要，又能适应未来发展要求。在研发与实验空间设计中应采用模块化、封闭与开放结合、可移动或便于拆卸的隔墙、灵活的技术支持系统、弹性及预留空间处理的形式以实现其建筑内部空间使用上的灵活性。

（3）人性化　研发与实验是一项具有高强度的工作，其科研建筑室内环境设计应以科研人员为本，在满足研发与实验工作需求的基础上，可通过对科研人员在工作中的尺度、行为模式等方面的探索，塑造出能够疏解压力、激发科研人员的工作热情和创造力的人性化科研工作环境。

（4）持续性　科研建筑均为能耗大户，不少研发与实验空间需要不间断供电、供热、供水或制冷等以满足研发与实验工作的进行，且排出大量废气、污物，直至对环境产生影响。因此在其建筑室内环境设计中尚需在满足安全和健康的前提下，对其建筑内外围护结构采取节能、环境防污与水的循环处理等，使其设计能够适应持续发展的需要。

2. 教育建筑室内环境设计的特点

（1）育人性　教育是指培养新生一代为从事社会生活做好准备的整个过程，这个过程主要是指学校对儿童、少年、青年进行培养的过程。可见教育的目的在于育人，教育建筑则是育人的环境空间。学校建筑作为教育建筑的集中体现，并为其育人提供了专门的物质和精神环境。教育建筑内外环境应以它有形和潜在的作用，发挥出独特的育人功能特色来，从而为培养出德、智、体、美全面发展并具有高素质和创造精神的普通劳动者和不同层次的专门人才做出贡献。

（2）人文性　教育建筑内外环境是赋予校园环境人文性、艺术性与高品位文化氛围的物质空间，其设计应体现其人文性的特点，以通过良好人文环境空间的营造，能给师生以精神营养和潜移默化的熏陶。

（3）生态性　教育建筑及其内外环境应具有良好的生态性和可持续发展的功能，以适应未来教育发展的需要。

（4）阶段性　教育建筑及其内外环境由于所容纳的对象有着不同年龄段的性格和心态，其建筑与环境设计具有教育阶段性下不同的设计特点，以形成各自的个性和特征，如托幼儿园建筑及其内外环境的形象要活泼，色彩宜鲜明，具有"寓教于乐"的"童话世界"般的意识和形态；中小学校建筑及其内外环境应具有轻快、活泼、开朗的形象，能充分反映中小学生朝气蓬勃和步入成熟的性格特征，尤其是小学建筑还应有些"寓教于乐"的趣味空间；高等学校作为主体的学生已步入成年阶段，具有较高文化层次和更为理智的心态，正在奠定高层次文化和科技理论与实践的基础，其建筑内外环境形象宜简洁沉稳，富有学术气氛和深层次文化内涵的设计特点。

总之，教育建筑内外环境随着教育改革的发展、科学技术的进步、学校治理和教学手段的现代化，其设计将与现代建筑内外环境设计的发展趋势同步，呈现出物质和精神功能向着多元化和更深层次迈进，且形成时代风貌和个性特征来。

8.2　科教建筑室内环境的设计原则

8.2.1　功能性原则

科教建筑室内环境应把科研建筑专业性与教育建筑育人性作为设计的功能性原则和依据来展开设计，为从事科教工作的人员和接受教育的各类学生，以及与此相关人群在科教建筑内外环境中能够方便、有序地开展研发、实验与探索工作或从事教育、接受知识的教学工作。使科教建筑内外环境能够实现其建设的最高价值与目标。

8.2.2　精神性原则

科教建筑室内环境应该围绕突出研发、实验、科普场馆及各类学校的特色和精神来做文章，从而形成科教建筑内外环境的设计个性。同时尚需融合科教建筑内外环境的文化追求，体现其科学与人文相结合的价值取向与精神风貌。在具体的建筑内外环境方面，应该展现现代环境的设计时尚，努力为其建筑内外环境的营造提供崭新的设计艺术表现形式，使科技人员和师生在心情愉快的环境中潜移默化地滋生一股蓬勃向上的力量，并在爱美、审美、创造美的过程中达到精神世界的升华。

8.2.3　人性化原则

科教建筑室内环境均为严谨、求实的空间场所，尤其是科研建筑长期留给人们都是冰冷的印象，需要对其进行拟人化的处理和人体工学方面的考虑，以适应现代设计中人性化对环境空间塑造的需要。此外，现代科教建筑及其内外环境设计还需满足人们在其中工作、学习等方面的生理、心理要求，并综合地处理科教建筑内外环境中人与环境、人际交往等的关系，以在为人服务的前提下，综合解决其使用功能、经济效益、舒适美观、环境氛围等方面的需求。此外，还需注重科教建筑内部空间设计上灵活处理，以为未来的调整、扩建与发展留有余地。

8.2.4　智能化原则

科教建筑室内环境中通常设备管线复杂，信息交流要求较高，智能化建筑所要求的建筑设备监控系统、办公自动化系统、通信网络系统以及与之配套的综合布线系统等相应地在其建筑室内环境设计中得到应有的配置。这些系统的配置虽然更多地涉及设备工种，但也影响到建筑内部空间的层高、设备的设置、管笼的布置、地坪及天花的设计，其中综合集成布线所占比重相当大。此外，后勤保障空间中的设备用房如计算机房、中央控制监视室等要求比以前大大地提高；研发、实验、图书与各类教室用房中配套完善的互联网设施等设计，也为研究、实验人员与广大师生，以及管理与后勤人员提供了更加方便的工作和资讯条件，直至达到与实现科教建筑室内环境的智能化设计方面的需求。

8.3　科教建筑室内环境的设计要点及案例剖析

8.3.1　研发实验建筑室内环境的设计

1. 空间布局

现代研发与实验建筑是科学研究的物质空间，是适合团队研究的社会化建筑。就其研发与实验建筑室内环境设计来看，内部的空间布局是其设计中重要的组成部分（图8-10），其设计布局形式包括：

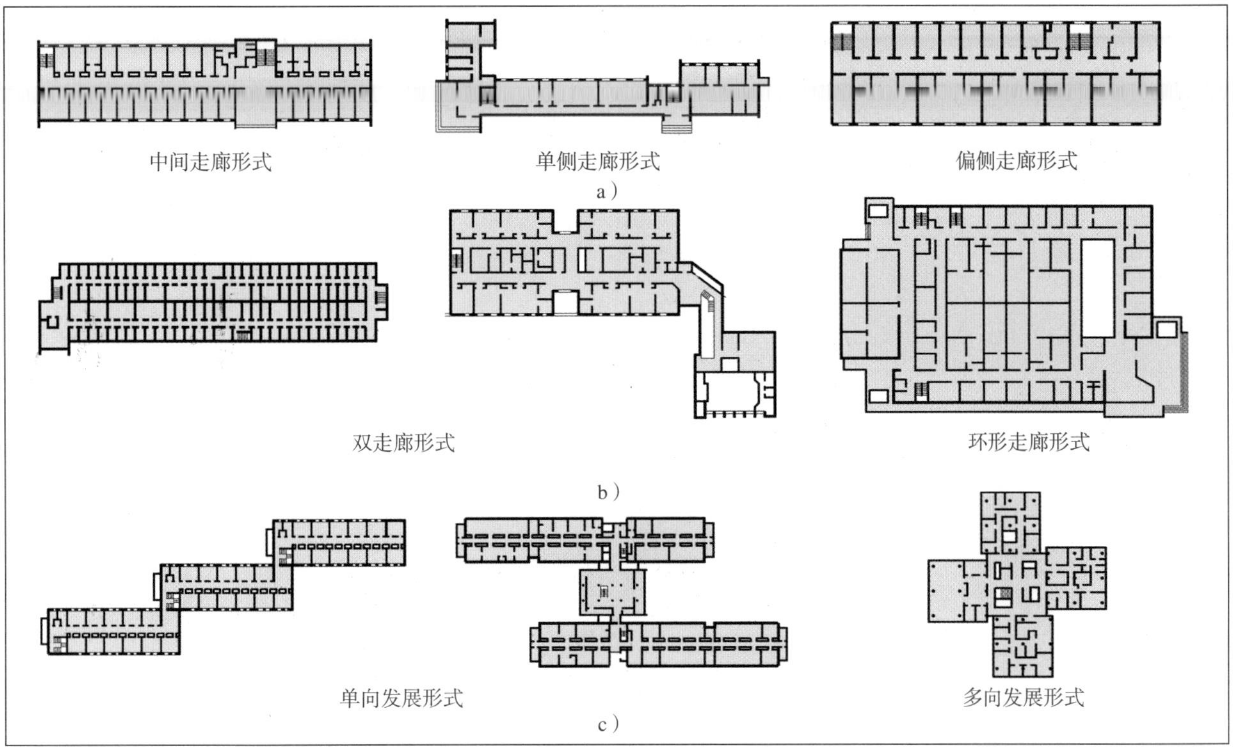

中间走廊形式　　　　单侧走廊形式　　　　偏侧走廊形式

a）

双走廊形式　　　　　　　　　　　环形走廊形式

b）

单向发展形式　　　　　　　　　　多向发展形式

c）

图8-10　研发实验建筑室内环境的空间布局

a）单走廊平面空间布局形式　b）双走廊平面空间布局形式　c）单元组合平面空间布局形式

（1）单走廊平面空间布局　为研发与实验建筑中最常见的平面形式，一般中间为走廊，两侧布置研发与实验室。其空间布局特点为形式简洁，施工方便，造价较低，易于布置管道，特别适宜于利用自然通风、采光的普通研发与实验室。但走道过长时，交通噪声会有一定的影响。因外墙面较多，不宜于作空调、洁净要求较高的研发与实验室。

（2）双走廊平面空间布局　是在单走廊平面基础上，加大进深，两侧布置研发与实验室，中间布置特殊研发与实验室。这种空间布局特点是有利于空调面积较多的研发与实验建筑，可以节约能源，且室内温度变化小。同时，由于其建筑物加大了进深，可以节约用地，建筑物内管网也易于集中，各研发与实验室之间交通相对缩短，其环形走廊有利于发生事故时的人流疏散。

（3）单元组合平面空间布局　是为适应研发与实验建筑发展需要，有利于提高其建筑灵活性所采取的内部空间布局方式，它有利于研发与实验室及其管网的相对集中。这种布局的特点是其空间形式灵活，活动隔墙拆装方便；研发与实验室楼层之间可设技术夹层，管线、设备布置灵活、检修方便。并可在研发与实验建筑扩建时根据需要增加若干个单元，而不影响建筑体形的完整。

（4）空间布局设计要点　研发与实验室之间应联系方便，并尽量避免实验时产生的有害气体、实验设备产生的噪声等对研发室的影响；布局时还需综合考虑功能、经济等方面的因素。

2. 各类用房

科研建筑室内环境中包括研发、实验、展览、休闲娱乐、教育培训与服务设备等（图8-11），其设计要点为：

（1）研发工作用房　是科研建筑的主要组成部分，其设计结果直接关系使用者的感受和工作效率。一个合理的研发工作空间首先必须符合办公组织形式和办公工艺流程，它应该满足采光、照明等环境要求，同时要符合办公人员的心理、审美、文化等趣味方面的需求。根据办公性质的区别，研发工作空间可以细分为两类：一是普通的行政工作部分，二是研发工作部分，前者主要包括日常对外接待交流、行政管理等事务，属于一般性办公空间，后者是研发人员工作的主要场所，也是研发工作空间设计的重点。

图8-11　科研建筑室内环境中的各类用房

a）德国莱比锡宝马中心大厦内的研发中心室内环境　b）德国宝马汽车风洞测试实验中心室内环境

c）德国宝马汽车展示中心室内环境　　　　　　　　d）宝马中心大厦内的休闲娱乐空间室内环境

e）德国宝马汽车广州教育培训中心室内环境　　　　f）宝马中心大厦内的资讯服务中心室内环境

　　针对研发工作的特点，其空间通常可以按大、中、小进行划分：小型研发工作空间小于40m²，适合于私密性和独立性较强的管理及个人研究工作之用；中型研发工作空间面积40~150m²，对外独立性较强，内部联系紧密，适用于组团式研发和团队开发工作之用；大型研发工作空间一般是指大于150m²的空间，实践证明这种空间较之前两者更适合研发活动的开展，不仅使用灵活、而且通过分隔既能有联系又可保持其的独立性，从而形成空间上的可变性和弹性化设计特点。

　　（2）实验工作用房　包含有若干实验室和试制室，如制药业的化学生物实验室、电子业的物理实验室、软件业的数字媒体处理室和中试车间等，这些专门的实验室是除研发工作空间之外的重要空间。

　　实验工作用房设计最大的特点在于空间的灵活性处理，并能采用模块设计的形式，以适应其建筑内部功能变更的需要；同时，还需注重实验工作空间干性和湿性的试验区域的区分，以及灵活隔断和移动式试验设备的设置。实验工作用房的建设水平和实验环境对于研发工作的品质至关重要。

（3）展览空间用房　是指研发与实验机构为了打造自身品牌、树立企业开放形象，在研发中心设立专门的公共展览区域，来促进公众更多参与企业生活、加强对企业了解。这类空间往往存在于较大型的企业研发中心内，例如IBM全球研发总部就有单独辟出的、公众可自由出入的展览参观区域。

（4）休闲娱乐空间　是为了改善研发与实验工作环境、缓解技术压力所设置的若干休闲娱乐设施来满足员工需要，例如室内休息咖啡厅、茶室、游泳池和健身房等。设计要给人以轻松、休闲的感受，让研发与实验工作人员在此能够得到身心的放松，以便有更充沛的精力去继续进行探索性的工作。

（5）教育培训空间　是为了方便研发与实验人员不断学习和接受知识，以及对外开展培训与研发人员之间进行知识交流和散播的重要场所。设计需注意其空间要有宁静的环境氛围，以便于继续教育与对外培训工作的进行。

（6）服务设备空间　主要包括计算机机房、资讯中心、决策室、中央监控室、服务与卫生间，以及相关设备（水、电、气、油、制冷、空调、低温与热力系统，通信，消防，三废处理，维修工场及车库等）用房。设计时要注意各类服务与设备对空间的特殊要求，从而使其发挥出最大的功效来。

3. 意境塑造

研发实验建筑内外环境随着现代科研事业的发展，其设计面貌也一改往日严肃、神秘的面孔，设计中的人性化、模块化、生态化及持续性等观念的注入，使其呈现出与现代建筑及其内外环境同步发展的风貌，研发实验建筑室内环境设计的意境塑造更是体现出这种设计理念。

4. 案例剖析——联想集团研发中心大厦

位于深圳市深南路南侧高新科技园内，是联想集团在华南地区建设的研发分支机构（图8-12~图8-14）。作为研发实验建筑，大厦不仅设计风格清新，而且造型简洁朴素，在深圳高新科技园内呈现出一种较为少见的素质。研发中心大厦最具有特色的地方在于建筑以"模块（Model Cube）"的设计理念来进行造型，而"模块"符合"高、新"科技的灵活应变、随机挪位原则，是当今应用"设计方法学"的精髓。这种构思是科学而理性的，与联想集团的发展方针合拍，和电子工业的走向也合拍。当代科技体系，无论英特尔还是IBM公司，它们在军用、民用装置上，均尽量以"模块"为基础。不仅用在电子方面也广泛用在机械、结构部件方面。此次模块被用在大规模的研发建筑上，无论国内或国外均属少见。

设计师在综合研究了不同楼层空间用途的基础上，最终选用9.0m×9.0m×4.0m的"基本模块"。建筑主体由此规格的"模块"堆积成下大上小，左右对称的阶梯形体量。无论模块之中的使用内容怎样变，模块的空间容积不变。所以模块空间含有其内在的互换性与互动性。有利结构、设备、网络布置各专业的规格统一，有利设计、施工、选材、敷设和装修工作的重复性，从而降低造价，加快工程进度，

图8-12　深圳市联想集团研发中心大厦建筑及其空间环境实景

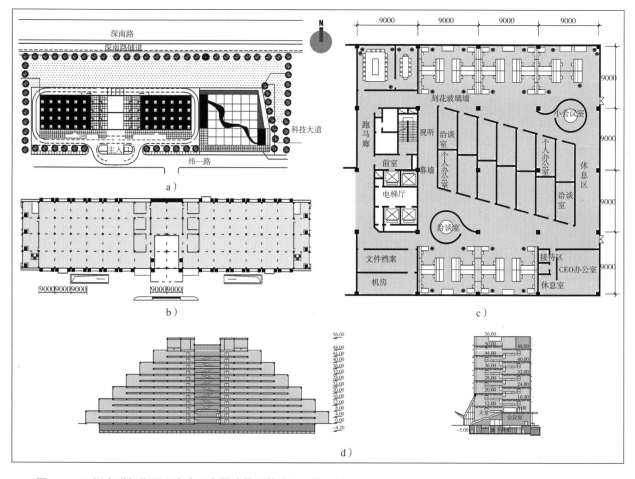

图8-13　深圳市联想集团研发中心大厦建筑及其空间环境设计图
a）研发中心大厦建筑及其空间环境总体平面布置设计　b）研发中心大厦建筑首层平面布置设计
c）研发中心大厦建筑室内景观办公空间平面布置设计　d）研发中心大厦建筑纵横剖面设计

提高施工质量。研发中心大厦在基本模块的基础上，依据内部空间功能上的需要，形成了细分化的模块构成关系。

（1）研发工作模块　用于开敞式"景观研发工作室"、个人研发工作室、研发讨论室与多用功能空间等内容。

（2）会议空间模块　用于研发中心会议、展示与交流等功能，模块是8个"基本模块"的容积。

（3）大厦核心筒模块　用于安放电梯厅、电梯井和管道井等内容。

（4）各层大厅模块　用于入口大堂及各层大厅等处，模块是"基本模块"容积的12倍或8倍，高度是3个模块叠加或2个模块叠加。

（5）辅助空间模块　用于楼梯间、卫生间、设备间等内容。

（6）地下停车模块　用于停放车辆，所选基本模块尺寸满足停车场单线环行所需。

（7）空中花园模块　用两个模块叠加，两层各放一个户外空中花园。

在研发中心大厦室内设计中，对各层大厅模块——入口大堂及层间大厅进行重点装修；其大厦构成主体——研发工作模块的室内空间，对其开敞式"景观研发工作室"使用"办公隔间"来划分空间，以让人们在站立状态时视线不受阻挡，可看到景观研发工作室的全貌。其顶棚楼板采用暴露式而没作吊顶，仅地面作装修，墙面大部被门窗洞口所占也无需作二次装修。个人研发工作室由于空间小，视线集中，故做了吊顶并作墙面装修，家具采用立式壁橱固定形式兼作隔断；此外，在电梯厅墙上作了整片的发光玻璃墙，各楼层设计一种标志色，放置在梁端、扶手、墙角等处作为标志，从而也起装饰作用。

图8-14 深圳市联想集团研发中心大厦建筑及其内外环境空间实景

整个研发中心大厦即使用以上各种"模块"叠加组合的结果形成一栋总长度为162m，跨度为36m，总高度为56.6m的建筑。建筑为对称式布局，中央高，两翼呈阶梯状逐步减低，并采用钢筋混凝土框架结构体系。研发中心大厦建筑的东侧有一花园广场，其构图也采用"模块"设计法。花园模块分为错列交叉布置，使建筑与其环境设计具有相同的特性。大厦的顶部及侧立面则以攀缘植物为主来遮挡东、西、南的强烈日光辐射，故建筑若从远处看去，除了道路和广场外，其余均呈绿色。由此使建筑理性、简练的设计理念与"绿色"生态的亲和力得到充分的展示。

5. 案例剖析——康奈尔大学鸟类学实验室

掩映在自然之中的康奈尔大学鸟类学实验室位于美国纽约州由牧场转化而来的湿地里，建筑面积9000m²的康奈尔大学鸟类学实验室主要用于对鸟类的研究、观赏和保护，是世界著名的实验室之一（图8-15~图8-20）。

图8-15 美国纽约州康奈尔大学鸟类学实验室建筑及其空间环境实景

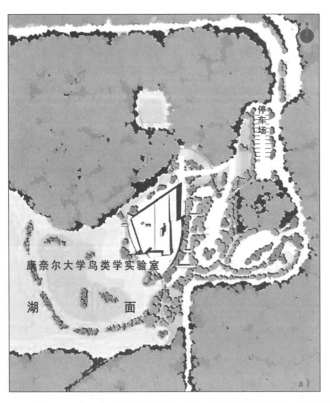

图8-16 康奈尔大学鸟类学实验室建筑及其空间环境设计图

a）鸟类学实验室建筑及其空间环境总体平面布置设计 b）研发中心大厦建筑首层平面布置设计

作为实验室建筑内外环境设计灵感来源的所在地——池塘是实验室设计的重点,建筑师为了减少对湿地的破坏,并使建筑尺度与环境协调。仔细比较了原有湿地平面与建筑的平面、道路停车和步道的位置,以找到对环境破坏最小的方案,这样便产生了该建筑不那么"规则"的平面。尤其建筑北面的斜边完全根据湿地边缘的形状进行设计。由于建筑体量相对较大,设计从视觉上减小了建筑的尺度和对环境的视觉冲击。实验室建筑群包括一个访客中心和守望台、标本贮藏室、实验室、声学室、世界上鸟鸣录音收藏量最大的图书馆和为实验室的各种保护活动准备的办公空间。实验室的设计由访客入口和守望

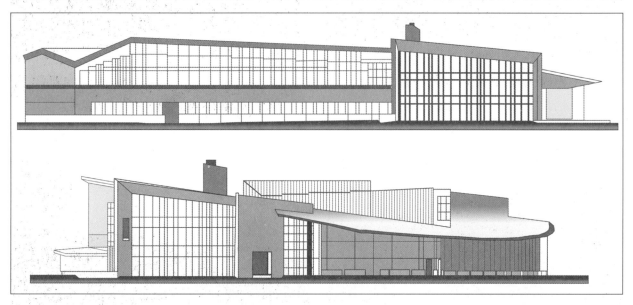

图8-17　康奈尔大学鸟类学实验室建筑东、西立面设计图

图8-18　康奈尔大学鸟类学实验室建筑室内空间及外部环境实景之一

图8-19 康奈尔大学鸟类学实验室建筑室内空间及外部环境实景之二

图8-20 康奈尔大学鸟类学实验室建筑周围的自然空间及生态环境景观

台处向内收缩，标本收藏和实验空间隐藏在树后。这样的空间安排有效地将实验室的体量隐藏在视野之外，减小了实验室和庇护所在访客眼中的建筑尺度。实验室层数限制为2层，且低于周围树木的高度，并富有创造性地设计出一个形式有趣的屋顶，其深远挑檐使建筑在立面上更有变化。

室内空间则是一个鸟类的世界，标本贮藏室陈列着各种珍稀鸟类的标本，实验室中一个鸟蛋孵化器，则可展示从蛋孵化成鸟的全部过程。另除了各种鸟类学实验室外，还设有面向户外森林与湿地的交往休息空间，可供研究人员在此交流与讨论问题，也可供参观者在此小憩并观赏户外活动的各种鸟类。

使内外空间贯通，展现出与自然和谐相处的平和景象。

8.3.2　科普场馆建筑室内环境的设计

1. 空间布局

科普场馆主要包括各类科普知识为主及专业性为主的科技馆和青少年科技活动中心等，也属于博览建筑的范畴。它是指以提高公众科学素质为目的、面向公众开放、进行科普教育活动的场馆。就其科普场馆建筑室内环境设计来看，内部的空间布局形式与其博览建筑相同，其设计特点包括：

1）科普场馆内部展示陈列的内容以科技为主导，以科学技术的普及为中心，以科学技术发展的前沿为对象来组织展示陈列的空间布局，服务对象主要是青少年和科技工作者。

2）科普场馆内部展示陈列的内容不仅要满足观众的参观需要，而且能让观众身临其境地对相关科技原理予以感知，直至参与若干试验或测试来体验科学的奥秘。

3）科普场馆内部展示陈列的内容要经常更新，以反映新的科技发展成就，达到科学知识的普及与对未来探索的追求。

4）科普场馆应与当地的科学技术活动中心结合在一起，并可开展形式多样的科普活动，其空间布局与场地应能满足这些活动有效开展。

2. 设计要点

科普场馆建筑及其室内环境设计的要点，可从下列三个方面来把握（图8-21）：

1）科普场馆的功能在于向公众普及科学和技术知识、弘扬科学精神、传播科学思想和科学方法、宣传科学技术的成就及其作用。通过组织社会力量，特别是科技和教育等方面的专家，举办科普类型的展览及相关活动，并创造公众主动参与的条件，为培养公众对科学技术的兴趣，满足公众学习科学技术的需要，提高公众的科学文化素质和参与科学技术进步的意识，增强公众求知、探索和创造的能力，为促进我国社会主义物质文明和精神文明的建设服务。

2）科普场馆的宗旨在于促进公众对自然科学、生命科学以及工程、技术、工业、卫生等方面的认识与了解。在内容上应以介绍现代科学技术的知识、原理、应用和发展为主，力图使科普场馆既有启发性，又有趣味性。

3）科普场馆通过引起感官情绪和理智兴趣的展览，为公众提供一个亲自体验科学知识的学习机会。绝大部分的展品是开放式的，观众可以选择或不选择地参观每一个展品，而且可以动手操作每一个展品，尤其是还能身临其境，对某些科学原理通过各种设施予以感悟和体验。这种崭新的展示方式和教育手段，无疑对观众具有很强的吸引力，演示的结果直观、生动，是平时课堂教学无法替代的。科普场馆正是需要这样来把握其设计，其展示内容与形式才可能对观众产生无穷的吸引力。

3. 意境塑造

科普场馆成为博览场馆系统中最具有活力的场馆之一，其建筑内外环境的意境塑造更是体现这种科普文化形象的前提。

4. 案例剖析——芬兰科学中心

位于赫尔辛基东北VANTAA市中心一个闹市地段的芬兰科学中心，其建筑设计由Mikko Heikkinen和MarkkUkomOnen合作设计的命名为Hewreka的设计方案在1985年举办的设计竞赛中获取。而这个设计项目具有极大的挑战性，在其具体设计中的许多阶段和领域都有要使用数学、光学、声学、电学、生物学、化学等基础学科的地方，并且要求非常深入。经过众多学科反复研究之后，建筑师要在建筑设计中找出某些与科学概念相联系的因素作为主题，即这座建筑物不应该是一个让人一目了然的结构，应该是一种构成丰富的、基于一种对大自然本身矛盾与协调考虑的设计整体，从有规律的、平衡的力量中寻找某些分裂的、混乱的倾向并加以利用，就如同进行一项科学研究一样（图8-22~图8-24）。

从其中心的建筑及其室内环境空间布局来看，8200m²的总建筑面积主要包括圆柱形的中央科普大厅、一个用于展览的抛物线形展厅、球状的Veme小剧院，以及圆柱支承的其他几何构件，它们以相互

图8-21　日本科学未来馆内外部环境实景

切入的形式紧密结合而每个元素又都发展成一个独立的建筑系列。其中圆柱形的中央科普大厅是主展厅，用于该中心的基础展示。这组立体构成式的基础展览被命名为"宇宙与生活"。室内所有的设计都围绕这一主题展开，如辐射形的屋顶钢架含有明确的"宇宙"意味，中央的圆形大天窗无疑是与"宇宙"最直接的联系。室内地面及半空中的所有设施则力图表现科学界不同学科的一些概念，这些概念是对青少年进行科学的启蒙式基础教育，而实际上，它们对所有年龄段的人都有巨大的吸引力。

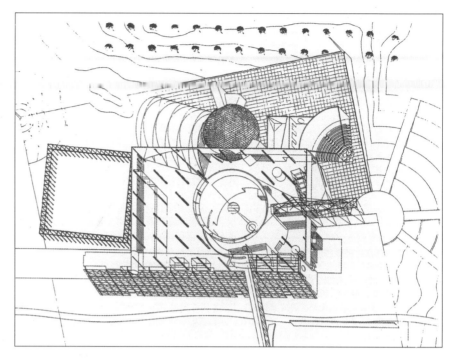

图8-22 芬兰科学中心建筑及其室内环境空间布局轴测剖视图

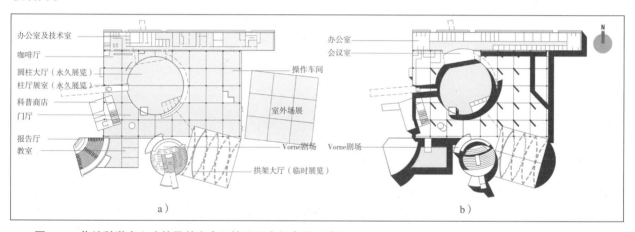

图8-23 芬兰科学中心建筑及其室内环境平面空间布局设计图
a）建筑及其室内环境首层平面空间布局设计 b）建筑及其室内环境二层平面空间布局设计

图8-24 芬兰科学中心建筑及其室内环境实景
a）建筑造型及其外部空间环境 b）建筑室内空间环境展示陈设

科学中心内另一个主要娱乐场所是Veme剧院，这是一个纯几何形五分之三的球体，用的是多面体结构，其室内外的外表面均用镜面反射玻璃贴面，具有极强的视觉刺激力。在这个球体剧院中安排的是定期的各种表演。同时切入玻璃球体和立方体主建筑物的是抛物线屋顶的不定期展室，以木梁加钢节点做成抛物线形屋架，并充分暴露出所有的构造及节点细节，其中举办的不定期展览让人们始终对科学中心有一种新鲜感。

在这三个曲线形活动场所之间，巨大的长方体主体建筑的室内空间则陈列着各类科普游乐设施。其间的旋转坡道沿圆柱体主展厅直达顶层办公区域，并在沿途浏览所有游乐场景。此外为满足多方面的科普及教学需求，在主体建筑内外空间各种展厅及游乐场所之外，还设有一座四分之一圆形的报告厅，多组小教室，一座组合式的天文馆和超宽屏幕的电影院，以及入口大厅两侧的餐厅及科普商店，其建筑室内空间的布局与设计也基本上沿用其建筑设计的思路，从而在建筑设计多元化的基础上显得更为丰富，其独具特色的科技场馆建筑内外环境空间布局与设计，还使科学中心成为一座布局紧凑，使用效率极高的建筑物。

5. 案例剖析——北京天文馆新馆

2004年底对外开放的北京天文馆新馆（图8-25~图8-29），位于老馆南侧，南临西直门外南路。主体部分地下二层、地上五层，建筑规模21594m²（地上13954m²，地下7640m²），建筑高度30.1m。新馆的建筑内外环境设计由于从相对论、弦体理论等现代天体物理学抽象理论中获取灵感，从而形成了独特的建筑表述语言。从北侧西直门外大街看去，新馆就像是一个通体透明的玻璃盒子，北侧立面是一面30m高的玻璃幕墙，幕墙在靠近老馆穹顶的部分柔缓地弯曲，这一设计理念来自相对论中关于大质量物体的引力可以使其周围空间弯曲的理论。入口大门处的幕墙弯曲成双曲面洞口，仿佛是多维时空之间穿梭的捷径——"虫蚀洞"。玻璃幕墙里面4个形状不规则的玻璃桶体扭曲着挣脱玻璃盒子的束缚伸出屋面，仿佛在随风摇曳，新馆也因此成了浩瀚宇宙的缩影，具有神秘而深邃的气质，展现出科普场馆建筑内外环境特有的设计意境。

图8-25　北京天文馆新馆建筑及其空间环境实景

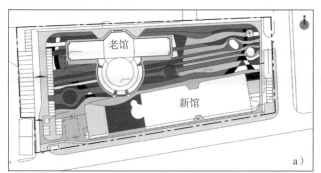

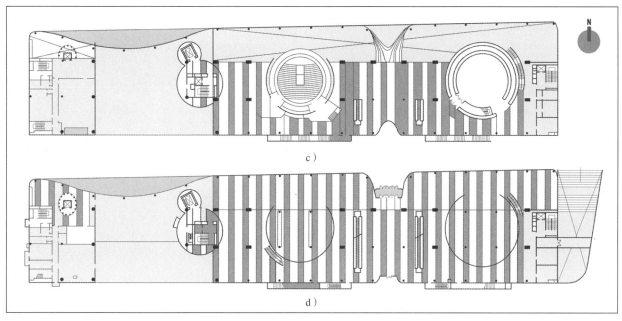

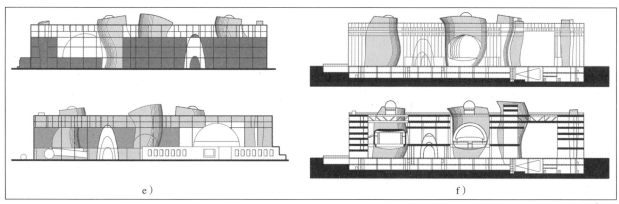

图8-26　北京天文馆新馆建筑及其空间环境设计图

a）天文馆新馆建筑及其空间环境总体平面布置设计　　　b）天文馆新馆建筑及其空间环境设计效果

c）天文馆新馆建筑首层平面布置设计　　　　　　　　　d）天文馆新馆建筑二层平面布置设计

e）天文馆新馆建筑南、北立面设计　　　　　　　　　　f）天文馆新馆建筑东西向剖面设计

　　新馆分为东、西两部分，西部为办公楼，东部为展览楼。两部分在地下和顶层连为整体。东部首层、地上二层和地下一层为展览空间。其中地下一层包括临时展厅、快餐厅，并设有一个48座的3D立体动感影院，IWERKS公司提供的世界级影院设备将带给观众太空穿梭的刺激体验。快餐厅位于建筑物东端，通过一个室外露天下沉广场获得自然的光线、清新的空气和单独的人流入口。

图8-27　北京天文馆新馆建筑室内空间环境陈列实景

图8-28 北京天文馆新馆建筑室内空间科普展示陈列实景

图8-29　北京天文馆新馆建筑室内空间科普展示陈列及内外环境渗透景观效果

新馆内部首层为门厅和固定展示空间。北向30m高的玻璃中厅为首层展厅提供了均匀稳定的自然光线、过渡季节自然通风的拔风竖井和观众休息交流的灰空间。入口大厅由连接南北外墙的双曲面玻璃拱廊所界定。设在屋顶的太阳真空望远镜将太阳表面的黑子、耀斑、日冕等光学图像实时传递至首层的太阳专题展厅，再辅以通过内部网络和国际互联网传过来的视频信号，使天文展示手段和内容大大丰富。

地上二层设有200座的数字化太空剧场和150座的4D环幕影院。其中特别值得一提的是拥有当今世界上最先进的全天域数字化激光投影视频系统的太空剧场，将与改造后的老馆天象厅共同成为天文馆的核心。二层展厅主要由人工光源照明，便于控制整体的环境照度。净高9m的二层展厅中最具吸引力的视觉元素仍是"弦体"，半透明的玻璃弦体嵌入原本单调的矩形展厅空间，赋予后者丰富的空间层次，并将引自屋顶的天光分割、破碎、融化后弥散于空气之中，创造出静谧而超然的环境氛围。

新馆在仅约6000m²的展览面积中就设有三个影院，目的在于通过内部展示手段多样化设计来体现现代科普场馆娱乐性、参与性和互动性的特点。另从内部展示空间的流线组织来看，新馆的流线组织把各个影院和专题展厅嵌入固定展区，从而达到条理清晰的效果。

2006年暑期以"快乐探寻宇宙奥秘"为主题的新馆二期展览分15个展区对外开放展出，此次展览在形式上进一步考虑了建筑及其内外环境本身强烈的个性和现代感，采用与建筑内外环境相协调的全新展示形式，最大限度地追求总体展示效果。将展览融入建筑及其内外环境当中，使整个场馆具备了强烈的整体感。延续建筑形态语言的小剧场外形设计，是以宇宙概念形态作为抽象要素设计而成的。各小剧场抽象的外部形态统一了新馆建筑和它们之间的形态关系，使得建筑语言与展示语言得以有机的结合，整个场馆融入一个完形的整体，新馆的设计理念在其内外环境中得到完美的表现，直至展现出科幻般的设计艺术魅力。

8.3.3　高等学校建筑室内环境的设计

人类社会进入21世纪以来，开始步入信息化社会，科学技术以前所未有的速度迅猛发展。在这种世界大背景下，我国高等教育事业的改革和发展步入了一个新时期。创建一流的大学和一流的大学校园及其建筑内外环境是新世纪的挑战之一。因为所有教育的实现都依赖于适当的建筑教学空间，即学校校园及校园建筑，它们的建筑形态和空间印象在某种程度上影响着教育的成效。而高等学校建筑内外环境对于不同专业的使用要求来说，其设计的意义亦有所不同。教学建筑应加强理性化的空间和形成学生表现个性的场所，经过良好设计造就的建筑空间是学生们培育良好学习心态的理想场所。正是这样，高等学校建筑内外环境将成为21世纪最富有活力、发展最为迅速的一个建筑内外环境设计类型。

从当代高等学校校园内的建筑构成来看，包括教学、科研、实验、图书、文体活动、实习车间、后勤服务、学生与教工生活等建筑类型，只是不同院校各自偏重有别，但教学建筑则是各个高校共有的，既是高等学校最有特色的建筑形式，也是构成高等学校空间的主体，对其室内环境展开研究也以教学建筑为剖析的对象。

1. 空间组合

高校教学建筑的空间布局呈现出多样性，从其教学建筑的布局上可分为点状式布局、线状式布局、院落式布局、网络式布局、竖向式布局与综合化布局等模式（图8-30、图8-31），但不管其建筑布局模式如何变化，其室内环境的空间组合尚需注意如下设计要点：

1）教学建筑的内部空间不是孤立存在，它包括功能空间、交通空间、休息空间、过渡空间与共享空间等。其中教学空间应作为核心空间存在，并由交通空间对其内部空间加以组织使之构成一个整体。这种不同功能之间的空间联系是由高效率的教学活动的需求所决定的，目的只有一个：即保证教学活动高效地顺利进行。因此，设计中也应该对教学建筑的内部空间的组织予以高度的重视。

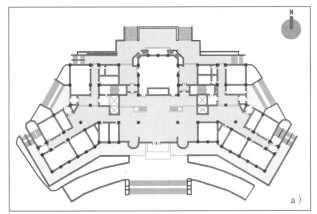

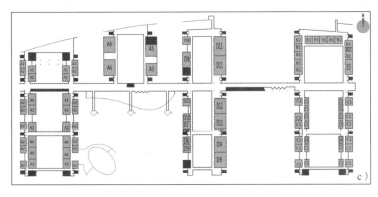

图8-30　高校教学建筑的空间布局形式之一

a）、b）点状式布局——山东理工大学教学主楼平面布局形式及其建筑造型实景

c）、d）线状式布局——浙江大学新校区东教学楼平面布局形式及其建筑造型实景

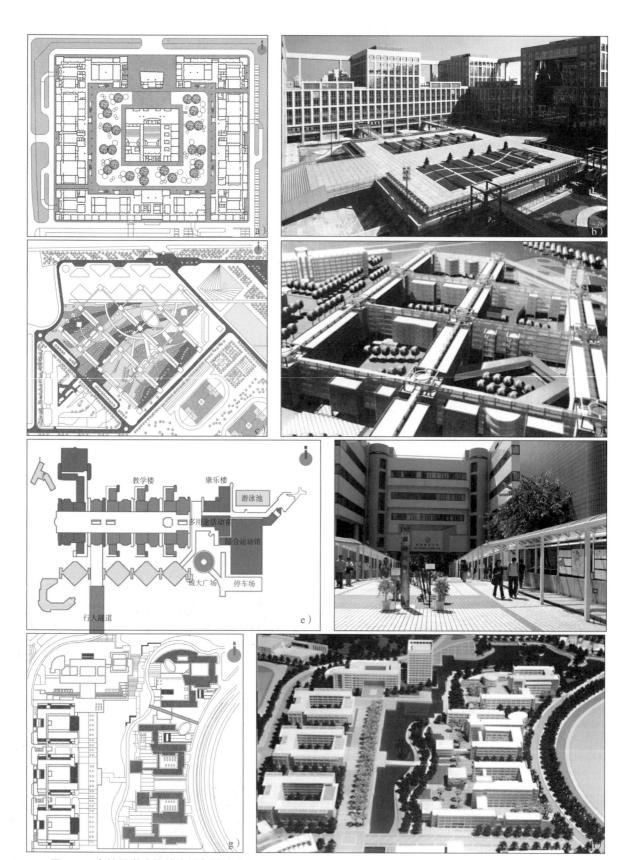

图8-31 高校教学建筑的空间布局形式之二

a）、b）院落式布局——北京航空航天大学教学主楼平面布局形式及其建筑造型实景

c）、d）网络式布局——沈阳建筑大学新校区教学楼平面布局形式及其建筑造型设计效果

e）、f）竖向式布局——香港城市大学教学主楼平面布局形式及其建筑造型实景

g）、h）综合化布局——华南理工大学新校区教学楼群平面布局形式及其建筑造型设计效果

2）教学建筑的内部空间组合包括内廊式与外廊式两种。

① 内廊式即教学建筑内部沿走廊的两侧排列一组或两组教室，并在端部安排为本组教室服务的辅助空间，组成综合的空间单元。特点是教室集中，空间紧凑，流线较短，进深宽大，外墙较少，冬季散热和夏季受热的面积较少，结构比较简单，管道也较为集中。不足是内廊使用时间集中，人流拥挤，教室干扰较大，部分教室朝向和采光较差，内廊采光不足，厕所通风不好。这种组合方式在北方寒冷地区采用较多。

② 外廊式组合即教学建筑内部沿走廊一侧排列教学空间及辅助空间，组成外廊单元。这种组合方式由于采光，通风较好，外廊视野开阔，与庭院空间联系紧密，教室之间干扰较小。可分为北外廊和南外廊两种，一般多采用南外廊。特点是光线均匀，无直射阳光，夏日还能起遮阳作用，还可做交通通道与休息活动使用。

3）教学建筑的内部空间组合需注重教学建筑的内部空间组合的集约化，并按照教学空间的规模，统一设置各种类型的教室。这样可使教学空间更加集中、整合与高效，避免重复建设，以提高教学建筑内部空间的利用。同时，还可以通过内部空间的组合达到促进学科交流，推动专业研讨的开展。

4）教学建筑的内部空间组合需注重信息技术系统在空间中的引入，以便于学生通过多渠道获取知识。此外，以信息技术为代表的高新技术进入教学空间以后，随着多媒体授课方式及交互网络系统等辅助教学手段的应用，不仅对传统的教学建筑内部空间带来改变，也对教学建筑内部空间多种信息传递方式的智能化发展方向提供了可供支撑的平台，从而适应了现代教育对其建筑与内外环境空间发展带来的变化。

2. 教学用房

（1）通用教室 是教学建筑中最主要的构成内容，其数量也是最多的。我们知道学生在学校学习的过程中，约有80%的时间是在各种教室中度过的，因此教室空间设计的优劣直接影响到教学效果及学生身心的健康（图8-32）。这些教室包括供一个班级教学用的基本教室，合班用的中型教室和120人以

图8-32 高校教学建筑通用教室室内空间环境实景

a）中国台湾海洋大学通用教室室内环境 b）日本京都大学通用教室室内环境

c）美国宾夕法尼亚大学通用教室室内环境 d）甘肃理工大学通用多媒体阶梯教室室内环境

上的阶梯教室，配备有现代化的电化教学设备的教室（包括语言实验室）。各类教室设计的要点为：

1）教室首先应有足够的面积，合理的形状和尺寸，能满足不同类型高校额定人数的学习需要，并兼顾远期发展。

2）教室应该有良好的朝向，充足而均匀的光线，能避免直射阳光的照射，为了增加室内采光，有利于通风，在教学用房采光一侧不宜种植高大树木。还应设置满足照度要求，用眼卫生的照明灯具。

3）教室座位布置应便于学生书写和听讲、教师讲课和辅导、通行及安全疏散。

4）教室需要良好的声学环境，要隔绝外部噪声的干扰及保证室内有良好的音质条件。

5）根据学校的所在地理区域，教室内应该有良好的采暖、换气、隔热和通风条件。

6）教室内家具，装修等均需考虑高校学生及教学活动的特点，并有利于安全及维护清洁卫生。

7）教室设计应该有利于教学活动及使用多媒体设施的需要。

（2）专业教室　是教学建筑具有专业要求的专用教室，包括制图、美术、音乐、舞蹈及各类体育、计算机等专用教室（图8-33）。这些专用教室均需根据其功能要求和特点进行设计，如制图教室要考虑图板、桌椅及操作的尺度；美术教室要考虑有天窗，以利于自然光线的采取；音乐教室要考虑有演奏和视听设备的配置、舞蹈教室及各类体育教学空间等要考虑有良好的表演与训练场地；计算机教室要有抗强电磁场干扰的措施，地板材料要能防静电和良好的接地措施等方面的要求等。此外，除考虑专业教室功能方面的需求，还需在造型方面能够设计出专业教室的特色来。

图8-33　高校教学建筑专业教室室内空间环境实景

a）中国香港文化大学数字媒体传播专业教室室内环境　b）东南大学建筑学院设计专业教室室内环境

c）中国台湾育达商业科技大学舞蹈专业教室室内环境　d）星海音乐学院键盘乐器专业教室室内环境

（3）科研实验空间　虽具有独立性，但因高校许多专业，尤其是研究生教学均需在科研实验空间进行，也可将其纳入高校教学建筑范畴来考虑，即高校科研实验空间的设计在具有科研实验空间特征的同时，还应设有可供对学生进行教学的场地，这也是高校与专门科研机构在此类空间上的区别（图8-34）。

图8-34 高校教学建筑科研实验空间室内环境实景

a）激光生命科学实验室室内空间环境 b）恒温恒湿标准实验室室内空间环境
c）航海模拟实训室室内空间环境   d）模拟银行实验室室内空间环境

其他如图书资讯空间、实习教学空间、文体活动空间、后勤服务空间，学生与教工生活空间的建筑内外环境设计，在高校教学建筑组群中除了展现其各自的建筑特色外，还需从整体上体现出不同高校的大学精神与校园文化内涵，以及针对其高校所处的地域而展现其独特的人文历史文化背景，创造朴实无华、品位高雅的高等学校教学建筑内外环境设计作品来。

3. 意境塑造

高等教育的蓬勃发展为高校教学建筑内外环境设计在带来发展的同时，也带来了严峻的考验，如何设计出符合时代精神的高校校园及建筑内外环境显然是一个值得探索的课题，而其教学建筑内外环境设计意境的塑造应该上升到文化校园的高度来认识，这是一个值得设计师们思考的问题。

4. 案例剖析——华中科技大学西12教学楼

2007年年初，华中科技大学对西12教学楼建筑内外环境公共空间进行环境艺术设计，目的在于展现高校教学在建筑内外环境方面对文化校园建设的设计探索。

（1）现状与问题 华中科技大学西12教学楼位于学校校园西南部，出南三门即与城市主干道——珞喻路相接，教学楼建筑面积为40318m²，结构形式为框架5层，采用"回"字形的平面布局，教室围绕中庭布置，以外廊连接，整栋教学楼体量庞大，可容纳18000学生同时上课，于2002年9月落成并投入使用（图8-35~图8-41）。

西12教学楼（文苑）作为校内承担主要教学和自习任务的公共教学建筑，内设100人教室32间，160人阶梯教室40间，210人阶梯教室40间，教室设备均按现代教学空间设计标准予以配置，各个楼层均设有面积较大的交往空间和悬挑平台，一层设有四个出口与共享大厅，面积近4000m²，还有一个围合面积达2000m²的中庭空间，整个建筑呈现出一和简约、大方的设计特色和时尚风貌，并于2003年12月获教育

部2003年度城乡建设优秀勘察设计三
等奖。

西12教学建筑楼（文苑）落成使
用时虽然对其内外环境进行了设计，
教学设施配备得先进、完善，但在体
现学校精神和人文特色方面离学校建
设文化校园的目标尚存在较大距离。
针对其内外环境缺乏整体空间设计，
环境设计不到位；楼内陈设过于冷
漠，缺少人文气息；教学楼内空间较
大，目标空间识别困难等方面存在的
问题，2007年年初利用学校接受教育
部本科评估的机会，华中科技大学建
筑城规学院城市环境艺术设计研究室
的师生们负责对西12教学楼建筑内外
环境公共空间进行了艺术设计。

图8-35　华中科技大学西12教学楼建筑内外空间环境实景

（2）设计理念　设计在对其内外
环境深入调查的基础上，结合学校进
行文化校园建设的发展目标，提出了
西12教学楼（文苑）内外环境公共空间
部分的设计应该围绕突出华中科技大
学的办学特色来做文章，具体到西12楼
（文苑）内外环境空间艺术设计部分，
其设计理念应该体现以下几点：

1）内外环境空间艺术设计应体
现学校科学教育与人文教育相融合的
校园文化建设风貌。

2）内外环境空间艺术设计应弘扬
学校办学50余年来形成的求实进取精
神。

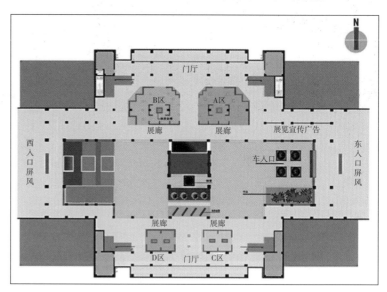

图8-36　西12教学楼建筑内外环境艺术设计平面图

3）内外环境空间艺术设计应反映
学校绿色生态校园文化建设的特色，并注重节能与环保。

4）内外环境空间艺术设计应展现现代环境艺术设计时尚，努力为文化校园的营造提供崭新的设计
艺术表现形式。

（3）设计内容　建筑内部空间环境包括一层东西入口大厅、南北大厅、三层休息大厅、二~三层休
息空间、各层教师休息室及相关空间，以及内部墙面陈列和环境导向设计等。

建筑外部空间环境包括中庭、东西入口、建筑周边环境、五楼屋顶花园与平台及外部设施与环境小
品设计等。

（4）具体设计

1）建筑内部空间环境。一层东西入口大厅。考虑在一层东入口大厅正中设置毛主席诗词《沁园
春·雪》的屏风，以作为西12教学楼的点题之作。屏风背面拟用展现华中科大人拼搏奋斗、求实创新的
精神品质的格言。西入口大厅正中则设置中国古代爱国诗人屈原《离骚》中"路漫漫，其修远兮。吾将
上下而求索"的诗句，并与东入口大厅的毛主席诗词屏风形成古与今、传统与现代之间的呼应关系。

图8-37　西12教学楼东入口一层屏风设计立面图

图8-38　西12教学楼建筑一层东西入口屏风设计实景效果

a）东入口大厅正中设置毛主席诗词《沁园春·雪》的屏风设计实景效果

b）西入口大厅正中则设置中国古代爱国诗人屈原《离骚》的屏风设计实景效果

c）建筑一层东入口屏风背面实景　　d）建筑一层西入口屏风背面实景

　　一层南北大厅。在一层南北大厅设立以"弘扬学校办学50余年来形成的求实进取精神"为题的专题展览，展览可按华中科技大学在共和国旗帜下成长的历程来分区，如建校初始、20世纪50年代、60年代、70年代、80年代、90年代，走向新世纪的华中科技大学等来组织展览内容。但此处不是展览馆，陈设内容应精练，不要面面俱到，可分周期更换一定内容。以供师生通过课余了解学校的发展与成就，增强爱校的自觉性。

三层休息大厅。拟设置供师生休息、交谈的座椅，并在两端设置院士和名师展廊。另在条件允许的情况下，三层东西休息大厅可利用室内空间通透的特点，在顶棚设置不锈钢抽象动感悬挂雕塑，以增加空间的变化。

二~三层休息空间。楼内有休息空间8个，除顶面有一个铁花装饰外，室内空间中没有任何陈设物品，给人一种冷漠的印象。考虑在其中设置以"笔、墨、纸、砚"等为主题的实木现代休息桌椅，在这些休息桌椅上可雕刻与中外教育发展相关的名言与警句，墙面可挂一定装饰画与其呼应，以增强其室内空间的文化内涵。

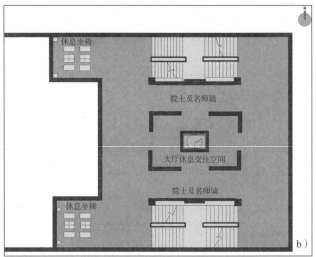

图8-39　西12教学楼建筑三层休息大厅空间设计效果

a）以"笔、墨、纸、砚"等为主题的实木现代休息桌椅设计效果　b）西12教学楼建筑三层休息大厅空间平面布置设计

各层教师休息室。整个西12教学楼共有18个教师休息室，考虑到西12教学楼（文苑）的特点，可将18个教师休息室的名称命名的更有文学意蕴，以增强其"文气"。教师休息室可增加其陈设的设施，以体现对教师的关怀。

相关空间。如一楼楼梯间下有4个花池，可增加盆花和鹅卵石的置放；饮水处和清洗处可增设识别标识等内容，部分典型通道转折处墙面可增加一些装饰挂画以供识别。

内部墙面陈列和环境导向设计，在楼内各层共有20个重点立面可供悬挂教育名人名言墙面陈列品，另在各层上下楼梯入口处设置楼层平面导向标识。

2）建筑外部空间环境。中庭改造设计围绕突出学校的特色来展开，即以华中科技大学的校训为题，在庭内中心建设一个具有现代设计特点的"钟亭"，并在钟上刻有"明德·厚学·求是·创新"的篆文大字，并将校训的解析文字用篆文大字刻在钟上。围绕"钟亭"，对中庭现有两块草坪进行改造，中间一块草坪拟与"钟亭"结合，并改造成为可供师生在此小憩的休闲空间。靠东入口大厅的草坪，拟将其与东入口大厅打通，在此布置4个可供小憩的种植树坛，内种竹子，以为东入口大厅内的毛主席诗词屏风作背景空间，但其靠南端的竹子与草坪则予以保留。这种改造设计，使中庭空间的东西交通打通，并尽可能地利用了已建成的中庭地面铺装，节省了设计改造资金投入，又使中庭空间设计面貌有了较大的改观，增强了中庭空间设计的主题性。

东西入口。对西12教学楼建筑东西入口广场及坡地进行改造，目前重点在于加强对东入口自行车的管理，远期可结合两边的绿地建设半地下式自行车库，以从根本上解决东入口广场自行车停放的问题。

建筑周边环境。在西12教学楼建筑周边绿化环境，可建一定与中外教育发展相关的雕塑和环境小

图8-40　西12教学楼建筑外部中庭空间改造设计效果

a）以华中科技大学校训为题，在中庭内建设一个具有现代特色的"钟亭"立面设计效果　b）建筑外部中庭休闲空间环境设计效果
c）建筑外部中庭绿地山石景观设计效果　d）教学楼内建筑楼梯下部空间绿化环境设计效果

品。在建筑东北角与西北角草坪，可设一些供学生学习的坐椅，并辟一些小径蜿蜒穿行其间，使空间环境更有趣味。

五层屋顶花园与平台。对屋顶植物可作一定修整，以增加其空间的亲和性。五层南北平台面积较大，考虑到此处相对独立，在设计上拟采取涂鸦的形式，以展现西12教学楼的自由气息，并考虑到现代学生的活泼特点。此外，也可用文化墙结合绿化的做法，将此处做得别有洞天。

外部设施与环境小品设计。目前东西入口广告栏设置混乱，在东西入口可建专用广告栏供学生社团发布消息，以改变广告栏设置混乱的状况。此外西12教学楼由于交通便利，学校承担社会上的考试多在该楼举办，为此应在东入口建筑内侧墙面设置可移动的教学考试信息栏，以规范教学考试信息发布的管理，展现学

图8-41　西12教学楼建筑东西入口空间广告栏设计实景效果

校教学管理方面的良好形象。

通过对西12教学楼（文苑）内外环境公共空间部分的艺术设计，使其学校的精神与办学特色通过设计艺术语言的表述，取得了成功的设计艺术效果，传达出教学建筑内外环境公共空间部分的设计意境，其中一期内部公共空间部分建成后，楼内冷漠的空间气氛得到改善，师生们在富有文化的陈设物品面前可以感悟到文化校园的氛围，并可在环境中陶冶情操、提升品位，这无疑也是教学建筑内外环境公共空间设计展现出的文化魅力与艺术特色。

8.3.4 中小学校建筑室内环境的设计

当今世界，知识成为提高综合国力和国际竞争力的决定性因素，人力资源成为推动经济社会发展的战略性资源，人才培养与储备成为各国在竞争与合作中占据制高点的重要手段。我国是人口大国，教育振兴直接关系国民素质的提高和国家振兴。只有一流的教育，才有一流的国家实力，也才能建设一流国家。在我国的中小学分小学、初中、高中三个阶段，其中从小学到初中毕业共9年，属义务教育阶段。普通高中学制则为3年。中小学教育属于基础教育，它是整个教育体系的重中之重，也是一项奠基工程。中小学校即为国家进行中小学教育的物质空间，其建设与发展直接反映出一个国家教育投入和发展的水平。从中小学校校园建筑来看，包括教学实验建筑、文体活动建筑、生活服务建筑及附属部分、外部广场与庭院等空间，其建筑及其内外环境的设计尚需从以下几个方面来考虑：

1. 空间组合

中小学校的空间布局，在选址上要保证学校有良好的环境、充足的阳光和新鲜的空气，并能远离各种污染源，教学用房的允许噪声级不得大于A声级50分贝。同时也应考虑学校本身对周围环境的干扰。从城镇学校布点看应分布均匀、合理。中国城镇人口密度高，学生上学步行时间小学生以不超过10分钟、中学生以不超过20分钟为宜。

中小学校校园的空间布置应功能分区合理，教学区、活动区、绿化区和生活服务区应划分得当。要注意节约用地，安排车辆、人流走向，合理组织空间，以创造适合青少年成长特点的校园环境。教学区是校园的重点，教学主体建筑布置其中，其建筑内外环境的空间组合首先需要考虑学校的规模。中国城镇中学按规范每校有12班、18班、24班、30班或36班，每班50人；小学每所有12班、18班、24班或30班，每班45人。农村由于居住分散，学校班数与人数较少，部分偏远地区一个班甚至有多个年级的学生在一起学习。而教学主楼的布局常用单元组合的方法，将教学楼内分为教学单元、实验单元（小学可不设）和办公单元等，进行空间组合时可以根据不同的地形灵活布置（图8-42、图8-43）。

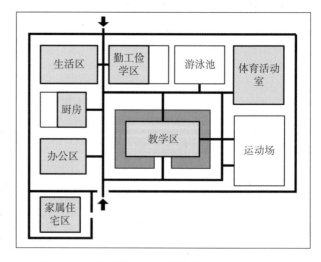

图8-42 中小学校的空间功能分区布局图

教学建筑及室内环境的平面布局有中内廊式、外廊式和组团式之分，其空间组合要点为：

1）教学用房大部分要有合适的朝向和良好的通风条件，朝向以南向和东南向为主。为便于通风与采光，教学楼以单内廊或外廊为宜，避免中内廊的平面布局形式。

2）各教室之间应避免噪声干扰，应采取措施将室内噪声级降至50dB以下。

3）各类不同性质的用房应分区设置，做到功能分区合理，又要联系方便。

4）应采用以教学年级班为单位来进行平面布置，并组织好教学建筑及室内环境的人流交通与安全疏散，处理好学生卫生间与饮水区的位置，避免交通不畅及气味外溢。

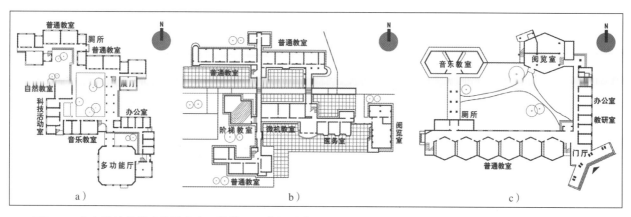

图8-43　中小学校教学建筑及室内环境的平面布局形式

a）内廊式教学建筑平面布局　b）外廊式教学建筑平面布局　c）组团式教学建筑平面布局

2. 各类用房

（1）中小学校普通教室　普通教室在中小学校教学建筑中所占比重最大，学生在校时间约有70%是在教室里度过的，因此对教室的环境和使用功能的要求较高。课桌椅尺寸要以学生的身体尺寸为依据，满足听课、做笔记、放书等要求。教室的布置要满足学生就座、通行、听课、书写、教师巡回辅导和学生疏散的合理间距等要求。教室内每个座位要有基本均等的视觉条件，良好的采光、照明、音响和通风。教室的设施，除设置黑板（不产生眩光的）、讲台、清洁柜、窗帘杆、衣物贮存等设施外，还应考虑随着电化教学的普及，闭路电视、投影屏幕、投影仪与互联网等设施在中小学校教学建筑中的逐步引入给教室内部环境带来的变化（图8-44）。

图8-44　中小学校教学建筑普通教室室内环境空间实景

a）国外某中学教学建筑普通教室室内环境空间　b）国内某中学教学建筑普通教室室内环境空间

c）国外某小学教学建筑普通教室室内环境空间　d）国内某小学教学建筑普通教室室内环境空间

　　另在寒冷地区教室内部应配有采暖、保温和换气设施。炎热地区应有隔热和降温设施。为保护学生视力，教室里的采光系数不能低于1.5，桌面照明标准不宜低于150lx，黑板照度不宜低于200lx。此外，教室内部还应增设储存空间，以便于学生存放书籍与学具，减轻来回所背书包的重量。并且随着教学模式的改革，"小班化"及"开放空间"的教学趋势也将促使教室内部出现多元化的设计样式。

　　（2）中小学校专用教室　随着国家在中小学实施素质教育，各类专用教室的建设成为近年来中小学校教学建筑中建设的重点（图8-45）。而这些专用教室包括史地、美术、书法、音乐、计算机、语言与视听，以及劳作教室等方面的内容，其设计要点分别为：

　　1）史地教室。面积一般比普通教室大，并宜单独设置。要有放置史地课所需教具与标本的陈列柜（可放在教室内或专门的陈列室内），装有挂图设施和配备现代化教学手段。

　　2）美术教室。面积要比普通教室大，光照要求柔和、稳定，并避免直射阳光。内部应配电源和水盆，以适合学生分组画素描、水彩以及听课等功能要求。现代美术教学要求形象教学，要设置陈列挂图设备，设置幻灯、投影仪等电化教学设备；并应有教具贮存、工作室、陈列室等附属空间。

　　3）书法教室。室内应适合单桌排列，课桌尺寸要比普通课桌大，以便放置书法练习所用纸、笔、砚、水杯、字画帖架等。坐凳要比一般的高，以便悬肘书写。课桌的纵横向间距要能保证写字的正确姿势和教师巡回辅导。教室内宜有挂镜线、水池、窗帘盒和电源插座。

　　4）音乐教室。在进行建筑平面布置时就应将其布置在对其他空间影响要小的地方，以免对其他教学空间产生噪声干扰。现代音乐课包括音乐欣赏课，要放录音、幻灯使音画配合。可设计成有2~3排的阶梯教室，并附乐器室。

图8-45　中小学校教学建筑专用教室室内环境空间实景

a）国外某中学教学建筑美术教室室内环境空间　b）国内某中学教学建筑计算机教室室内环境空间

c）国内某中学教学建筑语言教室室内环境空间　d）国内某小学教学建筑劳作教室室内环境空间

5）计算机教室。供中小学进行计算机教学时使用，平面宜布置成独立的教学单元。除设置学生机房外，还要有教师机房、贮藏室和换鞋处。计算机操作台的布置形式要便于授课和安插电源。地面宜采用能导出静电的材料。附近如有强电磁场干扰，教室内应有屏蔽措施。教室应设书写板、窗帘杆和银幕挂钩。

6）语言教室。其功能一是听音，二是听发音练习，三是听、发音练习和录音比较。其教室要设学生语言学习桌，配置灯具，要有防尘措施，做好噪声控制和吸声处理。语言教室须附设控制室和换鞋处，地面应设暗装电缆槽。控制室和语言教室之间应设观察窗，并能使教师看到每个学生座位。

7）视听教室。又称电化教室，其内应装有各种放映图像教学器械（如幻灯、投影仪、电影放映设施、电视机、投影电视）和音响器械（如话筒、扩音器、录音机）。视听教室分专用、兼用两种。专用视听教室一般容纳1~2个班级；兼用视听教室常在合班教室内装设视听设备。

8）劳作教室。主要用于为小学生开设劳作、工艺课而设。教室内可设2~4人合用的劳作课桌、工具和材料。后墙安装作业展柜，侧墙悬挂美术挂图。并设投影、幻灯、录像设备和水池，以及存放工具、材料的储物空间等。

（3）中小学校阶梯教室　即可供一个年级几个班的学生上大课、开会并兼作视听教室用的合班教室，因便于后排学生的视线能够看到黑板与讲课的教师，故教室地面采用从前到后逐排抬高的形式（图8-46）。阶梯教室中一般附设放映室和电教器材的贮存、修理等附属用房，另隔排的视线升高值宜采用120mm，前后排座位宜错开布置。教室内课桌椅前后排间距的确定，要能够满足学生的听课、书写、就座等要求。为利于学生安全疏散，课桌椅宜采用固定式，坐椅椅面则为折叠的形式。

图8-46　中小学校教学建筑阶梯教室室内环境空间实景

a）国外某中学教学建筑阶梯教室室内环境空间　b）大庆石油高中小阶梯教室室内环境空间
c）武汉市武珞路中学阶梯教室室内环境空间　d）育才小学教学建筑阶梯教室室内环境空间

1）中小学校图书馆。随着素质教育的深入，中小学校图书馆（室）的建设成为了现代基础教育设施中建设的重点之一，许多学校都在扩大图书馆（室）面积，以满足开展素质教育的需求（图8-47）。现代中小学校的图书馆（室）不仅具有教育功能、信息功能，并且还具有传播及娱乐功能。图书馆不光有藏书库、阅览室、视听室、办公室等部门，有的还设立了影视播放厅、音乐欣赏厅、报告厅、展示厅、教师电子备课室、自习室等。阅览室种类也大大增加，按照科目和工具可分为文、理科阅览室，期刊阅览室、多媒体电子阅览室等。在开放形式上多采用开架与闭架相结合的方式，并充分考虑到读者群集中，到馆时间也相应集中的这一特点，在馆舍内部安排有宽敞的走廊、通道与楼梯，在书架、阅览桌椅之间留有较大的空间来方便师生们阅览的，其书柜、书架、阅览架等高度更是体现出中小学校学生读者尺度上的设计特征。

图8-47　中小学校图书馆建筑室内环境空间实景

a）新加坡华侨中学图书馆建筑室内环境空间　　b）武汉市武珞路中学图书馆建筑室内环境空间
c）武汉大学附属小学图书馆建筑室内环境空间　d）重庆实验小学图书馆建筑室内环境空间

2）中小学校实验室。从实验室设置来看，主要设在中学，小学仅设劳动技术实习室设计（图8-48）。

通常中学设有物理、化学实验室，要求能够满足边讲边试、演示实验和各种分组实验等教学需要；生物实验室要适宜作动植物显微观察实验、生物解剖和演示实验。

实验室的平面布置应符合学生观察视距、操作距离、安全疏散、教师巡回辅导等要求。

实验室的教师演示台、学生实验台的形式和尺寸，应符合实验操作的要求。

实验室的辅助用房应根据实验室的性质，分别由化学药品室、仪器室、准备室、生物标本室、模型室、管理员办公室、教员办公室等房间组成。要求各种用房尽量单独设置，平面组合紧凑，联系方便。化学危险品的贮藏要符合防火规范。化学实验室室内应设置毒气柜、排风扇和事故急救冲洗设施。光学实验室内应采用避光通风窗。生物标本室和化学药品室应朝阴设置，生物实验室宜朝阳设置。实验室及

图8-48　中小学校实验室建筑室内环境空间实景
a）中学化学实验室建筑室内环境空间　b）中学物理实验室建筑室内环境空间
c）中学生物实验室建筑室内环境空间　d）小学劳动技术实习室室内环境空间

其附属用房应根据功能的要求设置给水排水系统、通风管道和各种电源插座。

小学设的劳动技术实习室，内容可包括金工、木工、裁缝、编织、刺绣、染编、陶瓷等专业劳动实习教室组成的劳动技术实习中心，其内可设各种劳作活动使用的操作台，以安装相关劳作设备供学生们进行实际动手方面的练习。

其他如文体活动空间、生活服务空间，附属工厂、入口门房、升旗广场、庭院及校园绿地，学生与教工生活空间的建筑内外环境设计（图8-49、图8-50），均需展现其中小学校校园内部空间教书育人的环境特色。

图8-49　中小学校校园内部相关活动空间室内环境实景
a）武汉大学附属中学学术报告厅建筑室内空间环境　b）南昌八一中学室内体育馆建筑空间环境

371

图8-50　中小学校校园内部相关活动空间室内环境实景
　a）福州格致中学室内游泳馆建筑空间环境　　　b）嘉兴五中文体活动中心舞蹈练功房室内空间环境
　c）武汉市武珞路中学校园标准运动场环境空间　d）武汉大学附属小学校园升旗广场空间环境

3. 案例剖析——华中师范大学第一附属中学

　　位于武汉市东湖新技术开发区腹地，周围与大学科技园毗邻。是全国著名的重点中学、湖北省政府命名的唯一"窗口"学校，被誉为"楚天第一校"（图8-51~图8-58）。学校前身为中南实验工农速成中学，创建于1950年9月，1955年改名为华中师范大学第一附属中学，前国家主席李先念为学校题写了校名。学校按照全国"千所示范高中"的标准来建设，校区占地293300m²，主校区建筑面积133575m²，设置112个高中班，学生人数5600人，采用全住宿管理模式进行管理。教学用房包括普通教室112间，理化生实验室54间、素质教室24间、合班教室3间（250座、350座、500座各一间）、学术报

图8-51　华中师范大学第一附属中学校园教学建筑鸟瞰及其入口空间环境实景

图8-52 华中师范大学第一附属中学校园教学建筑及其空间环境总体平面布置设计图

图8-53 华中师范大学第一附属中学校园教学建筑造型及其空间环境实景

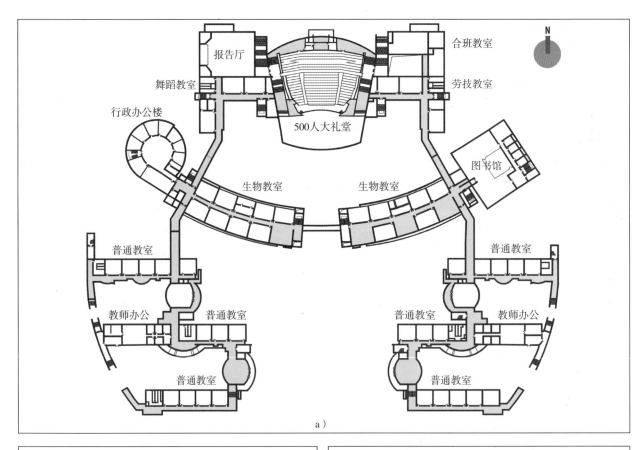

a)

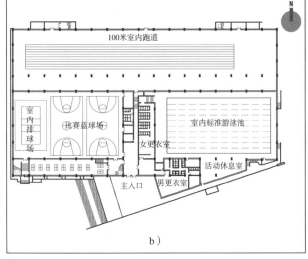

b)

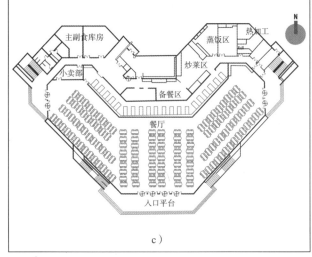

c)

图8-54 华中师范大学第一附属中学校园教学建筑造型及其空间环境平面布置设计图
a) 教学综合楼建筑及空间环境平面布置设计 b) 体育中心建筑一层及室内空间环境平面布置设计
c) 学生饮食中心建筑一层及室内空间环境平面布置设计

告厅1个、计算机教室20间、语音教室20间以及科技活动室20间。教学配套用房包括图书馆、综合体育中心（包括田径馆、球类馆、恒温游泳馆）、行政楼、多功能礼堂（1500座）、标准田径场及2000座看台。学生生活设施有5448床宿舍、食堂、超市、浴室及后勤机房等。建成后的华中师范大学第一附属中学新校区已成为全国高级中学中建设规模大、起点高、设施齐的先进学校。

学校校园及其教学建筑内外环境设计紧扣中学教育的独特性质，着力探索大型中学的功能体系和规划形态，同时，校园建设充分体现出该校的教学特色、管理模式和发展规划，即"把时间还给学

图8-55 华中师范大学第一附属中学校园教学建筑造型及其空间环境实景

a）教学楼建筑造型及其空间环境　　b）科教中心建筑造型及其空间环境

c）艺术中心建筑造型及其空间环境　　d）图书馆建筑造型及其空间环境

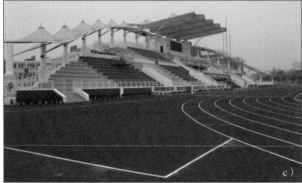

图8-56　华中师范大学第一附属中学校园教辅建筑造型及其内部空间环境实景

　　a）饮食中心建筑造型及其空间环境　　　b）学生宿舍建筑造型及其空间环境
　　c）体育场建筑造型及其空间环境　　　　d）体育中心建筑造型及其空间环境
　　e）教学楼建筑入口门厅室内空间环境　　f）教学楼建筑室内通道空间环境
　　g）教学楼建筑标准教室室内空间环境　　h）教学楼建筑标准教室室内空间环境

图8-57 华中师范大学第一附属中学校园建筑室内空间环境实景

a）教学楼建筑中计算机教室室内空间环境　　　b）教学楼建筑中实验室室内空间环境

c）科教中心建筑中合班阶梯教室室内空间环境　d）科教中心建筑中学术报告厅室内空间环境

e）科教中心建筑中大礼堂室内空间环境　　　　f）科教中心建筑中校史陈列大厅室内空间环境

g）饮食中心建筑室内空间环境　　　　　　　　h）体育中心建筑中室内标准泳池空间环境

图8-58 华中师范大学第一附属中学校园环境空间实景

a）校园西部湖面景桥及其绿化环境空间　b）校园教学西楼建筑临湖景观及其绿化环境空间

c）校园临湖亭景及其绿化环境空间　d）满塘荷叶园景及其绿化环境空间

e）校园中心广场及其环境空间　f）学校校训景墙及厚德广场及其绿化环境空间

g）学校南门入口空间及其绿化环境　h）学生宿舍外部停车场地及其绿化环境空间

生，把方法教给学生"的办学理念。设计中根据学校对学生培养分为课程学习、全面发展和创新研究三个层次不同的行为模式安排多样化的功能单元。以学生的全面发展为主轴，适当提高普通教室以外的教辅功能用房比例，并以此为中心形成放射状的网络模块单元。其设计的创新特色设计表现在以下几个方面：

1）校园规划结合新校区用地东、西、北面高，南部低的特点，将主入口设在南部低洼处，主体建筑布置在地势较高处，并通过高差丰富的广场和周围道路连接。教学区采取"一体两翼"的布局模式，三个年级和国际学校自成一体，形成公共部分集中共享，相关用房网格化连接的格局。整个校区建筑组群采用中轴对称的形式，以形成错落有致、空间丰富的设计效果。校园西侧为城市主干道（两湖大道），公共绿化分布于此，区内利用原有水系，形成曲水园径交融、树林绿地环绕的花园式校园环境氛围。

2）新校区在教学建筑及内外环境设计方面均采用整体式的设计手法，从而达到功能单元化、交通网络化、资源共享化的设计目标。此外，整个学校建筑的立面造型和空间形态充分体现出新时期教育建筑的特点，丰富而不张扬，错落而井然有序，开放而有向心力。建筑组群通过丰富的体量和空间，运用质朴的色彩，凸显出既朴素典雅又现代活泼的设计意境。而在校区临城市主干道一侧设置标志钟塔，不仅成为学校的标识，也对学校的形象塑造起到重要的作用。

3）新校区不仅在各类教室和理、化、生实验室方面配置先进、完善，还为学生课外个人和兴趣小组设置了相关空间。图书馆以电子阅读为主，并通过网络与其他学校共享资源。体育中心包括田径馆、球类馆和游泳馆三部分，均能满足全国性中学生比赛要求。田径馆设10道100m跑道和其他田径设施；球类馆可同时举行2场正式比赛；游泳馆为恒温泳池，泳池及相关设施按国际标准建设。校区各出入口空间均采用了门禁和身份识别系统控制，使校园的安全性更有保证，学生的课外管理水平也上升到了一个较高的层面。此外，新校区对体育场地采用有机分散和活动场地多功能设计处理，解决了课间操、升旗仪式和体育课受到往返时间限制的缺陷。学生食堂平面设计采用集束式模型——共用加工区和单元式的进餐区相结合，从而解决了日常集中进餐和不同规模分散进餐之间的矛盾。

建成后的华中师范大学第一附属中学新校区校园及其教学建筑内外环境设计兼具时代气息与文化底蕴而又活泼向上，独特的建筑语汇塑造出了21世纪新校园的风格特色与设计意境。

4. 案例剖析——深圳实验学校小学部

深圳实验学校小学部位于深圳市福田区红荔路，现占地面积20604m²，建筑面积15000m²，其规模由原来的24个教学班增加为42个教学班。该部于1985年创办，与深圳实验学校高中部、初中部、幼儿部同属于深圳实验教育集团，是一所典型的"城市型小学"（图8-59~图8-62）。重建后的深圳实验学校小学部校园教学建筑内外环境设计是以师生为主体，以建筑环境、设施为物质基础组成的有机系统。并

图8-59　深圳实验学校小学部校园教学建筑空间环境实景

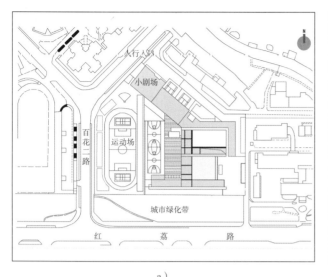
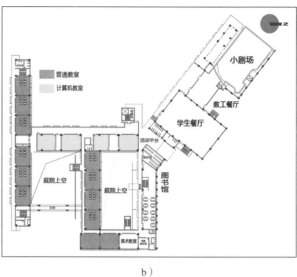

a)　　　　　　　　　　　　　　　　　　　b)

图8-60　深圳实验学校小学部校园教学建筑空间平面布置设计图
　a）校园教学建筑及其空间环境总体平面布置设计　b）教学建筑及其空间环境首层平面布置设计

突破了以往学校环境的模式，促使这一有机系统在其校园环境中优良地运转和生长，从而传达出设计师"平衡"地体现和尊重实验学校建校以来所形成的人文精神。

　　从现在学校校园教学建筑内外环境平面布置来看，教学建筑主体位于校园东部，自北向南分为相互平行的北、中、南三列，其中北楼转折伸展至西北辅助入口处，其间由垂直的西楼和东楼串联而组成

图8-61　深圳实验学校小学部校园教学建筑内外空间环境实景之一
　a）教学建筑入口空间环境　　　　　　　b）教学建筑中普通教室室内空间环境
　c）教学建筑中自然实验教室室内空间环境　d）教学建筑中制作实验教室室内空间环境

图8-62　深圳实验学校小学部校园教学建筑内外空间环境实景之二

a）小学部礼堂室内空间环境　　b）小学部图书室室内环境

c）小学部计算机室室内环境　　d）小学部音乐教室室内环境

e）小学部美术教室室内环境　　f）小学部舞蹈练功房室内环境

g）小学部室内运动场空间环境　h）学校标准体育场空间环境

"群落"：北楼、中楼与东楼围合成内院，中楼、南楼在东南入口处相互错位，从而后退形成了校园的入口广场，另外通过天桥围合形成一个半开敞的绿化庭院，与田径场连成一个整体。

在校园教学建筑内外环境功能分区方面，为了强调使用上的方便与相对便捷、合理作"动静分区"，以分设出不同"群落"的体块，并利用四通八达的廊道体系实现便捷的平面与垂直交通系统。普通教室均为南北向布置，为日常管理方便和利于噪声控制，都相对集中设于中楼和南楼；专用教室则设在南北向相连接的建筑体内，以便于其间的联系；办公、宿舍及图书馆等较安静的用房即集中布置于校园东北角，分别与医院和住宅相临，既不受教学区干扰，也减少对周围环境的影响；北楼转折后伸向小剧场一段集中了相对吵闹的体育活动室、师生餐厅等大空间，今后还将改造小剧场二层作为器材储备用房；合班教室布置在南楼底层的架空层，以便于学校的综合使用。

在教学建筑内外环境空间塑造方面，设计通过不同空间在尺度大小、开合方式、个性表达等多方面的协调对比，塑造空间序列的不同层次，结合底层架空手法，既提供了大面积活动场地，也大大增加空间通透性，并为各空间之间相互的渗透、对比和自由流动创造了可能，从而形成多样化的空间品质。"群落"的组合与错位使东部形成各具不同空间特征的开敞式入口广场、抬高的半开敞绿化庭院以及围合式内院，运用底层架空实现空间的延展，层层环廊、体块开洞等手法则产生空间的交流与对话，并构建了一南一北自东向西的两组空间序列层层递进，产生强烈的层次感，最终汇合于西侧集会广场。借助"群落"体量的半围合，西侧最大限度形成大面积场地，不但满足对室外空间的需求，也在拥挤的城市环境中相对"平衡"地创造豁然开朗的大空间效果，并成为整个空间序列的高潮。

在教学建筑及其内外环境造型设计方面，设计借鉴了新加坡教育部自1999年以来在其"城市型小学"建设中普遍推广的"模数制"等国内外经验。教学及生活用房统一采用10m×10m大开间柱网作为"单元模块"（其中2.5m作为走廊宽度），便于灵活分隔和布置各类功能房间，有利于创造开敞的平面、为底层架空提供更通透的空间。

在教学建筑及其内外环境色彩配置方面，设计以蓝、白两色作为建筑内外环境的主基调，片墙、挑板、走廊、洞口等建筑部件点缀以跳跃的红、黄、蓝三原色，以体现小学的生机与活力，纯粹的色彩构成提供强烈的视觉冲击力。建筑的水平线条与竖向框架、钟楼等产生对比，在平实的形象上勾勒高低错落、变化有致的轮廓，从而烘托其个性与可识别性；遮阳与片墙的处理，既提供近人尺度的亲切感和精致耐看的细部特征，也与大尺度的洞口、框架一同为立面创造出强烈的虚实对比。

在教学建筑内外环境节能策略方面，设计依据深圳地区湿热的气候特征，通过底层大面积架空，结合"群落"在多方向开口形成的拔风"风道"，有利于促成穿堂风而改善通风效果，产生舒适怡人的内部小气候；外立面在不同方向分别设置水平或垂直的遮阳板及遮阳格栅以应对不同方位日晒的特点，教学空间的遮阳板与外墙之间还设置上下连通的空气夹层，利用"双层皮"原理形成冷热空气的流动，实现自然的隔热、散热效果，部分墙裙还设有专用通风百叶以加强室内空气流通。

如今，已建成的深圳实验学校小学部不仅校园环境优美，校舍整洁，秩序井然，而且学校办学条件优越，教学设备设施先进，各教室都装备功能齐全的教学多媒体平台，全校实现了办公自动化，校园网已与学校各校区联网，师生可以在教室、办公室、电子阅览室等处顺畅地上网，开展教学活动和进行各种交流。学校也将恪守在长期办学实践中形成的办学理念，对学生实施以爱国主义教育为基础的健全人格教育及面向学生的全面素质教育。以实现把学校办成有中国特色、中国风格、中国气派的社会主义现代化新型学校，让学生受到现代化良好教育的办学与发展目标。

8.3.5　托幼儿园建筑室内环境的设计

儿童是国家和民族的未来和希望，儿童的健康成长和教育是提高我国人口质量的重要内容。儿童一代是否具有健康的体魄、良好的品德、发达的智力，直接关系到一个国家的前途。因此，对托幼儿园的建设重视与否在一定程度上也反映出一个国家的文明与希望。托幼儿园作为学前教育实施和运作的基本平台，在现代学前教育中发挥着重要作用。与之相对应，如何将近年来教育界所倡导的注重学龄前儿童全面素质教育培养的全新教育理论、最新研究成果贯彻到学前教育空间设计中，则是进行托幼儿园建筑内外环境设计需要深入探索的问题。从托幼儿园建筑来看，包括生活用房、管理用房、后勤用房，外部场地与庭院等空间，其建筑内外环境的设计尚需从以下几个方面来考虑：

1. 空间布局

托幼儿园建筑作为对学龄前儿童集中进行保育和教育而使用的建筑，其空间布局主要受到托幼儿园的办园性质、规模、人数、用地与环境等方面的影响，通常托幼儿园的办园性质按时间可分为全日制幼儿园和寄宿制幼儿园，按对象可分为幼儿园、残疾儿童幼儿园和特殊儿童幼儿园，按服务可分为双语幼儿园，音乐幼儿园；托幼儿园的规模（包括托、幼合建的）可分为大型幼儿园（10个班至12个班）、中型幼儿园（6个班至9个班）和小型幼儿园（5个班以下）。托幼儿园为了便利教养，一般按照年龄划分为小班、中班和大班，每班人数标准：小班为3~4岁幼儿，每班为20~25人；中班为4~5岁幼儿，每班25~30人；大班为5~6岁幼儿，每班31~35人。

托幼儿园的用地与环境，从托幼儿园的用地来看，需注意其用地的条件，当用地偏紧时，建筑布局一般比较集中，而不能自由伸展。在地形有高差时，建筑布局必须与地形的变化密切配合，合理划分台地的大小与高差；从托幼儿园的环境来看，需注意其周围有否噪声、烟尘与异味等污染源，以及所处地区的气候条件等因素对其产生的影响，确保其教育工作的正常开展和促进幼儿身心的健康成长。

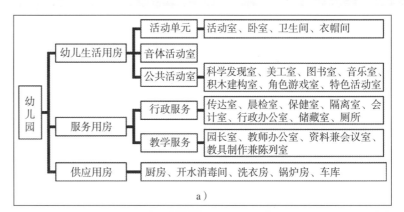

a)

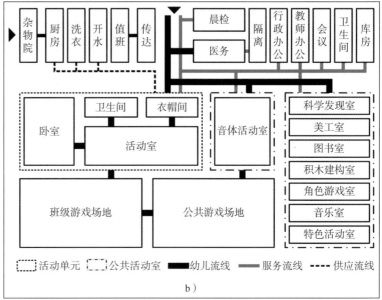

b)

图8-63　托幼儿园建筑内外环境空间的房间组成与功能关系图
a）托幼儿园建筑内外环境空间的房间组成
b）托幼儿园建筑内外环境空间的功能关系

托幼儿园建筑内外环境空间的房间组成与功能关系如图8-63所示，其设计要点为：

1）应根据托幼儿园建设基地的条件进行适应性组合布局，以使托幼儿园建筑与外界环境的各种关系适应设计规范的要求。

2）应首先保证托幼儿园建筑的生活用房具有良好的朝向、采光和通风条件。

3）应保证托幼儿园建筑有足够的户外活动场地面积和各项游戏设施，并创造优美、舒适的室外环境。

4）管理用房的布局对内要方便管理，对外要便于联系。

5）后勤用房布局既要考虑到服务方便，又要与幼儿生活用房保持适当距离，以防止噪声、气味、油烟等的各种不利影响。

6）托幼儿园的建筑内外环境空间设计要有利于创造具有"童心"特征的建筑与环境空间形象，建筑体量及形体组合要活泼大方、尺度适宜，以体现具有儿童情趣的设计趣味。

托幼儿园建筑空间的平面构成方式，主要有以下几种形式（图8-64）：

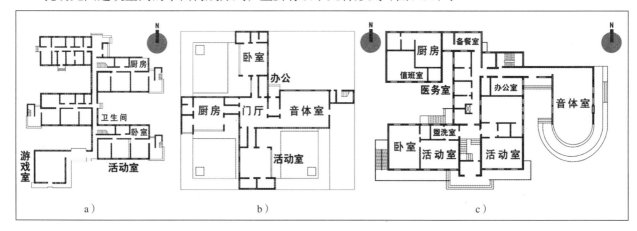

图8-64 托幼儿园建筑空间平面布置的形式
a）分散式的建筑空间平面布置 b）集中式的建筑空间平面布置 c）综合式的建筑空间平面布置

其一为分散式，即将幼儿生活用房、管理用房、后勤用房三者各自独立设置。其中应保证幼儿生活用房处于用地的最佳位置，且各方面要求都要得到满足。管理用房宜设在幼儿园入口处，便于每日晨检和对外联系。后勤用房应设于用地偏僻的一角，自成一区，并与幼儿园辅助入口靠近，便于货物进，垃圾出。此种空间方式的优点是园舍环境优美，绿化地面积宽大，而且供应用房所产生的噪声、气味、烟尘不会对幼儿生活用房产生影响。缺点是建筑布局过于分散而占地较大，且三者联系不便，需设置廊道方便联系。

其二为集中式，即幼儿生活用房、管理用房、后勤用房三者集中布置在主体建筑内，要点是保证幼儿生活用房的采光、通风、朝向等要求，而管理用房设于主体建筑的后端，且与幼儿园辅助出入口有方便联系；后勤用房设于主体建筑前端，与幼儿园主入口接近。这种平面组合方式能节约用地，交通面积较少，幼儿园的三个功能部分联系方便。但需妥善处理好幼儿生活与管理用房的关系，避免相互干扰。

其三为综合式，即幼儿生活与管理用房毗邻，将管理用房独立设置或将其用房与幼儿生活用房毗邻，而将后勤用房独立设置。前者可减少外来人员对幼儿生活用房的干扰；后者因管理用房单独设置，既可相应降低这部分建筑的标准，还可减少管理用房对幼儿生活用房的干扰，需注意的是两者也不能距离太远。

2. 各类用房

托幼儿园的建筑及其内外环境空间主要由生活、管理与后勤用房，外部场地与庭院空间等构成（图8-65~图8-68），其设计要点为：

（1）生活用房 是学龄前儿童教育空间的主要组成部分，它包含各班级活动单元的活动室、卧室、卫生间和衣帽间等用房。无论建筑的规模大小，生活用房的设计都是必需的，而且设计水平的优劣直接影响到保育工作的效率和学龄前儿童身心的健康。因此，对于学龄前儿童生活用房的设计应该给予细致周到的考虑，并根据具体建筑内部条件妥善处理好各种设计矛盾，以使设计真正符合学龄前儿童教育教学的要求。由于学龄前儿童的教育大部分活动内容安排在室内活动室进行，内容的多样性要求其室内家具可以有多种组合方式，并要求所创造的建筑空间能为这种多变要求提供可行条件。为此，生活用房多设计为方形和矩形，也有不规则形等，并要求具有阳光照射及通风换气的条件。卧室也是生活用房设计的重要组成部分，儿童白天有3小时的睡眠，要求卧室安静、无光和具有挡光条件。活动室与卧室可平面相连，也可上下相连。其内部装修、家具等应考虑儿童使用特点，要处理好尺度关系，细部要有利于安全和易于清洁。卫生间除了是生活用房的重要组成部分外，还是培养幼儿建立良好卫生习惯的学龄前儿童教育场所，以让儿童通过如厕行为养成按时大小便的习惯，并逐渐学会自理等。因此，学龄前

图8-65　托幼儿园建筑中的生活用房室内环境空间

a）幼儿单元活动空间　b）幼儿学习环境空间　c）幼儿睡眠环境空间　d）幼儿卫生间环境

图8-66　托幼儿园建筑中的管理用房室内环境空间

a）幼儿园门卫环境空间　b）幼儿园入园晨检空间　c）幼儿园办公环境　d）幼儿园教研环境空间

图8-67　托幼儿园后勤用房室内环境空间
a）幼儿园建筑中的儿童厨房环境空间　b）幼儿园建筑中的儿童保健环境空间

儿童使用的卫生间完全不同于公共建筑成人卫生间的要求。它不仅是解决学龄前儿童如厕的生理需要，更重要的是学龄前儿童卫生间是儿童的主要活动场所。同时，从儿童卫生防疫考虑，应每班独用，不可合班使用，内部各项设施都要符合学龄前儿童的使用特点。

（2）管理用房　是托幼儿园建筑对外联系，对内服务的设施。其中对外部分包括传达室、晨检与接待室、会计室等；对内部分包括办公室、资料与会议室、教具制作与陈列室、医务保健与隔离室，以及贮藏、厕所、浴室和员工休息室等辅助空间。其中传达室设在幼儿园入口，可与大门结合在一起。要求对内对外要有较好的视野，以利于安全管理；晨检室设在幼儿园入口内，用于测试入园幼儿例行晨检，可与医务保健室合并，应设可直观门厅的窗口，便于监视入园幼儿并防止漏检；会计室要布置电脑、复印、保险柜等设备，并宜对公共空间或室外开设交费窗口。对内的办公室供教师进行备课或教学法研究，以及用于管理等集体活动的开展，要求环境安静，与幼儿生活用房联系要方便。园长室可设办公桌、电脑桌、文件柜与书柜，并可兼做接待。医务保健室与隔离室在功能上应紧密相连，但不应设于幼儿活动的主要通道上，最好位于建筑物的端部，并有良好的朝向和安静的环境。同时，为了便于家长探望，并带病儿离园，不和正常幼儿接触，最好有专用的入口。室内应设诊断办公桌、检查床、药品器械柜、洗手盆、体重身高计、卡片柜等。医务室应位于卫生保健单元的入口处，以便将病儿与正常幼儿隔开，同时又有利于护理、照看病儿。

（3）后勤用房　是保障幼儿园教学活动正常开展的支撑条件，主要包括幼儿厨房、开水与消毒间、洗衣房、锅炉房与配电间等空间。其中幼儿厨房的设计首先需考虑设置专用对外出入口，便于货运流线与幼儿活动流线分开；其次厨房内部空间的功能分区应明确，配置应合理。并设置杂物院作为燃料堆放和垃圾存放；其三幼儿主副食加工间应按烹调工艺操作程序，使内部交通流线合理、顺畅、避免生熟食物的流线交叉；主副食库应位于便于进货及靠近加工间，副食库宜设置货架，以扩大贮存面积，并可对副食、佐料、干货等进行分类贮藏；幼儿用餐由各班保育员负责领取碗筷和饭菜，用餐完毕后，要便于将餐具送回厨房消毒。开水饮水处可设在生活用房外，设计需考虑不让幼儿烫伤的防护措施。洗衣房为洗晒方便，宜设置在屋顶，房内设洗衣机、烘干机及零星小件洗池，另外可设库房暂存干净衣被。锅炉房与配电间则靠边配置，可与厨房结合并便于燃料的运送。

（4）外部场地与庭院等空间　外部场地与庭院是托幼儿园用于全园儿童集体和自由活动所用空间，主要包括幼儿户外活动场地、场内可设置各种游戏器具。另可设沙坑、洗手池和水深不超过0.3m的戏水池，并可适当地布置一些小亭、花架、动物房、园圃，以及供儿童骑自行车用的小路。在浪船、吊箱等摆动类活动器械的周围应设有保护儿童的安全围护设施。庭院与绿化用地内应注意不要种植有毒、带刺的植物。堆放杂物的位置应远离幼儿活动场地，并设围护栏杆与其隔离。

图8-68　托幼儿园外部场地与庭院等环境空间

a）国内某幼儿园建筑外部运动场地环境空间　　b）国外某幼儿园建筑外部庭院环境空间

c）武汉大学测绘校区幼儿园外廊环境空间　　　d）武汉大学测绘校区幼儿园外部活动场地环境空间

　　总之，托幼儿园建筑内外环境应从孩子的视角来为他们设计学前教育的空间，以给孩子们提供一个快乐，充满创造与想象力，孩子们乐于在其中生活、游戏、学习的托幼儿园活动新天地。

3. 意境塑造

　　托幼儿园的建筑内外环境是幼儿身心发展所必须具备的一切物质条件和精神条件的总和，它是由托幼儿园的全体工作人员、幼儿各种物质器材、设备条件、人文环境、精神氛围以及各种信息要素通过一定的文化习俗，教育观念所组织、综合的一种动态的、教育的空间范围或场所。这种空间范围或场所，既是物质的又是精神的，既是开放的又是相对封闭的，既具有保育的性质又具有教育的作用。

　　意大利著名教育家玛丽亚·蒙台梭利认为："教育的基本任务是让幼儿在适宜的环境中得到自然的发展，教师的职责在于为幼儿提供适宜的环境。"《幼儿园工作规程》中也明确指出："创设与教育相适应的环境，为幼儿提供活动和表现能力的机会和条件。"显然托幼儿园的建筑内外环境不仅影响幼儿的发展，更重要的是使幼儿能与环境产生互动效应，从而在环境中受到启迪和教育。可见托幼儿园建筑内外环境对幼儿的成长有着多么重要的影响，它不应只是为幼儿提供一个保护用的容器，而是要组织不同的物质空间，创造为幼儿所需的人工环境。设计师应从使用者的立场出发，运用心理学原理，要怀着为了孩子的强烈愿望，"用孩子的眼光"去看待托幼儿园的建筑内外环境，使其设计能够体现出"童心"，情趣和意境。

4. 案例剖析——意大利Pederobba幼儿园

　　位于意大利威尼斯北部Pederobba的幼儿园，是Carlo Cappai和Maria Alessandra Segantini这两位意大利年轻建筑师近期完成并实施的设计作品（图8-69~图8-72）。该项设计曾获得2006年意大利建筑金传媒奖（教育类）与Cittá di Oderzo建筑大奖和多个建筑类奖项。

Pederobba幼儿园位居田野之中，四周为附近的酒厂种植的大批葡萄和麦子，设计师特意把建筑的外形设计成出园的形式，使人们在秋收之后就能看见隐藏在田野之中鲜艳的幼儿园建筑。幼儿园面向东南方向，周围建有全封闭的围墙，从麦田看去，粗糙的混凝土墙被涂成五颜六色，以与田间灿烂的春色相呼应。而墙和墙之间的开口因为太阳照射角度的不同，拉出了一道方向变化的光带，其奇妙的变换显得生机勃勃。

整个幼儿园设计中最注重的是建筑的墙面和内部的空间设计，其中墙面的设计灵感来自于田间的谷仓，那种带拱廊的、厚重的谷仓，均用鲜艳的色彩涂饰。时断时续的墙体使空间更有设计感，并把流畅的组织流线和复杂的空间变化结合在一起，以增强人们的识别性。

图8-69　意大利威尼斯Pederobba幼儿园建筑空间环境实景

图8-70　意大利威尼斯Pederobba幼儿园建筑空间环境外立面设计图

图8-71　意大利威尼斯Pederobba幼儿园建筑内外空间环境实景之一

建筑的顶部模仿谷仓的拱廊，外延的混凝土石板和灯光扩大了孩子们的活动区域，将室内空间向外延伸，直至花园，将田间的鸟语花香都带进教室。而室内部分向外扩展的连接正是建筑师精心设计的一个

图8-72　意大利威尼斯Pederobba幼儿园建筑内外空间环境实景之二

"门"。作为通向真正室内空间的入口，却又更像是通向一个未知奇幻世界的关卡。形状各异的门，朝外的一面都是红色的，朝里的一面却色彩斑斓，都是孩子们喜欢的颜色。Pederobba幼儿园漂浮在现实世界与真实世界之间的门，则给孩子们一个停顿的时间，即让孩子们去思考，去惊讶，去迟疑，去许下一个美丽的愿望。Pederobba幼儿园建筑南面是一整面玻璃，既便于采光，又可防止调皮的孩子爬到外面去，还可将外部麦田和自然景色引入室内。通过整面玻璃窗户，能让孩子们在其内直观地感受自然的变迁，守望着麦田从播种、出苗到长出黄色的麦穗，形成金色麦浪的过程，设计师的这种处理手法，不仅让托幼儿园的建筑内外环境体现出麦田守望者的设计意境，而且为了让孩子们见识自然的变迁更是体现出设计独有的匠心。

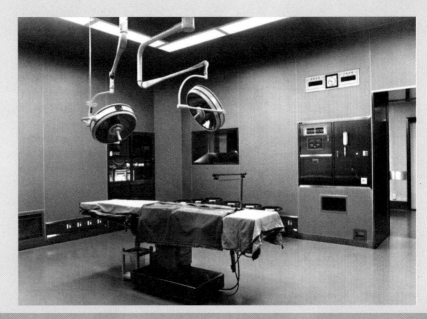

第9章 医疗建筑的室内环境设计

随着人们对现代化医疗建筑建设需求的与日俱增和医疗卫生机构之间的相互竞争，近一个时期国内出现了医疗建筑改扩建或新建工程的高潮。另外，伴随着民营经济的迅猛发展和外资的大量涌入，国内民营和外资医疗建筑内外环境空间建设也处于蓬勃发展的大好时期（图9-1）。同时，随着人民医疗保健意识的日益提高，医疗建筑在人们生活中的分量越来越重，为此，寻求合乎人性化、合理而舒适的医疗环境设计，已成为提高广大人民群众医疗水平，实行救死扶伤人道主义精神，促进医疗建筑内外环境未来设计发展的必然趋势与迫切需要。

图9-1 医疗建筑内外环境空间
a）上海复旦大学附属华山医院建筑外观　b）北京大学第一医院第二住院部建筑外观
c）佛山市第一人民医院建筑外观　d）华中科技大学附属同济医院门诊大楼建筑内景
e）湖南省儿童医院建筑外观及环境实景

9.1 医疗建筑室内环境设计的意义

9.1.1 医疗建筑的意义与类型

医疗建筑是指各类医院及疗养建筑等组成的公共建筑。其中医院的功能主要是治疗、护理病人，通常分为科目较齐全的综合医院和专门治疗某类疾病的专科医院两类。其中综合医院即指全科医院，综合了各种病理科室；专科医院则指单科医院。另外在我国还有专门应用中国传统医学治疗病人疾病的中医院。

疗养建筑的功能主要是供慢性病患者、康复期病人及健康人员治疗与休养的医疗预防机构。按其性质可分为综合性慢性疾病疗养院、专科性慢性疾病疗养院、康复疗养院、健康疗养院与老年人疗养院等；按其接待范围可分为大众性质疗养院与专业系统疗养院等；按其等级可分为甲级、乙级与丙级疗养院等；按其规模可分为500床以上的特大型疗养院、300~500床的大型疗养院、100~300床的中型疗养院与100床以下的小型疗养院等。

9.1.2 医疗建筑的构成关系

1. 医院建筑的构成

医院建筑特别是综合医院其功能是最复杂的、变化最快的民用建筑类型。医院建筑主要由医疗、护理、后勤、行政与管理等部分所构成。随着社会科技与医疗技术的进步，医院功能构成的内容日益复杂，专业化、中心化倾向越来越明显，其特点为专业分科细、多学科综合性强、医疗设备更为先进且更新周期越来越短。医院除一般科室外，往往还包括急救、监护、核医学、心理咨询、图像诊断、计算机站、生物工程等部门；而医院的后勤服务及部分医疗设施，则表现出向社会化方向发展的趋势。从现代医院的组成上看，大都是医疗、教学、科研三位一体的医疗中心，这又无疑增加了现代医院功能构成的复杂程度。

医院建筑主要有三种布局形式：分散式、集中式和半集中式。分散式是将各部门分别设于独立的建筑物中，以利于通风、采光，但联系不紧凑，占地多，管线长；集中式是将门诊、医疗、住院等和供应、管理各部分集中在一栋建筑物中，联系方便，用地省，管线少，但工程较为复杂；半集中式是将门诊，医疗、住院等部分集中在一起，而将后勤、管理等部分分开。

医疗部分一般包括门诊部、住院部、急诊部、重点治疗护理单元、手术部、放射科、理疗科、药房、中心消毒供应部、检验科、机能诊断室和血库，其建筑构成关系如（图9-2）所示。在有教学要求的医院，还设有科学研究和临床教学用房。

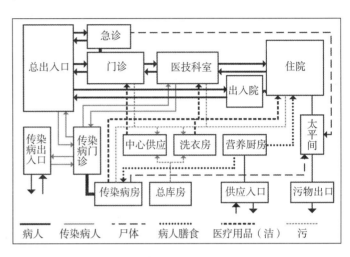

图9-2　医院建筑的构成关系图

2. 疗养建筑的构成

疗养建筑主要由疗养、后勤和管理三个基本部分所构成。疗养部分通常分为若干个护理单元，各个护理单元一般包括疗养室、活动室、护士站、医生办公室、护士值班室、处置室、治疗室、卫生间、库房、开水间等（图9-3）。两个单元设一间观察室，心血管疗养区还应设监护室及急救室。后勤、管理等部分多与疗养部分分开布置，但应能构成一个整体，并方便相互间的联系。

图9-3　疗养建筑的构成关系图

9.1.3　医疗建筑室内环境设计的特点

1. 应体现医疗建筑室内环境的功能特色

医疗建筑的室内环境设计应充分体现其现代化的风格与医疗建筑的功能特色。了解在现代生物医学、整体医学模式下人性化的整体医学环境所要求的使用功能和日益更新的医疗器械设备的使用要求，使流线组织合理化，让各功能空间处于高效、有序的运作状态，是医疗建筑室内环境设计最为基本的原则。因此应以简洁的造型语言来表达其丰富的设计内涵，用合乎医疗建筑使用功能的最简洁的流线来形成、组织空间，用最简洁的材质组合来实现视觉的丰富，并逐渐实现与国际接轨，营造出让人感到安定、给人情绪安慰的现代化医疗建筑空间。

2. 应表现医疗建筑室内环境以"人"为本的特点

医疗建筑的室内环境设计中的以"人"为本的真正含义，不仅包括就诊的病人，还包括医护人员和医院的管理者。从病人的角度，他需要的是一个良好、宽松的就诊环境；从医护人员的角度，他需要的是一个方便的工作环境；从医院管理者的角度，他考虑的是花费有限的投资能获得最大的回报以及对医院方便的管理。满足三方要求在某种程度上有一定矛盾，这就需要在设计和施工中本着对设计高度负责的精神来协调处理好这三个方面的关系。同时，在内部设施的配置上应将对人无微不至的关怀体现在细微设计之上，如在门诊大厅中应该配置足够的休息座椅、显眼的问讯导医台、计算机查询机、ATM机、高低台面的公用电话、电子显示屏、宜人的绿化、精巧的商业空间等。在一些细部空间的处理上，也可以借鉴宾馆和写字楼常用的手法对医院室内环境设计予以点缀。

3. 应展现医疗建筑室内环境系统设计的理念

医疗建筑的室内环境设计在各种复杂的功能要求下，应遵循其系统设计的理念，即将医疗建筑的室内环境与相关方面的设计纳入一个整体来考虑。它们包括室内环境的空间系统设计、色彩系统设计、声光环境系统设计、标识导向系统设计、标准空间及部位系统设计、无障碍与安全系统设计、文化氛围系统设计等内容。只有使上述各个系统形成有机统一的关系，医疗建筑室内环境设计的和谐特征才可能营造出来。

9.2 医疗建筑室内环境的设计原则

进行医疗建筑室内环境设计，需遵循的基本原则包括以下方面。

1. 满足使用功能要求的原则

在医疗建筑的室内环境设计中，满足使用功能要求是最为基本的原则。

2. 技术性与艺术性有机结合的原则

将技术性与艺术性有机地结合，是现代医院建筑的室内环境设计的重要原则。

3. 人性化空间塑造的原则

人性化医疗空间的塑造，是现代医疗建筑室内环境设计的核心内容。

4. 持续发展的设计原则

医疗建筑与室内环境的设计，都是体现一个时期的医疗需求、技术与管理水平的。在其设计中遵循持续发展的原则，无疑是一种前瞻性的设计要求，以使医疗建筑与室内环境设计能有较长的生命力和较强的可适应性。

9.3 医疗建筑室内环境的设计要点及案例剖析

9.3.1 医院建筑室内环境的设计

1. 空间组合

（1）空间布局 空间布局是建筑室内环境设计的主要任务，在医疗建筑室内环境的空间布局中，除了延续建筑设计的空间安排外，还应充分结合医疗建筑室内环境具体的功能要求，根据患者进入医院共享大厅，再依次进入候诊厅、诊室、病房等空间不同的心理需求来进行不同医疗建筑室内空间的分项设计。

从医疗建筑室内环境来看，欧美国家人口相对少。在医疗建筑室内整体空间环境设计上追求温馨、亲切的设计效果，并将医疗建筑室内空间营造成一种家的气氛，从而避免患者对医院的恐惧感。在医疗建筑室内空间布局中，应考虑医院与疗养建筑在室内空间构成上的不同，并结合不同医疗建筑的等级与特点做好其空间布局的安排。在空间气氛营造方面，一般门诊及住院等部分的入口大厅设计多采用大空间的设计手法，用材上较为高档、简洁、耐用，以突出医疗建筑的权威感。在候诊厅、休息厅、高级病房、专家诊室、贵宾室等中小空间上，则宜用小尺度、亲和的设计手法，在材料色彩上较为温和，以体现温馨感。使病人有"家"的感觉，能心平气和地接受诊断和治疗（图9-4）。

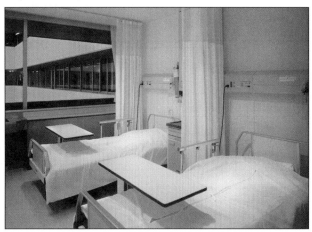

图9-4 医院建筑室内环境空间气氛营造

（2）界面处理 患者在医疗建筑室内环境接受诊治和康复的过程中，其心理和精神状态的表现发挥着相当重要的作用，如果忽视了在这种特殊环境和条件下患者与家属的行为特殊性，就会影响他们的情绪。所以，医院的室内设计应当尽可能在色彩、灯光、装饰及音响等方面采取相应的措施，来降低紧张的气氛，创造温馨和谐的氛围，使患者能积极地配合医生的治疗，从而提高治疗效果。

从医疗建筑室内环境的界面处理来看，不同的医疗建筑室内用房，在其空间界面的装修上，不管是色彩、表面材料的选择，还是细部设施的配置，均将人性化设计作为十分重要的一环来考虑（图9-5）。如门诊、急诊部室内空间界面的色彩即可以白色涂料为基调的主色调，并衬托着浅粉红色的诊室门扇，明亮而又柔和的天花灯盘、灰白相间的科室指示牌给人一种宁静温馨的感觉，从而有助于减轻病人入院就诊时的不安情绪。在病房走廊、观察室走廊等空间界面的相关部位都安装了靠墙的扶手，地面选用整体的塑胶地板。同时还可在非医护人员使用的卫生间内都设有残疾人专用厕位，对自动扶梯的水平段长度要作相应的要求，从而充分体现一切"以病人为中心"的设计理念。

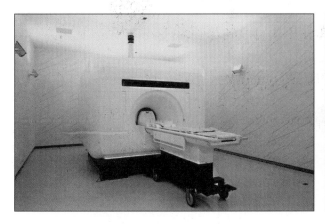
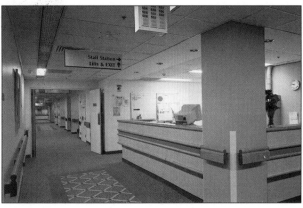

图9-5 医院建筑室内环境空间界面处理

在一些检查科室的室内空间界面的装修处理方面，可利用心理学的研究成果对顶棚、墙面等部位进行专门设计，并配合检查科室的程序作一些空间界面上细致入微的设计处理。所有这些都体现了医院在救死扶伤的目标指导下，对人的关怀和对生命的呵护。在门诊大厅中庭空间的界面处理上，尽可能将阳光、绿化、色彩等生命要素引入医院建筑空间，以使医疗建筑室内环境充满人情味。

此外，现代医疗活动在信息网络的支持下如虎添翼。医疗建筑室内用房的各个部分都需要进行综合布线及布置计算机的终端和信息点，以提供医疗信息化的基础。为此也给其室内空间界面的装修提出了更高的要求，所有这些都是需要在医疗建筑室内环境界面处理方面认真进行设计思考与探索的。

2. 各类用房

（1）门诊部建筑室内环境

1）门诊部的构成与组合形式。现代医疗建筑门诊部由公用部分、诊断治疗部分和各科诊室组成（图9-6）。门诊各部分的组合按诊疗程序安排，一般以公用部分作为交通枢纽，围绕着它布置诊断治疗部分和各科诊室，以缩短就诊路线，便于消毒和减少感染。其门诊部的构成包括以下部分。

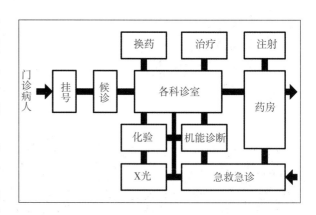

图9-6 医院建筑门诊部分的构成关系图

公用部分，包括门厅、候诊室、挂号室、病历室、取药收费室、楼梯、电梯、厕所等。候诊室的布置形式有走廊候诊、廊室结合候诊和廊室结合二次候诊等。候诊室要求采光、通风良好，环境清洁，注意避免其他科病人穿行，引起交叉感染。

诊断治疗部分，包括检验科、放射科、理疗科和注射、换药室等以及中西药房，这些部门通常兼为住院部服务。

各科诊室部分，包括内科、外科、妇产科、儿科、五官科、皮肤科和中医科等。大型综合医院分科较细，如将外科分设为胸外科、脑外科、骨外科和创伤外科。妇产科应严格分为妇科和产科。产科的检查室和节育手术室宜设单独出入口。儿科应设单独出入口，并在出入口处设预诊鉴别室，分别就诊，使病儿与成年病人隔开，传染病儿与非传染病儿隔开。

中医科——包括中医的内科、外科、儿科、妇科、眼科、伤科、痔科、推拿科、针灸科等。

门诊部的组合主要有单厅式、分厅式和集中成片式等形式。

2）门诊部室内环境设计的要点。医疗建筑门诊部室内环境主要包括门诊大厅、共享空间、候诊空间、诊室与检查室的布置（图9-7），其设计要点包括以下内容。

门诊大厅是为病人挂号、收费、取药等功能的活动空间，包括

图9-7 医院建筑门诊部分室内环境的设计

a）门诊共享空间室内环境设计实景 b）门诊候诊空间室内环境设计实景
c）门诊诊室与检查室室内环境设计实景

入口大厅与服务大厅等空间。其布局可采用灵活多变的形式。门诊入口大厅的设计应具有空间导向性，以指引病人按程序就诊，并将病人引入交通区域进入就诊区，或到化验、透视区候诊，或离开门诊楼，力求避免人流的交叉。入口大厅外侧必须有机动车停靠的平台及雨篷，坡道坡度≤1/10，并从门厅开始设导向图标。

门诊服务大厅可设有银行、邮局、快餐等服务单元，为患者及过往的市民提供商业服务，从而体现以"人"为本的设计理念。此外，门诊大厅室内环境应有良好的自然采光、通风，大大提高了大厅空间环境质量，为病人创造舒适宜人且富有自然气息的环境。

共享空间。现代医疗建筑门诊部为了达到设计人性化、家庭化、舒适化的目的，将共享空间向其室内环境移植，以期创造出动静分区，舒适宜人的空间来淡化严肃冷淡的传统医疗建筑形象。

候诊空间。现代医疗建筑门诊出于对病人隐私权的尊重，多采用单人诊室的布局方式。为此候诊空间应合理进行空间安排，并尽可能保证候诊环境的秩序，以免对医患双方造成不良的影响。另外在一次候诊区再进行科室划分，使病人清晰明了，减少患者寻找就诊区的盲目性，也减少科室间人流的交叉干扰。二次候诊空间可采用宽敞明亮、舒适宜人的厅廊布置形式，并可充分利用自然采光条件，既可节约能源，还可将室外美景引入室内。在比较封闭的候诊空间，还可利用座椅的45°或90°布置方式，以及绿色植物等陈设手段形成活跃的候诊空间环境氛围。

诊室与检查室。出于对病人隐私权的尊重，现代医疗建筑门诊诊室宜采用单人诊室，其平面布置应有功能分区和医疗流程的概念。良好的诊室平面设计还能提高医生诊断的工作效率，体现出对病人的关怀。门诊诊室应创造尽量多的尽端空间，以便于诊室室内环境的布置。在诊室区内以内廊作为医护人员进入各个诊室、检查室的内部通道，不与外面就诊的病人穿插，同时方便少量病人在就诊过程中进入到内部检查室做基础检查。

在眼耳鼻喉科诊室中有许多专业化的医疗设备，这些医疗设备对安置环境、使用环境有特殊的要求，如测听室、自有声场等房间对建筑室内环境与构造设计都会提出一个较高的要求。

（2）急救中心建筑室内环境　现代医疗建筑根据其规模配备，一般较大医院都设有急诊部，并在其中设有各科急诊室、观察室和抢救室（图9-8）。其具体的设计要点包括以下方面。

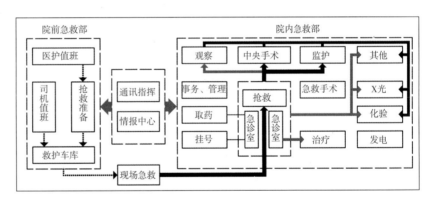

图9-8　医院建筑急救中心的构成关系图

1）位置明显易找。通常急诊部的出入口位置应明显易找，应有便利的对外交通及通信联系条件。急救中心入口应为急救专用，防止其他流线的干扰。入口及其附近应有明显的导向设施，并能满足夜间使用的要求。同时可在医疗建筑门诊入口大厅室内环境设有专用的挂号、取药室以及供担架推车和护送人员使用的候诊空间（图9-9）。

2）自成独立系统。由于急诊部为昼夜工作，其设计应考虑在夜间门诊关闭后仍能自成独立系统为急诊患者服务。多数急诊病人需作手术，所以急诊部应靠近住院部和手术室，应与中央手术部有便捷联系。同时应专设急救手术室，位置与抢救室相邻，便于病人及时手术。

3）空间分区明确。现代医疗建筑急救中心的急救区与急诊区应有所区别，以保证急救流线的迅速、便利。急救中心门厅急救流线与其他流线不宜交叉。

4）急救设施完善。急救中心应设集中供氧、吸引装置，分布在病人涉及的各个部门。并应自备发电系统，以保证突然停电状态下急救、监护、手术等部门的正常工作。急救中心门厅所有门、墙、柱应设防护板，以防止担架、推车等碰撞。

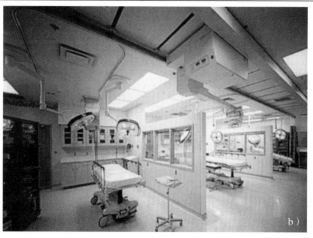

图9-9 医院建筑急救中心室内环境的设计

a）急救中心观察室环境设计实景 b）急救中心抢救室环境设计实景

（3）手术室建筑室内环境

1）医疗建筑手术部的构成与分区。现代医疗建筑手术部用房主要由手术用房与辅助用房构成，其中手术用房又包括必须配备及按需配备的用房（图9-10）。

必须配备的用房包括手术室、无菌手术室、洗手室、护士室、换鞋处、男女更衣室、男女浴厕、消毒敷料和消毒器械储藏室、清洗室、污物室、库房等用房。

按需配备的用房包括洁净手

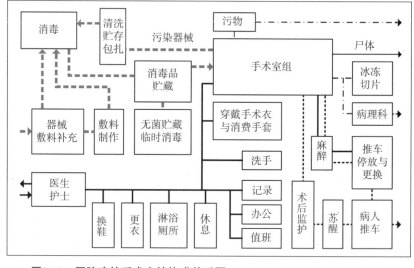

图9-10 医院建筑手术室的构成关系图

术室、手术准备室、内窥镜室、五官科手术室、石膏室、冰冻切片室、术后监护室或苏醒室、医生休息室、麻醉室、麻醉师办公室、男女值班室、敷料制作室、消毒室、麻醉器械贮藏室、备用室、观察或教学室、担架车存放处、家属等候处等用房。

辅助用房包括洗手室、换鞋与更衣室、观察室、消毒室及其他辅助等用房。

手术部的活动流线一般分三条，包括病人流线、医护人员流线和医疗器械流线。为了防止感染，手术部分为三个区域：无菌区，包括各手术室和洗手室；消毒区，包括内窥镜室、石膏室、洗涤室、敷料室、器械室、值班室和办公室；非消毒区，包括工作人员更衣室前部和入口处。

2）医疗建筑手术部室内环境的设计要点。医疗建筑手术部的核心为手术室，分无菌手术室、普通手术室和污染手术室。无菌手术室要求有净化空气的设施，以控制最低细菌量，污染手术室用做有菌病的手术（图9-11）。手术部室内环境的设计要点有以下几个方面的内容。

医疗建筑手术部中手术室室内环境的空间布局，可根据不同手术的类型与要求，选择不同的空间布局形式，主要包括中央清洁型、中央供应型、外周供应型、单向通过型与污物回收型等形式。手术室在医疗建筑中的最佳位置应与中心供应室、外科病房、集中治疗室、急诊、临床检验室、病理科、放射科等都有密切的联系。

医疗建筑手术部中手术室室内环境的界面设计。其手术室室内顶面随着外科手术的发展，相关设备器械管线越来越多，为此顶面不仅要布置照明设施，空调送风装置，摄像探头，电视监视屏幕支架等设施外，还要考虑各类新型医疗手术器械的悬挂，而无影灯以及悬挂式系统供氧和系统吸引的吊装设施必须牢固安全；手术室室内墙面的基本要求是易清洗、耐腐蚀、抗撞击。一般洁净度不是太高的手术室多用瓷砖，最好用大块面的磨光地面瓷砖，并确保密实平整；手术室室内地面的基本要求是坚固平整，无缝耐腐，易于清洁。由于现代外科手术中电气装置种类繁多，消毒麻醉药物中易燃易爆者也多，因此室内地面采用导电地板也是一种必要的做法；手术室室内的门窗应为悬吊式脚控电动推拉门或手动推拉门，并具有气密性。手术部洁净区的外窗应为双层密闭窗，1000级以上的洁净手术室不得直接开设窗户。1000级以下的洁净手术室开向外廊的窗户应为单层固定窗，并与内墙取平，便于擦拭清洗。

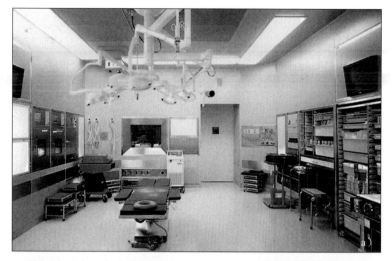

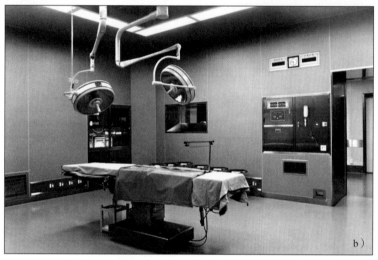

图9-11 医院建筑手术室室内环境的设计
a）日本横滨市立大学医学部附属医院手术室室内环境设计实景
b）复旦大学附属华山医院手术室室内环境设计实景

医疗建筑手术部中手术室室内环境的色彩和照明设计。其色彩应以灰绿色的墙壁、灰色的地板和明黄色的顶棚板为宜。地板的色调宜为灰暗的中性色彩，以看起来更加安全稳定，另外手术室的色彩还需考虑麻醉师对病人面部色彩的正确判断及其他相关因素的影响；手术室的照明是确保手术精确性的必要条件，因此其照明设计要求严格。除了心导管、骨科手术需在X光辅助暗室操作外，其他手术均需在手术聚光灯下进行，并配有环境照明的辅助灯光。另外手术灯的光线强度应是可调节的，室内普通照明强度也应随之变化，手术精细度愈高，照明强度也应相应调高。而X光手术室要间接照明，隐蔽光源，以免病人仰卧时看见光源，同时也为了把顶棚空出来安装X光设备及轨道。

医疗建筑手术部中手术室室内环境的温度和湿度。现代洁净手术室不仅把室温视为舒适的需要，同时还需考虑到有利于切口愈合、控制细菌繁殖等因素。我国学者推荐的手术室室内空调设计计算温度为冬季23~26℃，夏季24~26℃；由于麻醉剂环丙烷自身及其与蒸汽、氧气和一氧化氮的混合气，有爆炸可能。因此在相对湿度标准为50%的地方，有助于防止静电集聚，从而避免产生火花。我国学者推荐的手术室相对湿度为55%~65%，略高的相对湿度还有利于防止手术中暴露组织的脱水现象发生。

医疗建筑手术部中辅助用房室内环境的设计要点有以下方面。

洗手室宜分散设置，宜贴邻相关手术室。洁净手术室和无菌手术室不能与一般手术室合用洗手池；应使洗手后的医生不再接触到任何东西，手术室的门应采用自动开启式的。

换鞋、更衣室应设在手术部入口处，使其成为清洁区与污染区的分界线。进入手术部的人员在此脱去外来"污鞋",换穿内用"洁鞋"。换鞋时不能同踩一处,做到洁污互不交叉;必须杜绝外部的污垢带入手术部内。

观察台可设在手术室一侧,中间用玻璃隔断。可与闭路电视相辅而用,适用于对低班医科学生和一般参观者。要求观察者的视线不受无影灯或手术医生身躯所阻。

消毒室,手术器械和敷料打好包后在此消毒。设有高压消毒柜及煮沸消毒锅。应设排气孔道,要求机械通风。

其他辅助用房,石膏室应有调石膏水池、冷热水龙头,墙上装把手,顶棚上装铁钩,便于病人骨骼整位;推床存放运转处,以及其他易被撞坏的地方,可用金属板或塑料橡皮护包。

（4）住院部建筑室内环境

1）医疗建筑住院部的构成。现代医疗建筑住院部用房主要由出入院管理部和护理单元病房两部分组成（图9-12）。

出入院管理部包括出入院办公室（包括登记、结账、财务）、卫生处理室（包括接诊室、理发室、更衣室、浴室、洁衣室、污衣室）、探望病人管理处、小卖部等。

护理单元病房包括产科护理单元、儿科护理单元、灼伤病房护理单元、传染病房护理单元、重症监护护理单元与洁净病房护理单元等。

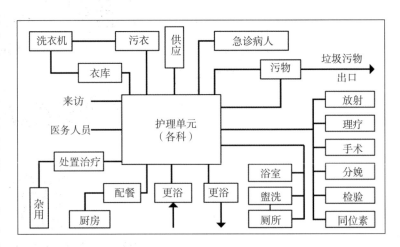

图9-12 医院建筑住院部护理单元与各部分的构成关系图

2）医疗建筑住院部室内环境的设计要点。医疗建筑住院部室内环境设计的重点是各种护理单元的病房,医院的病房具有生活、治疗、康复多重功能,是病人停留时间最长的医疗空间。据资料统计,外科住院病人的平均住院日为6~7天,内科为10天,如果采用传统中医疗法,平均可达31天。病人长时间住在病房里,很容易产生焦躁的心理和不安的情绪,对病人的康复极为不利。因此,如何考虑病人的心理与生理特点,创造舒适宜人的病房空间,是现代医疗建筑室内环境设计的重要内容之一。住院部室内环境的设计要点有以下方面。

住院部不同病区护理单元的病房一般为3床病房和6床病房混合排列,个别可为4床和8床混合排列,也可采取其他排列形式。设计中为了维护个体的私密性,可在多床病房用围帘进行个人领域空间的限定,为患者提供明确的个人领域空间。

病房空间设计还需注重公共交往空间的设置,因病人具有社会性,所以需要与他人进行信息、思想和情感沟通。人在患病的情况下,更需要与他人交流,这样,公共交往空间的设置就为患者减轻病痛的困扰、缓解心理压力提供了空间场所。

病房室内设计应注重保持与室外空间的联系,这样可以使病人在病床上治疗时,能通过对户外大自然或公共环境的观察来排除因患病所带来的烦躁;另外病人亦希望自己需要帮助的时候能被他人及时发现。因此,保持与室外和公共部分的联系,有良好的视线,是评价病房方便舒适的一个重要标准。

病房室内设计中的窗地比应满足设计规范要求,在争取良好日照的同时,应防止室内炫光。病房室内色彩应消除病人对单一的"白色"所产生不良心理印象,病房宜采用明度较高、色彩纯度较低的柔和色调为主,给病人轻快、洁净的感觉。应针对不同人群进行病房陈设的不同色彩搭配,应注意"色彩疗法"对患者所起的镇静作用。此外病房室内还需有效地运用建筑材料与构造手段,如采用柔性地面,隔墙、窗门采用隔声材料与构造手法,以降低各种扰人响声。

病房室内设计除合理限定私密空间、公共空间外,还应很好地满足护理、治疗等其他功能要求。病房入口处可设置护士工作站以便于护理或治疗，起居空间侧面设置灵活的储藏空间，既可以用作医务人员储藏物品或辅助器具，又可用作工作空间。病房室内设计还应考虑病床等家具的灵活摆放，以适应病人的不同要求（图9-13）。

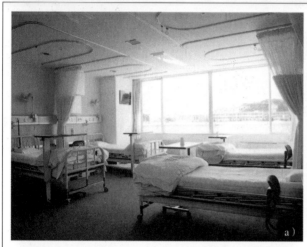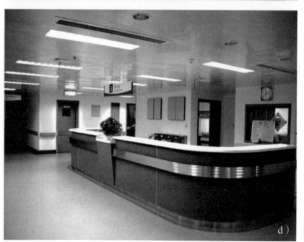

图9-13　医院建筑住院部室内环境的设计

a）日本群马县栋生厚生综合医院五人用病房的室内环境实景

b）美国西北部纪念医院具有家庭化氛围的病房室内环境实景

c）瑞典医疗中心流动护理单元的室内环境实景

d）同济医院内科病房护士站的室内环境实景

3. 意境塑造

在医疗建筑室内环境的意境塑造上，不能简单模仿宾馆的豪华和高档风格，忽略医疗建筑本身的基本格调，失去医疗建筑室内环境的特点，让患者感觉到走错地方或收费昂贵，在意境塑造方面产生误导作用。我们从国外一些医疗建筑室内环境的资料可看到，许多医疗建筑虽然很现代化，室内装修也各有品位，但一看就知道是医疗建筑，总有一种医疗建筑的"感觉"，这种"感觉"正是对室内环境意境塑造准确把握而营造出来的（图9-14）。

现代医疗建筑室内环境设计应充分体现其时代风格与设计特色，并逐渐实现与国际接轨，造就真正的现代化医疗建筑环境空间。当然，这首先需要设计师对医疗建筑室内环境设计的意境塑造在理念上能有一个"转型定位"的思考，使医疗建筑室内设计逐渐完善其特有的设计理念和手法。其次医疗建筑室内环境设计应以简洁的造型语言来表达丰富的设计内涵。简洁不等于简单。简洁就是用最少的语言来表达更多更深的含义，是另一种意义上的复杂。

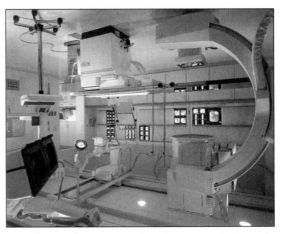

图9-14 医院建筑室内环境的意境塑造

此外，意境塑造方面的简洁设计不是侧重造型元素的复杂，而是用合乎医疗建筑室内环境设计使用功能的最简洁的流线来形成、组织空间，用最简洁的材质组合来实现视觉的丰富，营造出让人精神振奋的视觉印象。

4. 案例剖析——荷兰伊拉斯谟医疗中心

伊拉斯谟医疗中心位于荷兰鹿特丹市，是名校伊拉斯谟大学的附属医院（图9-15~图9-16）。2004年Merkx＋Girod建筑事务所受邀为该医疗中心打造全新的内饰理念，为包括主入口、入口大厅、门诊部入口区域等在内的8处公共空间进行室内设计，总面积为4000m²。

伊拉斯谟医疗中心的室内设计，在对现有建筑现状条件进行深入分析、研究的基础上，综合医院员工、病患及委托商三方的意见，确立出将其打造成一个轻松惬意的现代医院的内饰设计改造目标。为此，设计师在医疗中心室内的颜色、材料、线路等方面都作了较大的

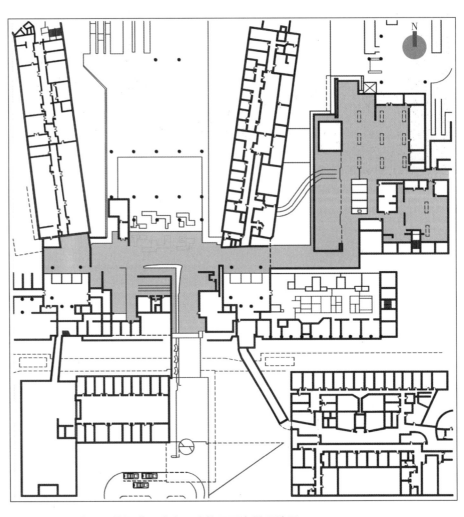

图9-15 荷兰伊拉斯谟医疗中心建筑平面布置设计图

图9-16 荷兰伊拉斯谟医疗中心建筑室内环境设计实景

改动,尤其是在其内部空间的图形、日光等方面运用了具有现代感的设计语言。同时在医疗中心内部空间以白、灰、黑为主色调的前提下,点缀绿色、粉色、橘色等充满跳跃感的颜色,使整体环境给人不仅具有严谨之意,又有灵动之美。

为了提高整个医疗中心内部空间的使用效率,让使用者能够感到宽敞与舒适,设计将原先处于正大门附近的餐厅移至第二个入口附近的门诊部区域,从而为正大门营造出一个开放的建筑外立面。在医疗中心两个入口接待处设置了长圆弧状白色聚酯质地的接待台,其鲜明的造型,方便了患者办理各种手续。同时屋顶上的巨大日光穹顶的设置,还增加了候诊区的采光面积。其间所有的座椅都设计成迂回曲折的连体状,并为同一色系、深浅各异的颜色。候诊区中错落有致的座椅不仅打破了医院拘束紧张的气氛,也让病人和来访者可以轻松随意地坐下等待医生的诊治。

在医疗中心内部空间墙面及立柱上,平面设计师Rene Knip采用了包括DNA、病毒等形象设计了一系列的抽象图案置于其上,从而突显了医院的学术性,又增加了内部空间的趣味性,无形之中在两个入口之间创造出一个路线的指引。

伊拉斯谟医疗中心于2007年底完成了全新的室内装修,使用至今已得到了医院员工和病人的一致好评,他们都将这个充满现代感的医院视为令人愉快的工作场所和舒心的治疗胜地。

5. 案例剖析——武汉协和医院外科大楼

创始于1866年的武汉协和医院,初名"汉口仁济医院",1928年英国基督教会与循道会联合,将医院更名为"汉口协和医院"。2000年更名为"华中科技大学同济医学院附属协和医院"。作为一所由教会医院逐步发展成一所集医疗、教学、科研、培干为一体的,拥有一流的人才实力、先进的技术实力、精良的设备实力的大型综合性的教学医院。医院的血管内科、血液科、泌尿外科、麻醉科、普外科、心血管外科、影像医学科、耳鼻咽喉科、骨科、手外科、眼科、消化内科、神经外科等已成为享誉国内外的著名学科品牌。目前亚洲紧急救援中心、湖北省急救中心均设在协和医院(图9-17~图9-21)。

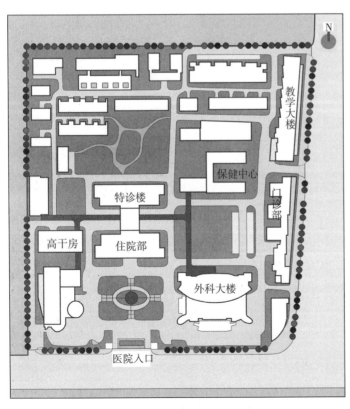

图9-17 武汉协和医院总平面规划设计图

图9-18 武汉协和医院外科大楼设计效果

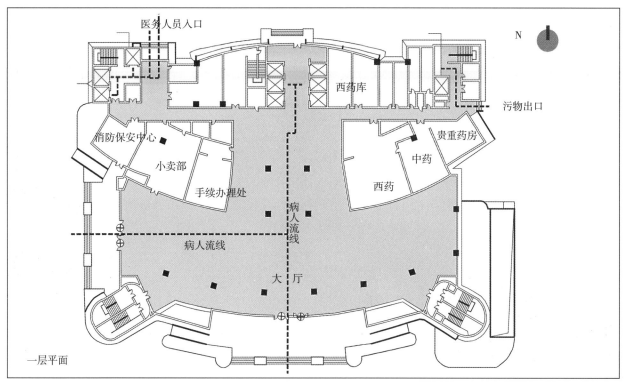

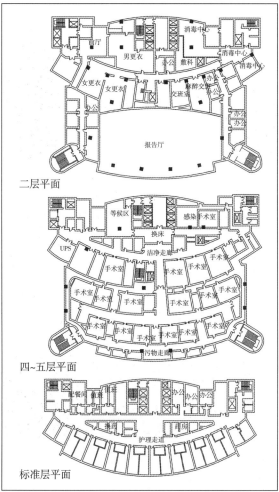

图9-19　武汉协和医院外科大楼建筑平面及剖面设计图

位于武汉市中心的协和医院，总用地面积为76600m²，其中医疗用地仅为49900m²，在20世纪50年代兴建了大批病房，后来陆续见缝插针地建了一些用房。20世纪90年代兴建了内科大楼及门诊部。由于交通方便，加上声誉良好，求诊病人众多。为了适应现代医疗发展的需要，医院确定在原址扩建700张病床的外科大楼。

已建成的外科大楼设在用地东南，建筑面积7万m²，高34层，拥有42间手术室和1050张床位，一天

图9-20 武汉协和医院外科大楼建筑室内环境实景之一

a）外科大楼建筑入口空间环境　　　　　　b）外科大楼建筑室内大堂空间环境

c）外科大楼建筑室内大堂导医服务空间环境　d）外科大楼建筑室内电梯间空间环境

e）外科大楼建筑室内就诊空间环境　　　　f）外科大楼建筑室内学术报告厅空间环境

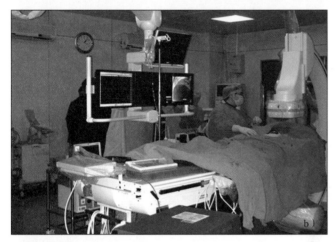
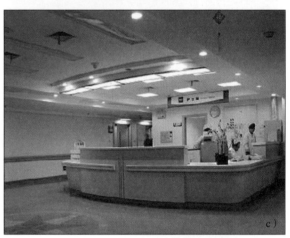

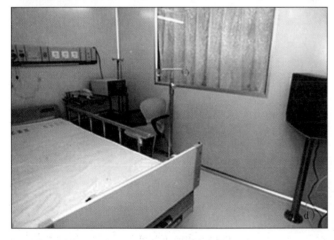
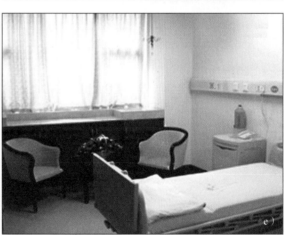

图9-21　武汉协和医院外科大楼建筑室内环境实景之二
a）外科大楼建筑室内心外科体外循环研究室空间环境　b）外科大楼建筑室内手术室空间环境
c）外科大楼建筑室内护士站空间环境　　　　　　　　　d）外科大楼建筑室内病房空间环境
e）外科大楼建筑室内病房空间环境

最多可完成约200台次手术。是规模大、设施与国际接轨的单体外科楼，已于2006年正式启用。

　　作为层高为34层的单体外科大楼，地上为32层，地下为2层，其中1、2层为服务用房及学术报告厅；3~7层为手术部门；9~32层为病房，而交通系统无疑是设计的关键。外科大楼建筑及其内部空间的垂直交通分为三个区，中部为病人探视人员交通线，西面为医护人员与供应交通线，东面为污物排送专用线。除了人流分区外，洁污分流也十分重要。设计中将供应电梯与医护专用梯设在一起，既便于调节使用，又方便护理工作联系，污物电梯自成系列，并有便捷的对外出口。此外，为确保医护人员上下班的方便畅通，将医护人员与患者及探视者分为两个垂直交通区域。大楼共有3个垂直交通区域，并设置了消防电梯。除第6层通向裙楼屋面及顶层的防火疏散面外，8层与18层设置各1600m²的避难层，且在消防救灾上采用了智能控制等报警系统。

外科大楼的核心是手术室，3层为术前准备及辅助用房；4~5层为手术室；7层为术后恢复ICU及心脏手术室与CCU监护室，考虑手术室分层较多，设有一台内部专用病床梯。3楼消毒中心设有一台无菌传输梯与各层手术室相连，手术层布置严格做到洁污分流。并在每间手术室配有独立的排风口，通过风管连接后接排风机排出室外，使之更加符合洁净手术室这一特殊环境的要求。

外科大楼建筑及其内部空间的设计重点是病房标准层布置是否合理，在外科大楼室内环境将护士站作为病区中心，病房沿南面弧形展开，以控制在护士站视线范围内。另外楼内增加了监护病房，仅综合ICU病床数有56张，各类现代化监测设施能够满足患者术后24小时生命体征的监测，以降低术后风险。外科大楼设单人、双人、3人间等多档次病房，满足不同患者的需求。每个房间还设立了独立卫生间，配有电视、冰箱等设备。病区还设有病人活动室、配餐室等，住院条件大为改善。医生办公、教学等用房布置在北面，形成护理走廊与医务走廊，互不干扰。设计中将电梯厅均设在病区外，用玻璃门隔开，隔离后在查房期间可以阻止探视人员进出，夜间便于护理人员监视控制。病区以36床为主，除4间单人房外，其余16间均为双人房，全部带卫生间。设计中将卫生间全部放在走道一侧，为解决卫生间排气问题，在18层与屋顶分别采用集中排气设备，使每个卫生间形成负压，产生流动排气，并减少卫生间排气扇的噪声。

此外，在外科大楼地下设置了两层车库，共226个停车位，将来与门诊楼及绿化广场的地下车库连成整体，可停放500辆车，以解决城市中心停车紧张的问题。

随着协和医院外科大楼的建成，协和医院的硬件建设更是上升到一个更高的台阶，尤其是医院环境得到极大的改善，使得协和医院的明天将更加美好。这也将推动协和医院发展成一艘实力超群的"医学航母"，到本世纪中叶成为国际一流的医疗、教学和科研基地，直至成为具有广泛国际视野和开放性的医学中心产生巨大的推动作用。

6. 案例剖析——浙江国际保健医院脑科中心

浙江国际保健医院脑科中心（浙江大学医学院附属第二医院脑科中心）位于杭州市解放路88号，建筑高度为85.2m，地上20层，地下2层，总建筑面积28965m²，屋顶设有直升飞机停机坪。脑科中心成立于2004年12月，现主要由神经外科、神经内科、精神科与脑重症医学科组成，是目前国内规模最大的临床脑医学诊治中心之一，具有鲜明的神经精神专科特色（图9-22~图9-26）。

图9-22　浙江国际保健医院脑科中心建筑外部造型实景

图9-23　浙江国际保健医院脑科中心建筑室内候诊大厅实景

图9-24　浙江国际保健医院脑科中心建筑室内护理服务空间设计实景

图9-25　浙江国际保健医院脑科中心建筑室内空间设计实景之一

图9-26　浙江国际保健医院脑科中心建筑室内空间设计实景之二

中心主要收治神经内外科和精神科各类患者，现共有开放床位400张，拥有5间神经外科专用手术室，配置一系列进口监护系统、呼吸机、PET、MRI、CT、DSA、X刀、高压氧仓、脑电监测及颅内压监测仪等。该中心拥有一大批神经内外科、精神科、脑重症医学、脑功能康复、神经影像等多学科组合的专家和专业医疗与护理队伍，是集临床、科研与教学于一体的脑科学研究中心。

与其他医疗建筑一样，浙江国际保健医院脑科中心的使用者是由医院的管理者、医护人员、患者、家属等组成，其核心成员无疑为病人。与传统医院不同的是保健中心的病人身体多半健康，他们"就诊"的目的是康复、健身、休闲、放松。故其建筑内部空间的设计必须结合保健的特点来考虑。保健与传统医疗不同，它有许多特殊的地方，同时市场因素、环境因素、审美因素等同样也是在设计时所要考虑的要素。

浙江国际保健医院从其脑科中心室内环境基本功能需要来看，要求保健医院室内环境设计具有家庭化与宾馆化兼备的特点。为此在其内部空间应强化出"虚"与"实"的设计关系，强调出光影和陈设的"暖"，有机地融合室内通透性材质的"冷"。其中木材、暖光吊灯、地毯等软质材料予人以亲和之感，并可使其内部空间造型简约而含蓄。内部空间中绿化、背景音乐的介入，可使病人处于轻松、祥和、愉悦的氛围中，由此也淡化了严肃、冷漠的传统医院形象，有助于缓解焦虑心情。护士站是病房楼中非常重要的工作场所，柔和而协调的色彩有利于工作稳定情绪，减轻不安和疲劳。在国际会议中心层的过道与会议室之间，运用了通透明快的成品隔断，过道墙面在色彩与灯光的点缀下，铝板与维特拉板体块穿插的恰到好处。室内陈设体现了医疗文化，如医学界的名人名言、地域性的浮雕等。

从脑科中心建筑及其内部空间装饰来看，内墙采用干挂花岗石、玻化砖、铝板、木基层防火板以及混合砂浆漆刷面等材料装饰。地面采用花岗石、玻化砖、地胶板等材料装饰。吊顶采用轻钢龙骨铝板、石膏板或硅钙板，外墙3层以上饰以为金属漆，3层以下为干挂花岗石装饰，铝合金外门窗缀以玻璃幕墙及隐框窗。另在脑科中心五层的诊室与公共过道这一距离较长的过渡空间上用成品化艺术玻璃隔断，透光而不透视线。由此不仅创造了一个半私密空间，加强了空间之间的相互渗透、融合与贯通，增强了视觉效果和采光效果，丰富了空间的层次，还拉近了医护人员与患者之间的隐性交流，使服务对象获得了感情上和理性上的和谐与平衡。

在保健医院脑科中心建筑内部空间色彩配置上，整个室内环境为浅米色和木本色基调，大面积米色本身就给人以安定而谦和，木质的色彩则给人以踏实的视觉感受，呈现出平和、柔软的视觉特点。另外脑科中心底层大厅以电梯入口为基本视点，将两个立柱设置成对景关系，并结合地域性艺术品，利用柱前空隙创作出艺术浅浮雕来。总台背景则采用了大体量的浅绿色竖向纹理的艺术玻璃，在灯光的影射下，各构成元素相映成趣，进一步增强了空间的明快感与通透性，且给人一种新的视觉感受。

浙江国际保健医院脑科中心建筑内部空间除按合理的流程设置接待、诊室、病（客）房等主体空间外，同时细化餐饮、健身、会议、休闲等综合分区。为满足探视陪护人员的需求，延伸了商务中心、咖啡吧、商场、花店等辅助系统，医院服务功能的诸多扩展和完善，无不是体现人性化这一核心思想。也正是将人性化这一古老而又新生的设计主线，化作了一个个灵动的音符，从而展现出医院建筑及其内部空间鲜活的生命力和设计创造的氛围。

7. 案例剖析——大连儿童医院

位于大连市市中心希望广场的西侧占地面积约1.2万余m²，建筑面积3.1万余m²，现有床位400张（图9-27、图9-28）。医院专业设置齐全，医疗特色明显。全院设10个病房，36个专业。其中内科设

图9-27 大连市儿童医院建筑室内门诊大厅及护儿童理单元空间设计实景

图9-28　大连市儿童医院建筑室内具有儿童特色的空间环境设计实景

有呼吸、新生儿、神经、血液、心血管、肾脏、消化、内分泌、重症监护等7个病房；外科设有心胸外科、骨外科、泌尿外科、普外科、新生儿外科、肿瘤外科、麻醉科等病房，另院内还设康复病房。医技科室设有药剂、检验、放射、心电图、超声、脑电图、胃镜、肠镜、纤维支气管镜、脑干诱发电位、肺功能等专业。医院服务理念为"一切为了我们的孩子"，以形成儿童医院的文化特色。

　　从儿童医院的建筑内部空间设计来看，它具有极其特殊的性质，所面临的是人类一个特殊的生理阶段和相对脆弱的生命群体。患病儿童应该有一个怎样的医疗环境才能够在医治的过程中减轻疾病的痛苦和安抚特殊的心态，如何在建筑的内部空间环境装饰中全面调动各类空间与装饰因素，对空间造型、色彩、照明、材料等内容所形成的综合视觉环境效果进行合理的配置与把握，以及对儿童的身心进行全面细致的呵护，为此必须要融入儿童使用人群的个性化需求来进行设计思考。如通常婴孩的眼睛发育尚未成熟，只能看到鲜艳的色彩，对白、黄、粉红、红等颜色有反应，对黑、绿、蓝、紫等颜色反应不大。当逐渐长大进入童年时，对黄色的兴趣逐渐被红、蓝色所取代，同时开始能够接受绿色和紫色。经心理学家研究，浅蓝、嫩黄、黄绿及橙色环境对儿童的心理有着良好的作用，这种环境中，儿童会产生平和与友善的心境。

基于这样的认识，在大连儿童医院建筑内部空间设计中，设计师将室内主色调控制在这一色彩系列之中。照明设计则按均匀与跳跃相结合的原则，用均匀的灯光营造柔和、安静的室内效果。所有的安全性功能构件均以装饰的方式进行处理，在保证使用的同时创造富有情趣的效果。在医院大厅、走廊等公共空间中，对建筑各个界面进行分形处理，以减弱大尺度对儿童心理产生的压迫感。同时，还利用局部进行室内绿化配置，并营建出童话般的内部空间设计效果来。

9.3.2 疗养院建筑室内环境的设计

1. 空间布局

疗养院建筑的空间功能布局，主要分为疗养区和生活区（图9-29），它们分别为：

（1）疗养区 主要包括医疗、庭园绿化和行政管理三部分，各疗养科、医技科室、教学科研场所以及疗养院的各种体育锻炼、文娱活动场所，当然也包括行政办公楼、车库、一切后勤支持系统（供电、供水、供气、维修等服务部门）。

（2）生活区 主要指疗养院职工的宿舍、食堂等，有条件的还可设托儿所或幼儿园等。总的来说，要将疗养区和生活区尽量划分开，原则上生活区应建筑在疗养区以外，但距离要适宜。

疗养院建筑的布局形式，主要包括集中式、分散式与组群式三种，疗养院的建筑必须以疗养楼为主体来加以安排，在确定疗养楼主体建筑时需要考虑以下几个方面的因素：充分利用基地的原有地形地貌；确定疗养院的建筑形式是什么，是集中式、分散式还是组群式；设计要符合医学要求和科学合理的原则；要明确疗养院建筑的主从关系。

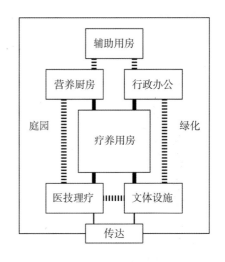

图9-29 疗养院建筑的空间分区及功能布局关系图

2. 设计要点

疗养院建筑室内环境必须充分注意其设计的固有特点，其设计要点包括：

1）必须充分考虑其室内设计服务的对象中大多数是行动不便甚至不能行走者，因此在布局设计时要将使用最频繁的诊疗部门安排在底层，尽力减少垂直流动。

2）必须充分考虑减少患者的移动，疗养院门诊室内设计要采用中心式结构，使诊室与各相关辅助科室能直接或近距离连通。

3）必须充分考虑患者的心理变化和心理障碍情况，各疗养、治疗区都应有较宽敞的活动空间，在可能情况下要尽量设置模拟家庭。

4）必须充分考虑应付意外事故的防范能力，要重视和周密设计便捷、安全、可靠的紧急疏散路线和方式。

5）必须充分考虑随收治对象变化而调整诊疗科室类型、功能和空间的机动性，因此在可能情况下要尽量采用可活动、可调整的、具有可塑性的建筑室内环境设计策略。

6）疗养院建筑室内环境出入口设计，其楼梯（供可走动者用）每级台阶不高于15cm，两边都应装栏杆，并延伸外弯超过楼梯顶部或底部；斜道坡度为5°，宽度不小于1m，有时需要可搬动的斜道；取消全部室内外门槛；门的宽度宜设在0.9m以上，可方便轮椅进出；电梯空间要不小于可进出移动床的宽度，电梯操纵器高度宜距地面75~95cm的高度，以便于坐轮椅患者的揿按，且电梯自动关门的速度要慢。

7）疗养院建筑室内环境空间围绕物设计，其地板应不滑，不打蜡，不用地毯，可应用编织地席或其他表面结实的覆盖物；墙体表面都应光滑；窗槛不应高于82cm，在可能情况下安排凸窗，以提供更大的视野，采用软百叶窗，并最好设计成电动式；灯具开关距地面不超过92cm，电器插座应不低于60cm，开关应靠近门旁；空调和通风装置应安装在天花板下，以不占用室内墙面为宜（图9-30）。

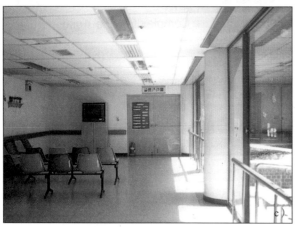

图9-30　疗养建筑室内环境

　a）疗养建筑室内疗养病房及过道空间环境实景　b）疗养建筑室内环境的无障碍坡道实景
　c）疗养建筑室内休息空间环境实景　　　　　　d）疗养建筑室内环境的人员交流空间环境实景

3. 案例剖析——日本大阪的老人保健疗养所

对于老人来说，最好的生活场所莫过于住惯了的家。和入院治疗相比，老年保健疗养设施是为老年人提供看护、机能训练等短期医疗、疗养及日常生活的服务设施。为了入住者在此能安心疗养、康复后愉快回家，老人保健疗养设施室内空间环境设计则是需要精心思考的问题。

位于日本大阪南部地区的老人保健疗养所为临街钢筋混凝土结构建筑，作为楼高4层的保健疗养建筑，占地面积为1406.10m²，建筑面积为4272.15m²（图9-31~图9-33）。作为追求医院设施的合理性和患者本位的恢复为目标的老人保健疗养所，将其建设成为老人在此进行三个月时间保健疗养的过渡性生活设施来考虑。其内定员100人，有一半保健疗养设施用于痴呆老人的护理。空间包括家庭护理支援中心、老人保健设施、白天护理疗养等内容。

为确保老人们个人活动的便利，大阪老人保健疗养所内每三个疗养室配置一个居室，同时利用不同的照明、家具与色彩，以及不同的门、不同的把手和不同的隔墙等处理形式使居室能区别开来。痴呆老人的疗养环境也做到与一般老人的环境无大的差别，如在一般老人的床上设置了可以随意点灭的吊装照明灯和可移动的灯，在痴呆老人的床上则安装了顶灯和固定灯，并将开关位高设，以让护理人员来操作。

另外，针对老人保健疗养的特殊性需要，所内痴呆老人疗养室的玻璃采用的是强化玻璃，门把是能两个相反方向转动才能打开的盒式转动把手，以免痴呆老人自己操作带来问题。同时，疗养室的采光井采用非单调的直线走廊，采光井的窗框也用红黄两种不同色彩使之易于区别。

显然，大阪老人保健疗养所在其室内空间环境方面的探索与实践，为老龄社会来临后的老人保健疗养设施建设提供了可供参考与借鉴的经验。

图9-31　日本大阪老人保健疗养所外部环境空间实景

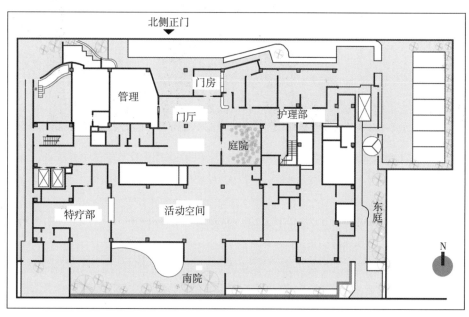

图9-32　日本大阪老人保健疗养所总平面布置及建筑首层设计图

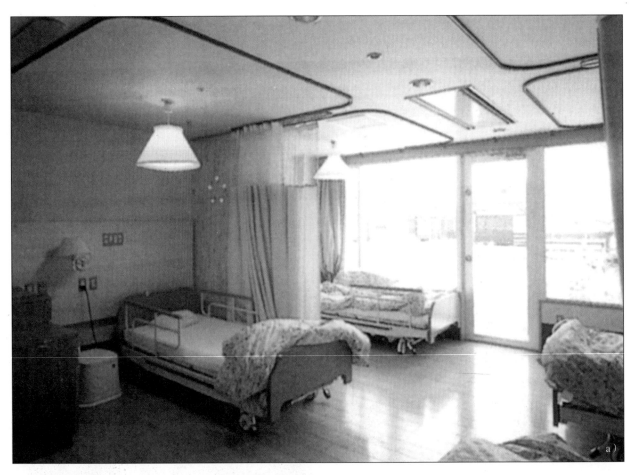

图9-33 日本大阪老人保健疗养所建筑室内环境空间设计实景

a）疗养病房室内环境空间实景　b）疗养所保育设施及室内环境空间实景　c）疗养所建筑室内走道及外部庭院环境空间实景

4. 案例剖析——江苏省钟山干部疗养院新疗养楼设计

江苏省钟山干部疗养院地处国家级自然环境保护区——南京中山陵风景区内，占地面积7.3万 m²，是江苏省规模最大的干部疗养院之一。院东南方面对名闻遐迩的美龄宫，西侧是新建的南京国际会议中心，与中山陵、明孝陵相毗邻。院内苍松翠柏相掩映，应时花卉相互争艳，环境幽雅，空气清新，景色宜人，不同时期的建筑并存和优美的绿化形成了疗养院环境的基本特征（图9-34~图9-38）。

疗养院内的建筑始建于1925年左右，其后历经多次修、扩建，于1983年成立钟山干部疗养院。其主体建筑群由4幢东西走向的多层条状楼组成，坡屋顶灰瓦屋面，设有疗养病房、礼堂、活动室、健身房、餐厅、办公等用房，楼与楼之间用连廊相接。整个疗养院内现有床位350张，分单人间、标准间及豪华套间，室内均有暖气、空调、电话、闭路电视及卫生设施。其内设有内、外、妇、五官、中医、针灸、推拿、理疗、体疗、中西药房及高档体检中心等临床医技科室。拥有进口的动态心电图仪、动态血压仪、经颅多普勒、遥控X光诊断机、彩色B超（心脏、腹部、小器官三用）、全自动生化分析仪等以及微循环测定仪、体外反搏装置等先进医疗设备。主要从事心血管、脑血管、呼吸、消化等科疾病的诊断、治疗和康复。在老年病、心血管疾病、代谢综合症的诊疗及康复医疗已形成特色。院内设有餐厅、酒楼、多媒体会议厅及大小会议室、健身房、歌舞厅、活动中心、小卖部、理发室等一应俱全。

新疗养楼的总平面自然切合绿化和用地轮廓线布局，主体建筑自由分布于用地周边，中间为内庭院，主体建筑控制为2~3层。疗养楼有60多个床

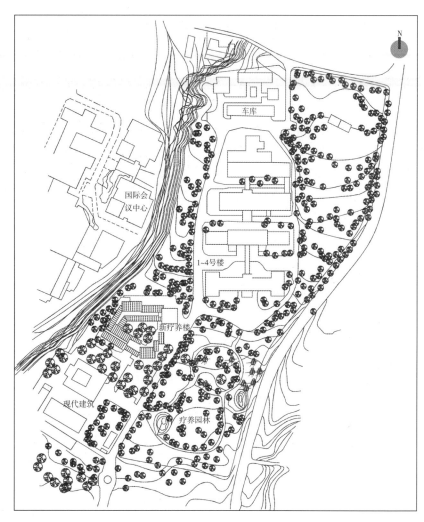

图9-34　江苏省钟山干部疗养院院区总平面布置图

图9-35　江苏省钟山干部疗养院入口空间环境实景

位，总面积逾4000m²。其内硬件设施达二星级标准，在豪华套间内有厨房、餐厅、健身房、电动按摩椅、冲浪浴、桑拿浴及卡拉OK全套音响设施。而按绿化保护范围布置的建筑体块，减弱了建筑的体量感，同时又形成了变化有致的屋顶，使新疗养楼尺度亲切宜人，布局自由灵活；另一方面，为提示新疗养楼主入口的位置，在主入口北侧结合主楼梯和电梯间设计了一座相当于四层的塔楼，成为新楼空间上的控制因素和视觉焦点。

在新疗养楼内部空间，将疗养病房置于南面，环以单走廊，中部为内庭院。在单走廊转折处，自然

形成交往空间；娱乐、阅览、休闲空间同疗养病房和交通空间均有较好的联系，又能分开使用，使空间分隔自由灵活。同时，还将周围景色引入内部空间。

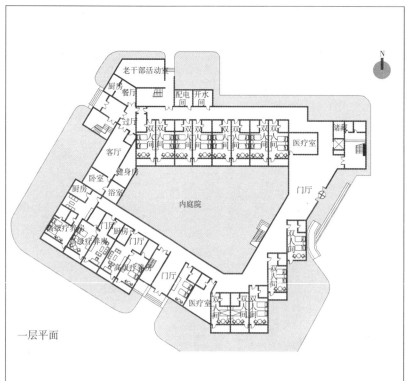

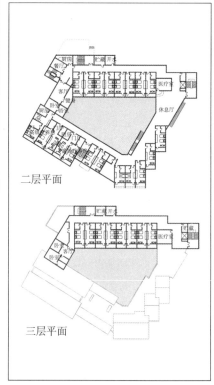

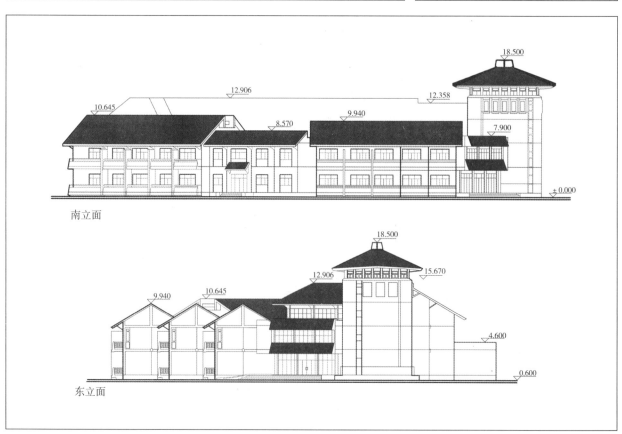

图9-36　江苏省钟山干部疗养院新疗养楼建筑各层平面与立面设计图

图9-37
江苏省钟山干
部疗养院新疗
养楼建筑外部
造型设计实景

图9-38　江苏省钟山干部疗养院新疗养楼建筑室内环境设计实景

为了使新疗养楼与环境（自然的、人文的）更好地融合，在设计手法上特别注意亲切宜人尺度的创造，以利于其建筑融入周围的自然风景之中。并且新疗养楼建筑内外环境设计在保护原有自然植物、利用当地自然环境、合理地解决新建筑与特定地域环境的矛盾和冲突、新建筑自身的空间和环境角色的定位等方面做了有益的探索，使其能为疗养者提供优良的服务及宾至如归的感受。

第10章 生产及特殊建筑的室内环境设计

生产及特殊建筑是当前室内环境设计中涉足较少的领域，随着现代科技的发展和人们对工作环境的重视，人们对生产及特殊建筑的内部空间自然也像其他建筑类型一样提出了更高层面的设计要求，并推动其设计一定要密切联系生产实际和特殊需求，以满足使用者对内部空间环境上的需要。

10.1　生产建筑室内环境设计的意义

10.1.1　生产建筑的意义与类型

生产建筑泛指供工业生产和农业生产的一切建、构筑物，分为工业生产建筑和农业生产建筑两类，主要包括车间、厂房、仓库、农机站、泵站、畜舍、暖房、水库等。生产建筑室内环境是指为从事工农业生产的各类生产建筑的室内环境。生产建筑的室内环境设计，在于改善工农业生产的环境，提高人们劳动的工作效率，便于生产的科学管理，为此其设计需要与生产实际紧密结合，从而满足生产者对其内部空间多个方面的环境需求。

1. 工业生产建筑

工业生产建筑是指供人们从事工业生产的建、构筑物，其建、构筑物的内部环境即为工业生产建筑的室内环境空间（图10-1）。现代意义上的工业生产建筑最早出现于18世纪后期的英国，后来在美国以

图10-1　类型多样的工业生产建筑的室内环境空间

a）重型机床生产车间室内环境　　b）飞机制造生产车间室内环境　c）轿车总装车间室内环境

d）洗衣机装配检测车间室内环境　e）精密仪器洁净车间室内环境

及欧洲一些国家也兴建了各种类型工业建筑。前苏联在20世纪20~30年代开始进行大规模工业建筑的建设。中国从1840年鸦片战争后出现了工业建筑的雏形，但真正有较大发展是在20世纪50年代开始大量兴建各类的工业建筑。然而20世纪50~70年代的厂房大多是在"先生产，后生活"的方针指导下建成的，它们较少考虑建筑的内外环境因素及对人的关怀，多为只重实用、经济，少讲美观的单一生产场所，并在创造了大量物质财富的同时也留下不少遗憾（图10-2）。改革开放以来，由于经济特区、各类开发区

图10-2　早期的工业生产建筑的外部环境空间

a）英国曼彻斯特曾是世界工业革命的故乡，纺织工业一度较为发达，直到20世纪60年代初，在曼彻斯特整个经济份额中，制造业的比重仍占70%左右　b）近代中国建于上海的工业生产建筑，现废弃已被改为各类创意工作室

与高新科技工业园区建设的飞速发展，城市建设的改造更新，现代新产业、新型工业、新技术的出现，以及信息、生态、人文各个方面的交融，从而促进工业建筑在各个方面有了综合的进步（图10-3）。

图10-3　20世纪80年代初期创业的海尔集团是世界第四大白色家电制造商，也是中国最具价值的品牌之一，其生产厂房建筑外部及室内环境空间更是展现出企业的创新精神

当代工业建筑内外环境设计的目的和结果，是要在包容工业生产的同时最大限度地体现对人本身的关注，使不良刺激或负荷减至最少。生产越是发展，生产的文明程度越高，建筑环境的作用就越明显。良好的工业建筑内外环境可以树立企业形象、增强凝聚力、陶冶情操、增进健康、吸引人才，并给所在地区带来益处的同时也带来城镇发展的崭新形象。

从工业建筑构成类型来看，其生产厂房可谓种类繁多，主要包括通用工业厂房和特殊工业厂房。

从工业类别来分，可分为化工厂房、医药厂房、纺织厂房、冶金厂房等。

从厂房用途来分，可分为生产厂房、辅助生产厂房、仓库、动力站，以及各种用途的建筑物和构筑物，如滑道、烟囱、料斗、水塔等。

从生产特征来分，可分为热加工厂房、冷加工厂房和洁净厂房等。

从空间形式来分，可分为单层厂房和多层厂房两类。

从高新技术产业来分，可分为高新技术研发、产品开发及产品生产建筑等。

从工业区配套设施来分，可分为宿舍、食堂、管理楼、垃圾站、变配电所、水泵房等。

2. 农业生产建筑

是指供人们从事农业、畜牧业生产和加工用的建筑物和构筑物，其建、构筑物的内部环境即为农业生产建筑的室内环境空间（图10-4）。农业生产建筑早期多附建于农民的住房，功能简单。随着社会的发展和技术的进步，农业生产建筑类型不断增多，逐渐走向专门化，建筑设备和温度湿度控制等技术也日趋复杂。

图10-4　丰富多彩的农业生产建筑的室内环境空间

a）温室育种大棚内部环境　　　b）工业化养畜建筑内部环境　　c）粮食加工车间室内环境

d）蔬菜温室大棚内部环境　　　e）肉食加工车间室内环境　　　f）农机修理车间室内环境

g）现代牛奶生产车间室内环境　h）茶叶加工车间室内环境　　　i）粮食与种子库房室内环境

随着我国农村经济的全面发展，乡村农业生产企业正在迅速发展，目前已成为农业经济的坚强支柱和国民经济发展中一支不可忽视的生产力量，是城市大中型工业不可缺少的有力助手和补充，也是提供国家建设和人民生活所需物质资料的重要来源。乡村农业生产建筑还是乡村增产节约和土地综合利用的有效途径，其建筑工程能增强抵御自然灾害和病疫的能力，还可创造适合生物生长的最优环境，成为连接科研与生产的桥梁，是工程手段与生物措施的结合体，也是综合治理农村的有机组成部分，是农业迈向现代化的标志之一（图10-5）。

图10-5 乡村农业生产建筑内外环境

从农业生产建筑构成类型来看，可根据其特点和用途，大体划分为以下几类。

1）乡村小型工业建筑。主要包括小化肥厂、农机修理厂、砖瓦厂、水泥厂、服装厂、制鞋厂、小型仪表厂等。

2）乡村农副业加工建筑。主要包括粮食加工、棉麻加工、油类加工及鱼类加工建筑等。

3）乡村饲养性建筑。主要包括大牲畜饲养场（猪、牛、马）以及大中型养鸡场建筑等。

4）乡村仓库建筑物。主要包括为农业服务的粮库、种子库、农机库建筑等。

10.1.2 生产建筑的构成关系

1. 工业生产建筑的构成

工业生产建筑一般由主要生产厂房、辅助生产厂房、动力用厂房、储藏及运输用建筑等空间所构成（10-6）。其各自的构成特点如下。

（1）主要生产厂房 这类厂房主要用来进行生产产品的备料，加工、装配等工艺流程。厂房内常布置有较多较大的生产和起重运输

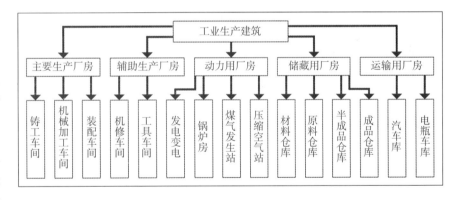

图10-6 工业生产建筑空间中各个部分的构成关系图

设备，建筑面积较大，容纳职工人数多，在企业生产中占重要地位，所以是企业生产的主要厂房，应具有较高的建筑标准。

（2）辅助生产厂房 这类厂房是为主要生产厂房服务的，建筑标准应与其性质、规模相适应，一般不超过主要生产厂房。

（3）动力用厂房 这类厂房是为企业提供能源的场所。动力设备的正常运行，对企业生产有着特别重要的意义，同时，这些厂房内的生产中常有一定的危险性或散发出烟尘等有害物，故这类厂房必须具有足够的坚固耐火性、妥善的安全设施和良好的使用质量。

（4）储藏用建筑 这类建筑是指各种仓库，在设计时应根据所储藏物质的不同，满足相应的防火、防潮、防爆、防腐蚀、防变质等要求，并按有关规范合理确定其面积、层数，防护（包括耐火）及安全措施（包括疏散）等。

（5）运输用建筑　这类建筑主要是指各种车库。其建筑标准主要视存放量的多少而定。

2. 农业生产建筑的构成

农业生产建筑一般由农畜产品加工建筑、畜禽场建筑、温室建筑、库房建筑、能源建筑、养殖建筑、农机维修建筑与农业科研建筑等空间所构成（图10-7）。其各自的构成特点如下。

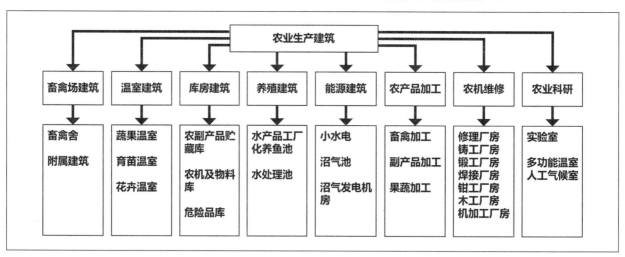

图10-7　农业生产建筑空间中各个部分的构成关系图

（1）畜禽场建筑　主要包括鸡、鸭、猪、牛、羊、兔、鹿等畜禽舍及其附属建筑，依靠不同水平的机械化、自动化手段进行舍内环境控制和饲养管理。

（2）温室建筑　可利用多种工程手段，根据植物生长发育的需要控制环境条件的建筑，可用以防止雨露、冰雹、大风等自然灾害。

（3）库房建筑　主要包括农副产品贮藏库、农机及物料库与危险品库三类，其中农副产品贮藏库包括粮食仓库、种子库、种质资源库、果蔬贮藏库等；农机及物料库包括农机库、车库、工具零件库、物料杂品库等；危险品库包括贮存易燃、易爆、有毒物品的库房，如机用油库、农药库、化肥库等。

（4）养殖建筑　主要包括水产品工厂化养鱼池和水处理池，主要用于寒冷地区，形状以矩形居多。其水源多利用电厂或其他工业温水或地热温泉水。以普通地下水作水源的养鱼工厂，一般采用循环水系统，需设立水处理车间或装置，包括过滤、沉淀、净化、增温、增氧装置。养鱼间宜南北向设置，净空不宜过高，房顶一般采用玻璃或塑料等。

（5）能源建筑　主要包括小水电、沼气池、沼气发电机房的建筑物，以及为太阳能、风力、地下热能等能源的直接利用而修建的建筑物。

（6）农畜产品加工建筑　主要包括畜禽肉、皮毛、羽毛、谷物、粮油、水产品和乳脂品、果蔬及饲料加工等建筑，各类加工建筑由于工艺条件和使用要求不同而有各自的特点。

（7）农机维修建筑　根据其规模和任务分别设修理、铸工、锻工、焊接、钳工、木工、机加工等车间，通常为砖混结构、砖木结构、钢筋混凝土结构的单层厂房。

（8）农业科研建筑　主要包括供动物、植物、土壤等试验用的实验室、多功能温室、人工气候室等。绝大部分为钢筋混凝土结构或砖混结构的单层或多层房屋建筑，在建筑功能和设备方面均有较高的要求。

10.1.3　生产建筑室内环境设计的特点

1. 工业生产建筑室内环境设计的特点

（1）工业生产工艺流程化　这是工业生产建筑最基本的设计特点，工业生产建筑是为生产服务的，它的艺术形象必须依从工业生产本身的功能，符合工艺流程的塑造（图10-8）。设计只有把握好其工业生产的工艺流程与建筑内部空间的融合，才有可能塑造出工业生产建筑及其室内环境的良好形象。

（2）生产建筑体量扩大化　由于现代工业生产机械化、自动化工艺流程的进步，专业化系列设备的连续配置，厂房自然要加长、加高，尺度渐大。而且有了大开间、大跨度的工业生产建筑及其室内环境，才可以更好地适应生产工艺流程的发展变化。

（3）厂房内部空间灵活化　为了适应现代生产工艺的不断发展和设备的迅速更新，现代工业厂房内部采用轻质龙骨的玻璃隔断、石膏板隔断、铝合金板隔断等轻质隔断方式分隔空间，从而取得灵活的空间分隔效果。

（4）空间功能组成复合化　由于现代生产工艺、设备与技术管理等的进步，使得原来分散在多个建筑中的生产、管理、科研、文化与生活等内容可以组合在"一个"建筑内部或形成建筑组群，使得工业生产建筑及其室内环境空间具有功能复合化发展的趋势。

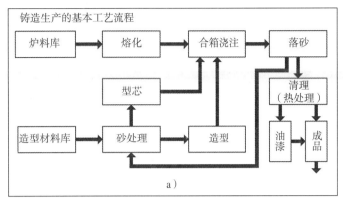

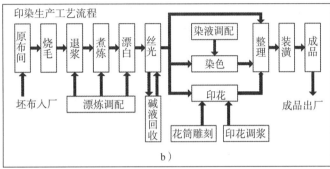

图10-8　不同工业生产建筑的基本生产工艺流程
a）铸造生产车间的基本生产工艺流程
b）印染生产车间的基本生产工艺流程

（5）工业厂房建造装配化　随着工业厂房预制技术的发展，现场装配化已成为现代工业生产建筑常见的施工方式（图10-9）。包括厂房建筑主要承重与围护构件及次要构件，并且还扩大到空间单元的模块化组配。现在比较普遍采用的钢结构与压型钢板墙，以及屋面板体系来装配厂房即是这种设计与施工方式的展现。

（6）厂房内外环境人性化　现代工业生产建筑内外空间组成的生活化及文化内涵的渗入等，促使当今的工业建筑日益人性化。工业生产建筑空间内外环境不仅成为创造劳动与生产价值的地方，而且也成为生产者才智发挥、心理和谐、生活快慰、文化互应等共生的天地。

（7）建筑空间形象个性化　现代工业企业的发展越来越重视自身的形象，工业生产建筑本身同样也成为企业重视的广告形象（图10-10）。因此，要求工业生产建筑的创作能够表现出其生产特征乃至

图10-9　装配化厂房已成为现代工业生产建筑常见的施工方式

图10-10　随着现代工业企业对自身形象塑造的重视，工业生产建筑本身也成为企业重要的形象广告

经营管理理念和企业文化内涵，并通过优美的建筑及内外环境载体告之于广大消费者，以展现其企业独特的个性与空间形象。

2. 农业生产建筑室内环境设计的特点

农业生产建筑的目的是为农业生产对象创造一个能够促进或抑制其生长发育的环境，较一般工业生产建筑对其生产的人工小气候环境有更多地要求（图10-11）。由于各地气候条件（温度、湿度、风雪、雨量、日照等）差异悬殊，农业生产建筑的形式也各不相同，如寒冷地区畜禽饲养建筑主要是解决防寒、保温问题，宜作封闭式建筑；炎热地区则主要解决通风、隔热问题，宜作开敞式建筑甚至简易棚舍。建筑物的朝向、屋面形式构造、坡度和控制设施等也因气候条件和其他自然条件的差异而有所不同。

图10-11 农业生产建筑的内部环境

而其生产建筑一类是为发展现代化农、牧、渔业生产而建立的各种厂房设施，一类是为城镇工、商、外贸等服务的加工厂。前者主要包括育种厂房、温室、塑料棚、畜禽舍、养殖场、种子库、粮库、果蔬贮藏库等生产建筑；后者主要包括农副产品加工厂、农机具修配厂、手工业工厂及建筑材料厂等生产建筑。其农业生产建筑内部环境设计的特点有：

（1）多功能特点——由于农、牧、渔业产品的收获、加工等具有时间性、季节性，其生产厂房应能满足多种生产用途的需要，以便充分发挥厂房的综合效益。如农产品和经济作物的初加工用房、贮藏用房内部环境设计就应具有多种功能。

（2）工艺性特点——农业生产建筑内部必须适应相应的生产工艺要求。各种生产建筑的设计是在各专业工艺设计的基础上进行的，厂房内部的跨度、柱距、高度、结构形式及起重运输设备等都要根据生产工艺要求来确定（图10-12）。

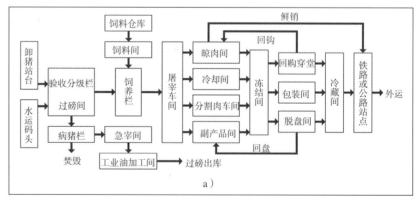

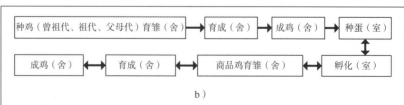

图10-12 不同农业生产建筑的基本生产工艺流程
a）生猪屠宰加工冷藏生产车间的基本生产工艺流程
b）综合性蛋鸡场的基本生产工艺流程

（3）综合性特点 农业生产建筑内部需要较强的综合性，如农机库既是修理间、停机间，又是仓库。农机站各修理车间（金工间、装配间等）多综合设置。

（4）开敞性特点 农业生产建筑内部的生产设备一般较多、体形大、运量大，有的还需设置起重设备（梁式起重机和桥式起重机等），因此，生产厂房多为开敞性的大空间，以适应生产的需要（图10-13）。

图10-13 不少农业生产采用敞开方式进行生产，其生产建筑室内环境主要用于辅助生产的需要来布置

另外除农畜产品加工、农业机械维修、农机库房建筑和一部分辅助性建筑具有一般工业生产厂房的特点外，多数农业生产建筑的承重结构所受的荷重较小，宜采用轻型结构以降低造价，并便于运输和工厂化、装配化生产的进行。

10.2 生产建筑室内环境的设计原则

10.2.1 功能性原则

生产建筑室内环境应把满足生产工艺、相关技术、建筑经济、提高劳动生产效率与卫生等方面的功能性原则放在首位来展开设计，为工农业生产提供符合其功能需要的基础条件和环境场所，从而便于生产人员在其内能良好地开展工作。使生产建筑及其内外环境能够表现出功能的适用、建筑的安全和建筑艺术的简约，实现其生产的要求与建设的价值。

10.2.2 精神性原则

生产建筑室内环境虽然不能完全等同于民用建筑，但其基本原理是一致的。它们在满足不同使用要求的同时，也应创造宜人、优美、时尚、有文化内涵的建筑空间及室内环境。为此，生产建筑室内环境也应该围绕发挥具有地域文化特点的精神性原则来做文章，将工农业生产建筑的特点、功能与地域、民族、文化相结合，充分发掘并塑造出独特的企业形象，丰富企业文化的内涵。追求工农业生产建筑室内环境与文化环境的整体协调，直至其设计文化得以展现。

10.2.3 集成化原则

当今世界经济一体化与市场经济的飞速发展，促使未来呈现更加强烈地社会化大生产的集成性。工农业产品的生产环节分工越来越细，各部门的分工协作、联系更加紧密。因此，联合生产厂房的出现，旨在摒弃原有的分散式传统布局，将生产性质相近、联系密切而相互又不太干扰的车间合并成一个单层、多层或组合大厂房，以满足其生产集成化的需要。这类集成化厂房的面积从几千到几十万平方米不等，综合解决集成化厂房室内环境的防火、疏散、噪声、通风与屋顶对室内的热辐射等问题将成为其设计的关键。

10.2.4 通用化原则

随着科技的发展，市场激烈的竞争，产品升级、换代加快和工艺调整、设备更新、生产转型等多种因素要求生产建筑室内环境设计需遵循标准和通用化的原则。其主要特点是针对某些具有相似性生产特征和工艺要求的行业，设计较通用的室内柱网距和空间规模、高度，提供纵横双向生产线布置的可能性。同时，生产建筑室内采用易拆卸组装的轻质隔墙和构造措施，并考虑具有多种生产的可能，使其空间具有规模灵活和适应性强的特点。

10.2.5 人性化原则

与以往人们印象中的烟飞声噪、古板单调的工农业生产建筑气氛不同，现在的工农业生产建筑空间环境已发生根本变化。作为生产者越来越认识到，工农业生产建筑表面上是为了生产产品，实际上最终还是为人服务的。因此，现代工农业生产建筑空间应将建筑室内环境的设计中心从以往的生产设备转移到以人为本的理念上来，重视并努力体现对人的关怀。以在工农业生产建筑空间设计上能够创造让人产生归属感和亲切感的良好工作环境，并最终达到提高员工的工作质量及生产效率的目的。

10.2.6 生态化原则

未来的新世纪是一个注重生态、环保，追求人、自然、科技整体协调发展的社会，传统的粗放型工农业生产对城镇和自然造成的环境污染、生态恶化的负面影响正在逐步得到遏制。为此，作为现代工农业生产建筑及室内环境空间必须在生态、环保方面加大力度，将工农业生产带来的负面影响力争降低到最低程度。同时，绿色生产的原则也需纳入工农业生产建筑及室内环境设计，并逐步实现其生产空间的智能化管理和监控，直至促进现代工农业生产的持续发展。

10.3 生产建筑室内环境的设计要点及案例剖析

10.3.1 工业生产建筑室内环境的设计

1. 空间组合

工业生产建筑是作为其生产活动的"容器"而存在，有着严格的功能要求和空间特征，并具有高度的程式化和不随意性，但是作为城镇环境的重要组成部分，其空间布局应该与环境达成良好的共生。而这里所说的环境包含了三个层次：

1）工业生产建筑用地较大，其建筑的区位布局，风向位置，环保处理措施等对城镇交通、环境质量总体发展起着重要的影响，其规划设计必须与周围具体的自然环境、抽象的人文景观、历史文脉、政治经济等总体环境协调与融合，通过合理的布局设计，利用地形、水体、风向等环境自然特性，尽量减少它对周围环境的不良影响，使其切合地形并融合于城镇环境之中。

2）工业生产建筑外部空间环境，其规划设计要创造性、准确地对工业生产建筑外部环境的空间布置、群体组合、单体形象、道路绿化等进行综合设计，通过创造良好的工业生产建筑形象，从建筑外部造型、色彩材质、细部尺度上探求契合于环境中的良好因素，在充分展现工业生产建筑鲜明个性的同时，尽量协调于周围环境，以求能成为城镇环境中的一个部分。

3）工业生产建筑内部空间环境，伴随着工业生产工艺的现代化、生产管理的科学化及生产者文化水平的不断提高，人们对工业生产厂房内部环境的生产条件、劳动环境的要求也越来越高。其设计也需从过去单纯的生产工艺流程布局上升到注重厂房内部环境整体艺术设计的层面来思考，以提高工业生产建筑内部空间环境的劳动生产效率及空间舒适程度。

从现代工业生产建筑室内环境的空间布局来看，其设计要考虑生产厂房内部空间构图及视觉的统一性、完整性和连续性，除了要使厂房各个内部空间特征具有一致性外，还应充分利用内部空间所有的构成要素和对象，在风格、形式等构成要素上相互呼应并取得协调一致的设计效果。此外，应处理好工业生产建筑室内环境空间的流线安排，流线设计的要点在于分清生产工艺流程、生产原料进入与产品运出的顺序，并做到流线简捷、通顺，避免相互交叉和迂回，力求缩短生产者的工作流程。现代工业生产建筑室内环境的空间发展的趋势是"大"（大跨度、大面积、大空间、大体量）"高"（多层、高层空间）"轻"（轻型结构、轻质材料、轻巧造型），把握这样的设计特征将对工业生产建筑室内环境的空间布局产生积极的推动作用（图10-14）。

图10-14 现代工业生产建筑室内环境实景

2. 设计要点

从现代工业生产建筑来看，生产厂房、生产管理与服务建筑为其建筑室内环境设计的重点。生产管理与服务建筑有工厂主出入口、行政管理、生活服务、辅助生产、交通与社会服务设施等类型。各自的室内环境设计要点为：

（1）生产厂房室内环境设计

1）单层厂房。这类厂房内部一般按水平方向布置生产线。其厂房结构简单，可以采用大跨度、大进深，以便于在内部地面安装重型设备及起重运输设施，并可利用天窗采光和通风。单层厂房的适应性强，既可用于生产重型产品，又可用于生产轻型产品，既可建成大跨度、大面积的，也可建小跨度、小面积的。

进行单层厂房内部环境设计应了解其生产工艺特点和建设地区条件，以符合生产的要求。同时应按生产特征、物流人流，合理组织厂房内部平面空间布置（图10-15）。按生产要求、生产者心理和生理卫生要求，结合气候条件布置厂房内部采光、通风口，选择天窗形式，防止过度日晒，避免厂房过热和出现眩光。合理利用厂房内外空间布置生活辅助用房，安排各种管线、风口、操作平台、联系走道和各种安全设施。对生产环境有特殊要求或生产过程对环境有污染，危害人体、影响设备和建筑安全时，应采取有效措施予以处理。

而单层厂房结构通常用钢筋混凝土构架体系，特殊高大或有振动的厂房可用钢结构体系。在不需要重型起重机或大型悬挂运输设备时，还可采用薄壳、网架、悬索等大型空间结构形式，以扩大柱网，增加厂房内部空间的灵活性。

2）多层厂房。是在单层厂房基础上发展起来的。这类厂房有利于安排竖向生产流程，管线集中，管理方便，占地面积小。如果安排重型和振动较大的生产车间，则厂房结构设计比较复杂。

多层厂房平面有多种形式。最常见的是，内廊式不等跨布置，中间跨作通道；等跨布置，适用于大面积灵活布置的生产车间。厂房内部平面空间布置应根据生产工艺流程、工段组合、交通运输、采光通风以及生产上的各种技术要求，经过综合研究后加以决定；厂房内部的柱网尺寸除应满足生产使用的需要外，还应具有最大限度的灵活性，以适应生产工艺发展和变更的需要；各个工段之间，由于生产性质、生产环境要求等的不同，组合时应将具有共性的工段作水平和垂直的集中分区布置；厂房内部空间应结合使用管理要求，合理布置楼电梯间、生活间、门厅和辅助用房等（图10-16）。

多层厂房的层高一般为4~5m，有时也可达6m，厂房内部应考虑设备和悬挂运输机具的高度。多层厂房的底层，多布置对外运输频繁的原料粗加工、设备较大、用水较多的车间或原料和成品库。多层厂房的顶层便于加大跨度和开设天窗，宜布置大面积加工装配车间或精密加工车间。其他各层根据生产线做出安排。厂房内部各单元应设独立的

图10-15　单层厂房内部环境实景

厕浴卫生设备与完整的消防设施，厂房外部周围应有停车场地，并有站台等设施。

多层厂房内部各层间主要依靠货梯联系，楼梯宜靠外墙布置。有时为简化结构，也可将交通运输枢纽设在与厂房毗邻的连接体内。在用斗式提升机、滑道、输液通道、风动管道等重力运输设备的生产车间，如面粉厂，其工段要严格按照工艺流程布置。生活辅助用房常布置在各层端部，以接近所服务的工段，也可将生活辅助用房建在主厂房外，利用楼梯错层予以连接。

3）热加工厂房。这种厂房多为窄长的单跨厂房，以利自然通风，面积大的也可用联跨。厂房内部在生产过程中散发大量余热或烟尘，厂房设计应着重解决散热排烟问题，一般以采用自然通风散热为主，机械排热为辅（图10-17）。设计中需综合考虑厂房内部生产对外部环境产生的污染和影响，厂房内部的热源布置要考虑对相邻工段的影响，如果常年风压不大，热源最好正对排风口（如天窗等），以

图10-16 多层厂房内部环境实景

减少室内的紊乱气流。

在剖面设计中,单跨厂房需增大高低侧窗的面积(或用大面积开敞的大门),以利用其高差通风换气,天窗也要有足够的高度便于排气。在温暖地区,可采用开敞式或半开敞式建筑,为防暴风雨侵袭,可设挡雨板兼作遮阳用。

热加工厂房主要用作冶炼、轧钢、铸造、锻压等生产车间,一般设有地沟、地坑和较大的设备基础,地下烟道也较多,宜设在地下水位较低的地段,并作防水处理。此外,对铸造、锻压厂房产生高噪声的设备应按工业企业噪声控制规范采取隔声、消声、吸声等综合治理措施,以及隔振、减振措施予以处理。另外热加工厂房内部劳动条件较差,故对其厂房内部的服务设施和保洁工作应作妥善安排。

4)冷加工厂房。这种厂房内部在生产过程中不散发大量余热(图10-18)。按生产和建筑特点可分为重型和轻型两类。

图10-17 热加工厂房内部环境实景　　　　　图10-18 冷加工厂房内部环境实景

重型冷加工厂房内部加工件的体积、重量都比较大,设计应着重解决铁路运输和重型起重机与厂房的关系,以及轻、重部件加工工段的组合等问题。这类厂房内部的平面常将机械加工和装配工段跨间相互垂直布置。重型部件加工跨间紧靠露天仓库,其余跨间按部件轻重依次排列。也可采用全部平行跨间的组合,由厂房一端引入铁路专用支线,另一端布置服务生活设施。重型冷加工厂房内部体量较大,设计应处理好厂房形体和内部空间的关系,可将辅助用房、办公室与生活间等合并布置,以节约厂房内部的空间面积。

轻型冷加工厂房内部的加工件均较轻，但数量大，品种多，对生产连续性要求较高，工艺更新周期短，因而在运输路线和设备布置方面要有更大的灵活性。通常这类厂房内部宜采用标准设计的大柱网形式，以利于布置不同方向的流水线。厂房内部还可采用轻型活动隔墙，以适应生产工艺变更的需要。此外，由于加工精度高，人员密集度高，轻型冷加工厂房内部的自然采光和通风的要求比重型加工厂房要高。

5）洁净厂房。是应用洁净技术实现控制生产环境空气中的含尘、含菌浓度、温度、湿度与压力，以达到所要求的洁净度与其他环境参数的生产厂房，有工业与生物洁净生产厂房之分（图10-19）。其中工业洁净厂房主要是控制生产环境空气含尘浓度，如电子、宇航和精密仪表等工业的厂房；生物洁净厂房主要是控制生产环境空气含菌浓度，如制药、食品和日化等工业的厂房。

设计应对厂房内部洁净区与非洁净区在功能上划分明确，不同区域应有各自的出入口及交通线路；内部人流、货流的污、净交通线路应避免往返交叉重叠；多层洁净厂房的物料垂直运输当采用货梯时，电梯间应在洁净区之外，垂直运输亦可通过内部专用净化楼梯进行；另外洁净度要求高的洁净室应布置在人流量最少处。人流进入洁净区时应由低洁净度区流向高洁净度区；避免不同等级洁净室相互干扰，洁净区内宜采用轻质隔墙或装配式轻质墙板。用于内部装修的材料和构造除满足一般建筑的要求外，应围绕"净化"（防尘、防菌）要求进行。须重视材料的选择、接缝的密封、施工安装与维修的方便；墙面、顶棚的内装修当需附加构造骨架和保温层时，应采用非燃烧体或难燃烧体；洁净室内所用的水、气、电等管线及各种设备箱、指示标志均应暗装，并在其穿越围护结构处进行密封处理。

图10-19 洁净厂房内部环境实景

6）精密厂房。是指用于精密机械、精密轴承、精密仪器及仪表、半导体器件、集成电路、感光胶片和磁记录装置、计算机、光学仪器、光纤通信、生物工程及制药、高科技的科研与制造厂房（图10-20）。

厂房内部的围护结构应满足热工要求，为减少太阳辐射

图10-20 精密厂房内部环境实景

热，其位置应选择最佳朝向——向北或东北；厂房内部精度高的布置在内层，并利用精度低的房间作为套间；厂房内部层高根据工艺要求，还应考虑风道或保温吊顶及气流组织方面的要求，并远离噪声声源，可利用门斗、套间、走廊及隔墙作为隔声措施，对传声的薄弱环节应作相应的处理；对厂房内部照明设备、电线、通风管道及地沟宜暗敷（如预埋在墙内、地下或设置在套间和顶棚内），以利于防尘和整洁的要求；精密厂房的外窗宜采用双层玻璃窗或中空玻璃窗，面积尽量减少，并应采取密封和遮阳措施。精密厂房内部装修要求较高，墙壁、顶棚表面光滑、不起灰不积尘；地面宜选用光洁、平整耐磨、不起尘、防静电的装修材料；墙壁粉刷牢固、无裂缝、无脱落现象发生；厂房内部色彩淡雅柔和、明快、无眩光出现，室内装修的细部处理应有利于清洁，门窗尽量减少分格线和装饰，做到表面光洁平整，不易积尘。对各种管线、风管、风口、灯具、窗帘盒等突出物，应尽量予以隐蔽，使室内达到简洁、美观的设计效果。

（2）生产管理与服务建筑室内环境设计 生产管理与服务建筑是为生产厂房内部的生产与管理服务的建筑，随着工业园区、多层通用厂房、出租厂房和乡镇企业的出现，工业生产基地的类型和工厂内部管理机制也发生了变化，其生产管理与服务建筑的内容和布局也因厂因地制宜地向综合化和社会化方向转化（图10-21）。这一方面要求生产管理与服务建筑宜面向城市干道布置，以利于向社会化转型；并且应尽可能将其布置于厂区上风侧，并靠近职工住宅区。另一方面生产管理与服务建筑应相对集中，室内平面与空间组合应灵活布置、合理安排。

图10-21 工厂生产管理与服务建筑室内环境设计
a）工厂出入口空间设计 b）工厂办公空间室内环境设计 c）工厂职工食堂室内环境设计
d）工厂厂房内部生活间及存衣室环境设计 e）工厂职工淋浴室环境设计

1）工厂出入口是人流与货运必经门户，对厂容厂貌和城市街景有一定影响，设计时应综合考虑其功能与城市规划等方面的要求。人流、货运出入口宜分开，工厂较大、住宅区分散时还需增设次出入口。其具体数量、位置等由工厂规模而定，并应符合城市交通、环境保护、消防等有关要求。

2）工厂办公楼是企业管理服务建筑的主体，常设在厂区主出入口附近，当办公面积较少时，也可与厂房内部生活间合并。办公楼内各种用房应合理分间，尽量采用灵活隔间，并满足特殊用房的温湿度、采光、通风及其他使用功能要求。

3）工厂食堂可分为厨房与餐厅齐备的职工食堂、有备餐而不含加工的进餐食堂、供职工午间进餐兼休息用的简易食堂、职工进餐兼对社会服务的营业食堂以及食堂兼礼堂或俱乐部的多功能食堂等。

4）厂房内部生活间应有良好的天然采光和通风，对存衣室要有相应的通风措施。布置形式有毗连式、独立式等。生活间应接近工作地点，并可充分利用车间内部空间来布置。

5）存衣室和存衣设备应根据生产放散毒害的程度和使用人数设置。存衣设备可根据所存衣物及洁污程度选用不同形式的闭锁式衣柜。依生产需要（如产生湿气大的地下作业等），可设工作服干燥室。另外存衣柜应尽量垂直于窗口布置，以利采光通风，多雨地区应考虑在入口处设集中保管的雨具存放室。

6）淋浴室应按卫生要求和生产污染程度选择不同的形式，如有剧烈毒害生产过程的车间应设通过式淋浴室。室内应考虑保温、排水、排气、防湿设施，附近无厕所时淋浴室内应设厕所。淋浴室应设更衣间，并设存衣设备，其设备尺寸应考虑通行使用的便利。

3. 案例剖析——法国勒塞利尔APLIX工厂

有着金属外壳的APLIX工厂位于法国的勒塞利尔，ApLix工厂主要从事扣紧设备的生产，生产原料为塑料和织物。整个工厂占地约3万m²，包括公司的生产车间，行政和管理办公室等，由多米尼克·佩罗（Dominique Perrault）设计（图10-22~图10-25）。

图10-22 法国勒塞利尔APLIX工厂建筑外部造型设计效果

APLIX工业厂房设计采取了一种灵活体系，建筑在平面上可以沿着横纵两个方向发展，这样可以保证厂房室内能不断地适应生产变化的需求。根据这种模式，当人们对现有的厂房进行扩建时也不会打破其基本原则。最终整个基地由20m×20m的方形单元构成。同时，这个基本的单元决定了最小的工作空间及流线距离，结构的柱网布置以及外立面的形式。在这样的体系

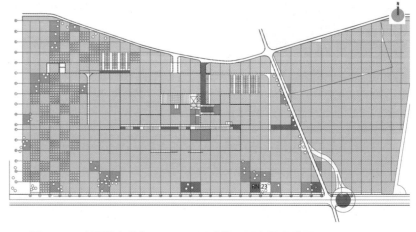

图10-23 法国勒塞利尔APLIX工厂建筑平面布置设计图

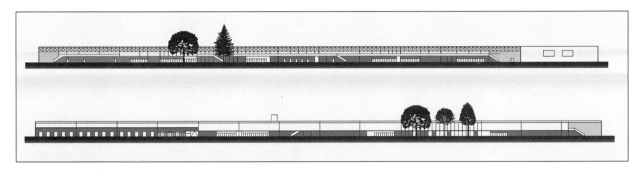

图10-24　法国勒塞利尔APLIX工厂建筑立面与剖面设计图

图10-25　法国勒塞利尔APLIX工厂建筑内部环境设计效果

中，生产、管理和仓储等功能部分是围绕几个固定的因素进行安排的：格网、树木、矩形的庭院等。整个建筑中有3个20m×40m的庭院，庭院中植有高大的树木，周围是各个部门的实验室以及主要的行政办公室和咖啡厅。庭院不仅将自然环境引入建筑之中，同时也使建筑的最核心地区都能获得良好的自然采光。建筑外墙覆以50cm宽波状反射钢板，这种板材是由建筑师佩罗与生产板材的PMA公司联合研制开发的。建筑师希望通过这种反射性金属外壳使建筑与环境进行对话，探索一种新的能体现人们活动和自然景观的方法。工厂建筑所有的入口都布置在背向高速公路的一面，由于立面运用了通透的设计材料，可将室外的光线和自然景观更多地引入室内，同时也向外界展示出APLIX工业内部的生产场景，形成与环境有机融合的设计关系。

4. 案例剖析——德国MIRO公司大楼生产开发中心

MIRO公司大楼生产开发中心位于德国不伦瑞克，公司大楼所处地段以工业建筑为主夹杂一些办公建筑，且与高速公路相邻，由GMP建筑事务所（GMP）设计（图10-26~图10-29）。公司业务主要包括计算机工业中的开发销售和服务环节，其建筑内部中央大厅有接待、展览、教学和庆祝等功能，围绕大厅是一些"思考单元"，开

图10-26　德国MIRO公司大楼生产开发中心建筑外部造型设计效果

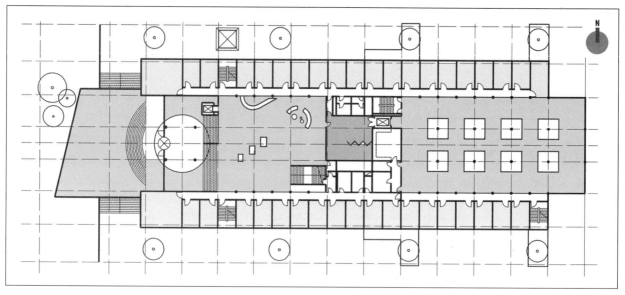

图10-27　德国MIRO公司大楼生产开发中心建筑平面布置设计图

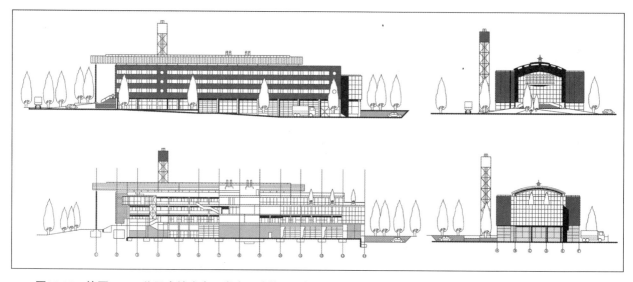

图10-28　德国MIRO公司大楼生产开发中心建筑立面与剖面设计图

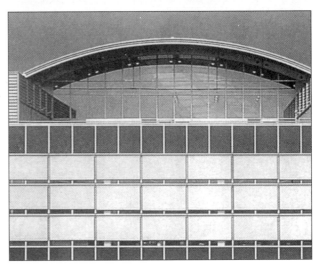

图10-29　德国MIRO公司大楼生产开发中心建筑内部环境及外立面设计效果

发新的计算机芯片和管理市场营销都在这里进行，单元房间最多只用玻璃隔断，对中央公共空间开敞。这种格局，既符合公司自身特点，又与以年轻人为主的员工的工作风格相一致，同时满足生产与服务相结合的设计想法。大楼后部的车间提供直接的装载设备，从四周的"思考单元"可俯瞰下面的生产区域，走道为敞廊，并将3层走道的大厅中间一层走道设为休息室。建筑内外环境对材料（钢筋混凝土、波状金属板和铸钢结构）的使用与大楼的技术特点相适应，服务性装置部分随处可见，并为适应未来生产与开发的发展需要，在建筑内部空间方面提供了可以变化的基础与条件。

5. 案例剖析——意大利贝纳通时装公司生产厂房

贝纳通时装公司生产厂房位于意大利卡斯特雷特，它由奥弗劳和托比亚联合事务所（Afra&Tobia）设计（图10-30~图10-33）。与贝纳通公司所有的建筑造型一样，这个工厂的生产厂房从建筑到内部空间，均给人一种非常新颖的视觉印象。如生产厂房所采用的拉索结构体系在桥梁设计中虽已被普遍使用，但在工业建筑中还是头一次出现，这种结构体系使建筑内部空间十分灵活，并同时产生了一种与周围环境相协调的视觉效果。

公司生产厂房由7对25m高的塔架作为锚固装置，支撑着85m长的桁架，并把承载力传到建筑物的钢筋混凝土结构部分，由此使厂房内部空间获得175m的进深。厂房中央有一条面宽39m的道路负责货物的运送，生产区位于通道两侧，每侧的生产区域面宽皆为85m，生产原材料由外部特定供货商供给，在最后一道生产线上加工成成衣，这些成衣在出厂前还要经过最后的检验。

虽然建筑的承重体系是混凝土结构，但外墙、屋面、桁架和54m长的拉索都是采用防风镀锌钢材。屋面上点缀着一些可开启的天窗，将自然光线引入生产车间，这对于控制衣服的色泽是很重要的。

图10-30 意大利贝纳通时装公司生产厂房建筑外部造型设计效果

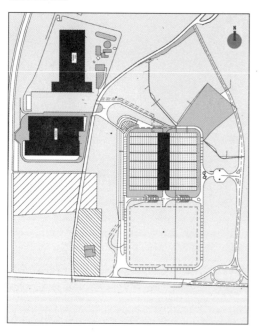

图10-31 意大利贝纳通时装公司生产厂房建筑平面布置设计图

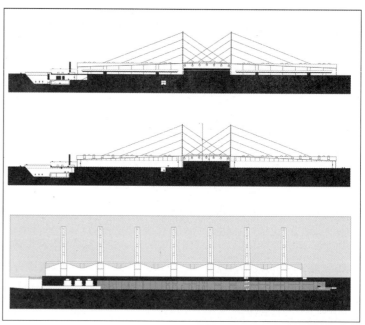

图10-32 意大利贝纳通时装公司生产厂房建筑立面与剖面设计图

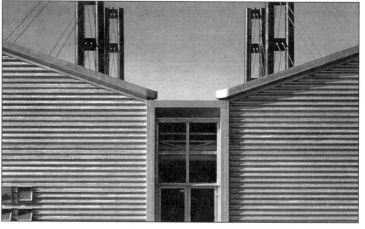

图10-33 意大利贝纳通时装公司生产厂房建筑内部环境及外立面设计效果

整个工厂通过设在蓬萨诺的计算机控制中心用光学纤维网络将制衣厂、毛料厂和仓库紧密相连，并用一套智能计算机系统来获得其内部恒定的温、湿度，而自动化检验则在工厂与外部的联系中起到了极为重要的作用。

6. 案例剖析——长春一汽大众汽车公司轿车二厂

长春一汽大众汽车公司轿车二厂位于长春市高新开发区，工厂占地面积66万m^2，总建筑面积35万m^2，项目工程设计能力为年产33万辆整车，共建有冲压、焊装、涂装、总装四大车间。厂区的规划和建设，秉承了一汽大众汽车公司先进的经营管理理念、严格的生产控制标准和质量控制体系，建筑理念与先进的国际汽车造型理念相结合，以取得设计风格与汽车工厂兼容并蓄的效果（图10-34~图10-36）。

图10-34 长春一汽大众汽车公司轿车二厂生产厂区设计鸟瞰效果图

图10-35 长春一汽大众汽车公司轿车二厂生产厂房建筑外部造型设计效果

与传统工厂设计不同的是，轿车二厂建筑内部环境设计是以人为中心，即把人作为生产的第一要素来考虑，这里不仅提供一流的生产环境，而且是按人性化的生产方式进行生产。如在涂装车间厂房内部，其空间布局除了按涂装工艺流程安排生产工作岗位场地外，并尽可能使厂房内部人流与物流分开。而且将车间内部的门厅、展示厅、接待室、更衣室、淋浴及有对外业务的办公室布置在底层生活间，车间内部其余的办公室、休息室与卫生间则分散布置在接近工作岗位的地方，同时尽量充分利用车间内"无用"的空间，缩短了车间工作人员往返生活间的距离。此外，为了营造厂房内部良好的室内视觉环境，设计针对室内自然采光不足的特点，对车间内天棚、墙壁、地面、通道、设备、各种管线、护门桩及柱标等颜色进行统一规划和设计，尽量采用低彩度，高反射系数的明亮材料。此外，还与工艺机械化等专业一起，统一协调工艺设备和机械化运输设备的色彩，使车间内部色彩搭配和谐统一，直至营造出良好的室内空间。

厂房内部设计中，安全也是考虑的重点。除了对充电间、调漆间、供蜡间、涂料库等甲类火灾危险性部位设置必要的防火墙、泄压面积、防静电导电地面之外，又在整个涂装车间布置了充足、便捷的疏散通道、安全出口与疏散标识。设置了17部钢筋混凝土楼梯，其中6部为封闭楼梯间，这些楼梯与众多的工艺设备钢梯一起使每部楼梯的服务半径均不大于45m，十分有利于事故疏散。尽管在我国的防火规范中没有机械工业厂房必须设置排烟窗的要求，但还是借鉴国外的先进经验，结合车间的采光布置了占地面积1.5%~2%的电动排烟窗，由消防控制室集中控制的排烟窗和四通八达的车间内交通网，不仅保证在发生火灾时车间能迅速地排烟，人员能安全地疏散，而且增加了室内的照度，节约了能源，使用户感到这些投入物有所值。在用户的支持和帮助下，设计立足为生产者的安全着

图10-36 长春一汽大众汽车公司轿车二厂建筑内部环境设计效果

想，从绿色的物流通道、淡黄色的人行道、黄黑色相间的护门桩、藤黄色栏杆扶手，到各种引导牌和标志，处处体现出对人的关心与爱护。

走出涂装车间，隔路相望为焊装、总装车间的厂房。为了取得相互间的协调，除了在厂房外墙采用相同的金属墙板以外，并将主立面女儿墙分成4个3m高差的阶梯，以把高低错落的屋面组合成一个有序的整体来表现企业步步走高的动态。另为了打破大片墙面的呆板，还将二层生活间往外悬挑6m，形成圆弧形状。整个涂装车间与车身编组站等连接在一起，形成了长达800多米的银灰色建筑群体，其厂区景观蔚为壮观，展现出现代工业生产建筑特有的艺术魅力。

以人为本、创建和谐、追求时尚是一汽大众汽车公司轿车二厂厂房建筑及其内部环境设计的出发

点。而对于一座最新的轿车工厂，体现轿车文化的理念，展现和谐而具有现代美的环境，创造一个良好的工业生产建筑及其内部环境则成为其设计的主题和需要表述的设计理想。

7. 案例剖析——上海格罗利药厂现代医药洁净厂房

上海格罗利药厂现代医药洁净厂房位于上海奉贤工业综合开发区，占地约2.46hm²，投资3000万元。洁净生产厂房为二层钢筋混凝土框架结构，平面轴线尺寸为58m×58.5m，占地约3400m²，建筑面积约6900m²。药厂以生产合成多肽类药物为主，有4条生产流水线，已于2004年建成投产（图10-37~图10-39）。

图10-37　上海格罗利药厂现代医药洁净厂房建筑外部设计效果图

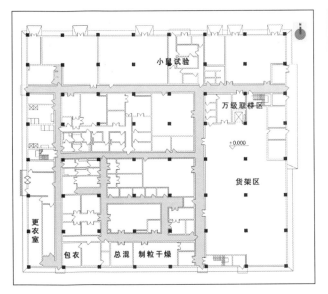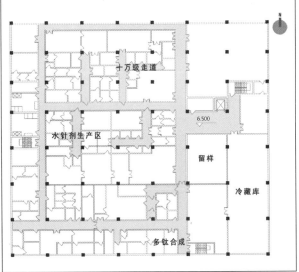

图10-38　上海格罗利药厂现代医药洁净厂房建筑平面布置设计图

洁净厂房内部空间按生产工艺流程布置，其中一层，东端为单层高架仓库，西端为接待参观而设的更衣、门厅、换鞋、厕所等生活服务设施，北端为纯化水制备、注射用水制备、冷冻空压站房、变电所等公用设施，中心为固体制剂、鼻喷剂生产区。二层北端为冻干粉针生产区，中部为水针剂生产区，东北端为空调机房，南端为质检、实验区。其关键岗位衔接紧密，如注射水制备、氧气和天然气供应邻近相应生产区，各生产区净化空调系统邻近相应生产区。片剂车间在产生粉尘岗位就近集中设置除尘室和机房，布置回排风系统，以保证生产区整洁，避免净化死角，减少积尘。

图10-39　上海格罗利药厂现代医药洁净厂房建筑内部环境设计效果

洁净厂房内部净化区工作人员根据不同净化要求，按照各生产区净化程序净化更衣后，进入各生产区净化走道至各操作岗位。物流路线由东南部进入仓库，各生产区物料从仓库的收发区领取，经生产区加工后返回仓库收发区。此外考虑到生产洁净区与相关的辅助生产区之间的关系，并使空间布置做到有效、灵活，厂房内部一层层高设为6.5m，二层层高设为6m，大部分洁净室在吊顶2.6 m以上布置送风、回风和排风管道以及各种水、气、电管线等。

净化区内部隔断按需要做成可移动式，内墙尽可能采用轻型材料系统。而净化空调系统与轻型材料系统的接口按统一的国际标准设置，并使购货、安装、调试形成一条完整的生产与服务系统。

上海格罗利药厂现代医药洁净厂房的建成且投入使用，是国内洁净厂房设计逐步融入国际洁净技术标准迈出的重要一步，其成就对相关领域的设计将产生积极的推动作用。

10.3.2　农业生产建筑室内环境的设计

1. 空间组合

现代农业生产要求高效率、高密度、高品质的建筑及其相应标准的内部生产环境，生产方式不仅采用工厂化生产线式的工艺流程、设施与设备，而且在不同程度上采用自动化控制技术。这使农业生产建筑内部环境在空间组合上也有了许多变化，其中不同的农业生产建筑在空间布局上也是形态各异。若从其厂区布局来看，农业生产建筑中的砖瓦厂、采石场、采矿场等需要靠近原料产地建设；化工厂、化肥厂、水泥厂、农药厂、铸造厂等对居住环境有严重污染的生产建筑，应安排在村镇居住区外的独立地段，并设置必要的污水处理设施；大中型养畜禽场等要求有高度的防疫条件，也需设在与居住区分离、卫生条件好的独立地段；仓库性生产建筑则需注意周围应便于防火、卫生及安全保护。此外所有生产建筑宜靠近水源、电源，且对外交通运输方便的地段布置，周围需留有一定的发展和扩建用地。

从现代农业生产建筑室内环境的空间布局来看，为发展现代化农、牧、渔业生产而建立的各种厂房设施，如育种厂房、温室、塑料棚、畜禽舍、养殖场、种子库、粮库、果蔬贮藏库等生产建筑内部环境的空间组合，应考虑其生产工厂化、专业化、集约化对农业生产工艺和管理带来的种种变化，从而形成适应现代农业生产发展要求的布置形式（图10-40）。而农业生产建筑室内环境空间的流线安排，也应符合生产工艺和高效管理的需要，并做到流线简捷、通顺，避免相互交叉和迂回，以便于农业生产工作的开展。为城镇工、商、外贸等服务的各类农副产品加工厂、农机具修配厂、手工业工厂及建筑材料厂等生产建筑室内环境的空间布局，则按其生产规模的差异与工业生产建筑室内环境的空间布局相似，进行其空间组合时尚需结合具体的生产工艺、设备、控制手段、建筑材料、结构形式等方面予以综合考虑。

图10-40　现代农业生产的工厂化、专业化、集约化发展，以及生态农业的进步，均将带来农业生产建筑室内环境的空间布局产生崭新的变化

2. 设计要点

从现代农业生产建筑来看，主要分为发展现代化农、牧、渔业生产而建立的各种厂房设施。其各自的室内环境设计要点为：

（1）畜禽场建筑　是饲养畜、禽的农业生产建筑，包括畜禽舍及辅助性建筑等。畜禽舍建筑有封闭、开窗与敞开三类形式，其中封闭式畜禽舍主要利用通风设备进行内部空间的通风换气，并依靠畜禽体散发的热量和供热系统维持舍内温度，多建于寒冷地区；开窗式畜禽舍是利用门窗加强内部空间的空气对流，以提高防暑效果，冬季将门窗关闭使舍内保温，多建于冬季需保温、夏季要防暑的地区；敞开式畜禽舍可附设塑料薄膜或树脂制成的活动卷帘挡风避雨，多建于炎热地区。各类建筑除房舍主体工程外，还包括通风换气、采光照明、给水排水，以及供热、降温等辅助性建筑（图10-41）。

随着农业生产的发展，畜禽舍建筑已逐步采用工厂化生产饲养畜、禽的农业生产方式，其建筑及内部空间设计也逐步向标准化、定型化、通风化、系列化方向发展。为节省能源和用地，畜禽舍也将由过去的单

图10-41　畜禽场建筑内部环境实景
a）现代化养猪场建筑室内环境　b）工业化养鸡场建筑室内环境
c）室内养鱼场建筑空间环境　d）现代环形奶牛挤奶设施内部空间环境

跨逐步被多跨建筑所取代，除常见的单层畜禽舍外，多层畜禽舍建筑也将成为发展的方向。畜禽舍内部环境设计应依据畜、禽的生物学特点，满足禽、畜在舍内吃、饮、排、睡等饲养要求，还要解决舍内有害气体、灰尘、微生物等的污染，有适宜其饲养禽、畜的温度、湿度、光照与通风等方面的条件，达到其工业化饲养的工艺要求。同时，还需注意环境保护和节约用地，不仅要防止禽畜场本身对周围环境的污染，还要避免周围环境对禽畜场的危害，以保证禽畜生产顺利进行。在此基础上，生产出符合国家食品标准或其他产品标准（绿色食品、有机食品等）的肉、蛋、奶、毛和水产品等，使工业化饲养畜、禽建筑及设施成为高产、优质和高效的标准化农业生产及新农村建设中的代表形象。

（2）温室建筑　又名暖房、温棚，是指为克服不利气候条件的限制而采用的覆盖增温、加工等工程设施，为植物生长创造适宜生长的小气候环境条件，按温室建筑的用途可分为生产、科研及观赏等类型（图10-42）。就生产类温室来看，主要用于对各种蔬菜、花卉、果树栽培生产的温室；有专为展览培养各种植物的温室；有用于药材、动物生产的温室等。其设计条件包括对场地位置、气候、土壤与水利方面的要求，尤其是一些具有采暖、降温、营养液循环系统、需要光照等的温室应保证不间断的供电。其建筑分种植和辅助部分，前者包括育苗室、栽培室及专门的催芽室，设置比例依种植植物的类别及育苗和栽培方式的不同而异；后者包括水塔、锅炉房、上下水道及供暖管道管沟、水泵房、配电室、控制室、加工间、保鲜室、化验室、办公室、休息室、维修站、各种仓库等。常见温室有侧窗式、单坡屋面式、双坡屋面式、塑料薄膜式，而塑料大棚主要用于不加温下栽培蔬菜。

图10-42　温室建筑内部环境实景

温室建筑内部环境设计在平面上应按栽培单元进行分区，适应不同生态要求和植物生长发育的需要，并方便管理；其次温室内部环境跨度的确定要考虑平面布置、结构形式、造价等因素。对于单栋温室，跨度越小则室内植物受外界气候变化的影响越大，但越容易通风。我国从南方到北方，跨度应逐渐增大，以取得较好环境条件和良好的效益；温室内部环境中用于植物栽培的地坪有凹入和室外相平两种处理方式。采用室内地平凹入式对植物栽培保温和保湿十分有利，但需在温室出入口处修建踏步或坡道，机械及人员出入不便。大型及对外开放的展览温室，一般采取与室外相平的方式；温室内部环境的高度应根据栽培植物的高度和使用管理要求决定。温室的高度越高，越有利于通风和获得较多的光线，但造价和能源消耗也高，需从经济的角度予以综合考虑。未来温室生产发展主要是在其设施结构类型和高效节能两个方面下工夫，以实现温室栽培及无公害蔬菜生产高投入、高产出、高效益的目的。

（3）库房建筑　库房建筑主要包括农副产品、农机及物料与危险品库等，而农副产品库房是其重点，其功能除了提供适当的贮藏空间外，还应该解决储存质量的问题，满足接收、贮藏、发放农副产品等操作方面的要求。而农副产品库房主要包括粮食、果蔬贮藏与食品冷藏三类（图10-43）。

图10-43　库房建筑内部环境实景

从粮食、果蔬库房来看，按其粮食库房结构形式有房式仓、立筒仓与地下仓之分；按其果蔬库房有简易仓、通风仓、冷藏仓与气调仓之分。其建筑内部环境设计在功能上要满足粮食、果蔬贮藏的防水、防潮，保温隔热，密闭与通风，库房安全及满足机械化操作的需要。库房建筑选址主要考虑仓型和用途、交通与贮藏成本、工程地质、地震、水灾等因素，以及环保、经济、节能、节地、方便适用的要求。另外，还应注意避免接触有害、有毒物质，做好防鼠、防雀、防虫，防火、防雷、防爆、防震等方面的预防及安全工作。

就食品冷藏库房来看，有生产性、分配性与服务性冷库之分。其建筑包括冷库库房、冷却间、冻结间、冰库、机房、变配电间、屠宰加工间（或理鱼间、整理间）、锅炉房、水泵房、一般仓库及行政福利设施等内容。内部环境在设计上首先要满足生产工艺流程、运输条件及设备布置的要求；制冷设备应能提供足够的制冷量，围护结构应具有一定的热阻值，以减少库内冷量损失；采取适当的防潮隔汽措施，增大建筑的保温比，做好防"冷桥"处理；结构应坚固并具有较大的承载力，满足建筑内要堆放大货物、又要装置和通行各种装卸运输设备的要求，具有足够的强度和抗冻能力，以抵抗周期性冻融循环引起的变形导致建筑物发生破坏；同时，还应采用相应的防冻措施，以保证冷库建筑结构在低温高湿环境中的安全性和耐久性。

（4）农畜产品加工建筑　随着农业经济的全面发展，农业生产企业也正在迅速发展，是城市大中型工业不可缺少的有力助手和补充，也是提供国家建设和人民生活所需物质资料的重要来源。建立农畜产品加工企业，主要包括粮食加工（稻谷加工、小麦制粉）、饲料加工、种子加工、果品加工、蔬菜加工、油脂加工、食品加工、酿造、工艺品加工和工业原料加工等。它们是农业向现代化迈进的标志之一，也是农业生产走新型工业化、可持续发展道路而建设的重要生产性基础设施（图10-44）。

图10-44　农畜产品加工建筑内部环境实景

作为农畜产品加工建筑，其内部空间首先应满足生产工艺的要求，做到技术先进、经济合理；其次应创造良好的操作环境，防止生产中有害因素对人体健康、生产设备、建筑物结构的影响，厂房内部应有良好的声、光、热环境质量及必需的生活福利设施；其三应满足有关技术要求，即厂房内部空间应具有一定的灵活应变能力，在满足当前使用的基础上，适当考虑今后设备更新和工艺改革的需要，为以后的厂房改造和扩建提供条件；其四要有良好的综合效益，既要注意节约建筑用地和建筑造价，降低材料消耗和能源消耗，缩短建设周期，又要有利于降低经常性维修及管理费用，要特别注重综合治理废渣、废水、废气和控制生产噪声，注意保持生态平衡；最后还应注意农畜产品加工企业建筑内外环境的美观，应根据其生产特征及所在村镇的地理环境予以综合考虑，以创造良好的农畜产品加工企业建筑内外环境来。

3. 案例剖析——经济发达国家的工厂化畜禽场

20世纪70年代以来在经济发达国家先后设计出系列化、工厂化畜禽场，以适应不同气候地区和不同规模养殖的需要。这种工厂化畜禽场采用组合式结构，用轻型建材生产出预制构件，用户可根据自己建设畜禽舍建筑内部空间的需要选择适宜型号，按图样在现场组装，以实现畜禽工厂设计的标准化、系列化、轻型化。此外，这种工厂化畜禽场建筑还具有随时拆迁、便于移动的优点。在发生疫情时，为避免疫病蔓延殃及其他畜群，可以将畜禽场焚烧以彻底消除病原传播。

在这种全封闭型工厂化畜禽场建筑内部空间中，可为其创造最适宜的卫生环境和小气候，并以机械、电器代替手工劳动，以先进的畜牧业技术（包括饲料配合、现代饲养管理方式及先进的繁殖技术）改善生产流程从而取得高的劳动生产率，良好的饲料效率，最大的经济效益，从而达到高产、高效、优质、低耗的目标。其中畜禽场建筑内部空间中还能利用计算机调节和控制光照、温度、湿度、饲养、供水、清洁、挤奶、采蛋等管理环节，完全实行机械化、自动化管理。如荷兰一家工厂化奶牛场（图10-45~图10-50），即按牛的分群要求分有保育间、犊牛舍、青年牛舍、成乳牛舍、公牛舍、育成牛舍、产牛舍、病牛舍及饲料加工、兽医室、锅炉房、挤奶厅与奶品加工等建筑，其牛舍内部空间设有牛床、颈枷、食槽、粪沟、饲料与清粪通道等。挤奶间是挤奶厅的主要部分，其内部空间设有奶牛来去行走通道与待挤场地，且采光、通风条件良好。牛奶处理间、洗涤室紧临挤奶间，从而缩短输送牛奶的管线长度。锅炉房、饲料间设在下风向，机器间、冷库则布置在背阴位置。整个奶牛场舍建筑内部空间采用全自动化养牛设备，奶牛

图10-45　荷兰的奶牛养殖业

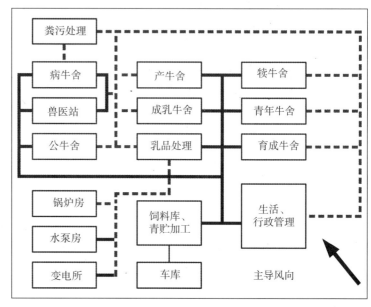

图10-46　奶牛场合理的功能分区图

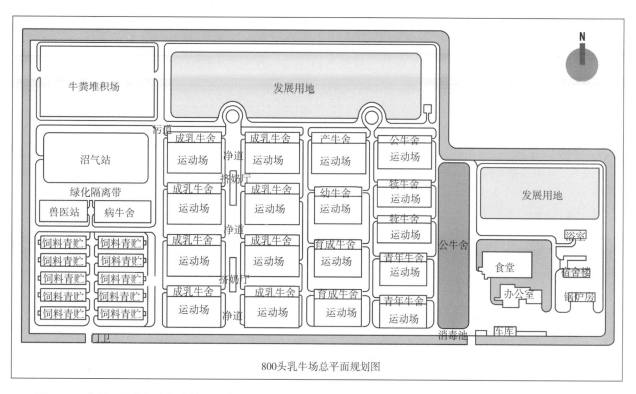

800头乳牛场总平面规划图

图10-47　荷兰工厂化奶牛场建筑平面布置图

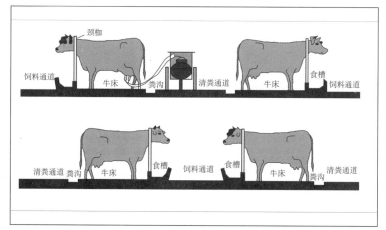

图10-48　荷兰工厂化奶牛场建筑双列式布置立面图

图10-49　奶牛场内部采奶设施效果

图10-50　荷兰工厂化奶牛场建筑牛舍及储奶车间内部环境效果

饲养和挤奶工作均由计算机控制的一排机械手操作。各类信息贮存在中心计算机室里,舍饲的奶牛受电子监控。挤奶时,机械手将挤奶装置自动移向奶头,由真空挤奶机操作,并可自动更换奶头。丹麦一家饲养600头猪的猪场,只有3~5个工人管理,饲料转化率和日增重均提高10%,防疫费用节约30%。美国一家自动化养鸡工厂饲养几十万只鸡,平均1个工人可以管理3万~5万只鸡。工厂化畜禽场的建设彻底改变了人们的生活方式和畜禽结构,尤其是在高寒、冷凉、阳光不足的地区,工厂化设施畜牧业能够增产更多的肉、蛋、奶产品,是现代化生产与管理,使畜牧业生产向着高度集约化和绿色农业生产的方向迈进(图10-51)。

图10-51 经济发达国家的工厂化畜禽场建筑内部环境
a)"养猪王国"丹麦的工厂化养猪场建筑内景 b)饲养几十万只鸡的美国自动化养鸡工厂建筑内景

4. 案例剖析——山东寿光蔬菜生产温室建筑

位于山东半岛中部的寿光市有"中国蔬菜之乡"的美誉。从20世纪80年代初期试验成功了冬暖式大棚蔬菜种植技术,使蔬菜深冬生产成为现实,推动了一场遍及全国的"绿色革命"。山东寿光三元朱村却因为发明冬暖型蔬菜大棚生产日光温室建筑,不仅结束了我国北方冬季吃不上新鲜蔬菜的历史,同时也使亿万北方农民脱贫致富的梦想成为现实。走入冬暖型蔬菜大棚生产日光温室建筑内部,一股带着蔬菜清香的热浪扑面而来。只见室外寒气逼人,积雪未融,而宽敞明亮的日光温室建筑内部却温暖如春,生机盎然。一行行长势正旺的黄瓜秧顺着一条条小绳攀缘直上,黄花下鲜嫩的小黄瓜已探出调皮的脑袋(图10-52~图10-54)。

这种蔬菜大棚生产日光温室的建设,其长度多为45~47m,跨度为7~8m,高度(中脊高2.4~2.9m、前立窗高0.85~0.9m、前立窗基部距前立柱基部0.30m)为宜。后墙和东西山墙用土筑成,上喷刷石灰水,有利于冬季和阴天增加室内后部光热反射量,提高其内的温度和光照;室内栽柱时要保证立柱在一直线上,垂直于地面,柱顶要求一样高。但栽后排立柱时,需向北倾斜5°~10°,这样支撑倾屋后面比较牢固;建前坡包括

图10-52 有"中国蔬菜之乡"美誉的山东寿光蔬菜生产温室大棚建筑鸟瞰

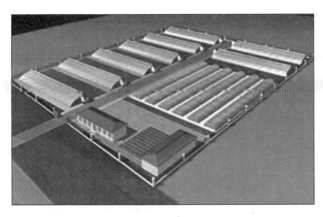

图10-53　山东寿光蔬菜生产温室大棚基地规划设计及建筑设计造型实景

搭大竹竿、拉钢丝与绑小竿，在大棚前沿对每一根竹竿用废布或塑料纸包严，以免扎破塑膜。建后坡则在每个后立柱上至土墙间搭较粗的短椽，并固定；盖塑料无滴膜宜用保温性强，厚0.12~0.15mm聚氯乙稀无滴膜。扣棚棚面要求拉紧展平，东西两端用竹竿卷紧，固定在山墙外钢丝上，南北上下两头拉紧埋土固定；草帘要求打的紧密，至少应重35kg，太轻则保温性能不好。两栋日光温室前后距离以7~8m为宜，东西间距离一般4.5~5m。两侧设排水沟，建成30cm的"U"型渠道，以利于道路排水和室内灌溉。

　　此种蔬菜大棚生产日光温室是在寿光单斜面塑料大棚（土温室）的基础上，结合琴弦式节能塑料日光温室某些结构及用料特点，在透光和保温能力等方面根据当地情况加以改良而成的，其性能特点一是光能利用率高，二是增温快，保温性能好，三是结构安全可靠，抗风雪能力较强，四是造价低，易于推广应用。仅寿光就有80万亩蔬菜良田推广，并促使其成为中国最大的蔬菜生产基地。如今随着太阳能

图10-54　山东寿光蔬菜生产温室大棚建筑内部环境实景

在"菜王"王乐义的家乡——山东寿光三元朱村正式落户，把先进的太阳能利用技术和已有的冬暖型温室蔬菜种植技术结合起来，建立太阳能温室。由于这种温室能很好地利用太阳的辐射能并辅加其他能源来确保室内所需的温度，同时对室内的温度、光照、水分还可以进行人工或自动调节，完全可以满足植物生长发育所必需的各种生态条件，从而创造了一个人工的小气候环境，让一些不能在当地生长的植物能正常生长，并可以提前或延后植物的生长期。目前寿光三元朱村5000亩无公害蔬菜基地及2000亩有机质、生态型、无土栽培蔬菜均推广应用了太阳能温室，这定将为农业产业化和市场化运作、提高产品质量开辟广阔的前景。

在寿光国际蔬菜博览会中的"绿色之光"蔬菜日光温室建筑内部，总面积达6000m²（图10-55）。既具有生产功能，还具有展示作用的日光温室建筑，其内部不仅以各种蔬菜为主，而且利用胎架、立柱、板面等制作形式，通过各种蔬菜园林景观的巧妙造型，实现蔬菜与艺术的有机结合，从而形成菜中

图10-55　山东寿光国际蔬菜博览会中的"绿色之光"蔬菜日光温室建筑内外部展示环境实景

有景，景中有菜的设计效果。同时还充分体现寿光蔬菜生产品种的多样性、先进性和高科技含量，突出表现"中国一号菜园子"和"蔬菜生产联合国"的寿光品牌形象。整个"绿色之光"蔬菜日光温室建筑内部还以"圣都绿园"、"绿色宫殿"、"绿川瀑涧"、"龙跃九洲"、"生肖荟翠"、"七彩绿韵"、"家乡绿梦"、"圣都文化"、"九曲绿廊"、"绿色隧道"等为主的十多处蔬菜文化景点，并辅以音响等设施，达到观赏性和实用性有机结合。使寿光的蔬菜生产在带动当地经济发展的基础上，借助国际蔬菜博览会的举办达到推动观光农业旅游的发展，进一步促进其经济的全面发展。

10.4　特殊建筑内部环境的设计

10.4.1　特殊建筑内部环境设计的意义

从特殊建筑来看，其内部环境是指为某些特殊用途而建造的特殊建筑的室内环境设计，如军事工程、科学考察建筑等的内部环境设计均属于此列。特殊建筑内部设计，应依据其各自的特殊要求来进行其设计，以满足其内部空间环境上的特殊需要。

1. 军事工程建筑

军事工程建筑是指用于军事目的的各种工程建筑和保障军队作战行动所采取的工程技术措施的统称，它是土木工程及其他工程技术在军事上的综合运用。军事工程是伴随着战争的出现而出现，又随着战争的发展而发展。和平时期在国土上进行军事工程准备，则是一切主权国家的国防战略措施和战备工作的重要组成部分。

2. 科学考察建筑

科学考察建筑是指用于科考目的的各种工程建筑和保障科学考察行动进行而建设的工程技术设施。在通常的情况下，人们把南极、北极、珠穆朗玛峰喻为地球的"三极"。只是在科学考察人员眼里，对大洋深处的考察，无疑也是涉及地球的深极，并共同构成科学考察的"四极"。此外还有江源、湿地、沙漠等国土自然资源的科考所需的保障工程建筑与设施均属于这个设计范畴。

10.4.2　特殊建筑内部环境的设计原则

1. 功能性原则

特殊建筑内部环境应把满足其建筑及其内部环境的特殊功能放在首位，其中作为军事工程建筑，应分清是用于作战、防御，还是驻守等的需要；作为科学考察建筑，应分清是用于何种科学考察、内部环境怎样为其起到保障作用，生活设施怎样满足特殊环境的生存需要等。从而使特殊建筑及其内外环境能够表现出功能的适用、建筑的安全和内部的特殊要求，实现其建设的价值与目标。

2. 精神性原则

特殊建筑内部环境在满足特殊使用要求的同时，还应根据特殊建筑所处环境及其生存条件的不同，尽可能通过内部环境设计手段与形式，能从精神上满足其长期处于特殊环境在生理、心理与行为上产生的问题，如军人戍边和极地科考人员长时间在旷野产生的封闭与孤独感和思乡情绪。从而能够通过对其工作与生活环境内部空间的设计处理，以及软、硬件条件和人性化方面来满足其精神上的需求。

3. 保障性原则

特殊建筑所处地区工作与生活条件均异常艰苦，其建筑内部坏境需要从工作、生活、活动、饮食、水源、动力、医疗、通信、废物处理等方面对其人员的工作与生活提供保障，并能根据发展逐渐提高其保障的标准与建设水平。同时，还应在相同条件下从建筑用地、内部布局、功能设置、设备管线等方面提供更优的设计，以便为在特殊地区工作与生活的人员提供优质保障的生存条件。

4. 生态性原则

特殊建筑所处环境基本上属于尚未开发的原生态地区，其建筑内部环境设计既要考虑节能，又要严格防止其工作与生活产生的垃圾与污染对所处原生态地区自然环境的破坏。如南极是地球上尚未被污染的最后一块大陆，目前人类在南极已建有百余个科学考察站，按《南极环境保护议定书》规定，严格禁止"侵犯南极自然环境"，严格"控制"其他大陆的来访者，严格禁止向南极海域倾倒废物，以免造成对该水域的污染。故其在南极工作与生活产生的垃圾均需装箱运回所在国处理，以免对其自然生态环境产生破坏。

10.4.3　特殊建筑内部环境的设计要点

1. 军事工程建筑内部环境的设计

军事工程自古就有，中国古代的长城就是世界上规模最大的防御工程；此外，还有城堡、水寨、壕沟、栅栏等。随着时代的发展，兵器的改进，作战方式也有了较大的变化，军事工程的内容也随之扩大。有阵地工程，如边防、海防永久性工事；城市地下的防空工程；指挥和通信工程，如指挥所、雷达站、卫星通信地面站；军事交通工程，如国防公路、军用道路网、桥梁、渡场、浮桥、输油管线、输水管线等；此外，还有军港、机场、武器试验场、训练基地、后勤仓库、营房、靶场工程等（图10-56）。另外军事工程还包括两项特殊的任务：一是爆破，二是伪装。修建军事工程时可能需要爆破，作战时在障碍物中用爆破法开辟通路和用爆破法炸毁敌人的工事、桥梁、水坝等。埋地雷和排除地雷都是工程兵的任务。伪装是一种保护措施，平时和战时对各种军事设施、军队的行动采取工程伪装措施，用以迷惑敌人，使敌人的侦察不能发现；有时还要制作、布置一些假目标，甚至建筑假渡口、假机场、假建筑物，使敌人真假难辨，误导敌人攻击假目标从而保护真目标和部队的真实行动。可见，随

图10-56　军事工程内部环境实景
a）军事指挥与情报机构建筑内部　b）导弹基地发射井设施内部　c）飞机机库建筑内部　d）地下军事工程内部

着科技的不断发展和进步，许多新技术、新材料都将运用到军事工程领域。这里对军事工程内部环境的研究主要涉及的是永久性防御军事工程的设计探索。

（1）传统永久性防御军事工程建筑内部环境设计　城堡可说是传统永久性防御军事工程的代表，它从诞生、繁荣到消亡一直以军事防御为主线，贯穿着城堡发展的始终。如中世纪的欧洲，由于采邑制度的实行，土地的所有权被分散到各位贵族、骑士的手中，政治上四分五裂，导致封建贵族之间经常爆发各种战争，而具有防御作用的城堡被大量建设起来。以德国为例，仅德国西部，现存的古城堡就有1.5万座，充分反映了德国中世纪的封建割据状态。当时，城堡是最可靠的防御方式，足以抵挡骑兵的快速攻击，将突袭式的速决战转化为消耗战。于是领主们广修城堡，以确保自己的庄园和财产不受侵犯。中国在封建社会的多数时间实行强大的中央集权制，其政治分裂，武装割据的情况不是很多。在军事上是修建抵御外族侵略的长城。长城和城堡同为防御性建筑，但是城堡相对于长城，还有居所、象征等世俗性作用，所以一旦其防御作用因为历史的进化而消失，长城就停止了发展，而城堡则作为世俗建筑继续发展了下去（图10-57）。

图10-57　传统永久性防御军事工程建筑及其内部环境设计
a）万里长城是中国古代修建最为宏伟的军事工程　b）万里长城烽火台建筑内部环境实景
c）具有军事作用的欧洲古代城堡建筑外部实景　　d）欧洲古代城堡建筑内部环境实景

正是城堡为它的主人提供了坚实的防御功能，并使其成为他们生活的地方。城堡的建筑风格一直被其防御职能和住宅职能所左右，其城堡主楼采用外圆内方的设计也是两种建筑目的相互妥协的结果。到14世纪末城堡的防御职能逐渐失去以后，城堡即以艺术、生活为发展目标，不再以坚固度要求它。这个时代城堡内部除了领主居住的主楼以外，内部还有马厩、灶房、储藏室、库房、面包房、洗衣房、教堂以及仆人们的木屋。贵族们逐渐加剧的对奢靡生活的向往，在城堡的建筑及其内部空间发展过程中，形成了罗马式与哥特式两种有代表性的风格。其中罗马式城堡最强调防御职能，城堡的建筑风格大都是由古罗马建筑和拜占庭建筑那里借鉴而来。而城堡对于哥特式风格的运用是基于其防御职能的逐渐失去，使城堡失去了其森严的外观，越来越向外敞开，塔顶有了大大小小的大窗，在塔的止面开设可以观望河上远景和周围乡村的窗户，在内院出现了降低的拱廊和经过雕刻的扶墙以及楼梯，玻璃镶嵌窗和雕塑的应用使得城堡具有了精美与豪华的室内装饰风格。由于对服务和商业提出了更高的要求，也促使欧洲不少城市围绕着城堡逐渐发展起来，如坐落在易北河上德国第一大港，第二大城市汉堡；坐落在莱茵河上欧洲最大的内河港口，德国首屈一指的钢铁工业基地杜伊斯堡、马格德堡等，其后都发展成了著名的大城市。

此外，中国西南地区的屯堡及近代战争中的海疆炮台等建筑（图10-58），其内部空间也具有中世纪欧洲城堡的某些功能，只是主要作用是屯兵和防御，建筑内部具有简陋的生活居住条件而已。如鸦片

图10-58 中国西南地区的屯堡及近代战争中的海疆炮台建筑及其内部环境设计

a）西南地区的屯堡建筑外部实景　　b）西南地区的屯堡建筑内部瞭望窗口观察到外部环境实景

c）广东威远海疆炮台建筑外部实景　　d）广东威远海疆炮台建筑内部环境实景

战争前为抵抗英军从海上入侵在东莞虎门要塞设置的炮台有11座，大炮300多门，并在炮台设有永久性防御军事工事和屯兵的生活设施等。

（2）现代边、海防军事工程建筑及其内部环境设计　现代边、海防哨所是为了维护国家的主权在边、海防设置的军事设施，也是新时期用于军事的特殊建筑。如神仙湾哨所是世界上最高的驻兵点，它位于喀喇昆仑山脉中段、新疆维吾尔自治区皮山县境内。这里的海拔高度为5380m，年平均气温低于0℃，昼夜最大温差30多摄氏度，冬季长达6个多月，一年里17m/s以上大风天占了一半，空气中的氧含量不到平原地区的45%，紫外线强度却高出50%。建哨初期，官兵们靠着一顶棉帐篷、一口架在石头上的铁锅，每天吃压缩干粮、喝70多度就沸腾的雪水，硬是在被医学专家称为"生命禁区"的地方站住了脚，牢牢地守住了祖国的西大门。20世纪80年代初，军委、总部实施"三年边防建设规划"，神仙湾哨所土坯垒成的"雪窝子"变成了钢筋混凝土结构的营房；20世纪90年代，军委、总部又先后两次拨款修建高原新型保温营房，神仙湾哨所建筑内部的室温可以在严寒环境下保持在20℃，并在这个世界最高的驻兵点修建了太阳能浴室，实现了几代神仙湾官兵"能够洗上热水澡"的愿望。哨所营房内部除满足了官兵在世界海拔最高驻兵点特殊环境的生活条件和物质上的基本要求外，还在营房内部设置了文化活动厅，音响、电视、计算机，规范的台球室、乒乓球室，使得昔日的高原生命禁区有了一股浓郁的现代文化气息（图10-59）。进入21世纪后，国防公路修到了哨所，"家庭影院"、卫星电视、网络电话等现代化设施也相继在雪山哨所落户，使边防军人的文化生活也能够开展得丰富多彩，从而提升了官兵们对精神生活的追求，让边防军人在表现出高度爱国主义精神的同时，有了"艰苦奋斗，卫国戍边"的生存物质环境的保障。

图10-59　神仙湾哨所内外部环境实景

南沙群岛像星星点点的翡翠镶嵌在南中国海的万顷碧波中。驻守在南沙永署礁守卫蓝色国门的哨所，是目前南海离祖国大陆最远、离赤道最近的沧海孤礁。永署礁礁盘呈东北西南走向，长约22km，宽约7km。高潮时礁盘没在0.5~1m水深以下，低潮时礁盘大部分露出水面。这里距赤道只有3个纬度线，中午热时礁堡温度高达60℃，并且湿度大、盐度高，气候条件异常艰苦，自然环境恶劣，加上地理位置偏远，四周茫茫大海让海岛处于封闭的空间。1988年，我国应联合国教科文组织要求，选定永署礁作为海洋观测站，并在岛上驻守守备部队。

建站初期，第一代守礁官兵住的是竹竿作柱、篾席为墙、沥青封顶的简易竹棚"高脚屋"。海风一吹，"高脚屋"如同漂浮在海上的摇篮，左右不停地摇晃，且面积狭小，驻守条件差；其后守礁官兵住上了面积30m²的铁皮屋；到1990年，守礁官兵才住上了钢筋混凝土结构的礁堡。

为改变官兵守卫蓝色国门的生活条件，近年来在礁堡原有基础上进行了较大规模的改建和扩建，这里经过施工，建筑面积比过去扩大了近3倍，有了人工航道与8080m²的人造陆地，建成一座千余平方米的2层楼房，一个直升机平台与4000吨级的码头，以及一个500m²的"四季青"蔬菜棚，用来生产蔬菜以自给。礁堡上还铺设了道路球场，栽种了椰树，海洋观察站内安装着现代化的水文气象仪器，礁堡官兵的营房内部安装了空调，食堂配备冷藏食品橱柜，文化活动室安装了卫星电视及电话，学习室有设备齐全的计算机，尤其是海水淡化等现代化设施纷纷落户礁堡，昔日被称为生存禁区的荒礁孤堡，随着多功能平台的建成使用，虽然驻守南海前沿哨所特殊环境官兵的生存环境依然恶劣，但官兵的基本生活条件却得到了充分的保障（图10-60~图10-62）。

图10-60 南沙永署礁哨所外部环境实景

图10-61 南沙永署礁哨所上的"四季青"蔬菜棚及其营房活动室内部环境

近年来随着人们对海洋国土的关注，海洋权益的维护提升到一个前所未有的高度来认识。正如守礁官兵所说："在陆地资源日趋衰竭的今天，南沙将有望成为我国未来重要的工业基地、食品基地、能源

图10-62　南沙永署礁哨所上的海洋观察站建筑及哨所外部环境实景

基地和战略通道。别的不说，南沙仅石油储量就有200多亿吨，相当于大庆油田储量的8倍。守住南沙的每一寸礁盘，不仅是在捍卫国家的主权和尊严，更是在坚守中华民族的千秋基业和未来发展的空间。"

2. 科学考察建筑内部环境的设计

从科学探险与考察来说，它们是人类本性之使然，而好奇心又是人类永远的动力之源。在工业革命和资本原始积累以前的时代，科学探险主要表现为个人的行为。在中国，有徐霞客；在西方，有哥伦布、麦哲伦、阿蒙森、斯科特等。他们是人类认识自然、了解自然的勇敢的探险者。然而科学考察又总是和人类的生存发展紧密联系在一起。尤其是跨国界的科学考察行为总是和国家的形象、国家的战略发展、国家的实力和科学水平联系在一起的，直至成为国家的行为所致。

作为以科学考察保障为目的的各种工程建筑和设施，包括对极地、海洋、江源、湿地、沙漠等国土自然资源等科学考察活动进行而建的保障工程建筑与设施。目前最为典型的为"四极"科学考察，即"一南一北，一高一深"其中南为"南极"、北为"北极"，高为"珠峰"，深为"海底"。其中在上述科学考察中又以南、北极的保障工程建筑与设施为主。如今，已有40多个国家在南极建立了100多个科学考察站，在北极北冰洋沿岸建成了54个陆基综合考察站和许多浮冰漂流站和无人浮标站（图10-63）。我国从1984年组织首次南极考察至今，在短短的30年间，已成功地完成了近30次南极科学考察和数次北极科学考察，取得了举世瞩目的科研成果，成为四大国际极地组织（ATCM—南极条约协商国组织、SCAR—国际南极研究科学委员会、COMNAP—国家南极局局长理事会，IASC—国际北极研究科学委员会）的正式成员国。并在南、北极建成了中山站、长城站、黄河站，还将在南极内陆冰盖的最高点冰穹A地区建立一座南极内陆科学考察站——昆仑站，从而站在民族发展的高度来体现国家的眼光和

a)　　　　　　　　　　　　　　　　　　b)

图10-63　科学考察建筑内部环境实景

a）航天指挥测控中心建筑内部环境实景　b）天文观测台建筑内部环境实景

胸怀。

　　南极通常是指南纬60°以南的南极大陆和岛屿，面积约1400万km²。这里是世界上平均气温最低的区域，沿海风力强劲，很多地方每年8级以上大风日超过300天。另外，南极非常干旱，年平均降水量仅有30~50mm。由于与世隔绝，气候恶劣，没有人类长期居住。南极洲平均海拔为2350m，大陆表面98%的面积覆盖着平均厚度超过2200m的永久冰盖。

　　目前南极地区已建有150多个大小不等的科学考察站和野外考察营地。由于经济投入、技术水平等差异，各个国家的科考站在其保障基地建筑和设施方面的建设状况也各不相同。美国、澳大利亚等发达国家的站区在这方面比较领先，智利、韩国、巴西等国的科考站也都有一定的特点（图10-64）。

图10-64　南极地区的科学考察站和野外考察营地

a）俄罗斯的东方站鸟瞰　b）美国的麦克默多站鸟瞰　c）智利的费雷站鸟瞰

d）英国将建的未来南极站内部环境设计　e）比利时将建的首座零排放南极站外部设计效果

　　南极中山站建立于1989年1月26日，位于东南极大陆拉斯曼丘陵地区，地理位置为南纬69°22′24″，东经76°22′40″。这里寒冷干燥，具备南极极地气候特点。中山站年平均气温零下10℃左右。中山站地区受来自大陆冰盖的下降风影响，常吹东南偏东风，8级以上大风天数达174天/年，极大风速为43.6m/s；降水天数162天/年，年平均湿度54%，全年晴天的天数要比长城站多得多。中山站有极昼和极夜现象，连续白昼时间54天，连续黑夜时间58天。

　　中山站建站以来，经过多次扩建，现也初具规模，有各种建筑15座，建筑面积3000m²，其中站区中央，坐落着主楼，作为中山站的标志性建筑，面向大海；在它的北面是两层高的发电站和它南面的综合楼一起围合成站前广场。主楼西侧有一个天然湖，是中山站的水源，命名"莫愁"，大概是人在天涯的一种乐观态度；坐落在综合楼的西侧的是2003年建好的新宿舍楼；新宿舍楼内有两层，可容纳33人居住。此外，还设有休息活动室、接待室、公用洗衣房等（图10-65、图10-66）。

图10-65 南极中山站科学考察站建筑外部造型及具有中国特色的储油罐与环境实景

图10-66 南极中山站科学考察站建筑内外工作与生活环境实景

由于南极的极端自然环境和独特群体形成的社会环境对于在此工作的科研人员的心理与行为产生重大影响，其原因在于环境刺激的过分减少和生活的单调。因此，在南极科学考察建筑室内环境的设计中，应注重强调有利于使用者丰富生活、沟通心理、提高工作效率的因素，通过积极外向的室内交流环境影响"微型文化"，从而为使用者提供健康、开放的心理环境。在科学考察建筑室内环境设计中创造丰富的建筑内部空间层次、富于文化特性的空间形象与积极有效的交往空间，以及将绿化引入室内均是其特殊建筑对内部环境提出的设计要求。

为此，在南极中山站试验办公与生活用房内部空间，除了配备先进的科学考察设备和完善的居住生活设施，以及物理生存条件（室内常年可保持在16~20℃温度，各用水点全年不间断的冷热水供给，洗澡间保证提供水温不低于40℃的热水并供队员们随时洗澡）外，其办公空间内部要突显高效、便捷的特点，宿舍应该强调温馨、静谧和私密性，餐厅则突出明快、轻松感，以突出不同性质空间的不同特质，从而营造丰富的内部空间环境气氛；另外在建筑内外环境设计中可适当体现民族、传统和地方特色，有助于缓解科学考察人员的心理情绪，增强民族自豪感和自信心。如现中山站建筑内部的中式家具陈设及外部储油罐上的戏剧脸谱图案，均展现出丰富的文化意蕴来；此外绿化引入南极科考站室内，不仅可以改善室内物理环境，而且能调节使用者的心理状态，对缓解人员心理压力也都具有积极的作用。

中山站科学考察相关辅助建筑内部中的医务室，配备有无影灯、多功能手术台等医疗器械，可进行一般性的外科小手术。通信室安装有两套1.6kW的单边带发射机和全波段收信机，以及海事卫星终端设备，不仅满足了中山站与北京的通信联络，也可开展全球范围内的文字、图片传输和电话业务。另外中山站与长城站一样，也建有污水与垃圾处理系统。此外，科考站电站由3台150kW和1台30kW柴油发电机组成，可保证站区生活、工作和科研等的连续用电。电站发电机安装有消烟和减噪声设备，可减少发电机的废气排放，最大限度地防止污染大气环境。

中山站大部分建站初期使用的集装箱拼装式建筑由于防护结构老化，设施比较简陋，建筑室内垂直温度梯度较大，例如冬季室内1.5m处和地面温度差达到约10℃，舒适感很差；室内自然采光条件不佳，白天仍需人工采光等。整个站区建筑能耗相对较高，在节能方面与一些先进的科考站相比，还有一定差距。为了更有力地支持我国南极科考事业的发展，目前中山站已经启动了有计划有步骤的更新和扩建；站区整体的更新在科学研究和广泛借鉴的基础之上，将结合自身特点，达到南极科学考察建筑室内环境的世界先进水平。同时，中山站还将成为南极内陆科学考察站建立的后勤基地，并将为南极科学考察的进一步发展作出贡献。

参 考 文 献

［1］霍维国. 室内设计［M］. 西安：西安交通大学出版社，1985.

［2］王建柱. 室内设计学［M］. 台北：艺风堂出版社，1985.

［3］辛艺峰. 建筑室内环境设计［M］. 北京：机械工业出版社，2007.

［4］约翰·派尔. 世界室内设计史［M］. 刘先觉，等译. 北京：中国建筑工业出版社，2003.

［5］《建筑设计资料集》编写组，建筑设计资料集（1~7）［M］. 北京：中国建筑工业出版社，1995.

［6］建筑园林城市规划编委会. 中国大百科全书（建筑园林城市规划）［M］. 北京：中国大百科全书出版社，1988.

［7］胡仁禄，周燕珉. 居住建筑设计原理［M］. 北京：中国建筑工业出版社，2007.

［8］贾耀才. 新住宅平面设计［M］. 北京：中国建筑工业出版社，1997.

［9］邬峻. 办公建筑［M］. 武汉：武汉工业大学出版社，1999.

［10］唐玉恩，张皆正. 旅馆建筑设计［M］. 北京：中国建筑工业出版社，1993.

［11］辛艺峰. 商业建筑室内环境艺术设计［M］. 武汉：华中科技大学出版社，2008.

［12］陈剑飞，梅洪元. 会展建筑［M］. 北京：中国建筑工业出版社，2008.

［13］余卓群. 博览建筑设计手册［M］. 北京：中国建筑工业出版社，2001.

［14］休·科利斯. 现代交通建筑规划与设计［M］孙静，段静迪，译. 大连：大连理工大学出版社，2004.

［15］马库斯·宾尼. 航空港建筑［M］. 李昕，许淑清，译. 大连：大连理工大学出版社，2003.

［16］陈述平，张宗尧. 文化娱乐建筑设计［M］. 北京：中国建筑工业出版社，2000.

［17］鲍家声. 现代图书馆建筑设计［M］. 北京：中国建筑工业出版社，2002.

［18］邹瑚莹. 博物馆建筑设计［M］. 北京：中国建筑工业出版社，2002.

［19］刘振亚. 现代剧场设计［M］. 北京：中国建筑工业出版社，2000.

［20］清华大学建筑系《科教建筑》编写组编. 科教建筑［M］. 北京：中国建筑工业出版社，1981.

［21］丹尼尔D沃奇. 研究实验室建筑［M］. 徐雄，冯铁宏，祝东海，译. 北京：中国建筑工业出版社，2004.

［22］陆轸. 实验室建筑设计［M］. 北京：中国建筑工业出版社，1981.

［23］邹瑚莹，宋泽方. 高等学校建筑规划与环境设计［M］. 北京：中国建筑工业出版社，1994.

［24］张宗尧，李志民. 中小学建筑设计［M］. 北京：中国建筑工业出版社，2000.

［25］黎志涛. 幼儿园建筑设计［M］. 北京：中国建筑工业出版社，2006.

［26］罗运湖. 现代医院建筑设计［M］. 北京：中国建筑工业出版社，2006.

［27］澳大利亚Images出版集团. 医疗建筑空间1［M］. 张倩，译. 北京：中国建筑工业出版社，2003.

［28］哈尔滨建筑工程学院. 工业建筑设计原理［M］. 北京：中国建筑工业出版社，1988.

［29］王宇欣，王宏丽. 现代农业建筑学［M］. 北京：化学工业出版社，2006.

［30］辛艺峰. 室内环境设计. 理论与入门方法［M］. 北京：机械工业出版社，2011.

［31］辛艺峰. 当代商业空间环境的设计特征及发展趋势［J］. 长江建设，1996（6）.

［32］辛艺峰. 现代商业环境室内设计的探索［J］. 室内设计，1996（4）.

［33］辛艺峰. 现代城市中小型零售商业环境装饰设计实践研究［J］. 广东建筑装饰，1998（2~3）.

［34］辛艺峰. 商业建筑内外环境设计——特征·内容·发展趋势［J］. 装饰装修天地，1999（6）.

［35］辛艺峰. 对城市中小型零售商业环境装饰设计的思考［J］. 室内设计，2001（2）.

［36］辛艺峰. 光影魅力——略论居住环境装饰中的照明设计［J］. 装饰装修天地，2001（9）.

［37］辛艺峰. 人居环境研究与绿色住区环境设计［J］. 城市，2003（5）.

［38］中国建筑学会室内设计分会. 中国建筑学会室内设计分会2003"欧神诺"南京年会暨国际学术交流会亚洲室内设计联合会论文集［M］. 北京：中国建筑工业出版社，2003.

［39］辛艺峰. 现代商业空间装饰装修设计［J］. 中国建筑装饰装修，2003（10）.

［40］中国建筑学会室内设计分会. 中国建筑学会室内设计分会2005年会暨国际学术交流会亚洲室内设计联合会论文集
　　　［M］. 北京：中国电力出版社，2005.

［41］辛艺峰，等. 现代商业建筑外部环境灯光设计［J］. 广东建筑装饰，2006（5）.

［42］中国建筑学会室内设计分会. 中国建筑学会室内设计分会2006年会暨国际学术交流会论文集［M］. 武汉：华中科
　　　技大学出版社，2006（10）.

［43］辛艺峰，等. 作为文化建筑的现代博物馆室内环境设计探索［J］. 中国建筑装饰装修，2009（6）.

［44］肖峰. 举目处，东方魅艳惊现［J］. 室内设计与装修，2004（12）.

［45］朱欢. 真正的福斯特建筑——国会大厦［J］. 世界建筑，1999（10）.

［46］孙凌波. 荷兰媒体机构办公楼［J］. 世界建筑，2005（7）.

［47］吴耀东，唐晓涛. 中国教育部综合办公楼［J］. 世界建筑，2006（4）.

［48］林琳. 中国海洋石油总部办公楼［J］. 建筑学报，2006（8）.

［49］新加坡建筑师61设计公司. 古老的新生——新加坡浮尔顿酒店［J］. 室内设计与装修，2007（3）.

［50］鲍艳丽. 纯粹空间Linden Apotheke［J］. 室内设计与装修，2009（3）.

［51］日华译. 莱比锡新会展中心玻璃大厅［J］. 世界建筑，2000（4）.

［52］陶郅，倪阳. 广州国际会展中心建筑设计［J］. 建筑学报，2003（7）.

［53］特集·中国2010年上海世博会中国馆. 推荐方案（4号方案）［J］. 建筑学报，2007（10）.

［54］黄捷，董晓文. 生态战场——广州海珠客运站设计［J］. 新建筑. 2004（1）.

［55］邵韦平. 面向未来的枢纽机场航站楼——北京首都机场T3航站楼［J］. 世界建筑，2008（8）.

［56］中国建筑西南设计院. 重庆港朝天门客运站［J］. 建筑学报，1993（1）.

［57］郭建祥. 上海磁悬浮快速列车龙阳路站［J］. 建筑学报，2005（6）.

［58］王兴田，潘方勇. 南通中国珠算博物馆［J］. 建筑学报，2005（11）.

［59］吉国华. "线之间"——里勃斯金德的柏林犹太人博物馆［J］. 世界建筑，1999（10）.

［60］陈治国，王虹. 传统四合院的现代演绎——深圳何香凝美术馆［J］. 新建筑，2001（1）.

［61］黄捷. 楚歌乐舞，激情飞扬——武汉琴台大剧院设计［J］. 新建筑，2008（2）.

［62］乐民成，朱宣. 开拓理性构思展现真纯之美——谈深圳市"联想集团研发中心"大厦设计［J］. 建筑学报，2001（8）.

［63］吕琢. 对话与共生——北京文馆新馆建筑设计［J］. 建筑学报，2003（11）.

［64］唐松，陈建霄，王进. 此时此地的策略——华中师范大学第一附属中学新校区［J］. 新建筑，2007（1）.

［65］钟中. "城市型小学"建筑创作的"平衡"知道——深圳实验学校小学部（重建）设计［J］. 建筑学报，2009
　　　（2）.

［66］袁培煌，梅林. 医院改建的探讨——武汉协和医院外科大楼设计实践［J］. 新建筑，2002（1）.

［67］张宏，齐康. 环境的感悟——南京钟山干部疗养院新疗养楼设计［J］. 新建筑，2000（3）.

［68］许成德，等. 一汽大众汽车公司轿车二厂［J］. 建筑学报，2005（12）.

［69］郭洪全. 现代医疗洁净厂房的建筑设计探讨［J］. 新建筑，2005（2）.

［70］任飞. 地球最南端的建筑——几个南极科学考察站［J］. 世界建筑，2005（2）.

［71］贝思出版有限公司. 空间一家居（空间SPACE）［M］. 武汉：华中科技大学出版社，2008.

［72］吴韵. 青井泽别墅设计［J］. 室内设计与装修，2009（4）.

［73］弗朗西斯科·阿森西奥·赛威尔. LOFTS 艺术家的藏酷空间［M］. 欧阳文译. 北京：知识产权出版社/中国水利
　　　水电出版社，2001.

［74］朱轶蕾，杨昌鸣. 浅析高校学生宿舍内部空间的环境设计. 重庆建筑大学学报，2007（3）.

［75］深圳市创扬文化传播有限公司. 中国最新顶尖商业空间［M］. 大连：大连理工大学出版社，2008.

［76］Projects. 康奈尔大学鸟类学实验室［J］. 城市建筑，2006（5）.

［77］COCO. 麦田守望者——意大利Pederobba幼儿园［J］. 室内设计与装修，2008（5）.

［78］曾丽娴. 童梦之旅——荷兰伊拉斯谟医疗中心［J］. 室内设计与装修，2009（3）.

［79］胡辉. 给健康一个理由［J］. 室内设计与装修，2005（2）.

［80］杜曼曼．书写童心［J］．室内设计与装修，2005（2）.

［81］韩国《建筑世界》杂志社．国外医疗．公益建筑［M］．李长诛译．哈尔滨：黑龙江科技出版社，2004（1）.

［82］乔从．Aplix 工业［J］．世界建筑，2000（7）.

［83］杜凤林．MIRO 公司大楼［J］．世界建筑，2000（7）.

［84］朱宏林．贝纳通时装公司生产厂房［J］．世界建筑，2000（7）.